새 기계공학 개론

공학박사 장 병 주
공학박사 김 문 경 공저

東 明 社

새 기계공학개론

초판 발행 2007년 3월 4일
초판 6쇄 발행 2016년 1월 25일

지은이 장병주, 김문경
펴낸이 최국주
펴낸곳 동명사
출판등록 1950년 11월 1일(제1-76호)
주소 (우 413-756) 경기도 파주시 회동길 50(문발동)
전화 031-955-7200(대표)~2, 7203(편집부), 7204(물류)
팩스 031-955-7205
전자우편 webmaster@dmsbook.com
홈페이지 www.dmsbook.com

ISBN 978-89-411-0277-9 93550
값 22,000원

Preface ....

기계공학은 공학의 기본을 형성하는 학문으로 전기 · 금속 · 응용화학은 옛날부터, 그 외의 다른 학문분야와는 이전부터 밀접한 관계를 가지고 있다. 한편 전자 · 정보 · 자동화 · 원자력 · 항공우주 · 자동차 · 조선해양 · 생명 등 최근의 공학분야까지 깊게 관여하여 기계와 관련 없는 공학은 존재하지 않는다. 따라서 기계 이외 분야의 기술자들도 전문분야의 능력을 충분히 발휘하려면 기계공학에 대한 지식과 이해가 꼭 필요하다.

이 책은 대학에서 기계공학을 전공하는 학생에게는 기본개념을 정리하도록 하였고, 기계 이외의 공학을 전공하는 학생에게는 기계공학의 일반적인 지식을 알게 한다. 또 현장 기술자로 기계제작에 종사하는 사람은 물론, 기계와 직접 관계가 없더라도 기초적인 폭 넓은 지식을 터득할 필요성이 있기 때문에 참고서의 구실을 할 수 있도록 어려운 이론이나 수식은 되도록 피하고 도면과 표를 많이 활용하여 시각적으로 쉽게 이해되도록 집필하는데 최선을 다하였다.

내용에시는 다른 책파는 달리 득색 있세 내용을 구성하기 위해

(1) 기계와 기계공학의 정의를 시작으로,

(2) 기계에 사용되는 재료를 둘째 장에 먼저 넣어 용도와 기계적 성질을 밝히고,

(3) 기계에 작용하는 힘은 일반역학과 재료역학으로 구분하고, 재료역학은 기계의 강도와 변형 · 진동의 문제를 규명하고,

(4) 기계제작에서는 다양한 기계공작법을 위시하여 기계제작에 기본이 되는 기계제도를 포함시켜 제도법 일반을 설명하고,

(5) 에너지에서는 열역학 · 유체역학을 열 · 유체 에너지라는 차원으로 접근하고 또, 다른 기계공학개론에는 없는 전기공학을 새로 포함시켜 전기 에너지로 하나의 장에 기본내용만을 간추려 취급하고,

(6) 동력발생의 기계에는 최근의 기계공학에도 접근, 제트기관과 원자로까지 많은 그림을 활용하여 상세하게 설명하고,

(7) 여러 가지 기계에는 특별히 일상 접하고 있는 인쇄문화를 감안하여 기본적인 인

쇄기계를 다루었고,

(8) 마지막 장에는 공업에서 품질향상에 기여하는 계측과 자동제어를 포함시켰다.

이 책에서 단위로는 SI단위(국제단위계)를 사용하였고, 용어에 있어서는 원칙으로 대한기계학회가 펴낸 '기계용어집'에 따랐다. 또한 중요한 용어는 영어표기를 하여 이해를 돕도록 하였다. 이 책을 집필할 때 기계공학에 관계되는 많은 전문서적을 참고로 하였기에 일일이 밝히지는 않았으나 관계저자에게 심심한 경의를 표시한다.

이 책이 활자화되어 빛을 보기까지 정성을 다하여 주신 동명사 여러분들에게 거듭 감사의 뜻을 전한다.

2007년 2월

저자 씀

CONTENTS

제10장 동력발생의 기계

제 1 장 기계와 기계공학

1-1 기계란 무엇인가?

1 기계의 의미

기계는 생활 속에 파고든 상식적인 용어이면서 무관심하게 사용되고, 또 기계를 일상적으로 보면서도 그 본질을 명확하게 알지 못하는 경우가 많다.

가정에서는 송풍기, 세탁기, 컴퓨터, 자전거 등이 있고 농촌에서는 펌프, 탈곡기가 있다. 그리고 보면 기계는 공장에서만 있는 것도 아니다. 그러므로 본질을 명확하게 하기 위해서는 정의를 내릴 필요가 있다. 수많은 정의 가운데 비교적 타당성이 있다고 생각하는 것에 독일의 륄로(F. Reuleaux, 1875년)의 정의가 있다. "기계란 외부에 대해서 저항력을 가지는 물체(고체 또는 강체)의 결합으로 정해진 상대운동을 하면서 외부에서 주어진 에너지를 유용한 기계적 일로 변환시키는 구조물"이다. 크게 나누면 원동(原動)기구 · 동력전달기구 · 작업기구의 3기구를 완전히 가지는 것을 뜻하며, 이것을 요소별로 분류하면

(1) 외부에서 작용하는 힘에 대해 늘어나거나 굴곡이 되는 등 변형되지 않는 저항력이 있는 물체의 결합으로 구성되어 있고,
(2) 각 부분의 사이에는 어느 정해진 범위 내에서 서로 관계를 가지고 상대운동을 해야 하고,
(3) 외부에서 에너지를 받아들여 이 에너지를 유용한 일로 변환시켜야 한다.

인체 그 자체는 이 정의에 따른다면 기계 속에 들어간다. 게다가 가장 만능적인 기계(이것은 원동기이고, 작업기이며 또 계기이다)이다. 모든 기계는 근원적으로 인체를 힌트로 하여 만들어졌다고 하여도 과언은 아니다. 다만 다른 점은 기계가 인체보다 훨씬 단순화되어 있다는 점

이다.

그러나 인체가 뒤떨어진 것은 원동기로서 힘이 약하다는 것과 관절의 작동범위가 좁다는 것이다(인간의 관절은 혈관이나 근육의 관련상 축받이가 없어 무한한 일방 회전은 허용되지 않는다). 기계에는 인간 몸체의 뼈 · 관절 · 근육과 같은 몇 개의 기본 구성요소(기계요소)가 있다.

기계 정의의 3요소를 만족시키지 못한다면 기계라고 할 수 없다. 따라서 복수의 물체결합인 해머나 드라이버는 **도구**(tool)이지 기계라고는 하지 않는다. 또, 증기보일러나 화학반응 탱크 등은 다수의 부품으로 구성되어 있으나, 운동하는 부분이 없기 때문에 보통 **장치**(apparatus)라 불려지고 있다. 그리고 시계나 계측기 등은 내부에 운동하는 부분은 가지고 있으나 기계적 일을 하지 않으므로 **기기**(機器, instrument)라 부르며 기계와는 구별하고 있다.

2 근대 이전의 기계의 발달

지금부터 약 500~200만년 이전에 지구상에 등장한 원인(猿人, Australopithecus ; Ape man)들이 하나의 나무막대나 한 개의 돌을 손기능으로 하여 식물이나 동물을 식료품으로 삼아 외적과 싸우기 시작하면서 우리들 인간은 기계문명의 길을 걷기 시작하였다.

하나의 나무막대, 한 개의 돌은 드디어 화살과 활이 되고 주거를 만들고 식물섬유의 실로 의류를 만들어 보다 좋은 생활을 추구하면서 생활환경의 개선에 노력을 기울였다. 도구류는 점차 진보하여 복잡하게 되었으나 인간의 손, 발의 힘에는 한계가 있어 큰 돌은 무거워서 운반할 수가 없었다. 여기서 큰 힘을 내는 도구를 고안하였다. 지렛대, 도르래, 바퀴 축, 나사 등이다.

식료품도 자연 그대로가 아니고 가공하는 것을 생각하여 돌절구 등을 만들고 곡물을 가루로 만들어 불을 이용하여 먹기 좋도록 하였다.

물을 길어 올리거나 제분기를 돌리고 수렵에도 나서는 등 가혹한 조건에 참고 견디면서 살아남았다.

인간은 드디어 인력이나 축력보다 강력한 자연의 힘을 이용하는 방법을 찾아내었다. 돛을 달아 배를 움직이고, 흐르는 물로 수차를 회전시켜 동력원으로 하였다. 풍차와 수차가 제분기를 회전시키게 되었다. 수차는 물이 흐르고 있는 동안은 쉬지 않고 작동을 하였다.

15세기경까지는 풍차나 수차는 어디든지 사용되었다. 간단한 도구는 복잡한 기계로 발전하였다. 수차를 동력으로 하는 제분소를 중심으로 기계의 부품이 발달하였다. 수차의 수평축의 회전을 제분기의 수직축에 전달하기 위해 기어가 발명되었다. 수차의 축을 지지하기 위해 축받이도 고안되었다. 수차는 제분뿐만 아니라 금속을 두드려 제품을 만드는 단조용 해머를 움직이는데도 사용되었다.

금속을 연하게 하기 위한 노(爐)에 바람을 보내는 풀무를 작동시키는데도 수차가 사용되었고, 수차의 축의 작동을 풀무에 전달하기 위해 크랭크나 그 외의 링크 장치도 고안되었다. 그래서 수차를 만드는 작은 집은 기계공장의 원조라 할 수 있겠다. 밀(mill, 제분소)이라는 말은 공장을뜻하는 것도 그 때문이다.

3 인생에서 기계의 공죄(功罪)

기계의 공적은 대단히 많다. 소나 말이 하는 일처럼 괴로운 육체노동에서 인간을 해방시키고, 풍요로운 물자를 부여하여 굶주림이나 질병에서 구하고 각종 교통수단에 의한 신속한 이동능력을 얻었다. 그래서 오랜 세월에 걸쳐 인류의 꿈은 대개 실현되었다.

그러나 부작용도 점차 매우 크게 나타났다. 안일(安逸)에 의한 인류 능력의 저하, 온갖 일의 거대화, 인간 그 자체의 소형화 내지는 주체성의 상실에 의한 여러 가지 어긋남, 특히 전쟁수단의 거대화에 따르는 인류멸망에 대한 불안 등… 기계문명의 진보에 따라 노이로제 환자가 증가되고 있음이 단적인 예이다.

4 기계문명의 반성과 이용의 절제

기계의 대체적인 목표는 인간의 복리증진에 있음은 정해져 있으나 복리증진에 위배되는 것이 등장하게 되는 것은 사용방법이 부적절하거나 무절제 때문이다. 또는 인간이 주체성을 상실하여 기계에게 사용 당하기 때문일 것이다. 인간에게는 인간에 적합한 업무의 기본 원리가 있어 그 범위내에서의 업무는 쾌적하고 건강하지만 기계의 베이스에 무리를 당하면 업무는 무미건조하고 건강을 해치는 원인이 된다.

작게는 개인적으로, 크게는 민족적 또는 국가적으로 기계문명을 어떻게 우리들의 생활에 거두어들이는가는 큰 과제이고, 이것은 더 이상의 기계의 연구개발보다 더욱 중요하다고 생각한다. 이러한 사실은 우리 모두가 생각하여야 할 사항이나 특히나 위정자의 책임은 무겁다. 만일 여기서 잘못이 있다면 우선은 번영으로 보이나 빠른 쇠퇴의 길로 접어들 것이다. 이러한 반성은 현 단계에서 결코 시기상조라고 생각할 수 없는 큰 뜻을 지니고 있다.

1-2 기계의 분류와 종류

현재 기계라 불려지는 것은 구조나 기능이 복잡하고 또 종류도 많고 다양화되어 있기 때문에 간단하게 분류하기란 쉽지 않다. 따라서 좁은 의미에서의 기계의 정의에 따라 분류하면 동력기계와 작업기계로 크게 나눌 수 있다.

1 동력기계

화학적 에너지나 전기적 에너지 또한 열 에너지와 유체 에너지(위치 또는 운동) 등 각종 에너지를 우리들이 이용하기 쉬운 기계적 에너지인 동력으로 바꾸는 기계이며, 열기관, 수차, 풍차가 대표적이다.

석탄이나 중유를 보일러에서 연소시켜 그것이 가지는 화학적 에너지를 열 에너지로 변환시켜 증기를 만들거나 원자연료의 핵반응에 따른 발열을 이용하여 증기를 만드는 등 열 에너지를 기계적 에너지로 바꾸는 것이 외연(外燃)기관으로 바로 증기원동기이다.

또 석유, 천연가스 등의 화석연료의 연소에 의한 에너지를 실린더 내에서 열 에너지로 바꾸어 피스톤에 기계적 에너지를 주는 것은 실린더 내에서 에너지 변환이 이루어지므로 내연(內燃)기관이라고 한다.

댐에 저장한 물을 계곡으로 낙하시켜 위치 에너지를 기계적 에너지로 바꾸는 것이 수차이다. 이들은 모두 원동기의 주류를 형성하고 있으며 태양열이나 지열 등이 실용화되는 것도 먼 훗날의 이야기가 아닐 것이다.

경우에 따라 중계용 동력기계인 수압기(펌프) · 공기기계(송풍기, 압축기) · 전동기를 동력기계에 포함시키기도 한다. [표 1 · 1]은 동력기계의 종류를 표시한다.

[표 1·1] 동력기계의 종류

<table>
<tr><th colspan="3">공급 에너지</th><th colspan="2">동력기계의 명칭</th><th>실제의 보기</th></tr>
<tr><td colspan="2" rowspan="2">열</td><td rowspan="2">화석연료
원자연료
태양열
지열
해양온도차</td><td rowspan="2">열기관</td><td>내연기관</td><td>가스기관, 가솔린기관, 경유기관, 중유기관, 가스터빈</td></tr>
<tr><td>외연기관</td><td>증기기관, 증기터빈, 스털링 기관</td></tr>
<tr><td rowspan="3">유체</td><td>위치</td><td>수력</td><td colspan="2" rowspan="2">수차</td><td>펠턴 수차, 프란시스 수차</td></tr>
<tr><td rowspan="2">운동</td><td>조력(潮力)</td><td>프로펠러 수차</td></tr>
<tr><td>풍력</td><td colspan="2">풍차</td><td>프로펠러(橫形)풍차, 입형(立形)풍차</td></tr>
</table>

2 작업기계

원동기에서, 또는 사람이나 가축으로부터 에너지를 받아 작업목적을 달성하는 기계인 제분기로 제분을 하거나 선반으로 둥근 막대를 절삭하거나 크레인으로 물건을 들어올리는 것과 같이 작업의 목적에 따라 분류하면 [그림 1 · 1]과 같이 종류는 대단히 많다.

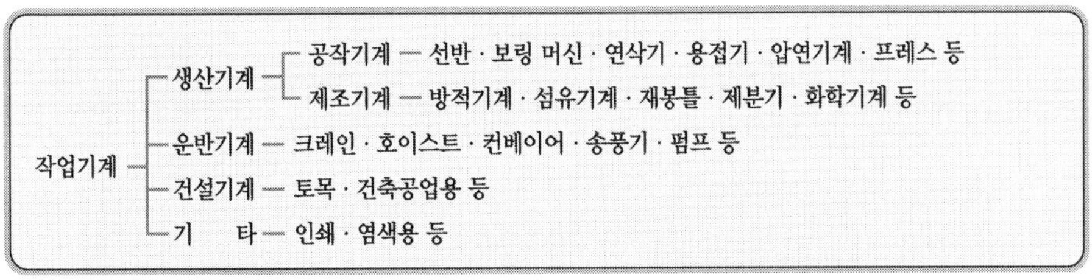

[그림 1·1] 작업기계의 분류

작업으로 보아 물체의 형상을 변화시키는 작업기계와 위치를 바꾸는 기계, 형과 위치도 바꾸는 것 등 3종으로 크게 나눈다. 선반이나 프레스는 형을 바꾸는 기계이고, 크레인 · 컨베이어 · 펌프 등은 물체의 위치를 바꾸는 기계이며, 공기압축기 · 방적기계 · 압연기 등은 형상과 위치를 바꾸는 기계이다.

계측기계는 측정이나 계량에 사용된다. 사진기는 동력을 수반하지 않으므로 기계라고는 할 수 없으나 인력에 의한 작은 에너지의 주고 받음이 있으므로 기계이고, 물리적인 양을 지시하기 때문에 계측기계이고, 또 화학적 변화를 주는 것이므로 작업기계이다. 이와 같이 분류상 어느 쪽에나 들어가는 것은 주된 작업의 성질에 따라 구분된다.

3 전달기계

동력기계와 작업기계 사이에서 동력기계로부터 기계적 에너지를 공급받아 작업기계에 전달하는 과정에서 작업에 적합하게 운동의 방향이나 또는 속도(힘의 방향 또는 크기)를 바꾸어 주는 기계이다. [그림 **1 · 2**]는 전달기계의 분류이다.

증기터빈의 진보로 고압 · 고속회전이 되었으나 이것을 배에 장착하여 프로펠러를 회전시키려면 감속을 하여야 하고, 그렇게 하려면 기어장치가 진보하지 않으면 안 된다. 또 디젤기관으로 열차를 구동시키려면 전달기계인 클러치나 변속기가 무리없이 작동하지 않으면 안 된다. 옛날과 비교하여 지금의 선박용 터빈실이 작아도 문제가 되지 않는 것이나, 근거리의 철도에 증기기관차가 추방되어 디젤차량이 애용되는 것도 원활한 운전이 되고 또 효율이 좋은 전달기계의 진보의 혜택 때문일 것이다.

일부 학자들은 기계를 다음과 같이 분류하기도 한다.

(1) 원동기 : 풍차 · 수차 · 증기기관 · 수력터빈 · 증기터빈 · 가솔린기관 · 디젤기관 · 가스터빈 · 젯트기관 등

(2) 작업기계 : 각종 공작기계를 비롯하여 방적기계 · 직물기계 · 인쇄기계 · 압연기계 · 프레스 · 증기 해머 등

(3) 전달기계 : 기어 전동장치, 마찰전동장치, 로프 · 벨트 · 벨트에 의한 전동장치, 각종 감속장치, 유체에 의한 전동장치로 유체 커플링 등

- 전달기계
  - 직접접촉
    - 구름 접촉 — 마찰차 · 기어 등
    - 미끄럼 접촉 — 지렛대 · 축 등
  - 감기전동 — 벨트와 벨트 풀리, 체인과 스프로킷, 로프와 로프 풀리
  - 유체전동
    - 수력 커플링
    - 수압력 커플링
  - 전기적 전동

[그림 1·2] 전달기계의 분류

(4) 운반기계 : 자동차 · 전차 · 항공기 · 선박 · 기중기 · 엘리베이터 · 에스컬레이터 · 벨트 컨베이어 · 스크류 컨베이어 등

(5) 통신기계 : 전화 · 라디오 · TV · 무선통신기 등

(6) 계산기계 : 전자식 계산기계

또, 인간생활에 밀착되어 있는 의 · 식 · 주(衣 · 食 · 住)관계의 기계로 다음과 같은 것이 있다. 먼저 의복관계의 방적 · 방직 · 염색 · 재봉 등 수공적 도구에서 대규모의 공업용 섬유기계가 발달되어 있고, 농업관계에서는 제초기, 파종기, 탈곡기, 이앙기, 제분기 등이 제작되어 있으며, 토목 · 건축 관계에는 불도저, 굴삭기, 건축용 크레인 등이 사용되고, 의식주의 재료나 제품 등의 하역이나 운반용으로 컨베이어, 크레인, 자동차, 전차, 선박 및 항공기 등이 이용되기에 이르렀다.

그 밖에 광학, 통신, 전기, 의료관계의 기계나 측정, 시험 및 계산 등의 기계는 기기에 분류되고 화학 플랜트, 야금(冶金)관계의 노(爐), 제지나 인쇄관계의 기계는 장치의 일종으로 볼 수 있으나 이들은 넓은 의미의 기계로 불리는 경우가 많다.

1-3 공학과 공학의 분류

1 공학(engineering)이란?

공업생산기술을 자연과학적 방법과 성과에 따라서 개발 · 실천하는 응용과학으로서, 각각의 세분화된 분야에서 체계화되어 있는 학문. 자연과학이 자연 그 자체를 대상으로 하여 자연의 법칙을 탐구하는 것임에 대하여, 공학은 주로 기계 · 장치 또는 가공된 재료 등 인위적인 자연을 대상으로 하고 역시 자연의 법칙을 탐구하지만 실제로 무엇인가 생산하는 실천행동에 제약된다. 그러나 역사적으로는 기술적인 실천행동의 요구에서 발생한 것으로서, 공학과 순수 자연과학을 명확하게 구분하기는 어렵다.

인간이 사회를 구성하고, 이를 발전시키는데 있어서 직면하는 여러 문제를 해결하기 위하여, 원료나 재료 · 기계 · 장치 · 에너지 등을 필요에 따라 체계화함으로써 공학은 발전하였다.

응용과학을 공학체계의 일부분이라고 하면, 또 다른 부분에서는 계획 또는 관리 등의 분야가 연결된다. 즉, 생산관리 · 도시계획 등이 그 보기이다. 그렇게 되면 생산관계를 다루는 경제학과 접촉하게 된다. 따라서 광범위한 학문영역이 되는 것이다. 그러나 그 대상은 인위적이지만 어디까지나 자연물이므로, 공학이 자연과학에 포함되는 것은 물론이다.

2 공학의 분류

공학에는 일정한 분류 기준이 없다. 현재의 공학은 대략적으로 말해서 기구와 동력을 대상으로 하는 기계공학, 기기와 송전을 대상으로 하는 전기공학, 반응과 장치를 대상으로 하는 화학공학, 재료와 정련(精錬)을 대상으로 하는 재료공학 및 구조와 시공을 대상으로 하는 건설공학 등 5개 분야로 분류할 수 있으며, 이들은 각각 세분된다.

이 밖에 5대 분야에 공통된 학문 분야로서 응용수학 분야(응용수학 · 통계공학 · 공학해석 · 실험공학 등), 인간공학 분야(인간공학 · 창조공학 등), 경영공학 분야(품질관리 · 공장계획 · 프로세스 공학 · 시스템 공학 등) 등이 있다.

그러나 1958년 미국 공업교육협회의 「The Engineering Science」라는 보고서에서 공학을 다음의 6~7개항으로 분류할 것을 제안하였다. ① 고체역학(Mechanics of Solid), ② 유체역학(Mechanics of Fluids), ③ 열역학(Thermodynamics), ④ 이동과 속도론(Transfer and Rate Processes), ⑤ 전기학(Electrical Sciences), ⑥ 재료와 성질(Nature and Properties), ⑦ 공학적 해석과 설계(Engineering Analysis and Design), ⑧ 기술 평가(Technology Assessement), ⑨ 사회적 수요(Social Needs) 등이다.

이와 같은 감각에서 보아 공학을 개념적으로 표현하면 이학(수학, 물리학, 화학, 생물학 등)을 기초로 하며, 여기에 목적의식을 가해서 물질 · 에너지 · 정보 등을 매체로 하여 인간사회에 진실로 필요한 「제품」을 만들기 위한 「학문체계」라고 판단된다.

따라서 공업이란 이 공학을 기반으로 인간사회에 정말로 필요한 것을 경제적으로 생산해내는 작업을 하는 작업체라고 말할 수 있다. 그래서 공학 분야를 분류하면 [표 1 · 2]와 같다.

[표 1·2] 공학 분야의 분류

공학의 분류	공 학 의 상 세 한 분 류
응 용 역 학	응용수학, 통계수학, 응용물리학, 물리화학, 고체물성, 생물과학, 유동학(Rheology), 핵물리
기 초 기 계 공 학	공업재료공학, 재료역학, 기계역학, 기계요소공학, 계측 · 제어 공학, 유체역학과 유체기체, 열공학과 열기관, 열전달 기계제작

[표 1·2] 계속

공학의 분류	공 학 의 상 세 한 분 류
관 련 기 계 공 학	교통기계공학, 건설기계공학, 산업기계공학, 환경기계공학, 에너지공학, 시스템공학, 복합재료공학
전 기 공 학	동력공학, 동력기기공학, 전기재료공학, 전자공학, 정보처리공학, 전자기공학, 전자계측제어공학, 통신공학, 전자계산기공학, 조명공학, 전자회로공학, 음향공학
응 용 화 학	공업분석화학, 무기공업화학, 공업물리화학, 유기공업화학, 합성화학, 화학공학, 효소화학, 요업화학, 전기화학, 약화학, 전기화학, 석유화학, 물리화학, 생물화학, 농예화학, 식품화학, 플라스틱화학, 섬유화학, 종이펄프화학
금 속 화 학	금속물성학, 금속야금공학, 금속가공학, 금속성형공학, 지구물리공학, 광산공학, 철강공학, 비철금속공학, 용접공학, 자원공학
토 목 공 학	토목공학, 토질공학, 도로공학, 교량공학, 교통공학, 토목설계공학, 토목재료공학, 토목구조공학, 도시공학, 환경공학, 토목기계공학, 상하수도공학, 철도공학, 토목기초공학
건 축 공 학	건축구조공학, 건축재료공학, 건축설비공학, 환경공학, 건축사, 건축계획, 도시계획, 건설기계공학, 건축의장, 건축설계공학, 각종 건축물 구조와 기능
생산 · 관리공학	자원공학, 생산공학, 관리공학, 안전공학, 정보처리공학, 유통공학

1-4 기계공학이란 어떤 학문?

기계를 대상으로 하는 공학, 즉 기계 및 이에 관련되는 장치설비의 설계 · 제작 · 성능 · 이용 · 운전 등에 대하여 기초적 · 응용적 분야를 연구하는 공학의 부분이다. 공학이란 순수한 과학도 아니고 또 단순한 기술도 아니며 이들을 혼합한 계통적 학문이다.

앞서 기계의 정의에서 밝힌 바와 같이 저항력을 가진 물체라는 점에서 기계의 재료는 고체이며, 대부분 외력을 가해도 변형되지 않는다는 의미에서 강체(剛體, rigid body)가 아니면 안 된다. 따라서 기계의 목적이나 용도에 따라 거기에 맞는 기계재료(제2장)를 선택하고, 쉽게 변형되지 않고 훌륭한 강도와 내구성이 있는 기계를 설계하기 위해서는 재료역학(제4장)의 도움을 받아야 한다. 그러므로 수많은 기계부품인 기계요소(제5장)의 결합, 확실하게 연속해서 일정하게 정해진 운동을 하도록 그 정적인 구성을 조사하는 것이 기구학(제3장)이며, 그 동적인 운동을 해석하는 것이 기계역학(제3장)이다. 이들 과정을 보통 기계설계라 부르고, 그 결과를 기계의 제작자에게 바르고 정확하게 전달할 목적으로 필요한 도면을 제작하는 과정을 기계제도라 하며, 양자를 합쳐 기계설계제도(제6장)라 부르고 있다.

이렇게 설계되어 제도된 기계는 기계공장에서 기계공작법(제6장)에 따라 처리되고 여러 가지 공작기계(제6장)에 의해 가공 · 형성되며, 또 그 제품의 정밀도의 계측이나 공작기계의 제어 등은 열기관이나 유체기계 등과 더불어 계측과 제어(제12장)에 정리되고 있다.

아울러 동력기계의 주류인 열기관과 수차(풍차)에 대해서도 똑같은 과정을 거쳐 제작된다. 물론 열기관에 대해서는 열의 이동 외에 열사이클을 대상으로 하는 열역학과 그 기구나 작동을 상세하게 설명한 열기관(제10장)의 지식이 필요하다. 또, 수차나 물펌프에 대해서는 이들 내용을 대상으로 하는 유체기계(제10장)와 유체의 거동이나 운동을 취급한 유체역학(제8장)의 도움이 꼭 필요하다.

전기세탁기가 발명된 초기에는 세탁은 기계로, 탈수는 손으로 돌리는 롤러로 하였으나 최신식에서는 건조까지 하는 전자동세탁기가 이용되기에 이르렀다. 이것은 기계기술과 전기기술(제9장)에 의한 메카트로닉스의 덕택이다.

지금까지 설명한 바와 같이 좁은 의미의 '기계'를 연구 · 개발하거나 제작하기 위해서는 각 장에서 설명하는 기본적인 학문을 기초로 하지 않으면 안 된다. 이들을 통틀어 '기계공학'이라 부르고 있다.

최근에는 기계공학의 진보가 대단히 빠른데 그 원인의 하나로 다른 분야의 진보를 받아들인 사실을 거론하고 있다. 특히 일렉트로닉스(electronics), 컴퓨터의 발전, 신소재의 개발에 힘입어 가속된 점은 대단히 크다. 또, 초정밀 가공기술이나 초미세가공기술 등 새로운 기술의 진보에 영향 받은 바 크고, 이들은 기계공학이 중심적인 역할을 하고 있는 분야이다. 그리고 다종다양한 부품을 가공하기 위해서 FMS(flexible manufactruing system)를 실현하여 공장의 무인화로 치닫고 있다. 그래서 각종 수치제어(NC : numerical control) 공작기계, 지능로봇, 컴퓨터가 유기적으로 관계되어 있다. 기계공학은 새로운 전자 · 정보 · 재료공학을 이용하고 있지만, 한편 그것의 진보를 지탱하고 있는 것은 바로 기계공학이다. 또한 자동제어 · 계산기계 · 생산관리 · 인간공학 · 공해문제 등도 기계공학의 대상이 되고 있다.

1-5 기계공학에서의 규격과 단위

1 공업규격

공업제품의 종류 · 형상 · 치수, 그 외 국가가 어느 일정한 표준을 정한 것을 국가규격이라 한다. 우리나라에서는 1967년에 산업표준화법에 의한 한국산업규격(Korea Industrial Standard :

줄여 KS(KIS)라 부른다)이 정해져 있어 [표 **1 · 3**]과 같이 분류되어 있고, 주요 국가의 공업규격 명칭은 [표 **1 · 4**]와 같다.

[표 1·3] KS의 분류

A	기 본	L	요 업
B	기 계	M	화 학
C	전 기	P	의 료 기
D	금 속	R	수송기계
E	광 산	V	조 선
F	토 건	W	항 공
G	일 용 품	X	정보산업
H	식 료 품	Z	기 타
K	섬 유		

[표 1·4] 각국의 공업규격

규격기호	명 칭
KS	한국산업규격(Korean Industrial Standards)
ANSI	미국공업규격 (American National Standards Institutes)
BS	영국공업규격(British Standards)
DIN	독일공업규격(Deutsche Industrie Normen)
JIS	일본공업규격(Japanese Industrial Standards)
ISO	국제표준화규격(International Organization for Standardization)

이와 같은 공업규격을 여러 가지 공업제품이나 비교적 많이 사용하는 재료 · 기계부품이나 설계 · 가공 정밀도 · 시험방법 등에 대해 일정한 표준을 부여함으로써 공업생산에서 생산능률의 향상, 제작비의 절감, 품질의 향상을 기함과 동시에 호환성이 얻어져 거래를 단순화시켜 소비를 합리화 할 수 있게 한다.

KS 규격은 [표 **1 · 3**]과 같이 17부문으로 분류되어 각각 영어 알파벳의 부문기호가 붙어 있다. 또 그 기호는 4개의 숫자를 붙여 세목을 표시한다.

예로 KS B 1012라면 B는 기계공업을 표시하며, 앞부분의 두 자리 10은 볼트 · 너트라는 종별을 표시하고, 뒤의 두 자리 12는 원칙으로 결정된 순서를 표시한다.

2 단위

우리나라에서는 미터단위계를 사용하고 있으며, 영국이나 미국에서는 ft · lb단위계를 사용하고 있으나, 최근 세계적으로 미터단위계로 옮겨가는 경향이다. 같은 미터단위계라도 물리관계에서는 MKS 또는 CGS 단위계를 사용하고, 기계관계에서는 공학(중력)단위계가 사용되고 있다.

원래 단위란 물건을 계량할 때 기준을 부여하는 것이며, 이학과 공학의 관계는 밀접하고 또

국제교류가 빈번해짐에 따라 서로 다른 많은 단위계를 사용하는 것이 대단히 불편하다. 여기서 MKS 단위계를 기본으로 합리적이고 각국에 공통적인 단위계인 **국제단위계**(SI, Le systém International d' Unités)가 1960년에 제정되어 그 방향으로의 통일이 확산되고 있다. 우리나라는 종래의 단위계에서 국제화 추세에 따라 SI 단위계로 옮겨가는 현상이다.

(1) SI 단위계의 기본단위

SI 단위계에는 [표 **1 · 5**]와 같이 길이, 질량, 시간, 전류, 열역학 온도, 물질량, 광도의 7개 기본단위와 평면용, 입체용 2개의 보조단위가 있다.

[표 1·5] SI 단위계의 기본단위와 보조단위

단 위	양(量)	명 칭	기 호
기 본 단 위	길이	미터	m
	질량	킬로그램	kg
	시간	초	S
	전류	암페어	A
	열역학 온도	켈빈	K
	물리량	몰	mol
	광도	칸델라	cd
보 조 단 위	평면각	라디안	rd
	입체각	스테라디안	sr

(2) SI 단위계의 조합단위

기본단위에서 여러 가지 조합단위가 표시되고 있다. 그 중에서 주파수, 힘, 압력(응력), 에너지(일 또는 열량) 및 일률(동력)의 각 단위에는 각각 고유의 사람 이름이 붙어 있으며 [표 **1 · 6**]과 같다. 즉,

1 N(뉴턴) : 1 kg의 질량이 물체에 작용하여 1 m/s^2의 가속도를 생기게 하는 힘의 단위
1 Pa(파스칼) : 1 m^2에 대해 1 N의 힘이 작용하는 압력(응력)의 단위
1 J(줄) : 1 N의 힘에 의해 1 m 이동될 때의 일에 해당되는 에너지(또는 열량)의 단위
1 W(와트) : 매초 1 J의 일을 할 때의 일률(동력)의 단위

[표 1·6] SI 단위계의 대표적인 조합단위

양(量)	명 칭	기 호
면적	평방미터	m^2
체적	입방미터	m^3

[표 1·6] 계속

양(量)	명 칭	기 호
속 도	미 터 매 초	m/s
가 속 도	미터 매 초·매 초	m/s^2
파 수 (波 數)	매 미 터	m^{-1}
비 체 적	입방미터 매 킬로그램	m^3/kg
밀 도	킬로그램 매 입방미터	kg/m^3
주 파 수	헤 르 츠	Hz : S^{-1}
힘	뉴 턴	N : kgf · m/s^2
압 력 · 응 력	파 스 칼	Pa : N/m^2
에너지·일·열량	줄	J : N · m
일 률 (動 力)	와 트	W : J/s

(3) 단위계 상호의 환산

종래의 CGS 단위에서는 1 g의 질량에 작용하여 1 cm/s^2의 가속도를 생기게 하는 힘을 1 dyn (다인)이라 하고, 1 dyn의 힘이 작용하여 물체가 1cm 이동할 때의 일에 해당되는 에너지가 1 erg(에르그)이였다.

공학단위계에서는 중력의 가속도가 국제표준 값(9.80665≒9.8 m/s^2)의 곳에서는 1 kg의 질량에 작용하는 힘(중량)을 1 kgf라 하여 중력단위계라고도 한다. 따라서

$$1\text{N} = 10^5\text{dyn} = \frac{1}{9.80}\text{kgf} \tag{1·1}$$

이고, 또

$$1\text{N}\cdot\text{m} = 1\text{J} = 1\text{W}\cdot\text{s} = 10^7\,\text{erg} = \frac{1}{9.80}\,\text{kgf}\cdot\text{m} \tag{1·2}$$

이다. 대표적인 물리량의 환산표가 [표 **1·7**]에 표시되어 있다.

[표 1·7] SI 단위계와 다른 단위계와의 환산표

단위계 양	CGS	SI[1]	공 학[2]
질 량	g 1 g=10^{-3}kg	kg	kgf · s^2/m 1 kgf · s^2/m=9.80665 kg
힘	dyn(dyne) 1 dyn=1 g · cm/s^2=10^{-5}N	N(Newton[3]) 1 N=1 kg · m/s^2	kgf [1 gf=10^{-3} kgf, 1 tf=10^3 kgf] 1 kgf=9.80665 N

[표 1·7] 계속

단위계 / 양	CGS	SI[1]	공 학[2]
비 중 량		N/m^3	kgf/m^3 $1\ kgf/m^3 = 9.80665\ N/m^3$
밀 도	g/cm^3 $1\ g/cm^3 = 10^3\ kg/m^3$	kg/m^3	$kgf \cdot s^2/m^4$ $1\ kgf \cdot s^2/m^4 = 9.80665\ kg/m^3$
비 체 적	cm^3/g $1\ cm^3/g = 10^{-3} kg/m^3$	m^3/kg	m^3/kgf $1\ m^3/kgf = 1\ m^3/kg$
압 력 응 력	dyn/cm^2 [$1\ bar = 10^6\ dyn/cm^2$] $1\ dyn/cm^2 = 10^{-1}\ Pa$	Pa(Pascal[4]) $1\ Pa = 1\ N/m^2$	kgf/m^2 [$1\ atm = 760\ mmHg = 1.0332\ kgf/cm^2$ $1\ kgf/cm^2 = 0.980665\ bar$] $1\ kgf/m^2 = 9.80665\ Pa$
일 에 너 지	erg $1\ erg = 1\ dyn \cdot cm = 10^{-7}\ J$	J(Joule[5]) $1\ J = 1\ N \cdot m$ $= 1\ W \cdot s$	$kgf \cdot m$ $1\ kgf \cdot m = 9.80665\ J$
일 률 동 력	erg/s $1\ erg/s = 10^{-7}\ W$	W(Watt[6]) [$1\ kW = 10^3\ W$] $1\ W = 1\ J/s$	$kgf \cdot m/s$ [$1\ PS = 75\ kgf \cdot m/s = 0.7355\ kW$] $1\ kgf \cdot m/s = 9.80665\ W$
열 량	cal(calorie) $1\ cal = 4.1868\ J$	J	kcal $1\ kcal = 4,186.8\ J$
비 열	cal/g · ℃ 1 cal/(g · ℃) = 4,186.8 J/(kg · K)	J/(kg · K)	kcal/(kgf · ℃) 1 kcal/(kgf · ℃) = 4,186.8 J/(kg · K)
엔 탈 피		J/kg	kcal/kgf kcal/kgf = 4,186.8 J/kg
엔트로피		J/(kg · K)	kcal/(kgf · °K) 1kcal/(kgf · °K) = 4,186.8 J/(kg · K)
가스정수	8.316×107 erg/(mol · °K)	8,316 J/(kmol · K)	848 kgf · m/((kmol · °K)
점성계수	$dyn \cdot s/cm^2$ $1\ dyn \cdot s/cm^2 = 1\ P$(Poise[9]) $= 10^{-1} Pa \cdot s$	$Pa \cdot s$	$kgf \cdot s/m^2$ $1\ kgf \cdot s/m^2 = 9.80665\ Pa \cdot s$
동점성계수	cm^2/s $1\ cm^2/s = 1\ St$(Stokes[10]) $= 10^{-4} m^2/s$	m^2/s	m^2/s

1) 국제단위계(Le Systéme International d'Unités)

2) 이 책에서는 이 단위계를 사용한다.

3) Sir Isaac Newton(1642–1727), 4) Blaise Pascal(1623–1662), 5) James Prescott Joule(1818–1889), 6) James Watt(1736–1819), 7) Anders Celsius(1701–1744), 8) Lord Kelvin(William Thomson(1824–1907), 9) Jean Louis Poiseuille(1799–1869), 10) George Gabriel Stokes(1819–1903)

1-6 공업과 기계공업

1 공업

농업 · 임업 · 수산업 등 제1차 산업에서 얻어진 생산물을 원료로 하여 공학을 기반으로 가공, 인간생활에 진정으로 필요한 여러 가지 생산제품을 경제적으로 생산하기 위한 작업을 수행하는 작업체가 공업(industry)이다.

공업의 생산수단으로서 가장 중요한 것은 도구 · 기계 · 장치 등이며, 과학과 기술의 발달이 그 전제가 되는 동시에 공업의 발전이 다시 과학과 기술을 발전시키는 조건으로 되는 것도 중요한 특질이다.

공업은 일반적으로 크게 경공업과 중공업(또는 중화학공업)의 두 부분으로 분류한다. 그러나 중 · 경이라는 중량적 표현은 어디까지나 편의적인 것에 지나지 않는다. **경공업**은 식료품공업 · 섬유공업 · 요업 · 제재 및 목제품공업 · 인쇄출판업 등 소비재를 생산하는 공업을, **중공업**은 금속공업 · 기계기구공업 · 화학공업 등 생산재를 생산하는 공업을 말한다.

2 기계공업 및 그 분류

공업은 원재료를 가공하여 사회가 필요로 하는 제품을 생산하는 산업으로, 어느 공업이나 기계를 사용하지만 각종 제품의 원료가 되고 있는 금속재료나 비금속재료의 생산과 이들 원료를 성형 가공하여 기계기구류를 생산하는 공업을 기계공업(machine industry)이라 부른다. 그래서 산업에서부터 가정용까지의 모든 기계와 부품을 만드는 공업부분을 통틀어 지칭한다.

기계공업에서 생산되는 기계는 다음과 같이 크게 나눌 수 있다. (1) 공작기계, 섬유기계, 화학기계, 유체기계, 열기관 등의 **일반기계**, (2) 발전기, 전동기, 전자기계, 가전제품 등의 **전기기계**, (3) 자동차, 하옹기, 철도차량, 선박 등의 **수송기계**, (4) 계산기 및 그 주변기기, 사무기기, 이화학기계, 광학기계, 시계 등의 **정밀기계**이다. 한국은 무기를 별도로 두어 다섯 가지로 나누어져 있고 이것을 더욱 세분화하여 30여 가지로 나눈다. [그림 **1 · 3**]은 공업전반과 기계공업과의 관계를 표시한 것이고 [표 **1 · 8**]은 기계공업을 좀 더 세분한 것이다.

그런데 기계공업 발전이 장래에도 지속되어 사람들의 생활을 풍요롭게 하기 위해서는 에너지 문제의 해결과 환경보호의 기술개발이 절대적으로 필요하다. 당분간 에너지원은 석유, LNG, 원자력, 석탄, 수력에 의존하게 되겠지만 태양에너지, 지열, 풍력, 파력(波力) 등의 자연에너지의 개발과 더불어 에너지 절약 및 이용되지 않은 에너지의 기술개발, 에너지 사용에 따르는 환경 공해 문제의 해결도 기계공학에 부과된 것이다.

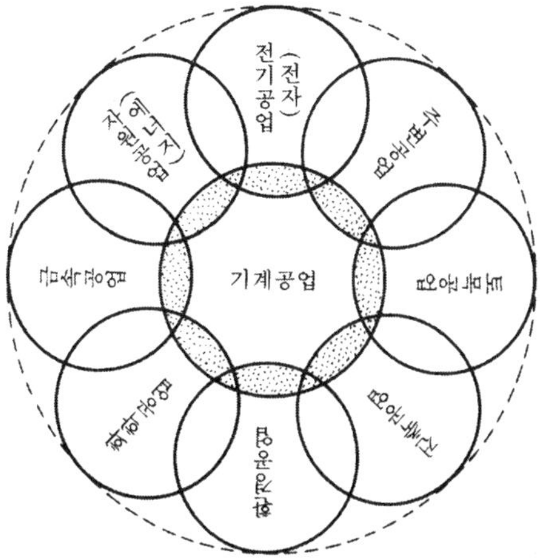

[그림 1·3] 기계공업과 다른 공업과의 관계

[표 1·8] 기계공업의 분류

기계공업 분류	기계공업의 상세한 분류
금 속 재 료	철강(보통강, 특수강 등) 비철금속(알루미늄, 구리, 아연, 납 등)
비 금 속 재 료	무기재료(무기화학 · 약품류, 시멘트, 유리, 콘크리트) 화학공업(화학비료, 섬유원료, 염료, 잉크, 약품) 고분자 재료(고분자 수지류 등)
기 계 요 소	나사, 볼트, 너트, 기어, 스프링, 링크, 캠, 베어링, 축받이
절 삭 · 공 작 기 계	절삭 · 공작 기계(선반, 연삭기, 보링 머신, 드릴링 머신, 평삭기, 기어 기계, NC 전용 공작기계 등)
소성 · 가공 · 기계	압연, 인발, 압출기계, 단조기계, 롤 성형기계, 프레스 성형기계 등
주 조 · 용 접 기 계	강 주조기계, 비철금속 주조기계, 플래시 용접기, 심 용접기, 스폿 용접기 등
계 측 · 제 어 기 계	열 · 온도 계측기, 유체용 계측기, 환경용 계측기, 프로세스 제어기, NC 제어기, 시퀀스 제어기, 생산관리 제어기, 통신 · 의료 · 교통시스템 제어기 등
유 체 기 계	수력기계, 유압기기, 공기기계, 프란시스 수차, 펌프, 송풍기, 진공 펌프, 공기압축기, 공기조화기, 냉동기기 등
열 기 관	선박용 디젤기관, 발전용 디젤기관, 운반용 내연기관, 자동차용 내연기관, 건설용 내연기관, 철도차량용 내연기관, 가스터빈 및 제트기관, 증기동력기관, 화력발전기관, 원자동력로 등
수 송 기 계	자동차, 철도차량, 항공기, 선박 등

[표 1·8] 계속

기계공업 분류	기계공업의 상세한 분류
전 기 기 계	가전기기(TV, 라디오, 전자 렌지 등) 통신무선기기, 음향기기, 전자계산기(컴퓨터, IC, 탁상계산기 등)
건 설 기 계 하 역 기 계	크레인, 켄베이어, 포크 리프트, 셔블 트럭, 각종 건설기계, 광산기계, 농업기계(트랙터, 경운기, 방제기, 제초기, 콤바인, 탈곡기, 이앙기 등)
정 밀 기 계	정밀측정기기, 계산기 및 주변기기, 전자부품용 정밀기기, 광학기계, 시계, 카메라, 이화학기계
화 학 기 계 장 치 (환경기계)	화학 플랜트, 석유화학 플랜트, 시멘트 플랜트, 공해방지장치, 대기오염 방지장치, 수질오염 방지장치, 폐기물 처리장치, 일반화학기계(열교환기, 집진기), 플라스틱 가공기계 등
산 업 기 계	일반사무기계(계산기, 복사기, 마이크로 사진기, 금전등록기), 전자계산기(디지털, 아날로그, 탁상), 계산기 시스템 수산기계, 방적 · 섬유기계, 의료용 기기, 종이 펄프기계, 인새기계, 포장기계, 산업용 로봇 등
생 산 관 리	생산 시스템, 자동화 시스템, 물류 시스템 등

제 2 장 기계의 재료 및 재료시험

2-1 기계의 재료

1 기계공업과 기계재료

기계공업의 진보와 발전은 항상 기계재료의 발달에 지탱되어 왔다. 문명의 초기에 만들어진 기계는 나무로 만든 목재기계(木材機械)였다. 한자에서 볼 수 있듯이 '機械'라는 글자는 나무 木변이 들어가 있다. 그런데 이 목재기계는 강도와 내구성이 충분하지 못해 점차 견고한 금속재료로 바뀌지 않을 수 없었다. 19세기 이후는 각종 공업의 발달에 따라 점점 고성능의 기계가 요구되어 현재는 기계의 대부분은 금속재료로 만들어지고 있다. 더불어 강(steel) 등에 있어서는 탄소강 · 합금강 · 초합금과 고급품이 개발되어 동력기계는 왕복식 증기기관에서 제트기관이나 원자력기관 등으로 발달하였다. 뿐만 아니라 전달기계 · 작업기계의 대부분도 그렇다. 이렇게 본다면 기계기술자로서는 기계재료에 대한 지식은 빼놓을 수 없는 기본지식임을 알 수 있다.

기계의 재료에는 철 · 강과 같은 금속재료와 목재 · 고무 · 합성수지 등과 같은 비금속재료가 있다. 기계의 제작에 사용되는 주된 재료는 금속재료(단일 금속 및 합금)가 대부분이나 비금속재료는 대개의 경우, 부속적으로 사용되는데 지나지 않는다.

2 기계재료와 그 선정

모든 기계 구조물은 여러 가지 재료에서 만들어지는 많은 부품으로 구성되어 있다. 각 부품의 재료는 그 부품에 필요한 강도, 내구성과 기능, 재료의 가공성과 경제성 등을 고려해서 선정한다. 필요한 특성을 가진 재료가 없다면 새로운 재료를 개발하지 않으면 안 된다.

기계재료는 사용목적에 따라 기계 · 구조물의 강도를 지지하기 위한 **구조용 재료**와 그 이외의 특수한 기능을 실현하기 위한 기능재료로 크게 나눈다. 구조용 재료는 고강도 재료, 높은 온도에서의 강도를 중요시하는 내열재료, 바다 속이나 화학 플랜트 등 부식(腐蝕) 환경에 사용되는 내식(耐蝕)재료 등으로 세분된다. 기계분야에서는 기능재료 가운데 금속의 절삭이나 소성가공에 사용되는 공구재료가 특히 중요하다. 그 외에 기계의 운전에서 빠져서는 안 되는 윤활제도 기계재료의 하나로 볼 수 있다.

이를 구체적으로 나누어 보면 다음과 같다.

(1) 강도를 요구하는 재료

기계부품 중에는 기계의 운전 중에 가해지는 여러 가지 힘에 충분히 견디고 장기간 사용하여도 파손이나 심한 변형이 생기지 않는 것을 요구한다. 이른바 **강도부재**이다. 이것은 골격(프레임)이나 결합부품, 운동부품 등이나 이들 재료로서는 강도부재의 요구도에도 따르지만 경제성 기타 적합한 재료를 적당한 곳에 사용한다는 의미도 있다. 주철, 탄소강 중의 연강 · 반경강, 특수강 중의 강인강, 황동 및 청동, 아연, 플라스틱 일부 등이 있다.

(2) 내구성을 요구하는 재료

기계부품 중에는 강도 이외에 내구성을 요구하는 것이 있다. 축과 베어링과 같이 서로 접촉하여 움직이는 부품에서 축의 경우는 마멸되지 않는 내마멸성이 요구되고 베어링에서는 마찰을 적게 함과 동시에 마멸되지 않고 마모를 감소시키는 성질이 요구된다. 또 부품이 비 · 바람이나 기타 외부에 노출될 때, 특히 높은 온도나 격심한 화학작용을 받아도 부식이 잘 되지 않는 내식성이 필요한 경우, 고온에 사용하여도 강도저하가 적은 내열성이 필요한 경우가 있다.

내마멸성에는 주철 · 반경강 · 강인강 · 표면경화강 · 고 Mn강 · 경질 Cr, 감마성에는 백합금 · 베어링 동합금 · 기타의 베어링 재료, 내식성에는 스테인리스강 · 동합금 · 내식 알루미늄, 내열성에는 내열 주철 · 내열강 · 내열 합금 · 내열 알루미늄 합금 등이 있다.

(3) 기능성이 요구되는 재료

기계부품에는 위와 같은 성질 외에도 기능적인 면을 강하게 요구하는 것도 있다. 상당한 강도를 가지면서 경량일 것을 요구하는 것, 또는 탄성한도가 크고 큰 변형을 받아도 영구변형이 생기지 않으며, 스프링 작용을 할 것을 요구하고 강도가 기계적 성질을 해치지 않고 기계가공이 쉬운 쾌삭성(快削性)을 요구하는 것 등이 있다. 기타 열전도가 좋으며, 팽창이 적고 전기적 성질, 자기적 성질도 요구되는 것이 있다.

(4) 기타 재료

기계재료 중에는 기계부품을 가공할 때 필요한 재료(공구강, 공구재료, 절삭유, 담금질 오일, 윤활유, 기타), 기계를 운전하거나 유지하기 위해 필요한 재료(연료, 윤활유, 기타), 기계를 설치하기 위해 필요한 재료(시멘트, 콘크리트, 목재, 로프 등) 등이 있다.

3 기계재료의 분류

한편 기계재료를 성질에 따라 나누면 철강, 합금강, 주철과 같은 철계 금속, 알루미늄, 마그네슘, 티탄, 구리 등의 비철금속(nonmetal), 고무 · 플라스틱 등의 고분자재료, 각종 세라믹 및 그것들을 조합한 FRP(fiber reinforced plastics), FRM(fiber reinforced metal) 등의 복합재료로 크게 나눌 수 있다. [그림 **2 · 1**]은 기계에 사용되는 재료의 종류이다.

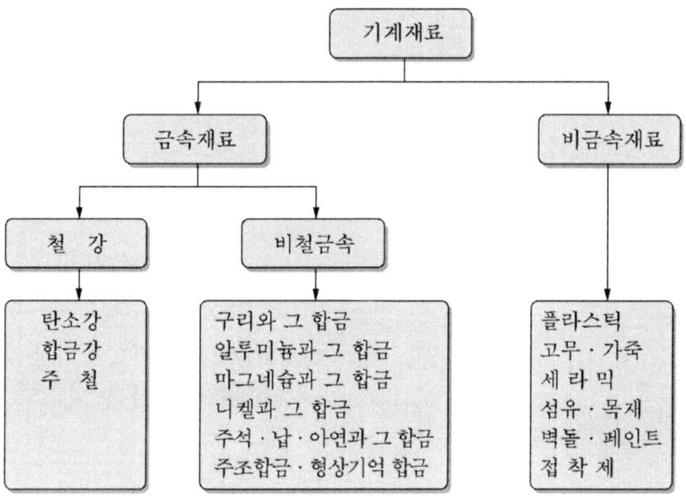

[그림 2·1] 기계에 사용되는 재료의 종류

[표 **2 · 1**]은 기계재료의 대분류와 중요한 용도를 표시한다. 대부분 공업재료의 성분, 특성값의 범위는 한국산업규격(KS 또는 KIS)에 규정되어 있기 때문에 상세한 내용에 대해서는 해당되는 규격을 찾아보면 된다.

먼저 기계에 사용되는 재료와 그것이 어떤 곳에 사용되며, 그 다음에 기초적인 지식을 충분히 알아 두어야 적재적소에 이용할 수 있는 능력을 터득할 수 있을 것이다.

[표 2·1] 중요한 기계재료와 그 용도

구 분		재 료			중요한 용도
구조용 재료	금 속	철계통	탄소강	연강	프레스용 강판, 바늘, 못, 볼트
				중탄소강	축, 핀, 기어
			합금강	고장력강	건축, 교량, 선박
				내열강	보일러, 증기터빈, 화학기계
				스테인레스강	
			특수합금(내열합금)		가스터빈, 제트기관
			주철	회주철	일반기계 부품, 케이싱, 프레임
				구상흑연주철	
		비 철	알루미늄 및 알루미늄 합금 마그네슘 합금		일반기계, 부품, 항공기, 화학기계
			티탄 및 티탄합금		항공기, 화학기계
			구리합금		벨브, 콕, 기어
	비금속		플라스틱		(강도를 필요로 하지 않는) 작은 기계부품, 케이싱, 기어
			세라믹		가스터빈 날개, 자동차 기관의 부품
	복 합		FRP		항공기, 탱크, 배
			FRM		항공기, 기관
기 능 재 료	금 속	철계통	탄소공구강		절삭가공용 바이트
			합금공구강		프레스 형(型)
			고속도강		단조, 다이케스팅 형(型)
			초경합금		절삭공구
			스프링강		스프링
			베어링강		볼 베어링, 롤러 베어링
		비 철	베어링 합금		슬라이딩 베어링
	비금속		세라믹		절삭공구, 숫돌, 연마제
			플라스틱		내식, 절연, 단열재, 패킹, 페인트, 접착제
			고무		타이어, 패킹
			유지(油脂)		윤활제, 절삭유

2-2 금속과 합금

1 금속의 성질

금속은 물질을 구성하는 기본적인 원소로 현재 발견된 103종 중 약 80여 종을 차지하며 일반적인 성상은 다음과 같다.

① 상온에서는 고체이고 결정구조를 가지고 있다.

② 불투명하며 금속 특유의 금속광택을 가지고 있다.

③ 칼륨, 리튬, 나트륨 등 일부의 금속을 제외하고는 비교적 비중이 무겁다.

④ 전성과 연성이 풍부하므로 가공이 쉽다.

⑤ 열 및 전기의 양도체이다.

2 합금의 특성

합금(alloy)은 한 종류의 금속에 다른 한 종류 또는 그 이상의 금속이나 비금속(C, P, S, Si 등)을 고온상태에서 용융시켜 혼합하여 만든 것이며, 금속으로서의 여러 가지 성질을 구비하고 있다. 따라서 합금은 주성분 금속자체에 비교하여 일반적으로 다음가 같은 특성이 있다.

① 강도와 경도를 증가시킨다.

② 주조하기 쉽게 된다.

③ 내연성과 내산성이 좋아진다.

④ 융점이 낮아진다.

⑤ 전기저항이 증가된다.

⑥ 색상이 아름답게 된다.

2-3 철강 재료

철(iron)과 강(steel)은 다른 금속재료에 비해 강도 · 경도가 크고 연성도 비교적 크지만 이들 성질을 열처리에 의해 어느 정도 조정도 된다. 철강 재료는 탄소의 함유량에 따라 순철(pure iron)은 탄소의 함유량이 0.01% 이하이고, 강(steel)은 탄소함유량이 0.01~2.11%이며, 주철(cast iron)은 탄소함유량이 2.11% 이상이다.

1 제철과 제강

철은 철광석을 용광로에서 용해하여 만든다. [그림 2·2]는 코크스로·제강로·압연공장 등의 종합 제철설비를 갖춘 공장에서 선철·제강·압연가공 등 세 부분의 작업을 일관해서 행하는 선강(銑鋼)의 제조공정은 알기 쉽게 보여 주고 있다.

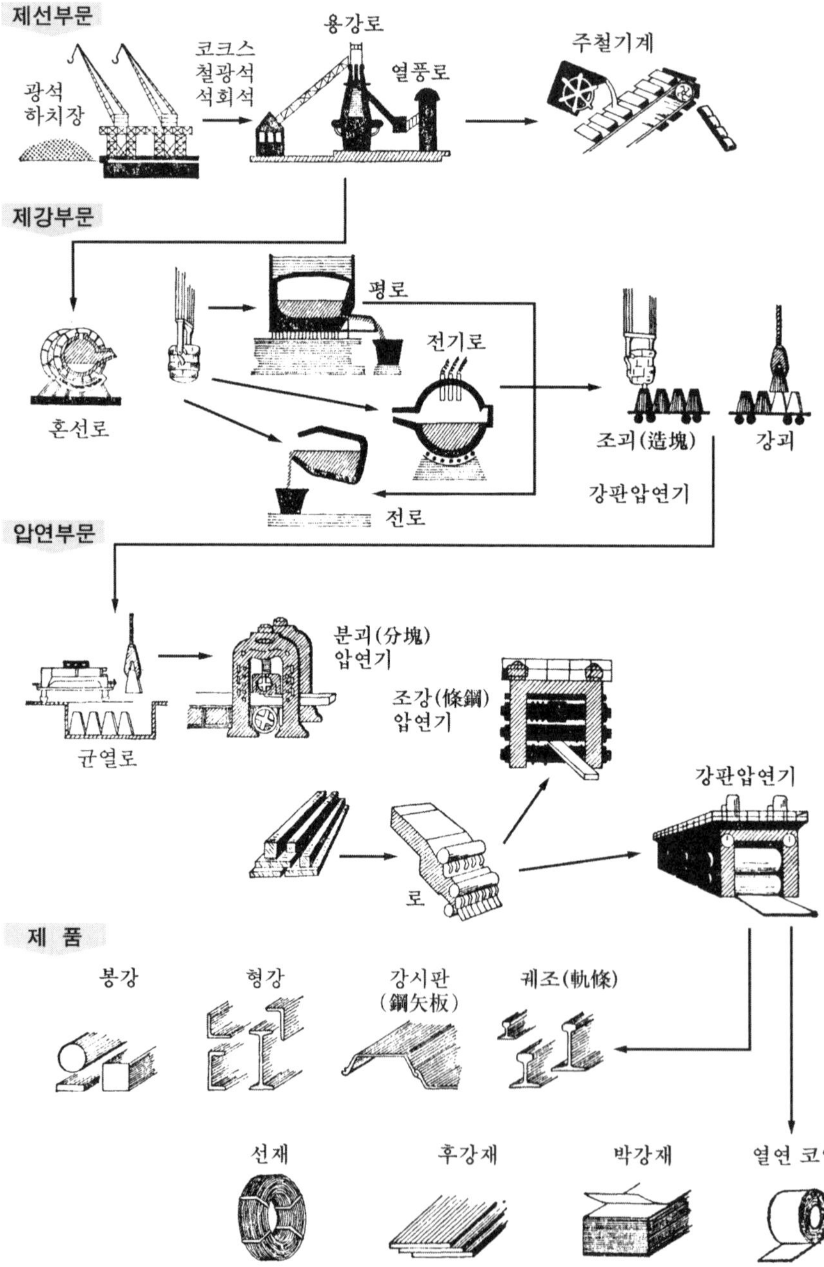

[그림 2·2] 선강 일관작업에 따른 철강의 제조공정

자철광(주성분 Fe_3O_4), 적철광(주성분 Fe_2O_3), 갈철광(주성분 $2Fe_2O_3 \cdot 3H_2O$) 등의 철광석을 코크스 등의 연료 및 석회석(불순물의 제거) 등과 함께 용광로에 넣고 밑에서 고압력의 열풍을 불어 넣어 연소시키면 철광석은 용해되는데 슬래그(溶滓 ; slag)와 철분을 분리하여 철분은 용광로 밑에 고이게 한다. 이 철분에는 C 2.8~4.5% 및 기타 불순물이 포함되어 있으며, 이것이 선철(pig iron)이다. 이 선철은 제강의 원료 또는 주조용으로 사용된다.

현대의 제철소에서는 균일한 품질을 얻기 위한 1기의 혼선로(混銑爐)에 혼합하고, 그 다음 전로나 평로, 전기로 등의 제강용의 용광로에 넣어 정련을 시키고 정련된 용강(熔鋼)을 수냉된 주형에 넣어 강괴(steel ingot)를 만든다.

강괴를 소재로 해서 여러 가지 압연 롤러를 사용하여 형을 만들어 봉강 · 형강 · 판강 · 선재 등의 철강 1차 제품으로 만든다.

2 철-탄소 합금의 조직과 상태

(1) 순철의 변태

순철을 가열하면 912℃에서 그 성질은 원자의 배열이 바뀌어 갑자기 변화한다. 이것은 α철에서 γ철로의 변태이며, 이를 A_3 변태점이라 한다. 더욱 가열하면 1394℃에서 다시 δ철로 변태한다. 이 $\gamma \rightarrow \delta$ 변태점을 A_4 변태점이라고 한다. A_4 변태점에서 1538℃의 융점까지는 δ철이다. 냉각의 경우는 가열의 경우와 반대현상이 된다. 즉

$$\alpha\text{철} \rightleftarrows \gamma\text{철} \rightleftarrows \delta\text{철} \rightleftarrows \text{융체}$$

912℃(A_3), 1394℃(A_4), 1538℃(융점)

로 된다. 여기서 온도의 변화에 의해 결정(結晶)계의 변화가 일어나는 것을 변태(transformation)라 하고, 변태를 일으키는 온도를 변태점이라 한다. 즉, 이 경우 Fe에서는 912℃를 A_3 변태점, 1394℃를 A_4 변태점이라 한다. 그래서 A_3 변태점 이하의 Fe를 α철, A3 변태점에서 A_4 변태점까지의 Fe를 γ철, A_4 변태점 이상의 Fe를 δ철이라 부른다.

기계재료로 사용하는 강, 즉 순철에 탄소가 함유되면 α, γ, δ철은 각각 α, γ, δ고용체를 만든다. 이들 고용체는 아무리 미세한 부분에서도 철과 탄소가 서로 별개의 성질을 형성하며 성분 원소로는 나눌 수 없다.

(2) 철-탄소합금의 변태와 조직

[그림 **2 · 3**]은 Fe-Fe_3C계 평형 상태도로 Fe에 C를 가하년 어떤 합금이 형성되며, 몇 도에서 용해되는지를 나타낸 것이다.

보통 철과 탄소의 합금은 액상선(ABCD)의 온도 이상에서 완전히 용해된 상태이고, 그 이하의 온도에서는 융체와 고체의 혼합 상태이며, 고상선(AHJECF)의 온도 이하에서는 완전한 고체

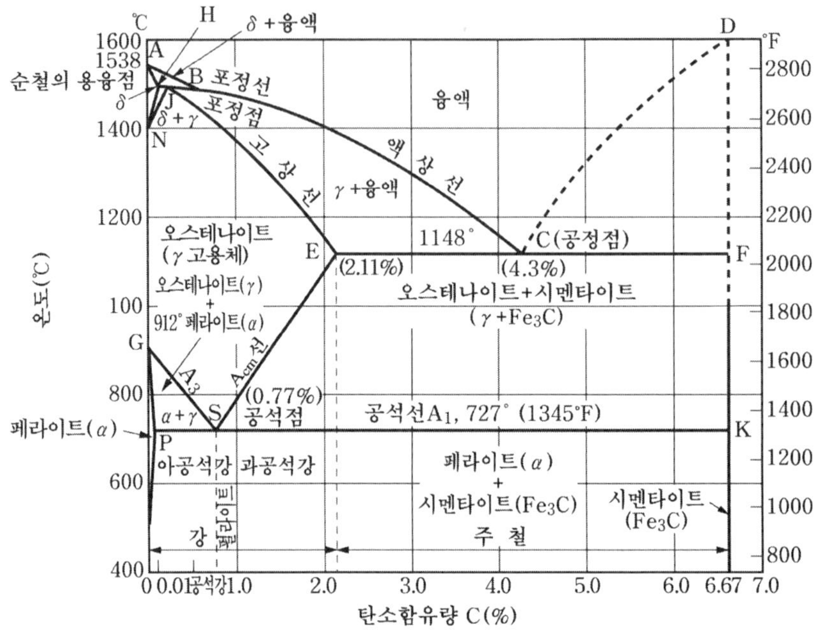

[그림 2·3] Fe − Fe_3C 상태도

상태로 된다. 또 완전히 응고한 합금은 냉각과정에서 탄소량이 E점(2.11%)보다 적은 합금을 강, E점보다 많은 합금을 주철로 구별하고 있다.

[그림 **2 · 3**]에서 페라이트(ferrite)는 α철에 C가 고용(固溶 ; 2종 이상의 금속이 용융체로 합해지면, 성분금속이 구별되지 않는 상태로 되고 그대로 고체로 굳어지는 것)된 것이며(상온에서의 고용한도 0.01% 이하), α철에 고용되지 못한 C는 Fe와 화합하여 백색의 대단히 단단한 화합물이 되는데 이를 시멘타이트(Fe_3C, C의 함유량 6.67%)라 한다. 또 오스테나이트(austenite)는 C의 양이 2.11% 이하의 γ 고용체이다.

이 [그림 **2 · 3**]에서 알 수 있듯, 탄소강에는 Fe에서 나타나지 않았던 별도의 변태점이 있다. 먼저 A_1 변태점(727℃)에서는 오스테나이트에서 페라이트와 시멘타이트의 2개의 서로 다른 물질이 동시에 석출된다. 이 상태를 A_1 변태 또는 공석변태라 한다. 오스테나이트의 전체의 양이 동시에 페라이트(그림의 P로 표시되는 성분의 것)와 시멘타이트(K로 표시되는 성분)로 될 때의 C의 양은 0.77%이고 S로 표시하며 이것을 공석점(共析點, eutectoid point)이라 한다. 탄소강의 공석조직은 페라이트와 시멘타이트가 층상으로 교대로 존재하는 조직이며 이것을 펄라이트(pearlite)라 부르고, 여기서 공석상태를 펄라이트 상태라 한다.

또 A_{cm} 변태점에서는 오스테나이트에서 시멘타이트가 석출되기 시작한다. 또 C의 양이 0.77%의 공석조직의 탄소강을 공석강이라 한다. 공석점(S)보다 C의 양이 적은 강을 아공석강 공석점보다 C의 양이 많은 강을 과공석강이라 한다.

A_1 변태를 경계로 위는 오스테나이트, 아래는 페라이트와 시멘타이트의 2상(相) 혼합물이 된다. 이 점 C를 **공정점**(共晶點, entectic point)이라 하며 위는 액체, 아래는 오스테나이트와 시멘타이트의 2상 혼합물이 된다. 다음에 네 가지 조직을 알아본다.

1) **오스테나이트**(austenite) : γ 고용체를 말하며, Fe-C 계의 탄소강에서는 γ 철에 C를 고용한 것을 말하나 보통 γ 철에 다른 원소가 고용된 것이다. 경도 H_B는 150~200이다.
2) **페라이트**(ferrite) : α 고용체로, Fe-C계에서는 α 철에 C를 고용한 것이다. 지철(地鐵)이라고도 부른다. 경도 H_B는 90~100이다.
3) **시멘타이트**(cementite) : Fe_3C의 화학식으로 표시되는 철과 탄소의 화합물이며 C의 함유량은 6.67%이다. 경도 H_B는 180정도이다.
4) **펄라이트**(pearlite) : 탄소 0.77%와 727℃ 온도에서 α 고용체와 Fe_3C의 금속간 화합물이 공석점에서 공석반응에 의해 얻어지는 혼합조직으로 현미경으로 관찰하여 보면 층상(層狀)조직으로 나타내며 경도는 H_B 125~150정도이다.

3 탄소강

철에 탄소강 0.01~2.11%를 가한 합금을 **강**이라 하는데, 이 강철에 성질을 개선하기 위해서 다른 원소를 가해 각종의 합금강을 만드는 경우도 많이 있다. 탄소 이외의 원소를 가하지 않는 강을 합금강과 구별하기 위해 보통 **탄소강**(carbon steel)이나 **보통강**으로 부른다.

탄소강은 탄소의 함유량에 따라 조직이 변하고 따라서 성질도 달라진다. 탄소함유율이 0.3% 이하인 경우를 **연강**(mild steel) 또는 **저탄소강**이라 하며, 탄소함유율 0.3% 이상인 경우를 **경강**(hard steel) 또는 **고탄소강**이라 부른다. 또, 온도에 의해서도 기계적 성질이 변화된다.

(1) 탄소강의 열처리

기계재료는 그 재질과 크기에 따라 가열되는 온도와 시간에 의해 내부의 성질이 변화된다. 또 높은 온도로 가열되고 있는 재료를 냉각할 때 그 냉각방법에 의해서도 성상이 여러 가지로 변화된다. 기계부품으로 가공하는 소재나, 가공 중인 공작물의 내부 조직을 적당한 성질로 조정하기 위해 가열과 냉각을 조작하는 것을 보통 **열처리**(heat treatment)라 한다. 즉, 담금질 · 뜨임 · 풀림 · 불림 등의 열처리에 의해 성질이 개선된다.

[그림 **2 · 4**]는 탄소강의 열처리를 나타내고 있다.

1) **담금질**(quenching) : 탄소강을 경화시키기 위해서 GSK선(A_3 · A_1) 위 30~50℃에서 가열한 후, 물이나 기름 속에 넣어 급냉각시켜 마르텐사이트(martensite) 조직으로 만드는 열처리이다. 공구강이나 재질 조정용 합금강이 주대상이다.[그림 **2 · 4** (b)]
2) **뜨임**(tempering) : 담금질한 재료는 경도는 좋으나 인성(靭性)이 부족되기 때문에 인성을 증가시키기 위한 것이다. 담금질한 직후 A_1 변태점 이하의 온도범위에서 가열하여 적당

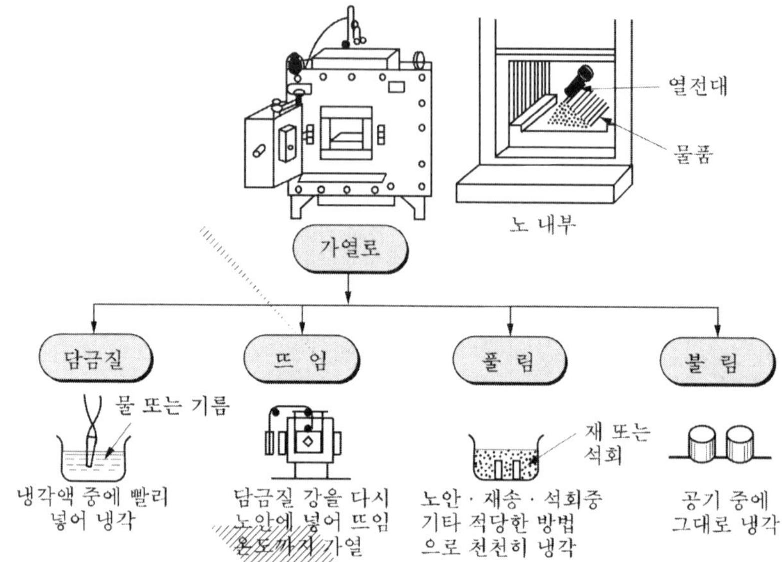

(a) 열처리의 순서

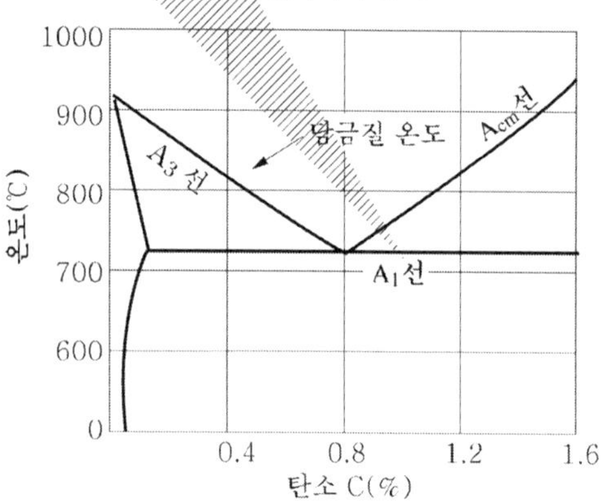

(b) 담금질 온도범위

[그림 2·4] 탄소강의 열처리

한 온도로 냉각한다. 저온 뜨임은 100℃에서 200℃ 사이에 30~60분간 가열하여 냉각하고, 고온 뜨임은 400℃에서 650℃ 사이에 가열하여 급랭한다.

3) 풀림(annealing) : 목적은 소성가공제품의 잔유응력의 제거, 결정조직의 조정, 재질의 연화, 가공성의 개선에 있다. [그림 **2 · 3**]의 GS(A_3)선 위 약 40~60℃의 온도에서 일정시간 가열하여 γ 조직으로 만들어 되도록 천천히(일반적으로 가열로 안에서 냉각) 냉각한다.

4) 불림(normalizing) : 내부에 스트레인이 생겼거나 불균일하게 된 탄소강을 보통의 상태로 하거나 절삭가공성을 좋게 하는 등 결정조직이 변화된 것을 표준조직으로 만들기 위한 처리이다. GSE(A_{cm})선보다 40~60°의 높은 온도에서 가열하여 똑같은 γ 조직으로 만들고 노 가열로 밖에 꺼내어 공기 중에서 천천히 냉각한다. 불림처리를 한 연후는 반드

시 풀림을 해야 한다.

5) **표면경화** : 기계의 축이나 기어와 같이 내부의 충격에 견디는 인성을, 표면은 마모에 견디는 경도를 요구하는 기계부품이 많다. 이들 요구에 대응하는 방법이 표면경화법이다.

① **침탄**(cememtation 또는 carburizing) : 주로 탄소량이 적은 연강을 표면부분만 수 mm 두께의 경도를 주어 내부는 경화하지 않고 점착성(粘着性 ; stickiness)을 가지도록 하는 것이며, 보통 강을 목탄 · 코크스 · 메탄가스 · 프로판 가스 등을 사용하여 표면층에 탄소를 침투시키는 조작이다. 침탄 후에는 2회 정도 담금질을 한다.

② **질화**(窒化 ; nitriding) : 탄소 대신에 암모니아 중에서 가열하고 질소를 표면층에 침투시켜 경도를 증가시키는 방법이다.

(2) 기계재료로서의 탄소강

1) **일반구조용 압연강** : 건축물 · 교량 · 선박 · 철도차량 기타 일반구조용 재료로 사용되며 강판 · 평강 · 형강 및 봉강으로 압연되어 있다.

2) **기계구조용 탄소강** : 기계의 각 부분에 사용되는 탄소량이 0.6% 이하의 양질의 품질을 말하며 보일러용 강, 용접용 강, 리벳용 강이라 부른다.

4 합금강

탄소강으로서는 얻을 수 없는 성질을 부여하거나 특별한 용도에 맞도록 하기 위해서 Ni, Cr, W, Mn, Mo, V, Co 등의 원소를 1종 또는 몇 종을 가한 강을 합금강(alloy seteel) 또는 보통 강이라 한다. 첨가하는 원소의 대부분이 담금질에 의한 경화층을 깊게 한다.

(1) 구조용 합금강

기계의 구조부품용 재료로 Cr강, Ni강, Ni-Cr강, Ni-Cr-Mo강, Cr-Mo강 등이 있다.

(2) 특수 용도용 합금강

스프링 강(spring steel), 베어링 강, 스테인리스 강, 내열강(heat resisting steel), 자석강, 전기용강 등이 있다.

5 공구용 재료

공구용 재료란 공구에 사용되는 재료로 다음과 나눈다.

- 공구용 재료
  - 공구강
    - 탄소공구강
    - 합금공구강
    - 고속도강
  - 주조합금
  - 초경합금

6 주강

일반적으로 사용되는 강재는 제강공장에서 만들어진 잉곳(ingot)을 압연한 1차 제품이지만, 복잡한 형상으로 인성(靭性)을 필요로 하는 기계부품을 주조에 의해 성형하여 압연 등의 성형 가공을 하지 않고 사용하는 주강(鑄鋼, cast steel)제품으로 보통 주강(탄소강)과 특수주강이 있다.

1) **보통주강** : 대부분 C 0.2~0.3%, Si 0.2~0.3%, Mo 0.5~0.7%의 탄소강이다. 기계적 성질이 떨어지기 때문에 풀림이나 불림의 열처리를 하고 조직을 개선하여 사용한다.
2) **특수주강** : 보통주강의 성질을 개선하기 위해서 Ni, Cr, Mn, Mo, V 등을 가한 것이며 구조용, 내식용, 내열용, 내마모용 등이 있다.

7 주철

철과 탄소의 합금 중 C 2.11~6.67의 것을 주철(鑄鐵, cast iron)로 사용하나 C 이외에도 Si, Mn, P, S 등이 극히 적은 양이 들어 있다. 일반적으로 강재와 비교해서 인성(靭性)이 적어 충격에 대해 약한 결점은 있으나 강보다 낮은 온도에서 용해되고 복잡한 형상을 주조하여 만들 수 있으며, 절삭가공도 쉽고 비교적 값이 싸다. 기계의 진동을 흡수하는 성질이 있어 옛날부터 널리 사용되고 있다.

주철의 조직은 주철에 함유되고 있는 C의 양이 강의 경우보다 많으며, 철과 화합한 탄화철(Fe_3C) 이외에 단독으로도 존재하는데 이것을 **흑연**(graphite)이라 한다. 조직은 크게 나누어 파단면이 은백색인 **백주철**(white cast iron)과 파단면이 쥐색인 **회주철**(gray cast iron)로 대별한다.

기계재료로서의 주철은 가장 많이 사용되고 있는 것이 **보통주철**이며 이것 이외에도 고급주철, 칠드 주철, 가단주철, 구상흑연주철, 합금주철 등이 있다.

2-4 비철 금속재료

기계재료로 사용되고 있는 비철금속재료 수는 수십 종이 있으나 Cu를 주성분으로 한 합금과 Al을 주성분으로 한 합금이 가장 많이 사용되고 있다.

1 구리와 그 합금

(1) 구리

Cu(copper)는 전기의 양도체이며 열을 잘 전도시키고, 전기재료로 사용되는 이외에 전연성(展延性)이 좋아 신동품(伸銅品)으로는 동판, 동봉, 동선, 동관 등에 사용된다. 신동품의 기계적 성질은 가공의 정도에 따라 크게 변화된다.

(2) 동합금

기계재료로는 Zn을 주로 첨가한 **황동합금류** Sn을 주로 가한 **청동합금류**를 사용한다.

(3) 황동

황동(brass)은 Cu에 Zn을 8~50% 가한 합금이다. 실용상 Zn 30~40% 정도의 것이 사용되는데 Zn 30% 전후의 것을 **73 황동**이라 하고 상온에서 소성가공이 잘 되므로 시계부품, 전구의 소켓 등을 만드는데 사용된다. 또한 Zn 40% 전후의 것은 **64 황동**이라 하며 암연이나 단조 등의 열간가공에 적합하다.

(4) 특수 황동

황동의 내식성이나 기계적 성질을 더욱 조이거나 특수한 성질을 부여하기 위해서 Cu와 Zn 이외에 합금원소를 가한 것이며 납황동, 알루미늄 황동, 고력(高力)황동, 철황동 등이 있다.

(5) 청동

청동(bronze)은 Cu와 Sn을 주성분으로 하는 합금이며 내식성, 주조성, 내마모성, 기계적 성질이 우수하다. Sn 10% 전후를 함유하는 청동은 옛날 대포의 주조에 사용되었기 때문에 보통 **포금**(砲金 ; gun metal)으로 불리며, 강도나 연성이 크고 내식성, 내마모성이 좋아 현재도 많이 사용되고 있다.

(6) 특수 청동

청동의 성질을 개선하기 위해서 청동에 Pb, P 등을 넣은 납청동, 인청동이 있고 그 외에도 Cu에 Al, Ni, Mn, Si, Be 등을 가한 합금은 Sn이 들어 있지 않아도 알루미늄 청동, 니켈 청동,

망간 청동, 규소 청동, 베릴륨 청동이라 불려지고 있다.

2 알루미늄과 그 합금

알루미늄은 철의 1/3 정도의 비중으로 산화되기 쉬우나 공기 중에서 표면에 만들어진 얇은 산화막이 산화를 방지하는 구실을 한다. 또, 전기와 열의 양도체이고 가공하기 쉬운 판, 봉, 관, 선 등의 가공에 널리 사용되고 있다.

순알루미늄은 재료로서 약하기 때문에 기계적 성질을 향상시키기 위해서 Cu, Si, Mg, Ni 등을 가하고 경량이라는 특성을 충분히 살려 합금을 사용한다.

합금으로는 Al-Cu, Al-Si, Al-Mg 계의 **주조용 알루미늄 합금**과 고력내식, 내열계의 **단련용(鍛錬用) 알루미늄 합금**이 있다.

3 마그네슘과 그 합금

Mg은 비중이 1.7로 가볍고, 항공기 재료로 주목을 받고 있으나 내식성이 크게 좋지 않고 Al보다 고가이며, 650℃정도에서 자연발화되기 때문에 주의를 필요로 한다. 상온가공은 곤란하지만 550℃정도의 고온에서는 가공이 쉽게 된다.

실용적으로는 Mg에 Al 2~10%, Zn 0.4~3.5%, Mn 0.15~2.4%를 가한 것이 주조용과 가공용의 Mg합금으로 사용된다.

4 니켈과 그 합금

니켈은 내식성, 내열성이 풍부하며 연성이 좋고 아름다운 광택을 가지고 있다. 스테인리스강, 내열강, 구조용 강 등의 합금재료 및 도금용으로 사용된다.

합금으로는 Ni-Cu, Ni-Cr, 내식용 Ni합금, Ni-Fe 계의 것이 있다.

5 주석 · 납 · 아연과 그 합금

이들 합금은 융점이 낮고 내식성이 크다. 베어링 합금으로는 Sn, Pb, Zn을 주성분으로 하는 **화이트 메탈**(white metal)이 있고, 융점이 낮아 주조하기 쉬운 합금으로는 Pb, Sn, Sb를 주성분으로 하는 **활자합금**(type metal)이 있으며, Sn, Pb, Cd 및 Bi 등을 주성분으로 하여 소화전이나 전기용 휴즈, 치과용으로 사용되는 **가융합금**(可融合金, fusible metal) 등이 있다.

6 주조합금

Co 40~50%, Cr 25~30%, W 12~20%, C 2~3%를 주조성형한 합금으로 고온시에 만들어지는 탄화물로 경도가 대단히 크며, 내마모성과 내식성이 우수하여 절삭공구로 사용하면 고속도강과 비교할 때 절삭속도는 1.5~2배이고 내구시간도 2~3배가 된다.

7 소결합금

여러 가지 금속을 기계적으로 분쇄하거나 화학적으로 정제하여 만든 금속의 분말을 금형에 넣어 고압성형하거나, 압연이나 진동 또는 원심력으로 성형하거나 석고로 성형할 때 용융온도 부근까지 가열하여 굳혀서 합금을 만드는 방법을 분말야금법(powder metallurgy)이라 한다. 또 이렇게 하여서 만든 합금을 소결합금(燒結合金, sintering alloy)이라고 한다.

8 형상기억합금

금속이 상태변화를 할 때 오스테나이트로 불려지는 고온의 조직이 냉각에 의해 마르텐사이트 조직으로 변태한다. 이 조직을 재가열하면 다시 오스테나이트 조직으로 변태한다. 오스테나이트 조직일 때 어떤 형상 A를 만들고 마르텐사이트화시켰을 때 외력을 가해 변형시켜 형상 B를 만든다. 재가열하면 오스테나이트화하여 형상 B는 없어지고 원래의 형상 A로 되돌아간다. 이것이 형상기억이다. 그러나 이 사실은 오스테나이트화를 시작하는 온도 As와 마르텐사이트화를 시작하는 온도 Ms와의 차이가 작은 합금에 한정된다. 대표적인 것으로 Ti-Ni 50 : 50%, 무게 44.93 : 55.07인 니치놀이가 있는데 Ms가 60℃, As가 78℃이다. 그 외에도 Ti-Ni-Cu, Ti-Ni-Fe, Cu-Zn, Ni-Al, In-Tl, In-Cd, Au-Cd, Ag-Cd, Cu-Au-Zn, 합금 등이 있다. 또 형상기억을 일으키는 온도가 -100℃ 이하가 되는 것도 나타나 있다.

2-5 비금속재료, 복합재료

1 기초재료

기계의 설치에는 기초재료로 석재, 벽돌, 시멘트, 모르타르, 콘크리트 등이 사용된다.

2 내화물 및 보온재

금속의 용융, 가열 등을 하는 노를 만드는 재료는 내화성이 있는 재료를 필요로 하며, 보통 1580℃ 이상의 내화도를 가지는 것을 내화물이라 한다. 또, 고온의 노나 저온의 장치 등에서 열의 출입을 되도록 줄이기 위해서 열전도율이 낮은 재료를 필요로 하는데 이것에 직합한 것을 보온재라 한다.

(1) 내화물

소재의 성질에 따라 산성, 염기성, 중성의 내화 벽돌과 내화 모르타르가 있다.

(2) 보온재

열전도율이 되도록 낮은 재료의 내부에 많은 공기층을 만들어 열의 출입을 되도록 적게 한 것이며, 유기질(동 · 식물질 : 양털, 소털, 솜털 등) · 무기질(광물질 : 규조토, 탄산 마그네슘) · 금속(파형 또는 평면 알루미늄)의 것이 사용된다. 알루미늄 박(箔)으로 적당한 공기층을 만들어 겹쳐 포갠 것이 복사열을 방지하는 보온재로 사용된다.

3 고분자(플라스틱)재료

최근에는 기계의 경량화, 제조가격의 저감 때문에 여태까지 금속으로 만들던, 그렇게 강도를 필요로 하지 않는 기계부품은 플라스틱(plastic)으로 만들게 되었다. 또, 최근에는 엔지니어링 플라스틱(engineering plastic)이라 불리는 고강도 고분자재료가 개발되어 가벼운 하중을 받는 기어, 축, 케이싱 등에도 사용되고 있다. 이들은 용융재료를 금속의 형에 가압 주입하는 사출성형, 다이(die)를 통해 용융재료를 압출(壓出)하는 압출성형법에 의해 비교적 쉽게 제작되어 우수한 내식성과 진동 흡수능력을 가진다. 그러나 한편으로는 강도, 경도, 강성(剛性)이 부족, 큰 열팽창계수와 크리프 등으로 고온에서 사용할 수 없는 결점을 가지고 있다.

위와 같은 결점의 일부는 유리, 탄소 등 고강도섬유를 플라스틱 안에 넣어 FRP(fiber-glass reinforced plastic)로 함으로써 현저하게 개량되고 있으나, 아직은 플라스틱과 비교하여 성형, 가공성이 나쁘고 가격이 고가이기 때문에 일반의 기계에 널리 사용되는 상황은 못 되고 있다.

4 세라믹

도기(陶器)에 대응되도록 무기질의 분말을 소결시킨 것이 세라믹(ceramic)이다. 일반적으로 내열성 · 내마모성 · 내식성이 우수하며 대단히 경도가 크고, 압축하중에는 강하나 인장하중이나 충격하중에는 약한 성질이 있다. 세라믹보다 기계적 성질이 우수한 것을 파인 세라믹이라 한다.

정보전달용에 사용되고 있는 광(光)파이버도 세라믹의 일종이다.

5 FRM

알루미늄과 같이 가벼운 금속을 바탕으로 탄소, 질화붕소 또는 금속의 결정 등의 섬유로 보강한 재료를 FRM(fiber reinforced metal)이라 한다. 이것은 대단한 강도와 인성(靭性)을 가지는 재료이나 현재 제조가격이 높아 항공 · 우주용 외에는 사용되지 않고 있다.

6 연삭재, 연마재, 숫돌(砥石)

부스러기를 내면서 가공하는 데 사용하는 것을 연삭재라 하며 용융 알루미나(Al_2O_3), 탄화규소(SiC), 탄화붕소(B_4C) 등이 있고, 표면층을 똑같이 매끈하게 가공하는 데 사용하는 것을 연마재라고 한다. 천연 연마재로는 다이아몬드, 에머리가 있고 인조로는 산화철, 산화 크롬 등이 있다. 그러나 연삭재로도 연마를 할 수 있도록 한 것이 숫돌이다.

7 도료

도료는 주로 기계류 등의 표면보호에 사용되는 것이며 녹방지도료, 내산도료, 내알칼리 도료, 내유도료, 내열도료, 경금속도료, 배바닥 도료, 내화도료 등이 있으며 장식을 겸하는 경우가 많다.

최근에는 합성수지도료의 개발이 진행되어 그 사용량이 증가되고 있다. 기계류에 사용되는 대표적인 것으로는 알키드 수지가 있으며 내유성과 내열성이 우수하다.

8 복합재료

복합재료는 물리적·화학적 처리에 의해서 두 종류 이상의 소재를 합하거나 둘 이상의 상(相)을 가지게 한 재료로 원래의 소재보다 우수한 특성을 가진다.

복합재료의 큰 특징은 소재단체(素材單體)로서는 절대로 가질 수 없는 특성(보기를 들면 가벼우면서 강도가 크고, 전기의 양도체이면서 열의 부도체 등)을 만들 수 있다는 것이다.

주요한 복합재료로는 금속계, 플라스틱계, 세라믹계, 고무계, 목질계 등이 있다. 현재는 주택자재, 선박이나 자동차의 보디, 탱크 등의 용기, 기어 등이다.

2-6 윤활제와 절삭제

기계의 회전부분이라든가 접촉하면서 운동하는 두 면 사이에 생기는 마찰열이나 마모를 방지하기 위해 사용되는 것이 윤활제이다. 또, 금속을 절삭할 때 절삭온도를 저하시켜 가공을 좋게 하며, 공구의 수명을 증가시킴과 아울러 절삭되는 재료의 열팽창을 방지하여 가공면을 아름답게, 치수 정도를 좋게 하며 동력손실을 줄이기 위해 사용되는 것이 절삭제이다.

1 윤활제

윤활제에는 광물성 윤활유, 지방성 윤활유, 혼성 윤활유, 그리스 외에 고체 윤활제 등이 있다. 오일에는 유성과 점성의 두 성질이 있어 가벼운 하중 고속도의 곳에는 유성과 점성이 낮은 것을, 중하중 저속도의 곳에는 유성과 점성이 높은 것을 사용한다.

[2] 절삭제

절삭제로는 물, 비누, 유지(油脂)로도 좋으나 유제(油劑)가 사용되는 경우가 많다. 종류는 물로 희석하여 사용하는 수용성 절삭유제, 물에 희석하지 않고 사용하는 불수용성 절삭유제가 있다. 그 외에도 가죽과 고무, 접착제, 유리, 목재, 방음재료 등 대단히 많다.

2-7 금속재료의 기계적 시험 · 검사

기계나 구조물을 만들려면 기계를 구성하는 데 사용되는 금속재료나 비금속재료의 강도나 경도 등의 기계적 성질을 알아 두어야 한다. 그렇게 하려면 재료시험을 해야 한다. 기계재료 중 많이 사용되는 금속재료에 대해서는 인장, 압축, 굽힘, 비틀림, 경도, 피로, 클리프 등의 여러 가지 시험이 재료의 사용목적에 따라 이루어진다.

[1] 인장시험(tension test)

인장시험이란 시험하고자 하는 금속재료를 KS규정의 시험편(test piece, 그림 **2 · 5**)을 가공하여 축방향으로 인장하중을 천천히 가해 하중과 늘어남의 관계인 하중연신선도(load delongation diagram)에 의해 금속재료의 변형저항에 대한 성질을 조사하는 시험이다. 시험기는 자동적으로 그래프를 기록하도록 되어 있고, 이 그래프가 금속재료의 성질을 잘 나타내 주기 때문에 이용하기에 편리하다.

이 그래프는 **4-5**절 [1]항에서 설명하는 응력 변형률과도 깊은 관계가 있으며, 하중, 연신선도를 조사하여 탄성한도 · 항복점(yield point) · 인장강도(tensile strength) · 늘어남(elongation) · 단면수축(reduction of area) · 내력(yield strength) 등을 알 수 있다.

$$\left.\begin{aligned} &\text{비례한도} = \frac{W_A}{A}(\mathrm{kgf/mm^2}), \quad \text{탄성한도} = \frac{W_B}{A}(\mathrm{kgf/mm^2}) \\ &\text{항복점} = \frac{W}{A}(\mathrm{kgf/mm^2}), \quad \text{인장강도} = \frac{W_{\max}}{A}(\mathrm{kgf/mm^2}) \\ &\text{늘어남} = \frac{L'-L}{L}\times 100(\%), \quad \text{단면수축} = \frac{A-A'}{A}\times 100(\%) \end{aligned}\right\} \qquad (2\cdot 1)$$

W : 항복점에 도달할 때까지의 최대하중(kgf)

W_A : A점의 하중(kgf)

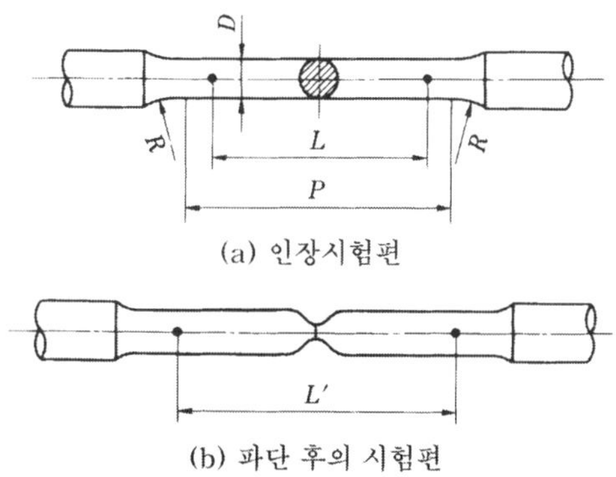

[그림 2·5] 시험편의 한 예

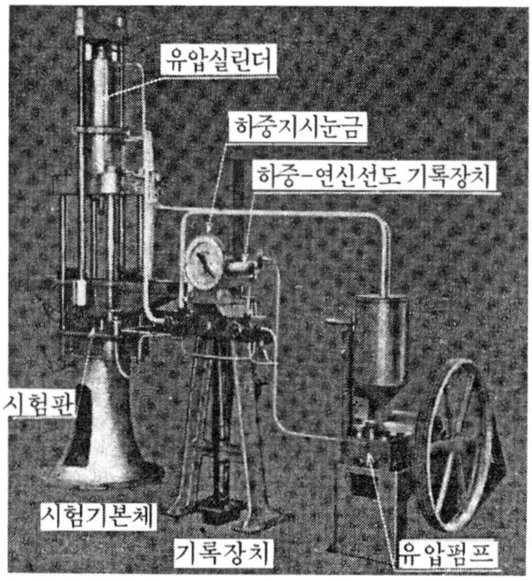

[그림 2·6] Amsler 만능재료 시험기

W_{max}: 시험편이 견디는 최대하중(kgf)

W_B : B점의 하중(kgf)

A : 시험편의 처음 단면적(mm^2)

A' : 절단 후의 시험편 단면적(mm^2)

L : 시험편의 길이(mm)

L' : 파단후의 시험편의 길이(mm)

일반적으로 탄성한도와 비례한도는 비슷한 값이므로 탄성한도와 비례한도는 같다고 보는 경우가 많다.

[그림 2 · 5]는 인장시험 때 사용하는 시험편의 한 예이고 [그림 2 · 6]은 Amsler형 만능시험기이며, 유압에 의해 하중을 걸어 인장시험 외에 압축 · 굽힘시험도 할 수 있다.

2 압축시험(compression test)

압축시험은 베어링 합금 · 주철 · 콘크리트 등과 같이 인장작용에는 약하지만 압축작용에는 강한 재료에 대해서 실시하며 압축강도를 얻고자 하는 게 목적이다. 하중의 방향은 다르지만 시험방법은 같아 Amsler형 만능시험기가 사용된다.

3 굽힘시험(bending test)

굽힘시험에는 시험편의 양끝을 지지하고 중앙부에 하중을 가해 하중과 굽힘관계를 조사하는 시험이다. 주철이나 콘크리트 · 목재의 처짐(휨 ; deflection)과 판재의 굽힘 강도를 조사한다. 보통 Amsler형 만능시험기가 사용된다.

4 비틀림시험(torsion test)

환봉(丸棒)이나 선재(線材) 등의 시험편을 시험기에 걸어 비틀림 · 비틀림 모멘트 · 비틀림 각을 측정하여 가로 탄성계수나 전단응력(剪斷應力)을 조사하는 것이 시험의 목적이다. 시험편은 보통 둥근 막대가 사용된다.

5 경도시험(hardness test)

금속이나 합금의 경도는 기계적 성질 중에서도 중요한 성질로 내마모성을 아는 자료가 된다. 경도(硬度)의 측정은 다른 시험법보다 간단하게 되기 때문에 금속재료의 시험 · 검사 중에서 가장 많이 실시된다.

시험재료에 다른 규정의 물체를 일정한 압력으로 눌러 밀었을 때 시료가 나타내는 저항력의 대소에 의해 경도의 정도를 표기하지만, 시험방법에는 여러 가지가 있어 KS에서는 브리넬, 비커스, 록웰, 쇼어의 4종류가 규정되어 있다.

(1) 브리넬 경도(Brinell hardness)

강구압자(鋼球壓子)(ϕ10 또는 ϕ5)를 일정한 하중(3000 kgf, 1000 kgf 또는 750 kgf, 500 kgf)을 걸어서 시료의 시험면에 눌러 시험면에 생긴 凹부의 표면적으로 하중을 나누어 생긴 수치로 표시한다. 시험의 결과는 H_B(kgf/mm^2)로 표시한다.

(2) 비커스 경도(Vickers hardness)

대면각이 136°의 다이아몬드로 만든 4각추압자(角錐壓子)를 일정한 하중(0.3, 0.5, 1.0, 5, 20, 30, 50 kgf)으로 눌러 생긴 凹부의 표면적으로 하중을 나눈 수치로 표시하며 H_V로 나타낼 수 있다. 제품검사, 얇은 물건의 검사 등에 이용한다. [그림 **2 · 7** (a)]는 브리넬 경도에 사용되는 강구압자이고 [그림 **2 · 7** (b)]는 비커스 경도에 사용되는 다이아몬드 압자이다.

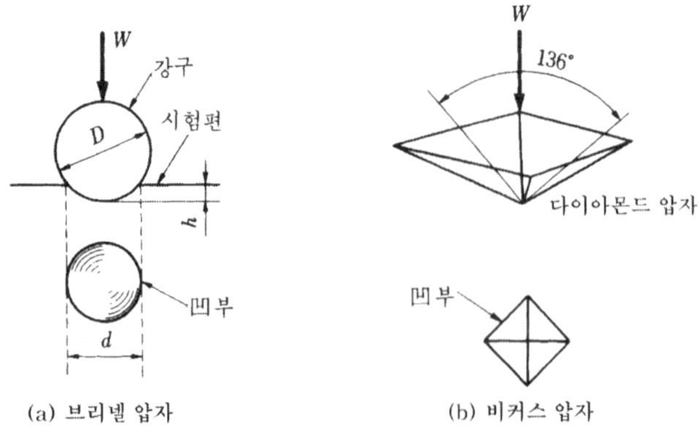

[그림 2·7] 시험압자

(3) 록웰 경도(Rockwell hardness)

다이아몬드 또는 강구압자를 시험편에 압입시키고 그 압자 깊이를 경도지시계로 직접 읽어 재료의 경도를 측정한다. 정확하고 능률이 좋게 측정되기 때문에 널리 사용된다. 강구압자를 사용할 때에는 H_RB, 다이아몬드 압자를 사용할 때에는 H_RC로 표시한다.

(4) 쇼어 경도(Shore hardness)

끝부분에 다이아몬드를 붙인 일정한 하중의 해머를 일정한 높이에서 낙하시켜, 해머가 시험면에 충돌하여 튀어오르는 높이에 의해 경도 H_S를 표시한다. 시험기가 소형이고 어디든지 운반하는 데 편리하다. [그림 **2 · 8**]은 경도시험기들이다.

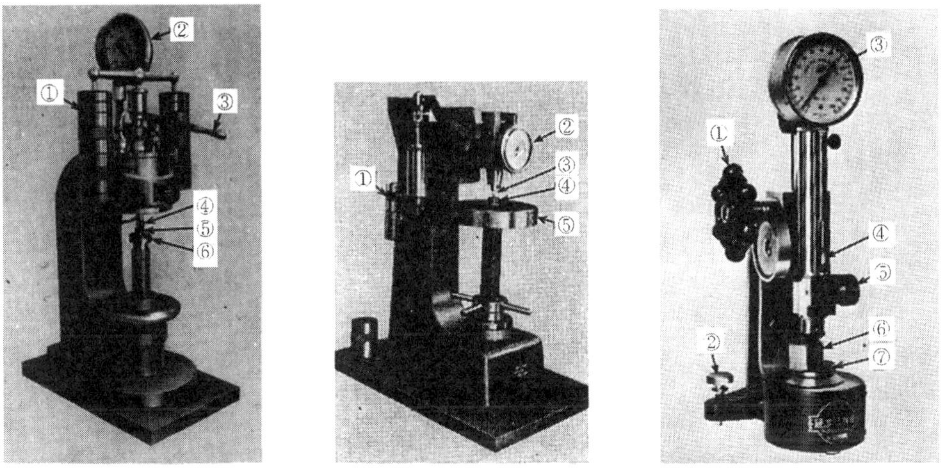

(a) 브리넬 시험기 (b) 록웰 시험기 (c) 쇼어 시험기

[그림 2·8] 여러 가지 경도시험기

6 충격시험(impact test)

KS에서 규정한 크기의 시험편을 고정하고, 진자식 해머를 일정한 각도로 올려 떨어뜨리면 해머는 위치에너지로 시험편을 파괴하고 남은 에너지는 반대쪽으로 올라간다. 시험편에 흡수된 에너지는 재료의 종류에 따라 다르므로 흡수된 에너지의 대소에 따라 재료의 인성(靭性, toughness), 취성(脆性, brittleness)을 판단하는 충격치를 구할 수 있다. 시험기로는 샤르피형(Charpy's type)과 아이조드형(Izod type)이 있다. [그림 **2 · 9**]는 샤르피 충격시험기이다.

7 피로시험(fatigue test)

한번 힘을 가해서는 파괴되지 않는 작은 하중이라도 반복해서 하중(인장 · 압축 · 비틀림 · 굽힘 등)을 여러 번 가하면 재료는 피로해져서 파괴된다. 이것을 반복응력에 의한 피로파괴라 한

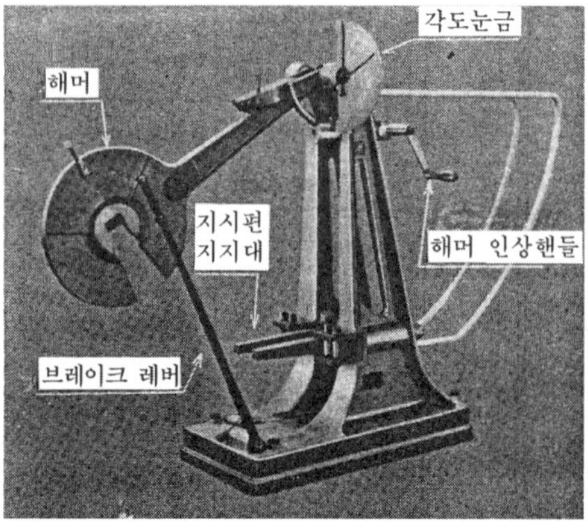

[그림 2·9] 샤르피 충격시험기

다. 피로시험은 인장 · 압축 · 굽힘 · 비틀림 등의 하중을 번갈아 가면서 주어 파단될 때의 횟수를 측정하는 시험이다. 전차 · 자동차 · 송풍기 등의 축은 이런 시험의 대상이 된다.

일반적으로 시험방법에는 인장압축피로 · 비틀림 피로 · 평면굽힘 피로 · 회전굽힘 피로 · 조합응력피로시험 등이 있다.

피로한도를 정하는 것이 시험목적이므로 강이나 주철의 반복횟수는 10^7회 정도, 비철금속재료에서는 10^8회에도 정확한 피로한도가 구해지지 않는 경우도 있다.

엘리베이트, 케이블 카, 크레인 등의 와이어 로프, 기어의 이(齒), 내연기관의 커넥팅 로드 등과 같이 반복응력을 받는 기계부품을 설계할 때에는 피로한도를 기준으로 삼는다.

8 크리프시험(creep test)

금속이나 합금을 외력을 가해서 변형시킬 때 외력의 크기가 탄성한도 내에 있으면 일상온도에서는 하중을 장시간 가해도 하중에 비례한 이상의 변형은 일어나지 않으나, 높은 온도에서는 탄성한도 내라도 장시간 하중을 걸어 두면 변형률이 증가되어 변형이 일어난다. 이러한 현상을 크리프(creep)라 한다. 이렇게 해서 변형량을 측정하는 시험이다.

9 비파괴검사(non-destructive inspection)

인장시험, 굽힘시험, 충격시험 등 앞에서 설명한 시험법의 대부분은 시험편을 파괴하지 않으면 안 되기 때문에 완성된 기계부품에 대해서는 직접시험이 되지 않는다. 그래서 실제 사용되는 완성부품에 X선이나 초음파를 사용하여 기계재료나 제작부품을 파괴하지도 않고 그 제품이 완전무결 여부를 조사하는 중요한 검사이다. 중요한 부품에 대해서 실시하고 있다.

(1) 침투 탐상법(浸透探傷法, impregnating method)

절삭한 제품의 표면을 먼저 깨끗하게 닦고 다음에 등유에 붉은 색 유성염료를 용해한 침투액을 붓으로 칠하던가 또는 스프레이로 뿌려 약 10분간 방치한 다음 그 표면의 침투액을 제거하고 백색분말을 메틸 알코올에 푼 현상제를 전체의 면에 칠한다. 알코올은 곧 증발되고 백색분말이 표면을 덮게 된다. 만일 제품표면에 파괴된 부분이나 핀 홀이 있는 경우에는 그 속에 침투된 붉은 염료가 흰 표면에 번져 나오기 때문에 눈으로 미세한 손상을 쉽게 발견할 수 있다.

(2) 자기분말(磁氣粉末) 탐상법(magnetic powder inspection)

철강 등 강자성체 재료의 결함검사에 사용되는 방법으로 이 경우는 표면에 나타나 있는 손상뿐만 아니라 표면에 가까운 재료내부의 손상도 발견할 수 있다. 검사하고자 하는 철강을 자성을 띠게 하려면 ① 철강에 전류를 흐르게 한다. ② 전류가 흐르는 전선을 철강에 감는다. ③ ②에 의해 자성을 띠게 된 철강의 N, S 양극을 검사품에 압착하여 자력선을 통과시키는 방법 등이다. 이렇게 하여 자성을 띠게 된 철강재료에 작은 쇳가루를 뿌리면 갈라진 부분은 자속이 누설되기 때문에 쇳가루가 여기에 쌓인다.

(3) 초음파 탐상법(supersonic inspection)

수정의 결정(結晶)에서 잘라 낸 판에 고주파 전압이 작용하면 판의 두께가 진동적으로 변화하여 초음파가 발생한다. 반대로 초음파가 수정판에 닿으면 수정판이 진동을 일으켜 고주파 전압이 생긴다. 이 원리를 이용하여 제품 내부에 있는 결함을 조사할 수 있다.

(4) 방사선 투과 탐상법(radiographic inspection)

X선이나 Co_{60}이 방사하는 γ선은 금속을 투과하므로 이것을 이용하여 내부의 결함을 발견하는 방법이다. 검은 종이에 포장된 X선용 필름을 제품에 대고 반대측에서 제품을 통해 방사선을 일정시간 쪼이면 결함이 있는 부분은 방사선이 투과하기 쉬우므로 현상된 필림을 보면 결함부분은 다른 부분에 비해 검은 부분이 강하기 때문에 쉽게 발견된다.

제 3 장 기계의 역학

3-1 기계와 역학

제1장의 '기계의 의미'에서 뢸로의 정의가 설명되어 있다. 거기에 따르면「기계란 저항력을 가지는 물체의 조합으로, 이들 물체는 한정된 운동에 의해 외부에서 주어진 에너지를 유용한 기계적 일로 바꾸는 것이다」. 원래 기계는 재료역학에서 설명하는 탄성체로 구성되어 있으나 기계역학의 입장에서는 탄성을 무시하고 기계란 ① 외력에 대해서 저항력을 가진 물체의 조합이며, ② 각 부분 사이의 상대운동은 한정되어 있고, ③ 외부로부터 에너지의 공급을 받아, 목적에 맞는 일을 한다. ④ 이들 각 부분은 분해되지 않도록 프레임에 의해 지지되어 있다.

이들의 운동(변위 · 속도 · 가속도) · 힘 · 일 · 에너지 등은 모두 역학의 용어로, 여기서 기계와 역학은 뗄 수 없는 관계임을 알 수 있다. 역학(mechanics)은 크게 나누면 물체(기계)에 하중이 가해지더라도 평형이 잡혀 있는 경우는 **정역학**(statics)이고, 물체에 힘이 가해져서 운동을 한다면 **동역학**(dynamics)이다.

기계를 계획하거나 과학적으로 이해하기 위해서는 힘의 특징, 힘과 작용의 관계, 힘을 받는 물체의 강도 등에 대한 지식이 있어야 한다. 역학에서는 ① 힘은 어떻게 해서 얻어지며, ② 힘의 전달과 그 경우에 일어나는 에너지 손실, ③ 물체의 운동과 힘의 관계, ④ 힘이 작용하더라도 평형이 있는 경우, ⑤ 힘을 받는 물체의 강도 등을 간략하게 다루는데 이 내용은 결국 기계의 **강도와 변형**으로 보면 될 것이다.

①~④에 포함되는 내용은 물리학에서 '일반역학'이라 부르는 분야에 속하며, ⑤는 기계공학에서 '재료역학' 또는 '재료강약학'이라 부르고 있다.

3-2 일과 에너지

1 일 · 토크

힘이 작용하여 물체를 움직였을 때, 그 힘 F(kgf)와 물체가 힘의 방향으로 이동한 거리 s(m)와의 곱인 Fs(kgf · m)만큼 일(work)을 한 셈이다. 바로 힘이 한 일이다.

$$\text{일} = (\text{힘}) \times (\text{힘을 받은 물체가 이동한 거리})\ (\text{kgf·m}) \tag{3·1}$$

힘이 물체를 회전시키도록 작용할 때, 이것을 **토크**(torque)라 한다. 풍차의 깃차에는 바람의 힘에 의한 토크가 작용하여 축을 회전시키는 것이다. 우리들이 드라이버를 사용, 나사를 돌릴 때도 손으로 토크를 가하는 것이다[그림 **3 · 1**].

토크의 크기는 힘(kgf)×길이(m)로 나타낸다.

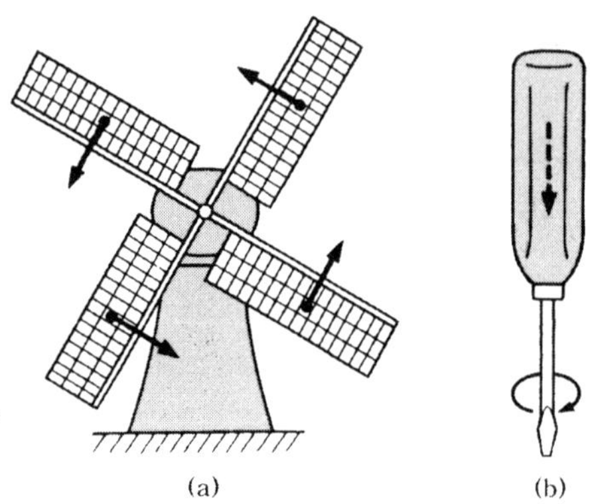

[**그림 3·1**] 토크

토크가 물체를 회전시켜 하는 일은 토크(kgf · m)와 물체의 회전각(rad)의 곱으로 주어지나 회전각(rad)은 무차원이므로 일의 단위는 힘이 하는 일과 같이 된다. 토크를 T, 회전각을 θ라 하면

$$\text{일}(W) = T\theta\ (\text{kgf·m}) \tag{3·2}$$

이다.

2 에너지

어느 물체가 일을 할 수 있는 능력을 가지고 있을 때 그 물체는 에너지(energy)를 가지고 있다고 본다. 어느 속도 v (m/s)로 움직이는 질량 m (kg)의 물체는 다른 물체에 충돌하여 정지

할 때까지 $\frac{1}{2}mv^2$ (J)의 일을 할 능력이 있다. 이 때 운동하고 있는 물체는 운동 에너지(kinetic energy)를 가지고 있으며 그 값은 $\frac{1}{2}mv^2$ (J)로 표시한다. 에너지는 일과 같으므로 일과 같은 단위로 표시한다.

또 물체를 어느 높이까지 들어 올렸다가 떨어뜨려 최초의 위치까지 낙하하였다면 어느 속도에 이르므로 일을 할 수 있는 능력을 가지게 된다. 이 때 h (m)의 높이에 있는 어느 질량 m (kg)의 물체는 위치 에너지(potential energy)를 가지고 있다고 하며 그 크기는 물체를 h 만큼 들어올리는데 필요한 일과 같고 중력의 가속도를 g라 하면 mgh (J)로 나타낸다.

운동 에너지와 위치 에너지를 합해서 기계적 에너지(mechanical energy) 또는 역학적 에너지라고도 부른다.

물체의 기계적 에너지를 낙하하는 물체로 예로 들면, 낙하에 의해 위치 에너지가 점차 줄고, 운동 에너지가 증가하지만 물체의 위치 에너지와 운동 에너지의 합은 일정한 값을 가진다고 알려져 있다[그림 **3 · 2**].

지금 낙하하고 있는 물체의 높이를 h', 속도를 v'라 하면 기계적 에너지(E_m)는 식 (3 · 3)과 같다.

기계적 에너지(E_m)는

$$\text{위치 에너지}(E_p) + \text{운동 에너지}(E_k) = \text{일정}$$

$$mgh = mgh' + \frac{1}{2}mv'^2 = \frac{1}{2}mv^2 = \text{일정} \tag{3·3}$$

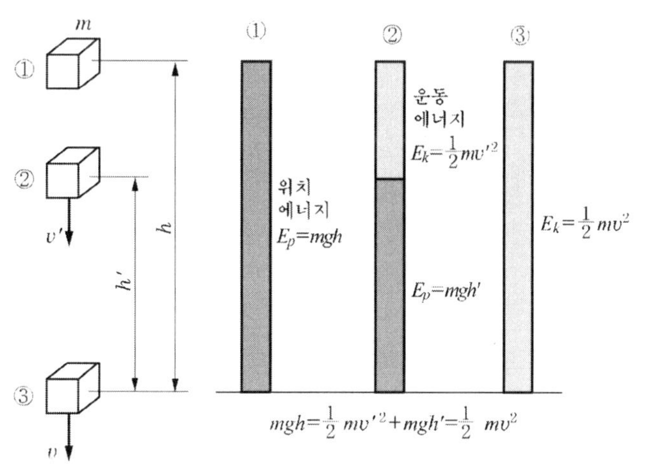

[**그림 3·2**] 기계적 에너지

에너지는 기계적 에너지 외에 열 에너지 · 전기 에너지 · 화학 에너지 · 빛 에너지 등 여러 가지가 있으나 발전기에 의해 기계적 에너지가 전기적 에너지로 변하듯 에너지는 여러 다른 형태의 에너지로 변환된다[그림 **3 · 3**].

그래서 에너지는 외부에서 들어오거나 외부로 나가는 경우도 없고 스스로 증가되거나 감소되는 일도 없다.

이 사실을 에너지 보존의 법칙(the law of the conservation of energy)이라 부르고 있다.

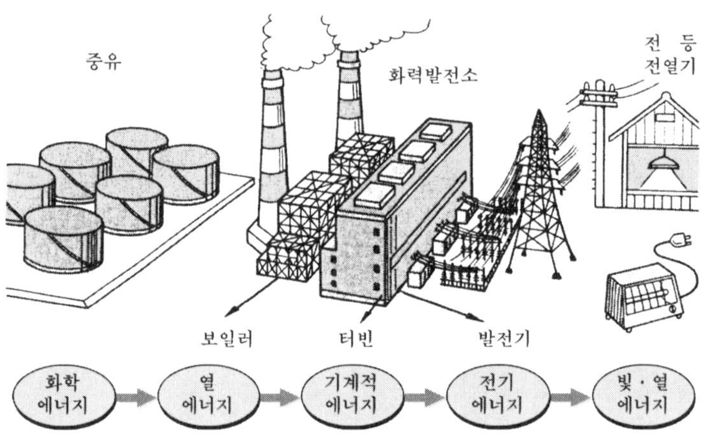

[그림 3·3] 에너지의 여러 가지

3-3 기계에 작용하는 힘

1 일과 동력

힘(force)이란 물체의 운동상태나 형상을 바꾸거나 하는 것, 또는 원인이 되는 것이며 힘과 무게(荷重)는 같은 단위를 사용한다. 공학에 많이 사용되는 중력단위계로는 힘의 중력단위로 질량 1 kg의 물체에 작용하는 중력의 크기를 말하며 1중량 킬로그램(=1 kgf)이라 한다.

힘의 종류는 힘이 작용하는 상태나 힘의 방향 또는 위치에 따라서도 달라진다. 지금 힘이 물체에 작용하여 그 물체가 이동되었다면 가해진 힘은 일을 하였다고 본다. [그림 **3 · 4**]와 같이 물체 A에 힘 F를 작용시켜 힘의 방향으로 거리 s 만큼 이동하였을 때의 일을 W 라 하면,

$$W = Fs(\text{kgf} \cdot \text{m}) \qquad (3·3)$$

이다. 일은 시간에 관계없으므로, 같은 일을 하는 데 하루가 소요되든 1시간이 걸리든 상관이

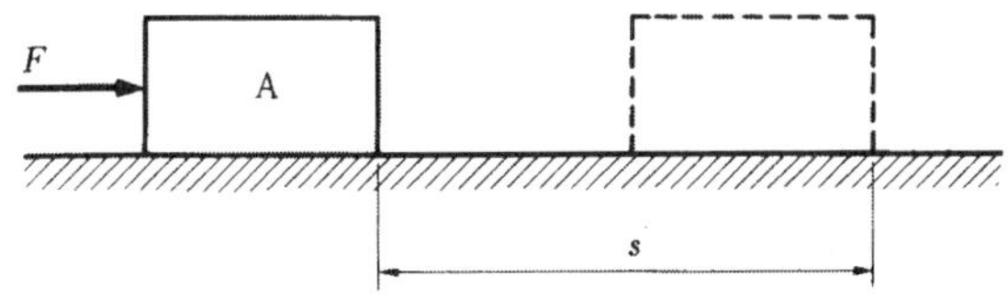

[그림 3·4] 힘과 일

없다. 그래서 기계를 사용한 성과는 일단 일이란 양으로 표시할 수 있으나 기계가 충분히 제구실을 하느냐 못하느냐는 일의 능률을 생각하지 않으면 안 된다. 같은 분량의 일을 하는 데 장시간 소요되는 기계는 이용가치가 없다. 따라서 일을 비교할 경우에는 단위시간에 한 일의 양, 즉 **동력**(power)을 사용하는데 이것은 다음 식으로 표시할 수 있다.

$$\left.\begin{aligned} \text{동력}(P) &= \frac{\text{일}(W)}{\text{시간}(t)} \\ &= \frac{W}{t} = \frac{Fs}{t} = F \cdot v(\text{kgf} \cdot \text{m/s}) \end{aligned}\right\} \tag{3·4}$$

동력의 단위에는 다음과 같이 정해진 실용단위가 있으며, 자동차의 기관이나 전동기의 동력을 말할 때 많이 사용된다.

$$\left.\begin{aligned} &1\,\text{마력}(\text{PS})^{1)} = 75\,\text{kgf} \cdot \text{m/s} = 0.7355\,\text{kW} \\ &1\,\text{킬로와트}(\text{kW}) = 1.36PS \fallingdotseq 102\,\text{kgf} \cdot \text{m/s} \end{aligned}\right\} \tag{3·5}$$

다음에 기어, 자전거의 바퀴, 전동기의 회전자 등과 같이 축을 중심으로 회전하는 회전체에 대해서 생각해 본다.

[그림 **3 · 5**]와 같이 반지름 r인 원형단면을 가진 회전체가 축 O로 지지되어 있고, 원주의 접선방향에 힘 F가 작용하면 회전체는 Fr의 **모멘트**(moment : 물체를 회전시키고자 하는 힘의 크기)로 회전운동을 한다. 이 경우 회전축의 모멘트를 토크(T : torque)라 하며 단위는 kgf · m로 표시하고 힘 F를 **회전력**이라 한다.

[그림 **3 · 6**]에서는 회전력 F를 받아 시간 t 사이에 각 θ(rad)만큼 회전하여 A점이 A′점에 왔을 때의 토크와 일 사이에는 다음 관계가 성립한다.

$$W = F\widehat{AA'} = Fr\theta = T\theta$$

지금 매 분간 회전속도를 n rpm(revolution per minute)이라고 하면 각속도 ω는

$$\omega = \frac{\theta}{t} = \frac{2\pi n}{60}(\text{rad/s})$$

1) 독일어의 Pferdestärke(말의 힘)의 약, 인치계의 나라에서는 마력은 HP(horse power)로 표시.

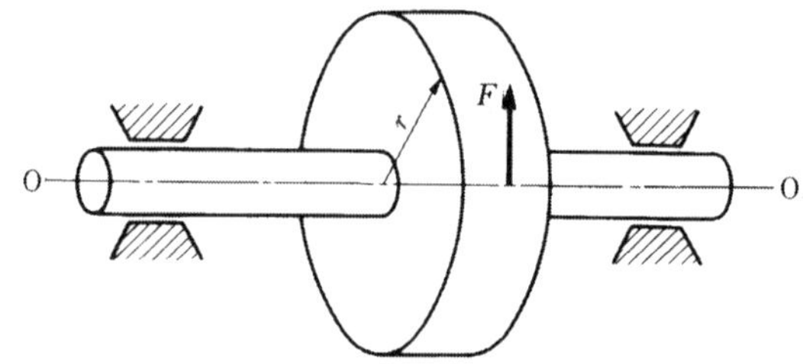

[그림 3·5] 토크

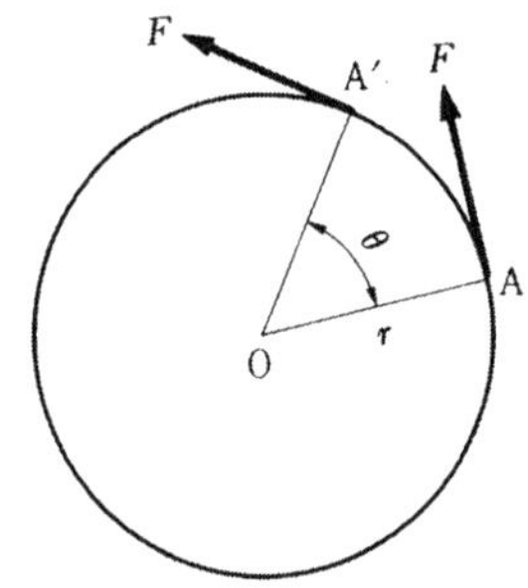

[그림 3·6] 토크와 일

로 표시되고, 따라서 동력 P는 다음 식과 같이 된다.

$$P = \frac{W}{t} = \frac{T\theta}{t} = T\omega \text{ (kgf·m/s)} \qquad (3·6)$$

2 기계의 운동

기계부분의 운동은 항상 한정된 운동만을 하도록 되어 있지 않으면 안 된다는 조건이 필요하다. 지금 둘 또는 그 이상의 부분이 접촉하거나 결합되어 있어, 그 한쪽 부분에 대해 다른 부분이 한정된 운동을 할 때 이것을 기구(機構, mechanism)라 하며, 이 기구의 운동이나 조합을 배우는 것이 기구학이다.

(1) 기계요소와 대우

축과 베어링, 볼트와 너트, 한 쌍의 기어와 같이 서로 접촉하여 일정한 상대운동을 하는 기구의 두 부분을 기계요소(element)라 하고, 서로 접촉하고 있는 조합을 대우(對偶 : 짝지움, pair)라고 부른다. 대우는 면접촉을 하는 것과 선 또는 점 접촉을 하는 경우로 나눈다. 면대우의 경우는 다음의 4종류로 구분한다.

1) 미끄럼 대우(sliding pair) : 한 쪽을 고정하면 다른 쪽은 직선운동을 한다.
2) 회전 대우(turning pari) : 회전표면을 접촉면으로 하는 대우이며, 축선 둘레를 회전만 한다.
3) 나사 대우(screw pair) : 나선의 돌기부분을 가지 원통을 접촉면으로 하는 대우이며, 회전운동과 동시에 직선운동을 한다.
4) 구면대우(spherical pair) : 구의 표면을 접촉면으로 하는 대우이며, 구의 중심에 대해서 구면운동을 한다.

[그림 **3 · 7**]에서 (a)는 면대우이며 (b)는 선 · 점대우이다. 선 · 점대우란 두 개의 기계요소가 선이나 점으로 접촉하는 것이며, 종류도 많고 기소와 기소 사이의 관계운동은 대단히 복잡하다.

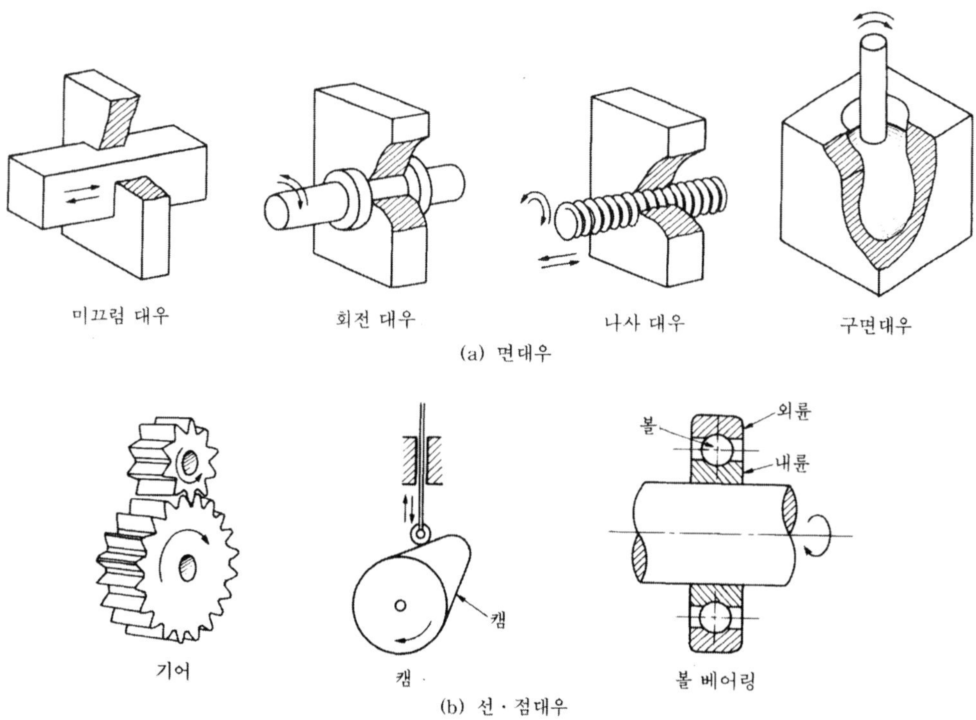

[그림 3·7] 여러 가지 대우(짝지움)

기계요소가 대우를 형성하고 다음다음으로 연결되어 최후의 기소와 최초의 기소가 대우를 만들도록 연결되어 있는 것을 체인(chain)라 하며, 연쇄를 구성하고 있는 기계요소를 링크(link)라 한다.

(2) 운동의 종류

기계를 구성하고 있는 부분의 운동, 즉 기구의 운동을 고려하여 다음과 같이 나눌 수 있다.

1) **평면운동** : 물체 위의 점이 같은 평면 위에서 운동하는 경우이며 선운동과 회전운동이 있다.
2) **구면운동** : 물체 위의 모든 점이 공간 중의 일정 점에서 각각 일정거리를 유지하면서 운동하는 경우이다.
3) **나선운동** : 물체가 하나의 축선 둘레를 회전함과 동시에 그 축선방향으로 운동하는 것이 경우이다.

3 힘의 전달과 증폭

기계는 각 부분의 조합으로 성립되어 있으나 그 조합을 통해서 힘과 운동이 전달된다. 힘과 운동의 곱이 에너지이며, 에너지 보존의 법칙에서 운동을 변환시키면 발휘되는 힘을 바꿀 수 있다. 운동을 가감하여 큰 힘을 얻는 방법은 다음의 두 가지로 나눌 수 있다.

(1) 기계적인 방법

아주 옛날부터 이용되고 있는 것이 [그림 **3 · 8**]이다. 그림에서 배율이라 함은 그 기계장치에 의해 발휘되는 힘 F가 공급된 힘 F_0의 몇 배가 되느냐 하는 비율이다.

기어도 같은 구실을 한다. 이것은 회전운동에 의해서 동력을 전달하는 것이므로 힘 그 자체보다는 토크를 바꾸게 된다. [그림 **3 · 9**]에서 A, B 두 축의 토크를 T_1, T_2 회전수를 n_1, n_2라 하면 다음 식이 성립된다.

$$T_1 n_1 = T_2 n_2 \text{ 또는 } \frac{T_2}{T_1} = \frac{n_1}{n_2} \qquad (3\cdot7)$$

즉, 전달되는 토크 T_2는 속도비 $\frac{n_2}{n_1}$에 반비례하며, 감속될 때에는 큰 토크가 얻어진다. 자동차자 출발할 때 변속레버를 저속으로 넣는 것은 바퀴의 회전속도를 느리게 하여 큰 회전력을 얻기 위한 수단이다.

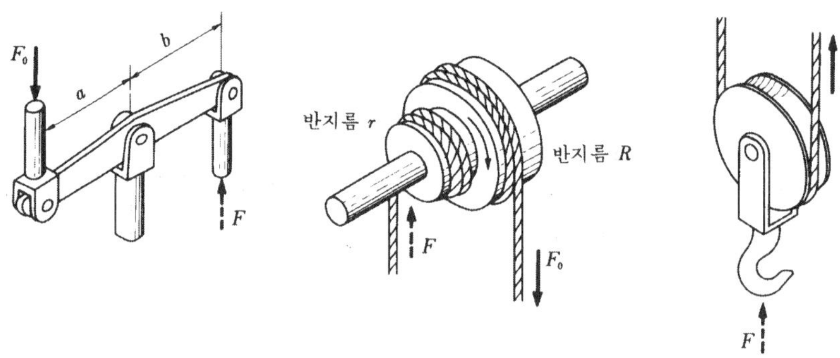

배율 b/a (a) 단식 지렛대　　배율 R/r (b) 바퀴 축　　배율 2 (c) 동(動)도르래

[**그림** 3·8] 간단한 기계에 의한 힘의 증폭

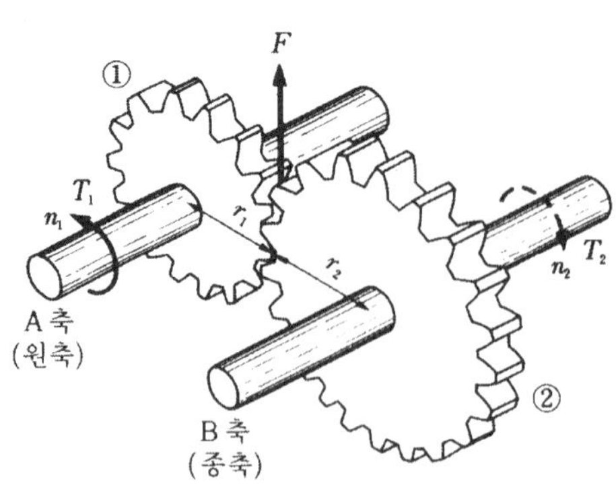

[**그림** 3·9] 토크와 회전수

(2) 유체를 사용하는 방법

물이나 오일과 같은 유체(액체와 기체)에서는 "용기 중에 채워져 정지하고 있는 유체의 일부에 힘을 가하면, 그 부분의 압력증가는 유체 내의 모든 부분에 전달된다"는 파스칼의 원리가 성립된다. 따라서 [그림 3·10]에서는 배율이 다음과 같이 된다.

$$배율 = \frac{F}{F_0} = \frac{pA}{pA_0} = \frac{A}{A_0} \tag{3·8}$$

실제로 사용되는 보기는 수압, 유압 프레스, 유압 잭, 비행기와 배의 조타(操舵)기구, 자동차의 브레이크, 공기 프레스 등 다양하다.

유체를 이용하면 토크의 전달도 가능하다. [그림 3·11]은 유체 커플링(fluid coupling)이라 부르며, 두 대의 선풍기를 마주 세우고 한쪽을 회전시키면 다른 쪽은 스위치를 넣지 않더라도 바람을 받아 회전하는 원리를 응용한 것이다. 오일을 가득 채운 케이싱 안에 임펠러와 터빈을 마주보게 해 두면 임펠러의 회전에 의해 회류를 일으킨 오일은 터빈쪽으로 들어가 출력축을 회전시키게 된다.

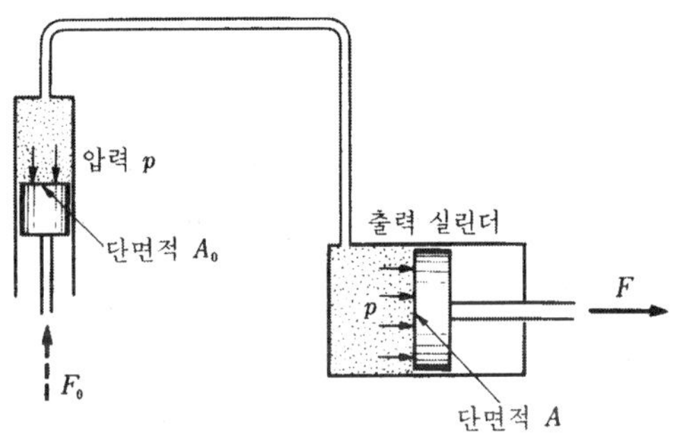

[그림 3·10] 유체에 의한 증폭

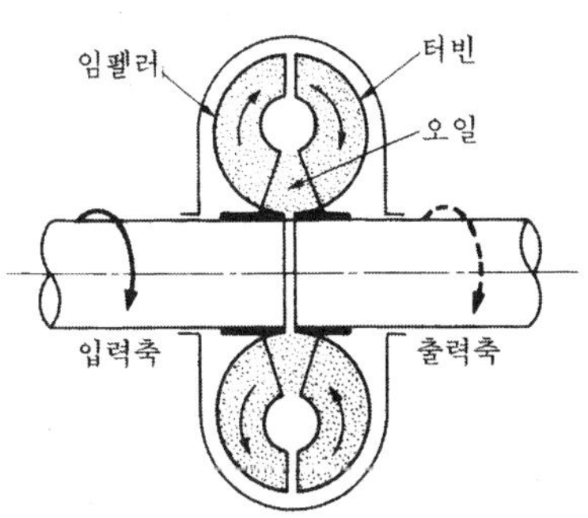

[그림 3·11] 유체 커플링

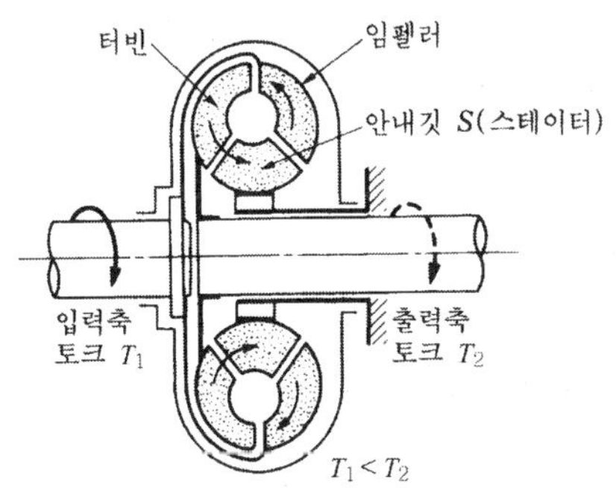

[그림 3·12] 유체 토크 컨버터

또, [그림 3·12]와 같이 회전하지 않는 안내깃 S를 여분으로 설치하면, S가 오일의 유동방향을 바꿈과 동시에 토크도 주기 때문에 입력축의 토크보다 큰 토크를 출력축에 전달할 수 있다. 이 방식을 **유체 토크 컨버터**(fluid torque converter)라 하며, 철도차량이나 자동차의 자동변속기에 많이 사용되고 있다.

4 효율

동력은 시간이라는 요소를 함유하고 있으나 에너지이기 때문에 에너지 보존의 법칙에 따라 전달되는 중간에 이유 없이 소멸되는 것은 아니다. 그러나 현실적으로는 마찰이 있기 때문에 에너지의 일부가 마찰열로 변해서 손실된다.

기계가 공급받은 에너지 또는 동력을 그 기계의 **입력**(input), 그 기계가 실제로 발휘될 수 있는 에너지 또는 동력을 **출력**(output)이라 한다. 출력과 입력의 비를 그 기계의 **효율**(effciency)이라 부르며, 어떤 기계든지 효율은 반드시 1(100)보다 작은 값이 된다.

$$\text{효율}(\eta) = \frac{\text{출력}}{\text{입력}} \qquad (3\cdot 9)$$

5 힘의 평형

물체가 힘을 받았을 때 언제나 운동하는 것은 아니다. 기계를 설계할 경우, 힘을 받아도 운동해서는 안 되는 것과 운동해서는 곤란한 기계부분은 얼마든지 많다. 따라서 우리들은 물체가 힘을 받아도 움직이지 않는 역학적 조건을 알지 않으면 안 된다.

물체에 둘 이상의 힘이 작용하더라도 그 물체의 운동상태가 변화되지 않을 경우에는 그들 힘은 서로 **평형**(equilibrium)상태에 있고 물체는 평형되어 있다고 한다. 두 힘이 평행되려면 두 힘의 크기가 같고, 두 힘의 방향이 반대이며, 두 힘의 작용선이 일직선상에 있어야 한다. 세 힘 이상이 동시에 작용할 경우에도 두 힘의 평형조건을 응용하면 된다. 일반적으로 같은 평면상에 있는 몇 개의 힘이 평형상태에 있기 때문에 그들 힘의 합력이 0이 되어야 함과 아울러 임의의 점 둘레의 각 힘의 모멘트의 총합도 0이 되지 않으면 안 된다.

6 마찰

기계 각 부에서는 서로 접촉하면서 운동하는 부분이 많은데, 이 때 접촉면에는 저항력이 생겨 운동을 방해하려는 마찰이 생긴다. 이 마찰로 힘이나 동력을 불필요하게 소비시키는 결과가 된다. 그래서 우리들은 기름을 바르거나 볼이나 굴림대를 이용하여 마찰을 작게 하는 연구를 하고 있다.

면과 면이 접촉하면서 미끄러질 때의 마찰을 **미끄럼 마찰**(sliding friction), 평면 위를 원통등이 굴러갈 때의 마찰을 **구름 마찰**(rolling friction)이라 하며, 구름 마찰이 미끄럼 마찰에 비교해서 훨씬 작다. 미끄럼 접촉면에 대해서는 오일을 공급하면 얇은 유막이 형성되어 고체끼리는 서로 접촉되지 않아 마찰의 내용이 달라진다. 비록 고체끼리는 마찰이 생기지 않더라도 유막 내부에서는 정지면과 이동면에 부착하는 오일의 분자 상호간에 속도의 차이에 의한 마찰저항이 발생한다. 이와 같은 유막내부의 마찰을 **유체마찰**이라 부르며, 이것은 고체마찰(고체끼리의 접촉으로 일어나는 마찰)에 비해 대단히 작은 값이므로 오일을 바르는 것은 고체마찰을 유체마찰로 바꾸는 현상이다. [그림 **3·13**]에서 F'는 마찰력이다.

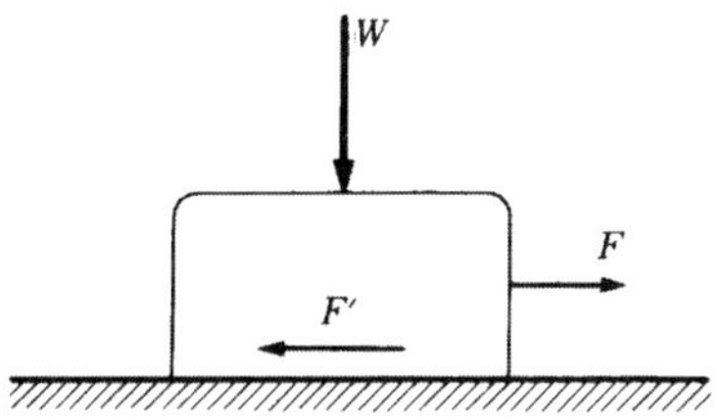

[**그림** 3·13] 마찰

(1) 미끄럼 마찰

두 물체의 접촉면에서 물체의 운동을 방해하는 방향으로 작용하는 저항력이 바로 마찰력인데, 이 마찰력에는 한계가 있어 그 이상의 힘을 가하면 정지하고 있는 물체는 움직인다. 이 때의 한계마찰력을 정(靜)마찰력이라 부른다. [그림 **3·14**]에서 정마찰력 f_0의 크기는 접촉면에 가해지는 수직방향의 힘 N에 비례하고 면의 거칠기에는 관계되나, 접촉면의 넓이에는 관계 없음이 실험에 의해 확인되고 있다. 이를 식으로 표시하면

$$f_0 = \mu N \tag{3·10}$$

μ는 **정마찰계수**이며 표면의 조도에 의해 정해지는 값이다. 금속끼리는 0.45~0.55이고 조금만 급유를 하더라도 0.2~0.3정도로 작아진다.

물체가 서로 운동을 하고 있을 때에도 마찰력은 여전히 작용하지만 그 때의 마찰력은 정마찰력보다 훨씬 작게 된다. 운동 중에 작용하는 마찰력을 **동 마찰력**이라 하며, 이것을 f'로 표시하면 식 (3·10)과 같이 다음 식이 성립된다.

$$f' = \mu' N \tag{3·11}$$

μ'는 **동 마찰계수**이며 속도에 관계없이 일정한 값이 된다.

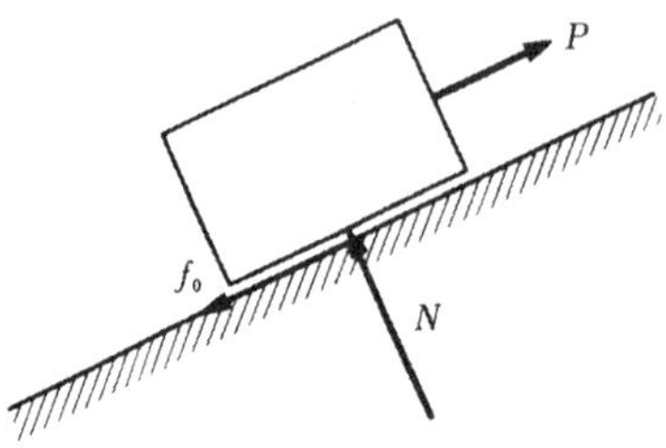

[그림 3·14] 정 마찰력

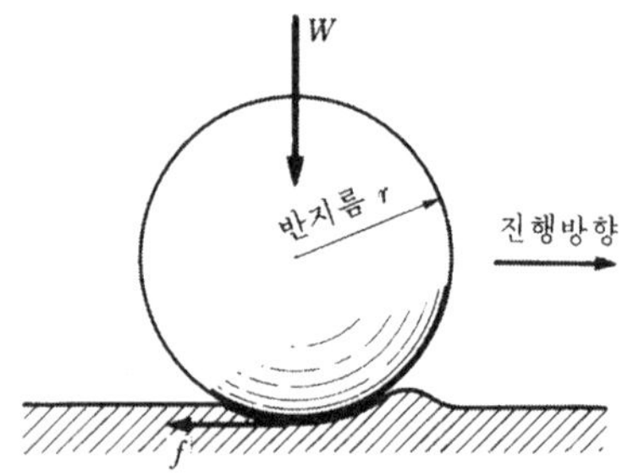

[그림 3·15] 구름 마찰

(2) 구름 마찰

둥근 물체가 면 위를 굴러갈 때는 [그림 3 · 15]와 같이 凹凸이 생겨 이것이 물체의 운동을 방해하게 된다. 이 때의 마찰력 f 는 다음 식으로 표시된다.

$$f = e\frac{W}{r} \tag{3·12}$$

e를 구름 마찰계수라 하며 W나 r에 의해 다른 값을 가진다.

7 힘의 특징

(1) 벡터

힘의 작용을 생각할 때 대단히 중요한 요소가 되는 것이 힘의 방향이다. 아무리 큰 힘이라도 작용하는 방향이 적절하지 못하면 효과가 전혀 나타나지 않을 때가 있다. 힘과 같이 방향을 고려하지 않으면 안 될 물리량을 벡터 량이라 부르며 화살표를 붙인 직선으로 표시한다. 이 경우 힘의 크기는 직선의 길이로 표시하며, 특히 벡터임을 나타내고 싶을 때는 단순하게 힘 F로 쓰지 않고 $\boldsymbol{F}$ 또는 $\overrightarrow{F}$로 쓴다. 벡터량의 특징은 보통의 가법, 감법과는 전혀 다른 계산법이 성립되며 [그림 3 · 16]과 같이 두 개의 서로 다른 벡터 a, b의 합은 그림에 표시하는 c라고 약속한다.

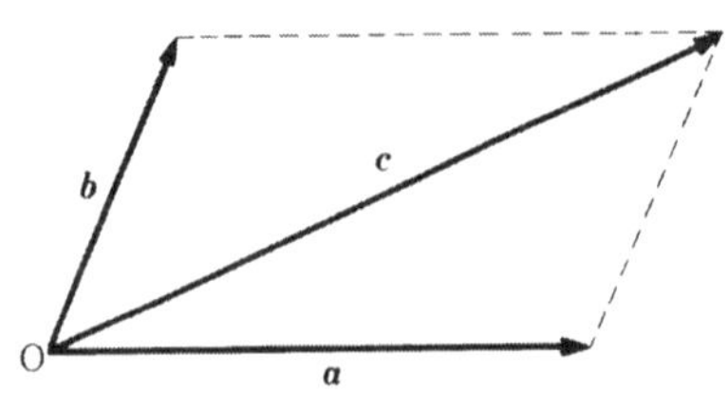

[그림 3·16] 벡터의 가법

$$\begin{cases} a+b=c \\ c-a=b, \ c-b=a \end{cases} \tag{3·13}$$

이 사실은 한 점 O에 두 개의 힘 a, b가 동시에 작용하였을 때는 힘 c가 단독으로 작용한 것과 같은 결과가 얻어지기 때문이다. 이 경우 힘 c를 합력이라 하며, 반대로 a, b는 c의 분력이라 한다.

(2) 작용점과 작용선

힘이 작용하는 점을 **작용점**(또는 差力點)이라 부르며, 힘은 [그림 **3 · 17**] (a)와 같이 작용점 A에서 힘이 작용하는 방향으로 화살표를 붙인 직선을 그어서 표시한다. 여기서 힘이 작용하는 방향을 나타내는 직선을 **작용선**이라 한다. 그림에서 (a)는 (b)와 같이 표기하는 경우도 많다.

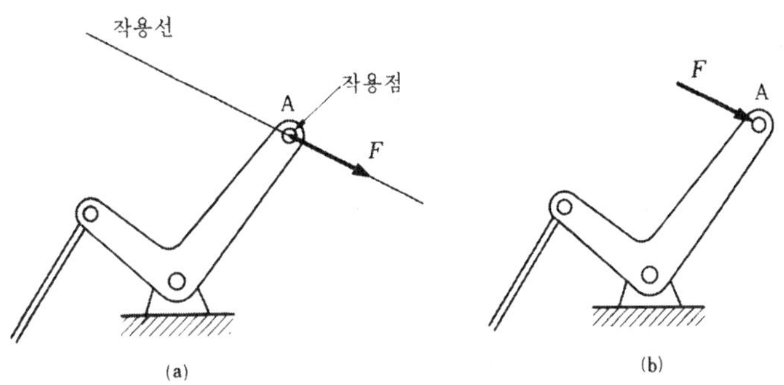

[**그림** 3·17] 작용점과 작용선

(3) 작용과 반작용

우리들이 일상적으로 경험하는 바와 같이 손으로 물체를 밀면 반드시 손의 방향(물체가 손을 미는 반력)이 있으며, 손과 물체 사이에 서로 영향을 미치는 힘[그림 **3 · 18**] F와 F'는 경험에 의해 반대방향이며 크기는 같음이 인정되고 있다.

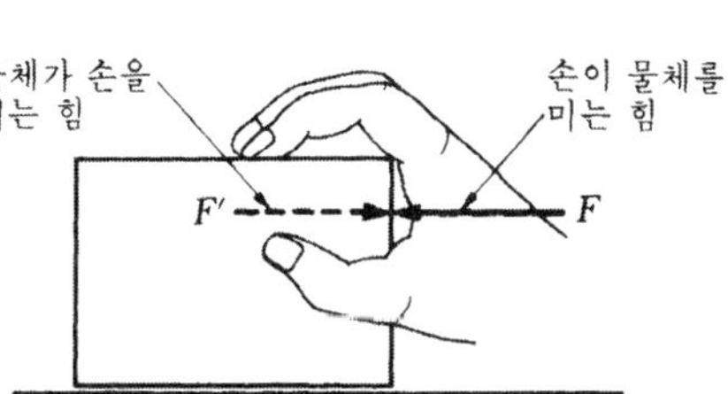

[**그림** 3·18] 작용과 반작용

이 경우 F, F' 중 한쪽을 작용, 다른 한쪽을 반작용이라 부른다. 즉 "물체 사이에 서로 영향을 미치는 작용, 반작용은 반대방향으로 크기는 같다"는 힘의 본질적 성격을 가지고 있고 이것을 뉴턴의 작용, 반작용의 법칙이라 한다.

8 속도와 가속도

기계 각부는 운동을 하면서 힘을 전달하지만 운동과 힘을 일단 분리하여 생각할 수 있다. 여기서는 운동만을 취급하여 본다.

(1) 일반적인 점의 운동

물체의 운동을 표시하는데 속도, 가속도란 용어를 사용한다. 속도는 일상생활에서도 많이 사용되며, 단위시간(1초나 1시간 등) 안에 물체가 이동한 거리로 해석하나 정확하게는 방향을 포함한 벡터량이다.

물체가 A에서 B까지 이동(이 사이의 물체의 이동량은 벡터량이며 변위라 부름)하는데, 시간 t가 필요하였을 때 물체의 속도(velocity)는 다음 식으로 표시된다.

방향을 생각하지 않고 속도의 크기(수치)만을 표기할 때에는 속력이라는 말을 사용한다. [그림 3·19]와 같은 곡선운동의 경우에는 순간순간 운동의 방향이 변하기 때문에 C점의 속도는 도시된 바와 같이 접선방향이 된다.

다음 속도가 변화되는 운동에서는 변화의 정도를 표기하는 용어가 필요하다. 그것이 바로 가속도이다. [그림 3·20]과 같이 A점에서의 속도와 B점을 통과할 때의 속도는 다르고, 그 사이에 시간 t가 소요되었을 때 다음 식에서 표시한 것과 같이 단위시간에 어느 정도 속도가 변화되었는가를 표시하는 양이 가속도(acceleration)이다. 가속도는 벡터량이며 $(v_2 - v_1)$과 동일한 방향이 된다.

$$\text{가속도}(\alpha) = \frac{\text{속도의 변화}(v_2 - v_1)}{\text{시간}(t)} \tag{3.15}$$

가속도의 단위는 예로 (m/s)/s가 되는데, 이것을 일반적으로 m/s^2(미터 매초매초라 읽음)으

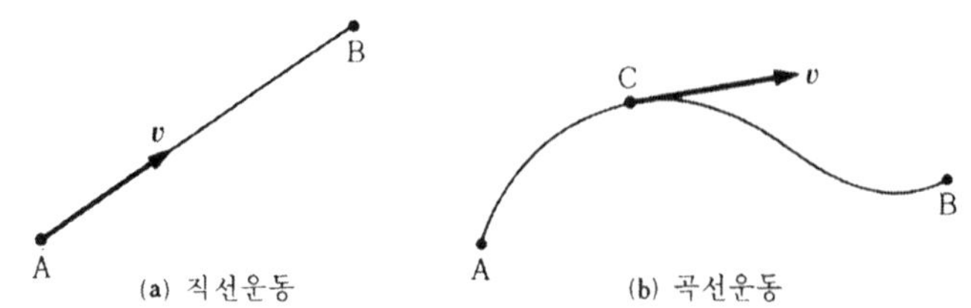

[그림 3·19] 점의 운동

로 표시한다.

[그림 **3 · 21**]과 같이 방향이 변화되는 경우, 속도의 변화량($v_2 - v_2$)은 (b)의 벡터 그림과 같이 되며, 따라서 A점에서의 물체의 가속도 방향은 (c)와 같이 된다.

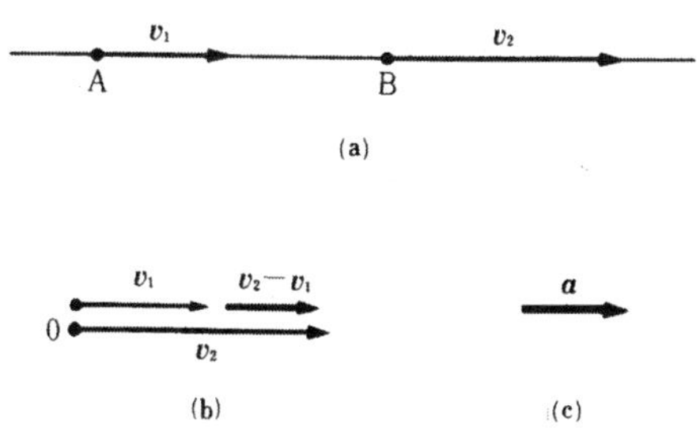

[**그림** 3·20] 직선운동의 가속도

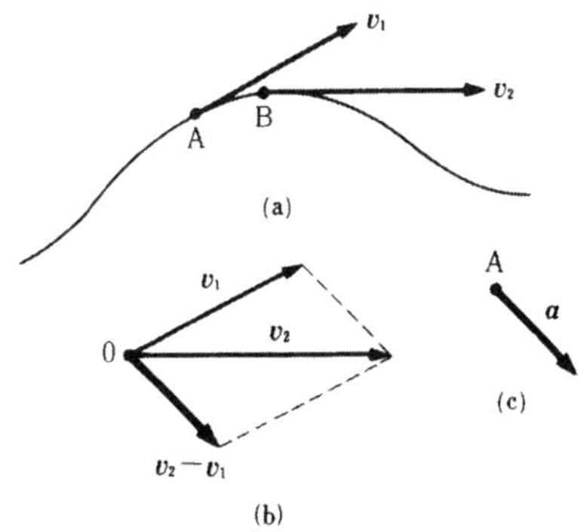

[**그림** 3·21] 곡선운동의 가속도

(2) 회전운동

기계의 각부에는 회전운동을 하는 경우가 대단히 많은데, 이 경우에는 [그림 **3 · 19**] 및 [그림 **3 · 21**]의 설명보다는 다음의 방법이 편리하며 널리 사용되고 있다. [그림 **3 · 22**]와 같이 회전속도는 단위시간에 회전한 각도 θ로 표시하며 이것을 각속도(angular velocity)라 한다.

$$각속도(\omega) = \frac{회전각도(\theta)}{시간(t)} \tag{3·16}$$

또, 각속도의 변화에 대해서는 단위시간에 변화된 각속도의 값($\omega_2 - \omega_1$)으로 표시하며 이를 각가속도(angular acceleration)라 한다.

$$각가속도(\alpha_\omega) = \frac{각속도의\ 변화(\omega_2 - \omega_1)}{시간(t)} \tag{3·17}$$

각속도를 계산할 때 필요한 각도의 표시로는 도, 분에 따르지 않고 라디안이란 척도를 사용한다. 이것은 [그림 **3 · 23**]과 같이 반지름과 같은 길이의 원호에 대한 중심각을 1라디안(radian, 간략한 기호로 rad, 약 57° 17′에 해당)으로 정하는 방법이며, 360도가 2π(rad)가 되고 원호의 길이와 중심각의 관계가 다음과 같이 간단하게 되는 좋은 점이 있어 기계공학의 계산에 많이 이용된다.

$$(원호의\ 길이) = (반지름) \times [(중심각(rad)] \tag{3·18}$$

이 관계를 사용하면 [그림 **3 · 22**]에서

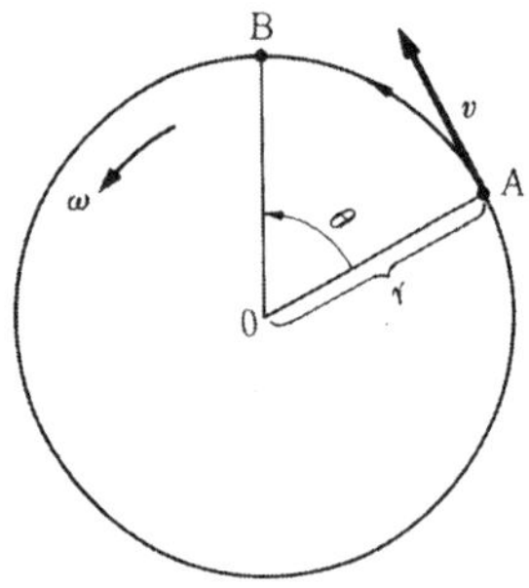

[그림 3·22] 각속도

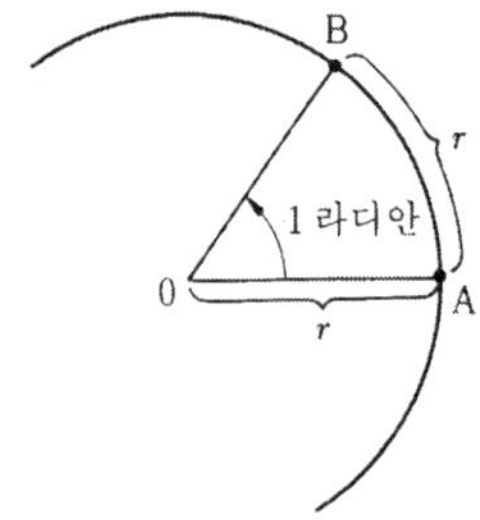

[그림 3·23] 라디안

$$\frac{\widehat{AB}}{t} = \frac{r\theta}{t} = r\omega$$

9 힘과 가속도

정지하고 있는 물체를 운동시키거나 운동하고 있는 물체의 속도를 바꾸려면 힘이 필요하다는 사실은 경험하고 있다. 속도를 변화시킨다 함은 가속도를 생기게 하는 것인데, 실험에 의하면 물체에는 힘 F의 크기에 비례하고 또 힘과 같은 방향으로 가속도 a가 생긴다는 사실이 인정되고 있으며, 이 관계는 다음 식으로 표시할 수 있다.

$$F = Ma \ (M\text{은 비례상수}) \qquad (3\cdot19)$$

상수 M은 각 물체의 고유한 값으로 이 식에서 M이 큰 물체는 일정한 힘 F를 받았을 때 a는 작게 되므로 움직이기 힘들고, M의 값이 작은 물체는 쉽게 움직일 수 있게 된다. 이 M은 그 물체의 움직임의 어렵고 쉬운 정도를 표시하는 수치로 볼 수 있고 이것을 질량(mass)이라 이름 붙이고 있다. 움직임의 어렵고 쉬운 정도를 언제나 현재의 운동상태를 계속하고자 하는 성질의 상태로 표시된다. 이 성질을 관성(inertia)이라 부른다. 어떤 물체이든 관성을 반드시 가지고 있으며, 질량이란 그 물체의 관성의 크기를 표시하는 수치로 볼 수 있다.

대형자동차 브레이크를 작동시켜도 바로 정지되지 않는 것과 같이 관성은 무게에 비례함을 알 수 있다. 질량 M은 물체의 무게를 W(kgf)라 하면 다음의 관계식으로 표시할 수 있다.

$$M = \frac{W(\text{kgf})}{9.8(\text{m/s}^2)} = \frac{W}{g}(\text{kgf}\cdot\text{s}^2/\text{m}) \qquad (3\cdot20)$$

9.8m/s^{2}은 물체가 지구의 인력에 의해 낙하할 때의 가속도 값이며 중력가속도(acceleration of gravity)라 부르며 g라는 문자로 표시하는 경우가 많다. g의 값은 지구상의 곳에 따라 다르고 지구에서 멀리 떨어진 우주공간에서는 중력가속도가 0인 무중력상태라 부르는 곳도 있다.

식 (3 · 20)은 뉴턴에 의해 발견된 법칙으로, 이 식에서 힘 F와 질량 M이 밝혀지면 가속도 a

를 알 수 있고 물체의 운동상태를 파악할 수 있다. 따라서 보통 뉴턴의 운동방정식이라 한다.

10 관성력과 원심력

차를 갑자기 발진시키거나 정차할 때 사람이 넘어지려 하는 사실을 누구나 경험하게 된다. 이런 현상을 [그림 **3 · 24**]의 실험에서 설명할 수 있다.

무게 W(kgf)의 추를 매단 실의 상단을 어느 가속도 a(m/s^2)로 수평하게 움직이면(등속도에서는 안 됨) 실이 수직선에 대해 경사가 생기며, 추에 대해서는 운동방향과 반대의 힘이 작용한 것 같은 현상이 나타난다. 이는 관성 때문에 운동하고자 하는 힘에 저항하는 힘이 발생한다고 가정함으로써 설명이 된다. 이 힘은 [그림 **3 · 24**]와 같이 $\frac{W}{9.8}a$로 생각할 수 있고, 이것을 **관성력**(force of inertia)이라 부른다. 관성력이란 어느 가속도로 운동하는 물체에 한정해 생각할 수 있고, 가속도와 반대방향으로도 작용하는 가상적인 힘이며 관성력을 고려한다면 가속도 운동을 설명하기 쉽게 된다.

관성력의 하나로 넓게 사용되고 있는 것에 원심력이 있다. [그림 **3 · 25**]와 같은 등속원운동에서 속력은 변하지 않으나 방향이 달라지므로, [그림 **3 · 21**]에서 설명한 바와 같이 가속도를 가지게 된다. 이 경우의 가속도는 [그림 **3 · 25**] (a)와 같은 원의 중심 O로 향하고 그 크기는 식 (3 · 21)과 같다.

$$a = v\omega = \frac{v^2}{r} = r\omega^2 \qquad (3 \cdot 21)$$

따라서 원운동(일반적으로 곡선운동)을 하는 물체에는 [그림 **3 · 26**]에서와 같이 중심방향으로 향하는 가속도 a와 반대방향으로 관성력을 생각할 수 있다. 이것을 **원심력**(centrifugal force)이라 하며 그 크기는 다음 식으로 표시된다.

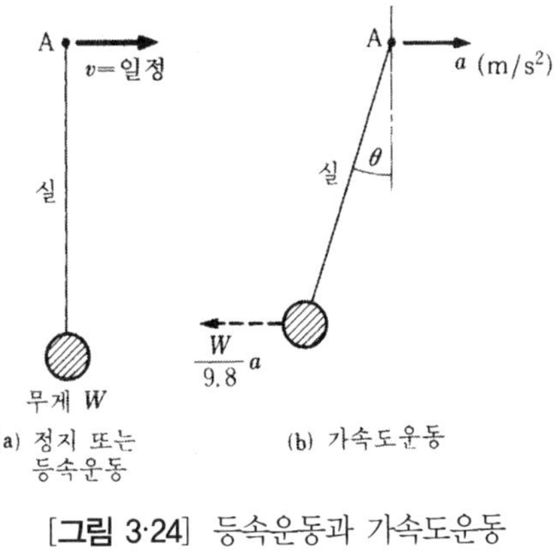

[그림 3·24] 등속운동과 가속도운동

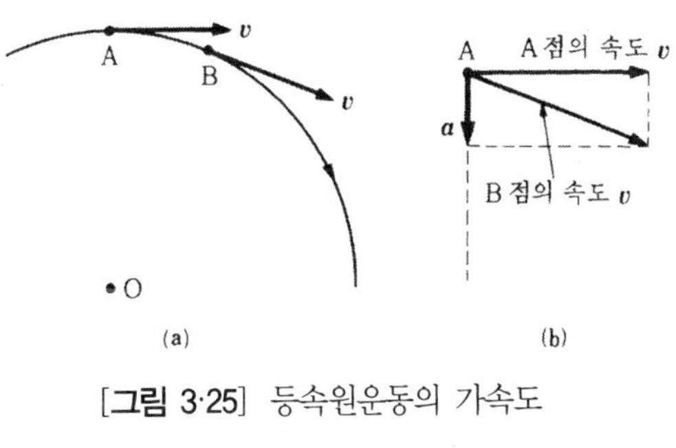

[그림 3·25] 등속원운동의 가속도

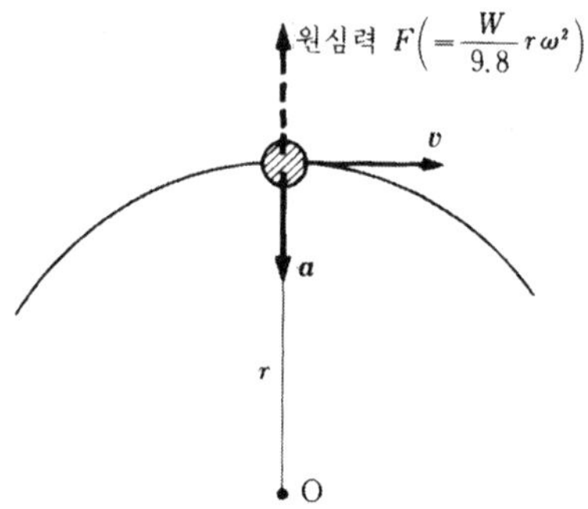

[그림 3·26] 원심력

$$원심력(F) = \frac{W}{9.8} \cdot \frac{v^2}{r} = \frac{W}{9.8} r\omega^2 \qquad (3\cdot22)$$

여기서 W : 물체의 무게(kgf),
ω : 각속도(rad/s),
r : 회전의 반지름(m),
v : 접선방향의 속도(m/s)이다.

3-4 기계의 진동

기계 각부가 운동할 때에는 일정시간마다 어느 곳을 같은 속도로 통과하는 경우가 많이 있다. 이것을 주기운동이라 한다. 어느 점을 통과해서 다시 그 점을 같은 속도로 통과할 때까지의 시간을 주기(period)라 한다. 모터와 같은 등속회전운동이 그 대표적인 보기이다.

주기운동 중에는 어떤 경로를 왕복운동을 하게 되는데, 이것을 진동(vibration)이라 부른다. 차의 진동, 시간 진자의 운동, 지진에 의한 건물의 진동 등 보기는 많으나, 기계를 운전할 때에 생기는 진동은 기계를 계획하거나 사용하는 우리들로서는 중요한 문제가 된다. 실제로 일어나는 진동은 대단히 복잡한 것이 많아 분석하여 원인을 밝히는 일은 그리 쉽지는 않으나, 대개 단순한 진동의 조합으로 생각할 수 있다.

1 단진동

가장 간단하고 기본적인 진동은 가벼운 코일 스프링의 끝에 부착시킨 물체의 진동으로, 물체의 운동은 [그림 **3 · 27**]과 같이 된다. 정지 때의 물체의 위치를 원점, O(진동의 중심)로 하고

O에서의 최대변위 OA를 **진폭**(amplitude)이라 부른다.

t 초 후의 물체의 위치 y는 다음 식으로 표시된다.

$$y = a \sin \frac{2\pi}{T} t \tag{3·23}$$

여기서 a는 진폭, T는 주기이다.

주기 대신에 단위시간 내의 진동의 횟수, 즉 **진동수**(frequency)로 진동의 빠르기를 표시하는 경우도 많다. 1초 사이의 진동수를 f (헤르츠, 사이클)라 하고 그 진동의 주기를 T(초)라 하면 다음의 관계가 성립된다.

$$f = \frac{1}{T} = \frac{\omega}{2\pi} \tag{3·24}$$

따라서 식 (3 · 23)은 다음과 같이 바꿀 수 있다.

$$y = a \sin \frac{2\pi}{T} t = a \sin \omega t \tag{3·25}$$

[그림 **3 · 27**]은 식 (3 · 23), (3 · 25)와 같이 변위 y가 시간 t에 대해 정현(正弦)곡선(sine curve)으로 표시되는 진동을 **단진동**(simple harmonic motion)이라 부르며 복잡한 운동도 몇 개의 단진동의 조합으로 표시되는 경우가 많다.

단진동은 실제 [그림 **3 · 28**]과 같이 원주 위를 일정한 각속도로 운동하는 P_0점을 y축 위에 정투상한 점 P의 움직임과 같으며, 진동을 하는 P점의 운동은 원운동을 하는 점 P_0의 각속도 ω를 매개로 하여 다음과 같이 표시하는 경우가 많다.

$$y = a \sin \omega t \tag{3·26}$$

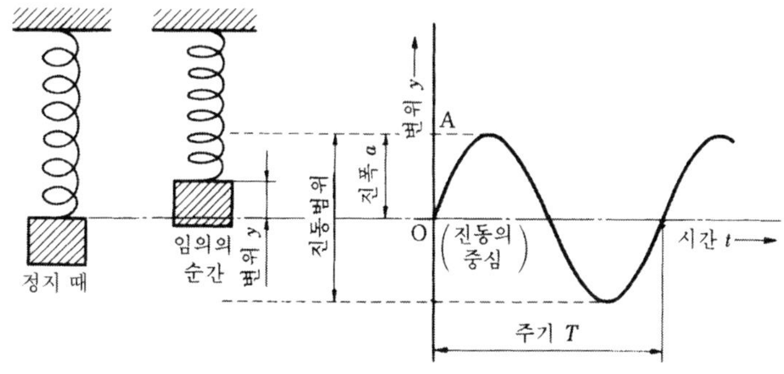

[그림 3·27] 단진동

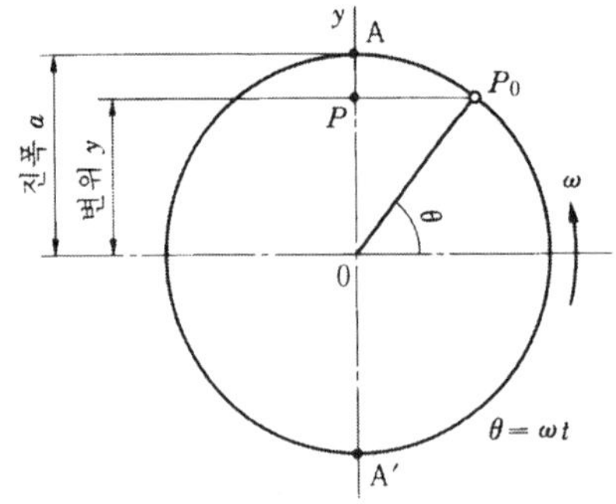

[그림 3·28] 원운동과 단진동

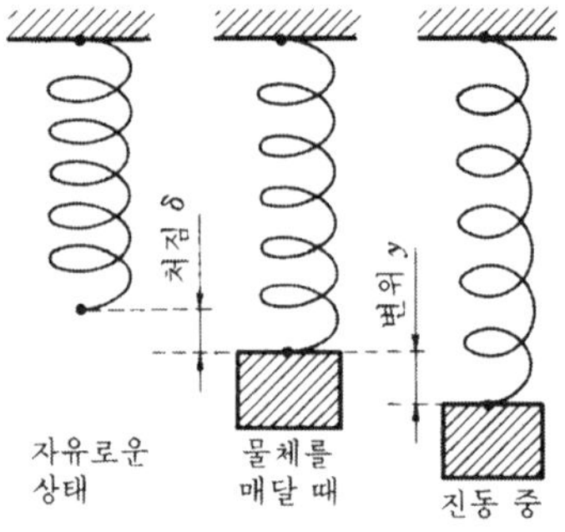

[그림 3·29] 코일 스프링의 진동

2 고유진동

앞에서 설명한 코일 스프링에 매어 단 물체 [그림 **3 · 29**]의 진동수 f와 진동의 주기 T를 다음의 식으로 표시한다.

$$\left.\begin{aligned} f &= \frac{1}{2\pi}\sqrt{\frac{g}{W}k} \\ T &= \frac{1}{f} = 2\pi\sqrt{\frac{W}{g}\cdot\frac{1}{k}} \end{aligned}\right\} \quad (3\cdot27)$$

여기서 W는 물체의 무게, g는 중력의 가속도, $k = W/\delta$는 스프링 상수

스프링 상수(spring constant)라 함은 스프링을 단위길이 만큼 처지게 하는 데 필요한 힘(kgf/mm, kgf/cm 등)이며 스프링의 힘이 약해짐을 나타내는 수치이다. 이 관계는 [그림 **3 · 30**]의 판스프링에 대해서도 그대로 적용된다.

스프링에 매어 달린 물체의 진동은 스프링의 탄성에 의해 일어나지만, 식 (3 · 27)에서 알 수 있는 것은 스프링의 특성을 나타내는 k와 물체의 무게 W라는 고유의 수치에 따라 진동수가 결정된다는 사실이다. 이와 같이 진동계 고유의 수치만에 의해 결정되는 경우의 진동을 고유진

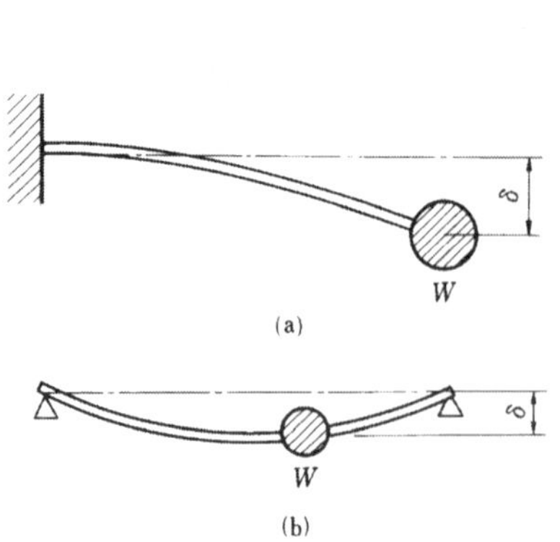

[그림 3·30] 판 스프링

동(natural vibration)이라 하고 다음에 설명하는 강제진동에 대해서 자유진동(free vibration)이라고도 한다. 그래서 이 식에서 얻어지는 값을 고유진동수 또는 자유진동수라 한다.

사찰의 종에서 제각기 특유의 소리가 나듯, 어떤 모양의 기계부분이든 가장 진동하기 쉬운 상태로 진동을 일으키는데 이것은 고유진동이다.

3 감쇠진동

앞의 항에서는 진동을 방해하는 힘이 전혀 가해지지 않을 경우, 즉 진동이 영구적으로 지속되는 경우에 대해서 생각을 하였으나 실제로는 마찰이나 공기의 저항 등으로 인해 진동은 점차 약하게 되고 언제인가는 정지하게 된다. 이와 같은 진동을 감쇠진동(damped vibration) 또는 감쇠자유진동이라고 한다.

진동이 감쇠되는 정도는 진동체에 가해지는 저항력의 종류에 따라 다르다. 고체 마찰저항(물체의 속도에는 관계되지 않는 일정한 크기의 저항력을 생각함)이 작용될 때에는 [그림 3 · 31]과 같은 진동이 되고 오일과 같은 유체 내에서 비교적 저속으로 진동하는 물체(이 경우는 속도에 비례하는 저항력이 작용하는 것이라고 생각함)의 감쇠는 [그림 3 · 32]와 같이 된다.

그림에서 유체의 점성에 의한 저항(粘性抵抗)을 이용한 감쇠현상을 점성감쇠(viscous damping)라 한다.

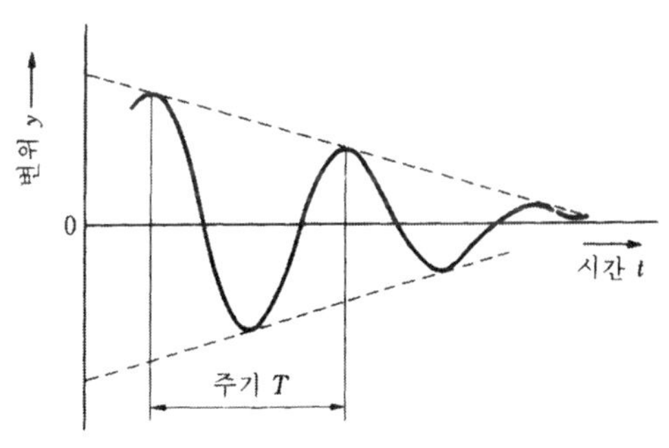

[그림 3·31] 고체마찰에 의한 감쇠진동

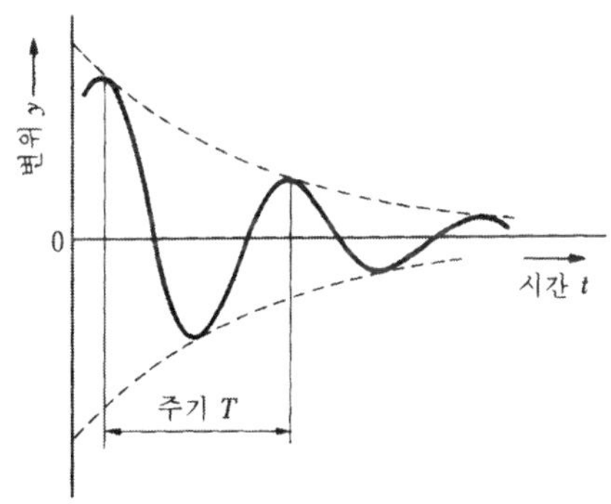

[그림 3·32] 점성감쇠진동

4 강제진동

자유진동은 반드시 감쇠되므로 진동이 계속되기 위해서는 일반적으로 외부에서 주기적으로 변동하는 힘을 가해 주지 않으면 안 된다. 이 힘을 가진력(加振力)이라 하며, 가진력으로 이루어지는 진동을 강제진동(forced vibration)이라고 한다. 달리고 있는 차량 안에 놓여 있는 물체의 진동, 편심되어 있는 물체를 회전시켜 일어나는 진동은 이 보기이나 지진계, 진동계로 불리는 계기류는 강제진동을 유효하게 이용한 기기이다.

기계를 운전할 때에는 생기는 진동은 반드시 무엇인가의 가진력이 가해져서 일어나는 강제진동으로 [그림 3·33] (c)와 같이 그 진동계의 고유진동과 가진력이 합성된 것이다. 이 때 가진력의 진동수와 진동계의 고유진동수가 같아지면 이론상 진폭이 무한대가 되며 실제로 대단히 큰 진동을 일으킨다. 이것을 공진(共振, resonance)이라 한다. 심하면 기계를 파괴하는 결과를 초래한다. 따라서, 기계를 설계할 때에는 공진이 일어나지 않도록 하여야한다.

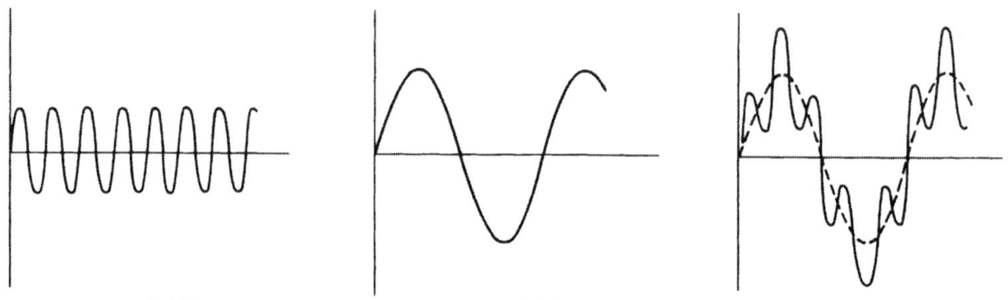

(a) 고유진동 (b) 가진력 (c) 강제진동〔(a), (b)의 합성〕

[그림 3·33] 강제진동

제 4 장 재료의 강도와 변형

4-1 재료의 역학

1 재료역학의 목적

재료의 역학을 흔히 재료역학(strength of materials)이라 부르며, 고체역학 · 재료강약학이라 부르기도 하며, 재료의 강도 즉, 파괴와 변형에 대해 저항을 논하는 학문으로 기계 · 건축을 위시하여 모든 공업에서 대단히 중요한 기초학이 되고 있다.

재료역학의 역사에서는 르네상스 시대에 태어난 레오나르도 다 빈치는 구조역학의 분야에 큰 성과를 남겼다. 다 빈치는 구조물의 부재에 작용하는 힘을 정역학에 의해 구하려고 기둥이나 빔의 강도를 연구하거나 구조부재의 강도를 실험적으로 연구하였다. 그 뒤 천문학자로 유명한 갈릴레오 갈릴레이는 구조물의 강도를 해석적으로 구하는 시도를 하였으며 그의 책은 재료역학에 관한 최초의 저서로 알려지고 있다.

또 17세기의 로버트 훅(Robert Hooke)이 발견한 유명한 훅의 법칙이나 베르누이(Jacob Bernoulli)에 의한 탄성 빔의 휨 곡선의 문제해석, 그리고 오일러(Leonard Euler)의 긴 기둥의 좌굴이론 등은 재료역학의 급속한 발전을 촉진하였다. 그 후에도 많은 과학자 · 공학자의 공헌으로 19세기 초까지는 재료의 강도에 대한 기초가 거의 확립되었다.

기계나 구조물의 각 부재는 외력의 작용에 대해 충분한 강도(저항력)을 가지지 않으면 안 된다. 만일 외력에 대해 강도가 작으면 기계나 구조물은 파괴되거나 변형이 크게 되어 사용에 견딜 수 없게 된다. 이와는 반대로 저항이 크게 되도록 강고하게 하면 외력에 대해서는 안전하지만 경제적으로 불리하고 동시에 제품이 과대하여 사용할 때 불편하다. 그래서 기계나 구조물을 만들 때는 파괴 내지는 너무 변형되지 않고 사용되는 최적의 형상이나 치수를 결정하지 않으면 안 된다.

4-2 외부작용(荷重)의 종류

1 외부작용

모든 기계구조물은 예정된 사용기간 중에 파괴되거나 중대한 손상이 발생되지 않고 그 기능을 다하지 않으면 안 된다. 그렇게 하기 위해서는 여러 가지의 외부작용(荷重)을 받았을 때의 기계구조물의 변형 및 거기에 생기는 응력을 평가하여 그것이 파괴 또는 손상을 유발하지 않는 안전한 값임을 확인할 필요가 있다.

[그림 **4 · 1**]과 같이 주어진 외부작용 (I)의 함수로 물체의 변형량 및 응력(0)을 표시하는 학문을 고체역학(좁은 의미로는 재료역학)이라 한다. 여기서 함수 f 는 대상으로 하는 물체의 물질(정확하게는 변형특성), 형상에 의존함은 물론이려니와 또 외부작용의 형식에도 의존한다.

반대로 재료와 허용되는 응력 및 변형량의 값을 주고, 예상되는 하중에 견딜 수 있는 물체의 형상을 결정하는 것이 강도설계이다.

기계구조물에 작용하는 외부작용은 [그림 **4 · 2**]와 같이 분류한다.

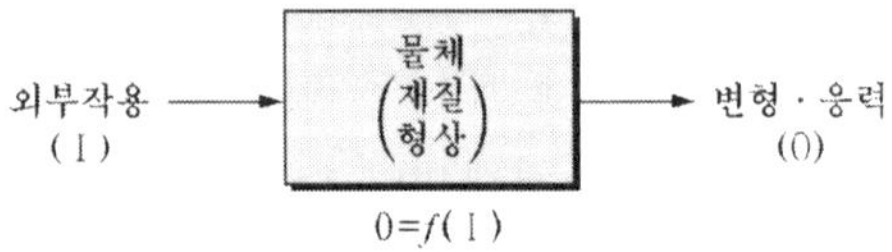

[그림 4·1] 외부작용과 물체의 변형

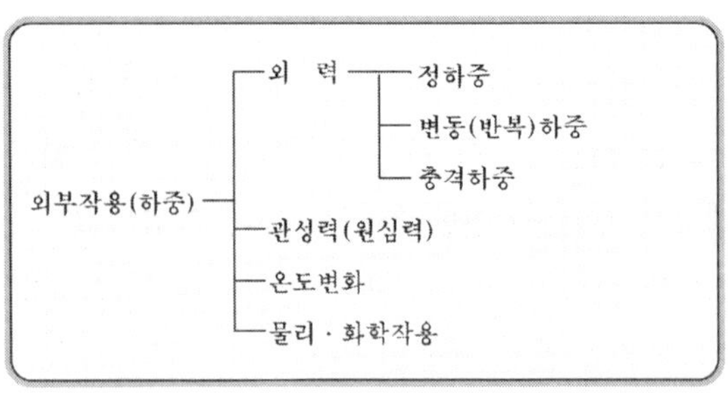

[그림 4·2] 외부작용(하중의 종류)

2 하중의 종류

기계부품에 작용하는 외력을 재료역학에서는 하중(load)이라 부른다. 하중이 부품에 미치는 작용에는 인장(tension), 압축(compression), 전단(剪斷 : shearing), 비틀림(torsion) 및 굽힘(bending) 등이 있고, 또는 그들의 조합에 귀결되기도 한다. 그리고 힘이 공간적으로 작용하는 방법에 따라 한 점으로 간주할 수 있을 만큼 좁은 범위에 작용하는 집중하중(concentrated load)과 물체의 전체 또는 그 일부에 분포되어 작용하는 분포하중(distributed load)이 있다. 하중의 값이 시간적으로 변화하는 상황에 의해 다음과 같이 구별한다.

(1) 정하중(static load) 또는 사하중

하중의 크기와 방향이 시간과 더불어 변화하지 않는 하중 또는 대단히 완만하게 작용하는 하중. 대형구조물의 자체 무게

(2) 동하중(dynamic load) 또는 활하중

하중의 크기와 방향이 시간과 더불어 변화하는 하중이며 그 상태에 따라 다음과 같이 구분하기도 한다.

1) 충격하중(impacted load) : 힘의 작용시간이 극히 짧은 기간의 하중. 물체가 충돌하거나 타격기계(단조, 전단가공기) 등에서 생긴다.
2) 반복하중(repeated load) : 하중의 크기는 끊임없이 변하나 방향이 변하지 않는 하중
3) 교대하중(alternated load) : 하중의 방향이 항상 변하는 하중
4) 이동하중(travelling load) : 물체 위를 이동하여 작용하는 하중

원심력은 물체의 회전에 의해 생기는 관성력이며 고속회전하는 터빈 디스크, 원심 펌프에서는 이 힘을 고려하지 않으면 안 된다.

온도변화는 물체 내의 온도가 똑같고 또 물체가 자유롭게 팽창될 때에는 변형을 일으키거나 응력은 생기지 않는다. 그러나 많은 기계의 부품은 서로 구속되어 있으며 열동력기계 등의 시동 때의 온도변화는 급격하고, 각 부분에 온도차가 생기므로 열응력과 변형의 두 가지가 일어난다.

물리·화학작용으로는 원자로에서의 재료의 방사선 손상, 화학 플랜트 등에서의 부식작용 등을 생각할 수 있다. 이들은 단독으로라도 기계에 손상을 줄 수 있는데, 외력과 이들 작용이 동시에 작용할 때에는 이들 작용이 없는 경우보다는 아주 작은 외력으로도 파괴되거나 손상이 생기기 때문에 주의를 하지 않으면 안 된다.

4-3 기계의 손상

위에서 설명한 여러 가지 하중을 받더라도 기계구조물은 파괴되거나 중대한 손상(damage)이 생겨서는 안 된다. 기계들이 기능을 발휘할 수 없게 되는 것은 아래의 손상이 생겼을 때이다.

파괴(fracture)는 연속되어 있는 물체가 두 개 이상의 파편으로 분리되는 것이며, 이 상태에서는 그 물체가 외력을 감당할 수도, 목적으로 하는 기능도 수행할 수 없으므로 절대로 피하지 않으면 안 된다.

다음에 피하지 않으면 안 될 손상은 지나친 소성변형 및 좌굴(挫屈 : 휘어짐, buckling)이다. 지진에 의해 굽어버린 철골구조물 등은 이 보기이며 파단되어 있지 않더라도 사용할 수 없다.

통상적으로 문제가 되는 손상은 과대한 탄성변형이다. 요즘은 1/1000 mm(미크론) 치수만큼 정밀하게 가공한 부품이 수십 미크론 이하의 간격으로 조립되어 기계를 구성하고 있다. 따라서 조합된 부품이 하중을 받아 위에서 말한 간극 이상으로 변형이 생기면 기계는 목적의 기능을 충분히 발휘할 수 없게 된다. 예를 들어, 축과 베어링의 조합에서 지나치게 휘어지기 쉬운 축은 온동에 의한 손상이 생기거나 베어링의 심한 마모로 예상한 정도를 얻을 수 없는 가능성이 있다. 이와 같은 사태를 피하기 위해서는 기계가 하중을 받더라도 되도록 변형되지 않는, 즉 그 변형에 저항하는 성질인 강성(剛性, rigidity)이 큰 구조로 되지 않으면 안 된다.

이 외에도 일반적인 기계장치에는 현저한 마모, 부식환경에서 사용되는 기기에 대해서는 유해한 부식을 피하지 않으면 안 된다.

4-4 재료에 작용하는 하중

1 응력

어떠한 재질이든지 파괴되려면 외부에서 작용하는 힘에 따라 내부에는 저항력이 생긴다고 보고 있다. 재료에 하중을 가하면 재료의 내부에는 하중과 크기가 같고 방향이 반대인 힘이 저항력(內力)으로 작용하는데, 단위면적당 내력을 응력(stress)이라 한다. 응력의 단위는 kgf/cm^2, kgf/mm^{2}가 사용된다. 그래서 이 응력은 가해지는 하중의 종류나 재료 내에 가상한 단면의 위치에 따라서도 다르나 가장 기본적인 것은 수직응력과 전단응력이다.

(1) 수직응력

[그림 **4 · 3**] (a)와 같이 재료가 인장하중을 받았을 때 그 재료의 임의의 단면 $X-X$에 생기는

저항력을 인장응력(tensile stress)이라 하며 σ_t로 표시한다. (b)와 같이 압축하중을 받았을 때 생기는 응력을 압축응력(compressive stress)이라 하며 σ_c로 표시한다. 그래서 인장응력과 압축응력은 다 재료의 단면에 수직으로 작용하기 때문에 두 응력을 수직응력(normal stress)이라고도 한다. 지금 하중을 W(kgf), 하중이 작용하고 있는 단면적을 A(cm^2)로 표시하면 각각 다음 식으로 나타낼 수 있다.

$$\left.\begin{aligned}&(\text{응력}) = \frac{(\text{무게})}{(\text{무게가 걸리는 면적})}\\&\sigma_t = \frac{W}{A},\ \sigma_c = \frac{W}{A}(\text{kgf/cm}^2)\end{aligned}\right\} \tag{4·1}$$

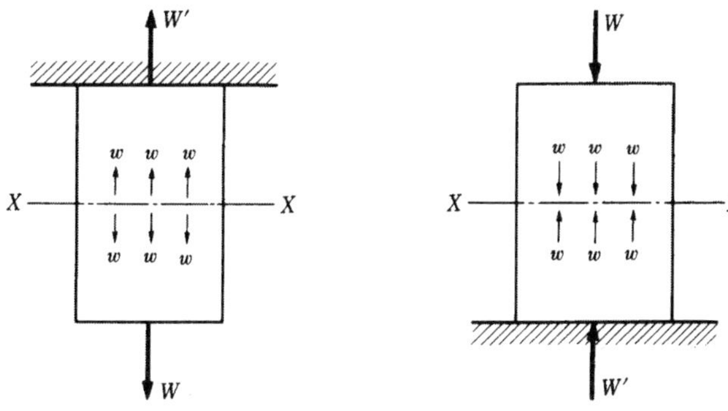

[그림 4·3] 수직응력

(2) 전단응력

[그림 **4 · 4**]와 같이 전단하중이 작용하였을 때에 생기는 응력을 전단응력(shearing stress)이라 하며 τ로 표시한다. 전단응력은 하중이 가해지는 방향, 즉 재료의 단면에 대해서 접선방향(마치 가위로 천을 자르듯 함)으로 작용하기 때문에 접선응력(tangential stress)이라고도 한다. 전단응력은 다음 식으로 계산된다.

$$\tau = \frac{W}{A}(\text{kgf/cm}^2) \tag{4·2}$$

[그림 **4 · 5**]는 인장파괴와 전단파괴를 알기 쉽게 비교한 것이다. 재단기로 종이나 함석판을 자를 때의 상황은 그림의 (b)와 같이 표시할 수 있으나 앞서 설명한 인장과는 전혀 다른 모양이 된다. (b)와 같은 파괴를 전단(剪斷, shear)이라고 부른다.

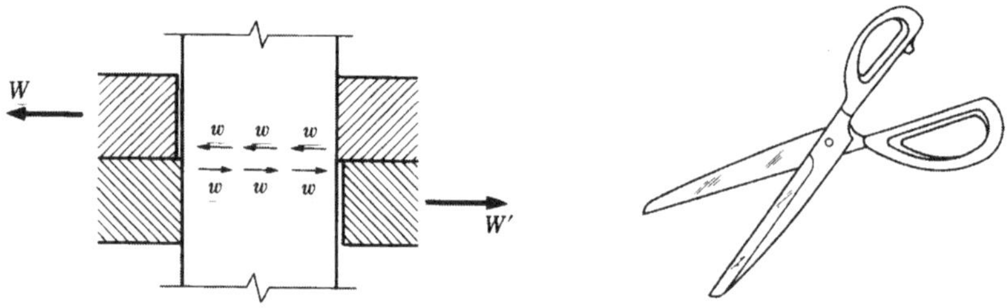

(a) (b)

[그림 4·4] 전단응력

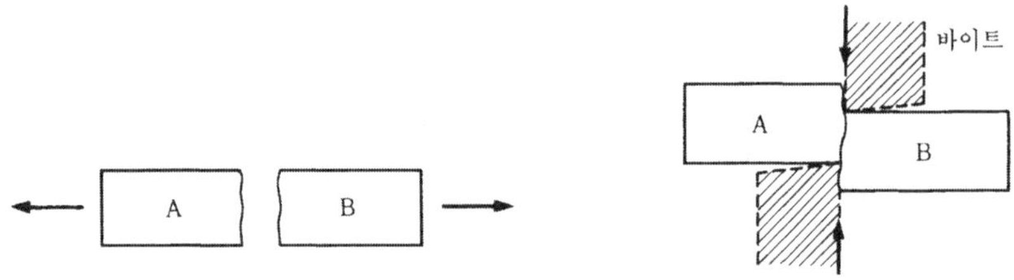

(a) 인장파괴 (b) 전단파괴

[그림 4·5] 인장과 전단의 비교

2 변형률

어떠한 재료로 만들어진 물체라도 하중을 받으면 반드시 변형되며 변형이 대단히 커지면 드디어 파괴가 일어난다. 변형은 늘어나거나 줄어드는 절대량으로 표시하는 것만으로는 불충분하다. 변형량의 원래 길이에 대한 비율을 변형률(strain)이라 하며 다음과 같이 표시한다.

$$변형률(\varepsilon) = \frac{하중방향의\ 늘어나거나\ 줄어든\ 양(\Delta l)}{최초의\ 길이(l)}$$

[그림 **4 · 6**]의 (a)와 같이 길이 l, 지름 d인 재료가 인장하중에 의해 길이가 $l' = l + \Delta l$이 되었다면 변형률은

$$\varepsilon = \frac{l' - l}{l} = \frac{\Delta l}{l} \tag{4·3}$$

로 표시되고 재료가 늘어났으므로 인장 변형률(tensile strain)이라 부른다. 그림 (b)와 같이 압축하중이 작용하면 변형은 그림 (a)와 반대방향으로 생기며, 변형률의 크기는 식 (4 · 3)으로 표시되나 재료가 단축되므로 이 변형률을 압축 변형률(compressive strain)이라 부른다. 인장변형률과 압축변형률을 통틀어 세로 변형률(longitudinal strain)이라 하고 계산상으로 인장쪽을 +, 압축쪽을 −로 취급한다.

[그림 **4 · 6**]과 같이 축방향으로 하중이 가해지면 재료에 세로 변형률과 동시에 지름의 변화

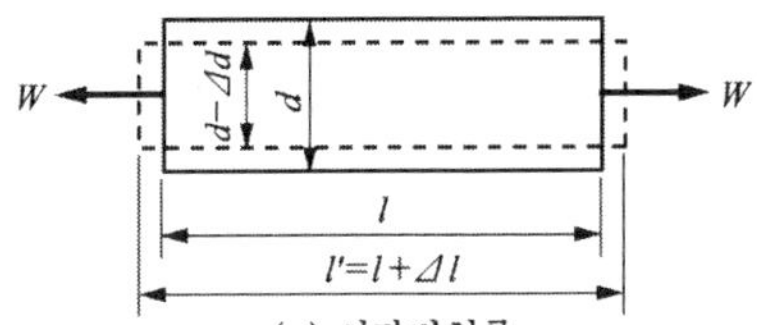

(a) 인장변형률

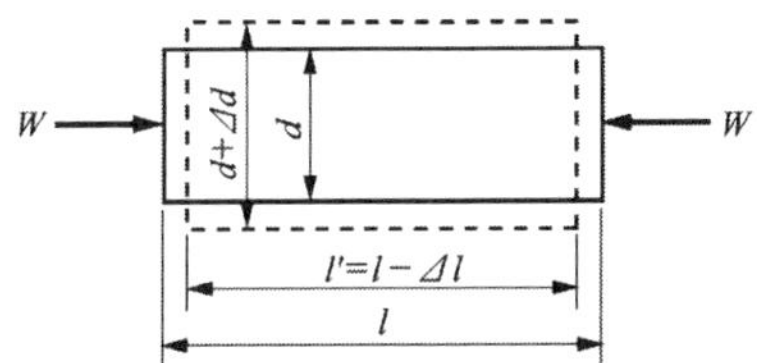

(b) 압축변형률

[그림 4·6] 변형률

$\Delta d = d - d'$가 생기는데 그 방향의 변형률을

$$\varepsilon' = \frac{d' - d}{d} = \frac{\Delta d}{d} \qquad (4\cdot4)$$

로 표시하고 이것을 **가로 변형률**(lateral strain)이라 한다.

대체로 %로 표시하는 경우가 많고 세로 변형률 ε과 가로 변형률 ε'의 비를 **푸아송비**(Poisson's ratio)라 하며 식 (4 · 5)와 같이 표시한다.

$$\nu = \frac{\varepsilon}{\varepsilon'} = \frac{1}{m} \qquad (4\cdot5)$$

이 ν는 재료에 의해서 일정한 값을 가지며 금속재료에서는 대개 0.25~0.35의 범위이고, ν의 역수 m을 **푸아송수**라 한다.

또 [그림 **4 · 7**]과 같은 입방체 재료에 전단하중 W가 작용하여 A′CDB′와 같이 AA′만큼 미끄럼 변형하여 ϕ(rad)의 각이 생겼다면 **전단변형률**(shearing strain)은 다음과 같이 계산된다.

$$\gamma = \frac{AA'}{AC} = \tan\phi = \phi(\text{rad}) \qquad (4\cdot6)$$

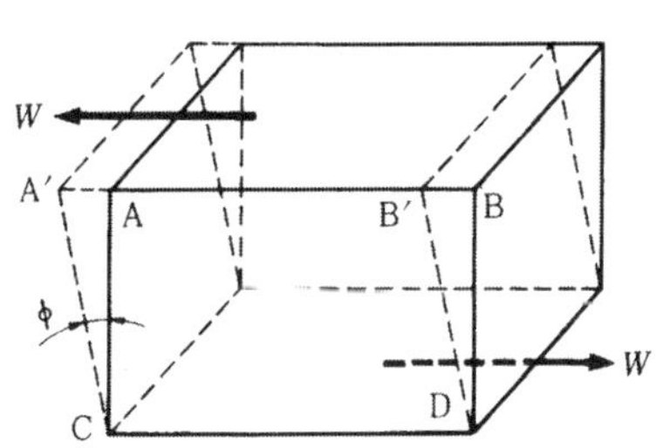

[그림 4·7] 전단변형률

4-5 응력과 변형률과의 관계

1 응력 · 변형률선도

어떤 재료라도 하중을 가했을 때 파괴되지 않는다고는 결코 말할 수 없다. 따라서 어떤 재료에는 어느 정도의 하중을 가하면 어떤 변화(변형)가 일어나는가를 알 필요가 있다.

[그림 **4 · 8**]은 기계에 가장 많이 사용되고 있는 재료의 하나인 철(강)의 인장시험의 응력과 변형률의 관계도이다. 인장시험이란 재료를 정해진 치수로 가공하여 시험재료를 만들고, 이것을 0 kgf에서 잡아당겨 1 mm를 늘리는 데 필요한 하중을 기록하고 시험재료가 파단될 때까지 인장을 계속한다. 이것을 그림으로 그리면 **하중 · 신장선도**(load-elongation diagram)가 된다. [그림 **4 · 8**], [그림 **4 · 9**]는 시험결과이다. 이 선도에서 하중을 응력, 신장을 변형률로 바꾸면 **응력 · 변형률선도**(stress-strain diagram)로 된다.

이 선도에서 원점 O에서 A점까지는 하중의 증가에 따라 늘어남, 즉 응력과 변형률은 직선적으로 증가한다. 이 관계를 **훅의 법칙**(Hook's law)이라 하며, 이 비계관계에서의 최대응력, 즉 A를 **비례한도**(limit of proportionality)라 한다. 또, 점 B는 하중을 제거시키면 일시 늘어난 것이 시간의 경과와 더불어 원래의 상태로 되돌아가며, 완전하게 원상태으로 되돌아가는 한계이다. 이렇게 원래의 형상으로 되돌아가는 성질을 **탄성**(elasticity), 이와 같이 원형으로 되돌아가는 변형을 **탄성변형**(elastic deformation), 점 B의 응력을 **탄성한도**(limit of elasticity)라 한다. 점 B를 초과하여 하중을 가하였을 때는 하중을 제거하더라도 변형률이 일부 남아 있어 원형상으로 되돌아가지 않는다. 이 변형률은 **영구변형률**(permanent set) 또는 잔류변형률이라 하고 이 성질을 **소성**(plasticity), 이 변형을 **소성변형**(plastic deformation)이라 한다. 금속의 소성을 이용하여 판 · 관 · 봉 · 선 · 단조품 · 프레스 제품 등 여러 가지 가공이 이루어진다.

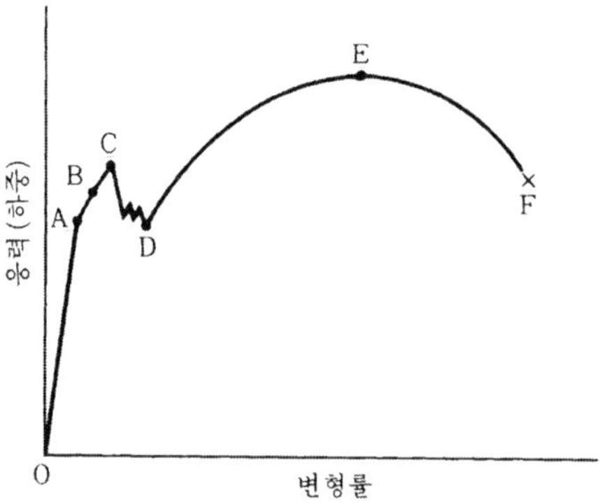

[그림 4·8] 강의 응력 · 변형률선도

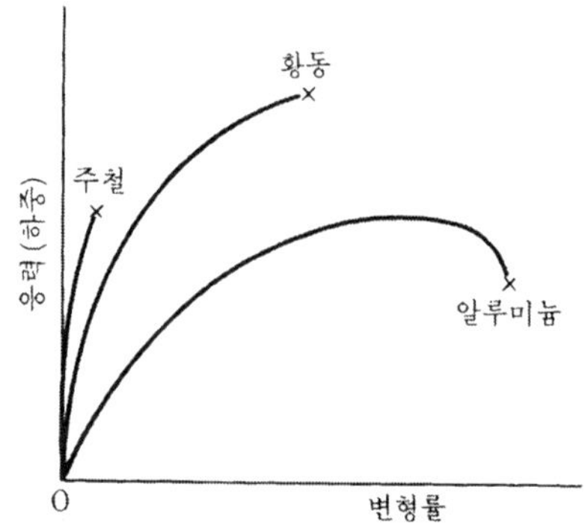

[그림 4·9] 금속재료의 응력 · 변형률선도

점 C에 도달하면 하중을 증가시키지 않더라도 늘어남은 증가된다. 점 C(점 D)를 포함)의 응력을 **항복점**(降伏點 : yield point)이라 부른다. 점 D부터는 하중의 증가에 따라 늘어나는 현상은 현저하게 커지고 점 E에서 최대하중이 되고 이 부근에서 시료(試料)의 일부에서는 균열이 생겨 점 F에서 시료는 파단된다. 점 E에서의 응력을 **극한강도**(ultimate strength)라 하며 인장일 때는 **인장강도**, 압축일 때는 **압축강도**라 한다.

[그림 **4 · 9**]는 철 이외의 금속재료의 대표적인 보기이다. 이 점에서는 파단점만 분명하지만 항복점에 대해서는 그림에서 계산을 이용하여 구할 수 있다. 위와 같은 결과로부터 기계 등이 파괴되지 않도록 설계하기 위한 기준이 되는 응력을 가르쳐 주고 있다.

2 탄성계수

[그림 **4 · 8**]에서 점 A의 비례한도 내에서는 응력과 변형률은 비례의 관계가 있으며, 다음 식이 성립된다.

$$E = \frac{\text{응력}(\sigma)}{\text{변형률}(\varepsilon)} = \text{상수}$$

이 비례상수를 **탄성계수**(modulus of elasticity)라 하며 각 재료에서 일정한 값을 가진다. 수직방향의 탄성을 생각할 경우 수직응력 σ(kgf/mm^2)와 변형률 ε과의 비를 **세로 탄성계수**(modulus of longitudinal elasticity) 또는 **영 계수**(Young's modulus)라 하며 E로 표시한다.

길이 l의 재료에 가해지는 축하중을 W, 재료의 세로 단면적을 A, 재료의 늘어난 길이를 Δl이라면 식 (4 · 7)과 같이 된다.

$$E = \frac{\sigma}{\varepsilon} = \frac{W}{A} \cdot \frac{l}{\Delta l} \quad \text{또는} \quad \Delta l = \frac{Wl}{AE} \tag{4·7}$$

또, 가로 방향의 탄성을 생각할 때 전단응력 τ (kgf/mm^2)와 전단변형률 γ (전단각 ϕ)와의 비를 **가로 탄성계수**(modulus of transverse elasticity) 또는 **강성률**(modulus of rigidity), **전단탄성계수**라 하고 G로 표시한다.

$$\frac{\tau}{\gamma} = \frac{\tau}{\phi} = G\,(\text{kgf/mm}^2) \tag{4·8}$$

4-6 각종 하중에 대한 재료의 강도

1 정적 강도

천천히 증가하는 하중에서의 기본적인 재료는 인장시험에서 얻어지는 항복점 및 인장강도에 의해서 표시할 수 있다.

2 피로강도

많은 기계는 변동(반복)하중을 받는다. 재료에 반복해서 하중이 가해지면 재료에 생기는 응력이 극한강도 또는 항복점보다 작은 응력이라도 파괴되는 경우가 있다. 이 현상을 피로(fatigue)라 하며, 재료는 응력의 크기 또는 변화의 폭이 클수록, 반복횟수가 적어도 파괴되나 응력이 어느 한도 이하가 되면 무한정 반복해도 파괴되지 않는다고 생각하여 이 한도를 피로강도(fatigue limit)라 한다. 기계나 구조물, 기계부품 등은 재료의 피로에 의해 파괴되는 경우가 많다.

재료의 피로한도는 시험재료부품의 표면 다듬질 정밀도, 부식작용, 온도, 열처리, 결함의 유무, 형상치수 및 하중의 가하는 방법에 따라 복잡하게 영향을 미친다.

3 크리프 강도

금속재료는 상온에서 일정한 하중을 가해서 오랜시간 방치하더라도 변형률의 증가는 무시되지만, 높은 온도에서는 일정한 하중을 가하면 시간의 경과와 더불어 변형률이 증가되어 최후에는 파단된다. 이 현상을 크리프(creep)라 한다. 응력이 크고 높은 온도일 때는 변형률의 증가는 크고 파단될 때까지의 시간은 짧다. 어느 온도에서 일정시간이 경과된 후 크리프가 정지되는 응력 가운데 최대의 것을 크리프 한도(creep limit)라 한다.

화력발전소에서 보일러의 증기과열기, 터빈, 원자로 연료봉 등 높은 온도에서 사용되는 열동력기기는 크리프 한도가 높기 때문에 주의가 요망된다.

4 응력집중

구조물에 인장이나 압축 등의 하중이 작용할 때 각 부재인 막대나 판의 단면이 변화되어 있으면, 그 부분에서의 응력분포는 균일하지 못하게 된다. 그러나 급격한 단면의 변화가 있을수록 그 주변부에 국소적으로 높은 응력이 생긴다. 이와 같은 현상을 응력집중(stress concentration)이라 한다. 교량, 압력용기, 파이프, 항공기 등의 구조물이나 기계부품에는 기능상 각종의 노치(notch), 홈, 관통 구멍 등의 열린 부분을 설치하는 경우가 많아, 집중응력으로 강도저하를 초래하여 결국은 예측하지 못하였던 파괴가 일어나는 가능성이 많다.

[그림 **4 · 10**]은 인장하중을 각종 형상의 부재에 작용시켰을 때 생기는 응력집중의 상태로 표시한 것이다. 그림에서 단면에 생기는 최대응력 σ_{max}(kgf/mm²)와 인장하중 W(kgf)를 단면적 A(mm²)로 나누어 얻어지는 평균응력 σ_n(kgf/mm²)과의 비를 **응력집중계수**(stress concentration factor) α라 부르며 다음 식으로 표시한다.

$$\text{응력집중계수}(\alpha) = \frac{\text{최대응력}(\sigma_{max})}{\text{최소단면의 평균응력}(\sigma_n)} \tag{4·9}$$

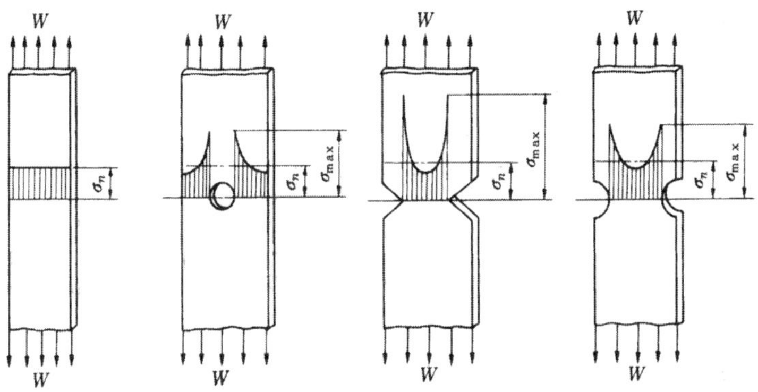

(a) 단면일정 (b) 둥근 구멍 (c) V 홈 (d) 반원홈

[**그림 4·10**] 응력분포의 상태

응력집중계수 α는 1보다는 큰 값이나 α는 노치의 형상이나 하중의 종류에 따라 결정되기 때문에 **형상계수**라 부르기도 한다. 응력집중 상태는 탄성학에서 이론적으로 계산하기도 하나 형상이 복잡한 노치나 복수의 열린 부분이 있을 때는 엄밀한 해석이 어렵다. 따라서 최근에는 대형 전자계산기의 발달에 따라 근사해석법에 의한 수치계산, 이를테면 **유한요소법**(finite element method)이나 **차분법**(差分法 : finite different method)이라 불려지는 방법으로 비교적 쉽게 응력집중상태를 구할 수 있게 되었다. 또 실험법으로 응력집중을 구하려면 **스트레인 게이지법**(strain gage method)이나 **광탄성법**(photo elastic method) 등의 계측방법이 많이 이용된다.

5 응력부식균열, 부식피로

공기 중에서는 파괴를 일이키지 않는 큰 응력을 받은 금속재료가 부식환경하에서는 대단히 짧은 시간에 파괴되는 현상을 **응력부식균열**(stress corrosion cracking)이라고 하며, 또 대기중에서의 피로시험과 비교하여 부식성 분위기 안에서의 피로시험에서는 파괴까지의 반복횟수가 적게 되는 현상을 **부식피로**(corrrsion fatigue)라 한다. 응력부식 균열의 보기로는 강의 수소균열이 있다. 화학 플랜트, 해양구조물 등에서는 이들로 인한 강도저하를 고려하지 않으면 안 된

[표 4·1] 주요 금속재료의 기계적 성질

재 료	세로 탄성계수 E(kgf/mm^2)	가로 탄성계수 G(kgf/mm^2)	비례한도 (kgf/mm^2)	항복점 (kgf/mm^2)	인장강도 (kgf/mm^2)
연 강	21,000	8,100	18~23	20~30	37~45
경 강	21,000	8,100	28~32	30~	48~58
주 강	21,500	8,300	20~	21~	35~70
주 철	10,000	3,800	없 음	없 음	12~24 압축강도 60~80
니 켈 강 (Ni 2~3.5%)	20,900	—	33~	38	56~67
알 루 미 늄	7,200	2,700	—	11	11.6
듀 랄 루 민	7,400	2,800	—	42	49

다. [표 **4 · 1**]은 주요한 금속재료의 기계적 성질을 표시하고 있다.

6 기계의 안전사용(安全率)

비록 작아 보여도 조금 큰 항중을 계속 작용시키면(그림 **4 · 11**)의 옷걸이와 같이 파단응력보다 작은 응력이라도 파괴되고 만다. 이 경우는 피로파괴 또는 크리프 파괴라 부른다. 기계나 구조물이 안전하게 그 사용목적을 수행하기 위해서는 전체를 감정하거나 일부분 파괴되는 곳을 정해서 전체로서는 파괴가 되지 않는 방법을 생각하지 않을 수 없다.

따라서 기계의 사용 중에는 그것이 파손되지 않고 안전하게 사용되지 않으면 안 된다. 그래서 기계 각부의 치수를 결정할 때에는 작용하는 하중으로부터 부품내부에 생기는 응력의 값을 추정하여 그것이 재료에 대해서 안전하도록 해야 한다.

기계나 구조물이 실제 사용되는 상태에서 발생되는 응력을 사용응력(working stress)이라 하고 설계상에서는 안전을 확보하기 위해 최대한도의 사용응력을 결정하고 있다. 이것을 허용응력(allowable stress)이라 하고 이 둘의 관계는 허용응력이 사용응력보다는 커야만 된다. 허용응력은 재료의 성질, 부품의 모양, 하중을 가하는 방법 및 사용온도 등을 고려하여 실험이나 경험적인 판단으로 결정한다. 그러나 허용응력을 결정하는 기본적인 요인은 기준강도(기준응력)라 불리는 것으로, 이를테면 인장강도, 항복점, 피로한도, 크리프 한도 및 좌굴값 등이다. 이 기준강도와 허용응력과의 비를 안전율(safety factor)이라 하며 다음 식으로 주어진다.

$$\text{안전율} = \frac{\text{극한강도}}{\text{허용응력}}\left(\text{허용응력} \fallingdotseq \frac{\text{항복점}}{\text{안전율}} \fallingdotseq \frac{\text{피로한도}}{\text{안전율}}\right) \tag{4·10}$$

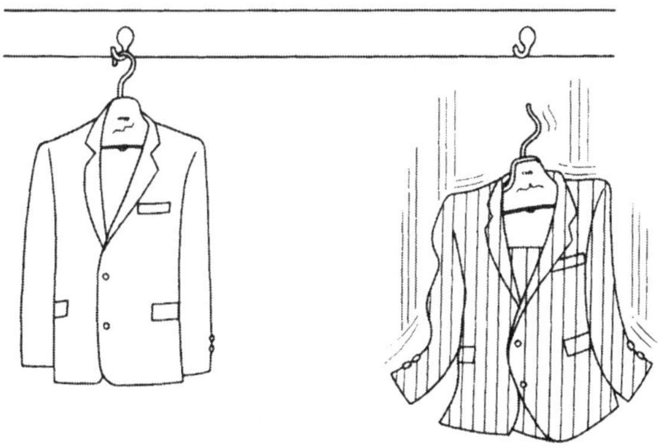

(a) 고리에 옷을 걸어둔다.

(b) 옷이 무겁다고 느끼지 않는 사이에 떨어진다.

[그림 4·11] 시간이 걸리면 파괴된다.

안전율의 값은 1 이상으로 철강의 경우는 3~15배, 목재 · 석재 등은 7~30배로 잡고 있다. [표 **4 · 2**]는 각종 재료의 안전율의 값을 표시하고 있다.

[표 4·2] 안전율

재 료	안 전 율			
	저 하 중	동 하 중		
		반 복	교 번	충 격
주 철	4	6	10	15
연 철 · 강	3	5	8	12
목 재	7	10	15	20
벽 돌 · 석 재	20	30	—	—

4-7 보에 대한 하중의 작용

1 보

[그림 **4 · 12**]와 같이 하중을 가해서 굽힘 작용을 받는 막대를 보(梁 ; beam)라 하며, 보를 지지하고 있는 지점과 지점사이(건축물에서는 기둥과 기둥사이)의 거리를 스팬(span)이라 한다. 보는 장롱의 가로 판, 교량의 각 구조재, 기어의 이(齒) 등 우리 생활주변의 거의 대부분에 포함되어 있다고 볼 수 있다.

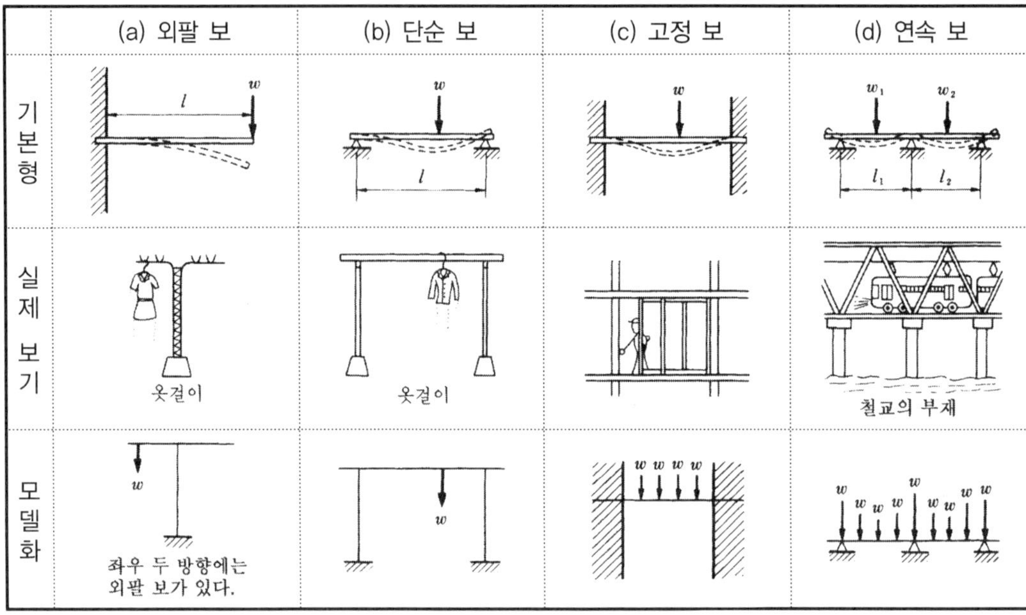

[그림 4·12] 보의 종류

보는 그 지지방법에 따라 (a) 한쪽 끝이 고정되어 있는 **외팔 보**(cantilever), (b) 양쪽이 자유롭게 지지되어 있는 **단순 보**(simple beam), (c) 양쪽이 고정되어 있는 **고정 보**(fixed beam), (d) 3점 이상으로 지지되어 있는 **연속 보**(continuous beam)로 나누어진다. 또, 하중이 걸리는 방법에 따라 몇 가지 하중을 생각할 수 있다. (a), (b)와 같이 보의 한 점에 집중해서 작용하는 **집중하중**(concentrated load), 재료 자체의 무게가 골고루 분포되어 가해지는 **분포하중**(distributed load)이 있다. 분포하중 가운데는 단위 길이에 대해 같은 하중이 작용하는 **등분포하중**(uniformly distributed load)과 단위길이에 대해 동일하지 않는 하중이 직선적으로 변화해서 작용하는 **등변분포하중**(uniformly varying load)이 있다.

2 굽힘 응력

보에 길이 방향과 직각방향으로 하중이 작용하면 [그림 **4 · 12**]에서 파선으로 표시하는 것과 같은 처짐이 생긴다. 이와 같은 변형을 일으키는 하중을 **굽힘 하중**(bending load)이라 한다.

굽힘에 의한 변형은 [그림 **4 · 13**]에서 표시한 바와 같이 한쪽에는 압축, 다른 쪽에는 인장변형률이 생기는데 중간에는 전혀 변형률을 받지 않는 **중립면**(neutral surface)이 존재한다. 중립면과 단면이 교차되어 생기는 직선을 **중립축**(neutral axis)이라 한다. 압축이나 인장의 변형률의 크기는 중립면에서의 거리에 비례함이 증명되고 있다.

응력은 변형률에 비례하기 때문에 그림에서 임의의 단면에는 인장응력과 압축응력이 공존하며, 중립면에서만은 응력이 0이 되고 중립면에서 멀어질수록 그 거리에 비례하여 응력의 값도

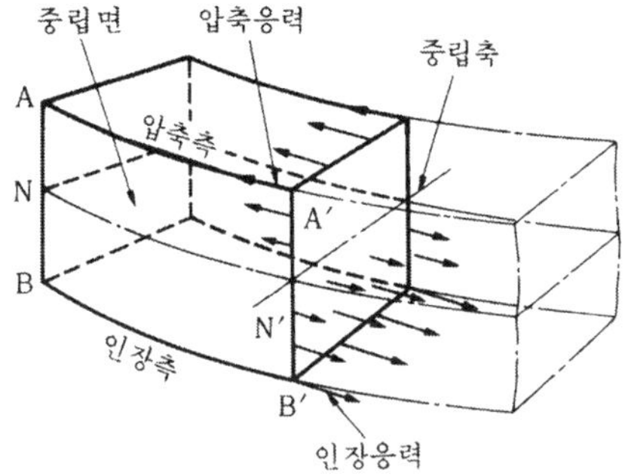

[그림 4·13] 굽힘 응력

커진다. 이와 같이 보의 단면에 굽힘 하중에 의해 생기는 수직응력을 굽힘 응력(bending stress)이라 한다. 이 굽힘 응력은 같은 방향에 같은 크기의 응력이 똑같이 발생하는 단순한 인장이나 압축과는 전혀 다른 것이다.

3 굽힘 모멘트

(1) 모멘트

모멘트(moment)란 물체를 회전시키고자 하는 힘의 크기이다. [그림 **4·14**]에서 물체 M의 한 점 A에 힘 F가 수직으로 작용할 때 점 O를 축으로 하면 O와 F와의 수직거리를 l 이라고 할 때 그 곱 $F \cdot l$ 은 점 O의 둘레로 물체를 회전시키고자 하는 힘을 표시하는데, 이것을

$$M = F \cdot l \text{ (kgf·mm 또는 N·m)} \tag{4·11}$$

로 표기하고 힘의 모멘트(moment of force)라 한다.

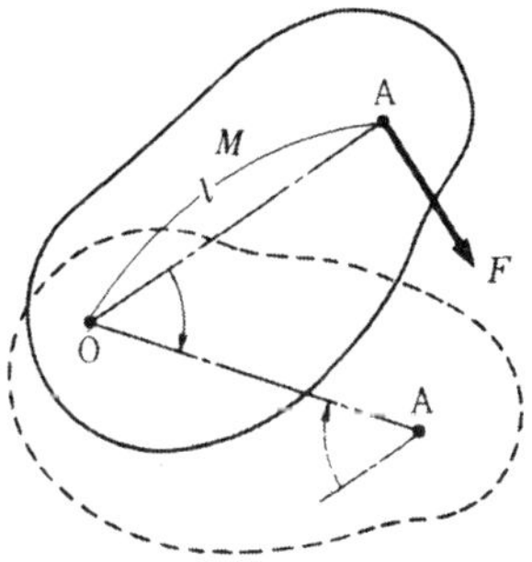

[그림 4·14] 힘의 모멘트

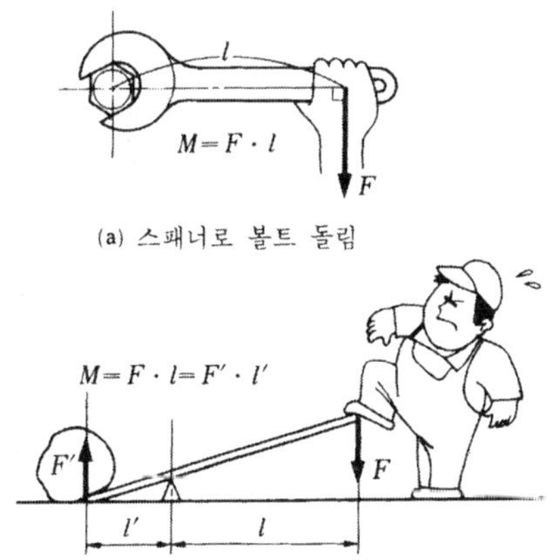

[그림 4·15] 실제 예에서 모멘트를 생각함

[그림 **4 · 15**]는 실제의 보기로서 (a)는 볼트에 작용하는 모멘트, (b)는 지렛대의 원리를 모멘트로 생각하는 보기이다. 힘(F)을 작용시키면 확대(l/l'배)된 힘(F')이 물체에 작용하게 된다. 모멘트는 굽힘이나 비틀림 등의 경우에 생각되는 것이다.

(2) 굽힘 모멘트

[그림 **4 · 12**]의 보의 종류에서 각 보에 작용하는 힘에 의해 각 보는 밑으로 휘어(처짐)진다. 이와 같이 보를 굽히는 데 작용하는 경우를 **굽힘 모멘트**(bending moment)라 한다. 반드시, 굽힘 모멘트는 보의 각 단면에서 크기가 달라지기 때문에 주의가 필요하며, 또 굽힘 모멘트의 +, −는 가정해서 정한 것이기에 +, −의 절대 값의 크기로만 생각하면 된다.

[그림 **4 · 16**] (a)는 양 끝을 지지하고 있는 단순보에 집중하중이 작용하고 있는 보기를 단순한 모양으로 표시한 것이다. 보의 양끝 A, B의 지점에는 반력(reaction force) R_A, R_B가 생겨 W와 안정된 평형상태를 유지하고 있다.

지점의 반력은 다음의 평형조건으로부터 구할 수 있다.

① 하중 및 반력의 대수합은 0이다.

② 임의의 점에 대한 힘의 모멘트 대수합은 0이다.

평형조건에 의해 다음 식이 성립된다.

$$W = R_A + R_B \tag{4·12}$$

보에는 하중과 반력에 의해 모멘트가 생기나 각 단면의 모멘트의 총합[2)]은 0이기 때문에 지금 지점 B를 중심으로 하는 모멘트를 생각하면

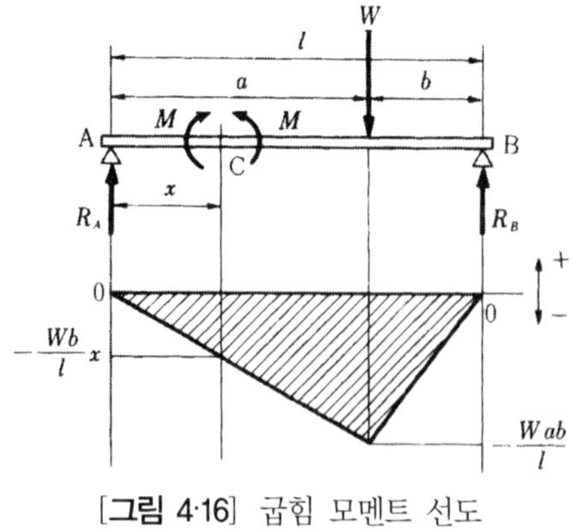

[**그림** 4·16] 굽힘 모멘트 선도

2) 총합계가 0이 되지 않으면 모멘트가 존재하기 때문에 회전을 하게 된다.

시계의 반대방향의 모멘트 : $M_1 = W \cdot b \quad R_A \cdot l - W \cdot b = 0$

시계방향의 모멘트 : $M_2 = R_A \cdot l \quad R_B \cdot l - W \cdot a = 0$

$$M = M_1 - M_2 = W \cdot b - R_A \cdot l = 0 \tag{4·13}$$

점 A에 대해서

$$M_1 = R_B l$$

$$M_2 = W \cdot a$$

$$M = M_1 - M_2 = R_B \cdot l - W \cdot a = 0$$

식 (4 · 13)에서 반력은

$$R_A = \frac{W \cdot b}{l}, \text{ 같은 방법으로 } R_B = \frac{W \cdot a}{l} \tag{4·14}$$

지점 A에서 x거리에 있는 임의로 선정한 단면 C의 왼쪽 · 오른쪽의 각 모멘트를 생각하면

왼쪽의 모멘트 : $M_1 = -R_A x = -\dfrac{W \cdot a}{l}x$

오른쪽의 모멘트 : $M_2 = R_B(l-x) - W(a-x) = \dfrac{W \cdot a}{l}(l-x) - W(a-x) = \dfrac{W \cdot b}{l}x$

$$\underset{(\text{왼쪽})}{\boldsymbol{R_A \cdot x}} = \underset{(\text{오른쪽})}{\boldsymbol{R_B(l-x) - W(a-x)}} \tag{4·15}$$

가 되고, 단면 C의 좌우 모멘트는 평형의 조건으로부터 크기가 같고 방향은 반대로 된다. 단위는 보통 kgf · mm로 표시하며 그림에서 (b)를 **굽힘 모멘트 선도**(bending moment diagram)라 하며, 최대의 굽힘 모멘트는 하중이 작용하는 방법과 지지방법에 따라 다르게 된다. 그러나 어디인가는 최대의 굽힘 모멘트를 받는 단면이 존재하게 되는데 이 단면을 위험단면이라 한다. 보에 생기는 최대응력을 계산하려면 먼저 위험단면의 위치와 최대 굽힘 모멘트의 값을 알 필요가 있다.

4-8 축의 비틀림

한쪽 끝을 고정시킨 막대의 다른 쪽에 우력(偶力 : 짝힘, couple of forces)이 작용하면 막대는 축의 둘레로 비틀려지게 된다. 이와 같은 작용을 **비틀림 모멘트**(torsional moment) 또는 토

크(torque)라 한다. 이로 인해 막대의 단면에 생기는 응력을 비틀림 응력(torsional stress)이라 하고 비틀림 작용을 받아 사용되는 것을 축이라 한다.

[그림 **4 · 17**]은 비틀림 하중이 작용하는 경우의 그림이고 [그림 **4 · 18**]과 같은 동력전달축은 반드시 II축의 AB구간에 비틀림을 받게 된다. 따라서 비틀림은 축을 회전시키려고 하는 모멘트의 작용을 가지며 그것이 토크인 것이다.

[그림 **4 · 19**]와 같이 비틀림 모멘트를 받아 변형되는 상태를 생각하여 보면, (a)와 같이 막대의 표면축선에 평행한 직선 AB는 α의 각을 이루는 AB′로 비틀려지고, l 의 거리에 있는 끝면은 $\overline{\theta}$ 만큼 비틀어지게 된다. 이와 같이 비틀려지는 각 $\overline{\theta}$ 를 비틀림 각(angle of torsion)이라 한다. 지금 (b)와 같이 임의의 반지름 r 의 원둘레에 있는 축선에 평행한 직선 AB가 변형 후 AB′로 변위되고, 단위길이에 대한 비틀림 각을 θ라 하면 l 의 거리에 있는 끝면은 $\angle BOB' = \overline{\theta} = \theta l$ 만큼 비틀려진다. 이것으로 θ가 작을 경우에는 그림 (b)에서 알 수 있듯이

$$\frac{\widehat{BB'}}{AB} = \frac{\theta \cdot l \cdot r}{l} = \theta \cdot r \tag{4·16}$$

의 전단변형률이 생기게 된다. 따라서 전단응력 τ_r는 가로 탄성계수를 G라 하면

$$\tau_r = Gr\theta$$

로 표시된다. 이 전단응력은 단면에 작용하며 그 방향은 반지름 r의 접선방향에 작용한다. 식 (4 · 16)에서 알 수 있듯이 전단변형률의 값은 막대의 표면에서 최대이며 중심에 가까워짐에 따라 작아진다. 따라서 중심에서는 0이고 전단응력도 반지름에 비례해서 변한다.

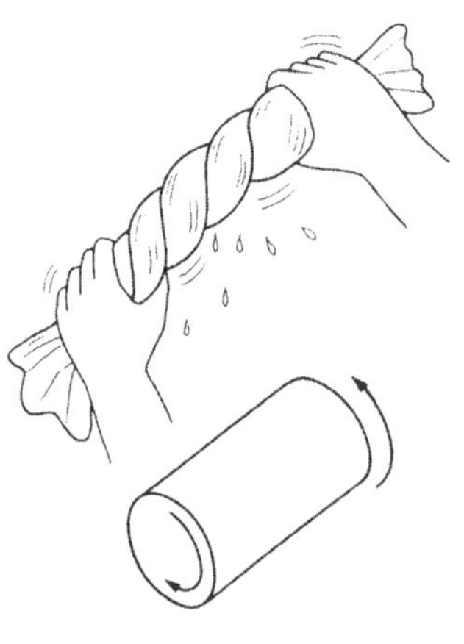

[그림 4·17] 비틀림 하중

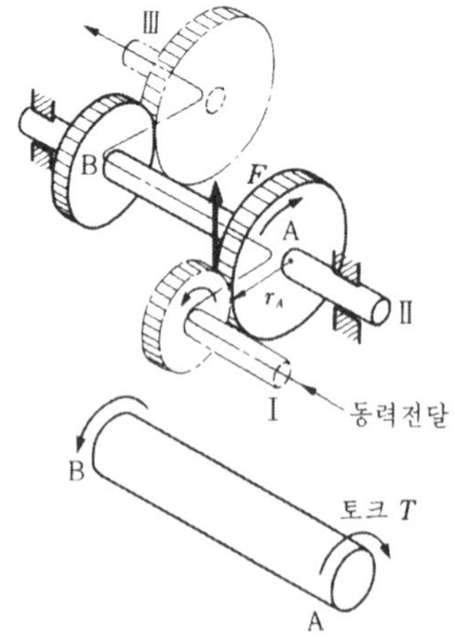

[그림 4·18] 비틀림 모멘트

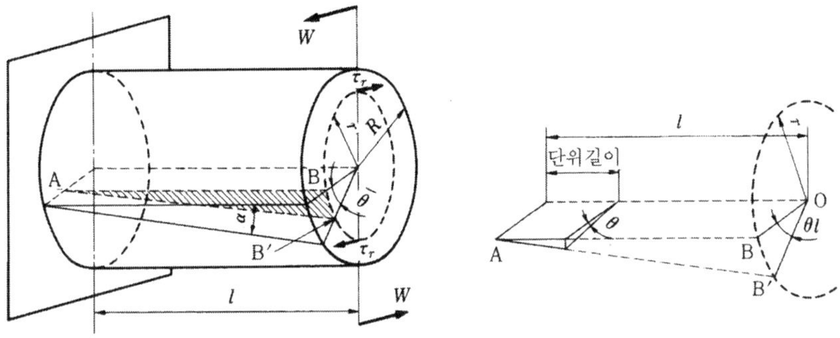

(a) (b)

[그림 4·19] 축의 비틀림

4-9 기 둥

1 기둥의 압축

구조부재나 기계부품에서 사용되는 막대가 그 길이 방향(세로 축)에 압축하중을 받을 때 이것을 기둥(柱, column)이라 하며 다음과 같이 분류한다.

(1) 짧은 기둥

기둥의 길이가 단면치수에 비해 짧을 때 막대는 똑 곧은 상태에서 압축되며, 압축응력이 재료의 압축강도에 도달하면 파괴된다.

(2) 긴 기둥

막대의 길이가 단면치수에 비해 대단히 길 경우, 축압축하중이 어느 크기에 도달하면, 지금까지 똑 곧은 상태에서 압축되던 막대가 갑자기 옆으로 휘어지기 시작해 압축강도 이하의 낮은 응력에서 파손되고 만다. 이와 같은 현상을 **좌굴**(挫屈, buckling)이라 하며, 좌굴을 일으키는 한계의 하중(최소의 하중)을 **좌굴하중**(buckling load)이라 부른다. 또, 좌굴하중을 막대의 단면적으로 나눈 값을 **좌굴응력**(buckling stress)이라 한다. 이 좌굴하중(응력)은 재료의 강도가 아니라 막대의 굽힘 강성에 관계된다.

(3) 중간 기둥

짧은 기둥과 긴 기둥의 중간 길이에 해당되는 막대로서 이 경우는 재료의 강도와 굽힘 강성의 양쪽을 고려하지 않으면 안 된다.

기둥의 이와 같은 분류에는 길이 l과 최소단면 2차 반지름 $k(=\sqrt{I/A}$와의 비 l/k의 값의 범위에서 결정된다. 이 l/k을 세장비(細長比, slenderness ratio)라 하는데 짧은 기둥은 $0 < l/k < 50$, 긴 기둥은 $100 < l/k$, 그래서 중간 기둥은 $50 < l/k < 100$ 범위이다. 재료시험에 사용하는 압축시험편은 $0 < l/k < 10$의 것을 사용한다.

2 기둥의 휘어짐

긴 기둥의 휘어짐은 오일러(Leonard Eular)의 이론에 의해 유도되는 공식이 있다. 휘어짐의 하중 W_{cr} 및 휘어짐의 응력 σ_{cr}는 각각 다음과 같이 구해진다.

$$W_{cr} = \frac{n\pi^2 EI}{l^2} \tag{4·17}$$

$$\sigma_{cr} = \frac{W_{cr}}{A} = \frac{n\pi^2 EI}{Al^2} = n\pi^2 E\frac{k^2}{l^2} = \frac{n\pi^2 E}{(l/k)^2} \tag{4.18}$$

여기서, I : 단면 2차 모멘트(cm^4)　　l : 기둥의 길이(cm)
E : 세로 탄성계수(kgf/cm^2)　　k : 단면 2차 반지름(cm)
A : 기둥의 단면적(cm^2)

다만, 식 중에 나오는 n은 기둥의 양끝을 지탱시키는 방법(端末條件)으로 결정하는 상수이며 단말계수라 한다.

[그림 4·20]은 여러 가지 단말조건을 가지는 긴 기둥이 좌굴을 일으켰을 때의 변형상태를 나타낸다. 그림에서 n의 값이 클수록 기둥은 강하게 된다. 기둥의 좌굴하중이나 좌굴응력은 기둥의 재질, 단말조건, 세장비 등에 의해 변화된다.

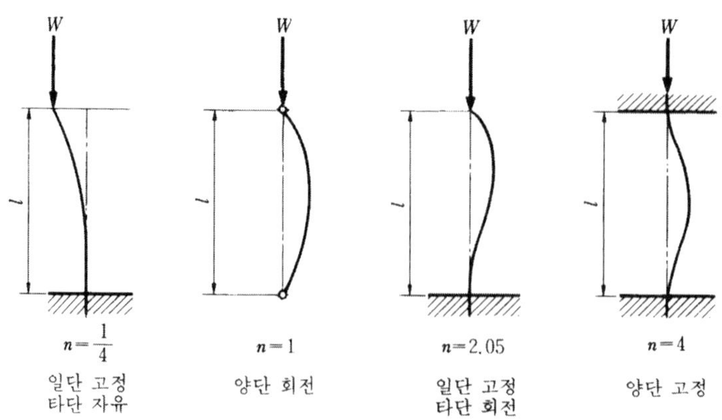

[그림 4·20] 좌굴 변형상태

제 5 장 기계의 구성요소

5-1 기계요소의 분류

기계를 만들려면 처음부터 발휘되는 성능이나 목표를 정하고, 그것이 실현되도록 기계의 기구(운동전달의 구성)나 형상을 정해 사용재료나 제작방법을 결정하는 게 필요하다. 이것을 흔히 기계의 **설계**(machine design)라 한다. 그렇게 하기 위해서는 적어도 기계의 구성, 여러 가지 기구(운동전달의 구조나 구성)를 이해하여야 한다.

복잡한 기계도 그 기계자체의 부품과 다른 기계에도 공통으로 사용되는 부품으로 구성되어 있다. 이 공통의 기계부품은 그 형상 · 기능 · 사용목적은 공통성이 있고, 기계를 구성하는 중요한 요소이다. 따라서 이것을 **기계요소**(machine element)라 하며, 사용목적이나 기능에 따라 나누면 [표 **5 · 1**]과 같다.

[표 5·1] 기계요소의 분류

대 분 류	중 분 류	소 분 류	보 기
결합용 부품	분해가능 결합부품	–	볼트, 너트, 나사, 키, 코터, 핀
	영구 결합부품	–	리벳, 용접 이음
운 동 부 품		직접 접촉에 의한 것	구름 접촉에 의한 것 : 마찰차
			미끄럼 접촉에 의한 것 : 기어, 캠

[표 5·1] 계속

대분류	중분류	소분류	보기
운동부품	운동전달용 부품	간접접촉에 의한 것	강체 매개절에 의한 것 : 축, 축 이음, 링크 장치
			가동성 매개절에 의한 것 : 벨트, 체인, 로프
			유체 매개절에 의한 것 : 유체 커플링, 유압
		틈새가 있는 것	전동 회전기, 전기 · 자기 기기
	회전체	–	플라이 휠
	운동제어용 부품	완충장치	스프링, 고무, 댐퍼, 유압기
		브레이크 장치	브레이크
유체용 부품	압력용기	–	탱크 종류, 봄베
	배관부품	–	관 · 관 이음, 밸브 · 콕 · 누설방지장치

5-2 기계장치와 그 보전

하나의 기계를 구성하는 부품은 수십 개에서 수만 개에 이른다. 보기를 들어 자동차는 약 2,000~4,000개의 부품으로 구성되어 있다. 부품 하나하나가 각각의 역할을 가지고 있음은 당연하며, 크기가 다르더라도 동일한 기능을 가지고 있는 부품이 수없이 많다. 또, 각종의 기계에 공통적으로 동일한 기능을 수행하고 있는 부품도 많다.

기계부품으로 대량 생산되는 기계요소는 국내는 물론, 국제적으로도 치수의 통일화로 규격화가 광범위하게 이루어져 있다(한국산업규격, KS[KIS] : 국제표준화기구, ISO 등). 나사나 구름 베어링은 그 대표적인 보기이다. 규격화가 널리 침투되어 있는 부품은 그것이 손상된 경우라도 바로 동일부품으로 교환할 수 있어 대단히 편리하며, 또 규격품을 대량생산함으로 가격도 절감되어 매우 효과적이다.

이들 규격품에 관한 지식은 기계의 설계자뿐만 아니라 기계장치의 보수나 관리담당자도 분명하게 알아두는 게 대단히 중요하다.

기계의 운동부분은 특수한 예외를 빼고는 마모가 생긴다는 사실이다. 마모나 손상의 대소는 설계의 미숙함에도 원인이 있으나 기계장치의 관리 여부에 따라 기계수명이 크게 좌우된다. 관리자나 사용자가 항상 기계의 각 요소에 충분히 주의하여 적절한 사용상태에 있는가 아닌가를 살필 필요가 있다.

5-3 결합용 부품

기계부품의 결합에는 영구 결합방식(리벳, 용접, 접착 등)과 조립과 분해를 필요로 하는 분리가능 결합방식(볼트, 너트, 키 등)이 있다. 이 가운데 나사는 기계에서 뺄 수 없는 중요한 기계요소의 하나로 모든 산업분야에 사용되고, 이들 나사는 규격에 의해 표준화되어 같은 지름, 같은 피치의 것이면 시장품(市場品)이라도 호환성을 갖는다.

1 나사 부품(인장력을 받는 부품)

(1) 나사의 기본

[그림 **5 · 1**]과 같이 직각삼각형 ABC를 원통의 둘레에 감으면 빗변 AC는 원통 위에 곡선을 만든다. 이 곡선을 나사 곡선(helix)이라 한다. 나사 곡선에 따라 돌기부분을 만든 것이 나사(screw)이다. 이 돌기는 원통 안쪽에도 같은 모양으로 만들 수 있다. 돌기부분의 것을 수나사(male screw), 원통 안쪽의 것을 암나사(female screw)라 한다[그림 **5 · 2**]. 두 개를 조합해 한 조로 사용한다.

나사는 주로 결합용이나 이동용 등의 부품으로 사용되는데 한 개의 리드 속에 몇 개의 피치가 들어 있는가에 따라 한줄 나사, 두줄 나사, …… 다중 나사라 한다[그림 **5 · 3**]. 또, 나사 곡선이 생기는 방향에 따라 오른 나사(right hand thread)와 왼 나사(left hand thread)로 구별하지만, 단순히 나사라 하면 시계방향으로 돌리면 전진하는 오른 나사를 뜻한다.

[그림 **5 · 2**]와 같이 서로 이웃한 나사의 산 또는 골의 대응점까지의 거리를 피치(pitch), 나사의 축선에 따라 1회전에 의해 축방향으로 전진하는 거리를 리드(lead)라 한다. 나사의 홈너비가

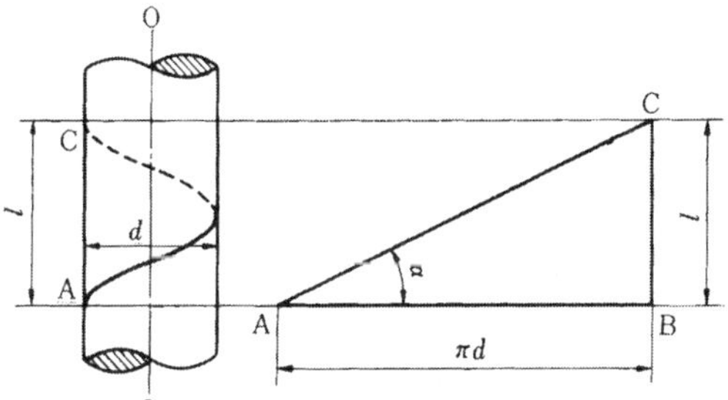

[그림 5·1] 나사의 원리

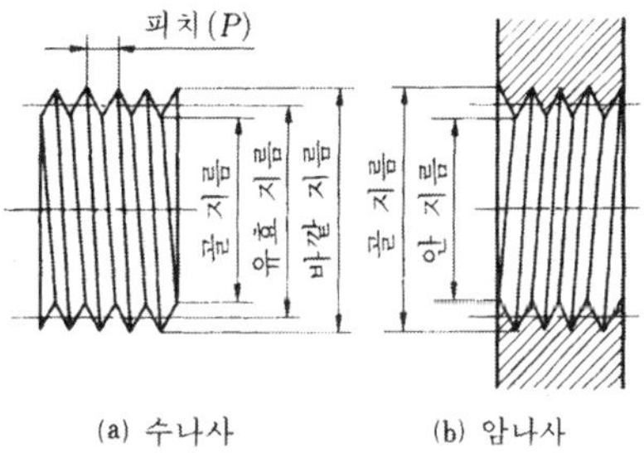

[그림 5·2] 수나사와 암나사

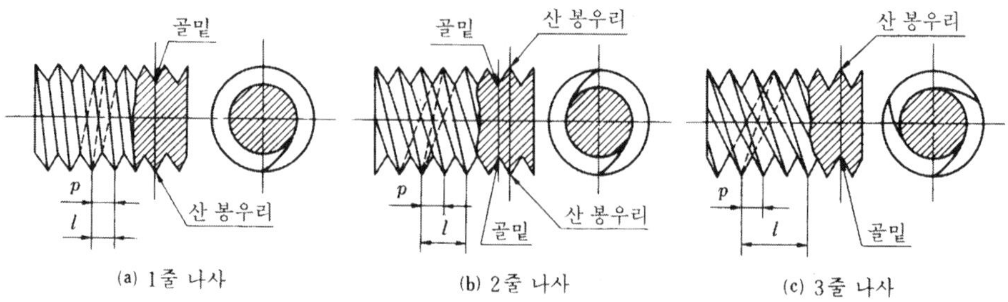

[그림 5·3] 피치와 리드의 표시

나사 산의 너비와 같은 원통의 지름을 유효 지름(effective diameter)이라 한다.

(2) 나사의 종류

나사는 나사 산의 모양에 따라 다음과 같이 분류된다[그림 **5 · 4**].

1) 삼각 나사(triangular thread) : 나사 산이 삼각형이고 주로 결합용으로 사용되며 한 줄 나사가 많다. 미터 나사의 나사 산 각도는 60°, 인치계의 유니파이 나사는 60°, 휘트워스 나사는 55°이다. 미터 나사와 유니파이 나사의 산 모양은 같다. 같은 지름에 대해서 피치의 대소에 따라 보통 나사(coarse thread)와 가는 나사(unified series thread)로 나눈다. 보통 나사는 미터 보통 나사와 같이 죄임용에 사용되고 나사는 비행기 등에 사용되는 경우가 많다.

2) 사각 나사(square thread) : 마찰이 적어 나사 프레스, 잭, 공장기계의 테이블 이동 등 힘의 전달용으로 사용한다.

3) 사다리꼴 나사(trapezoidal thread) : 각 나사는 공작이 어렵기 때문에 나사가 많이 사용

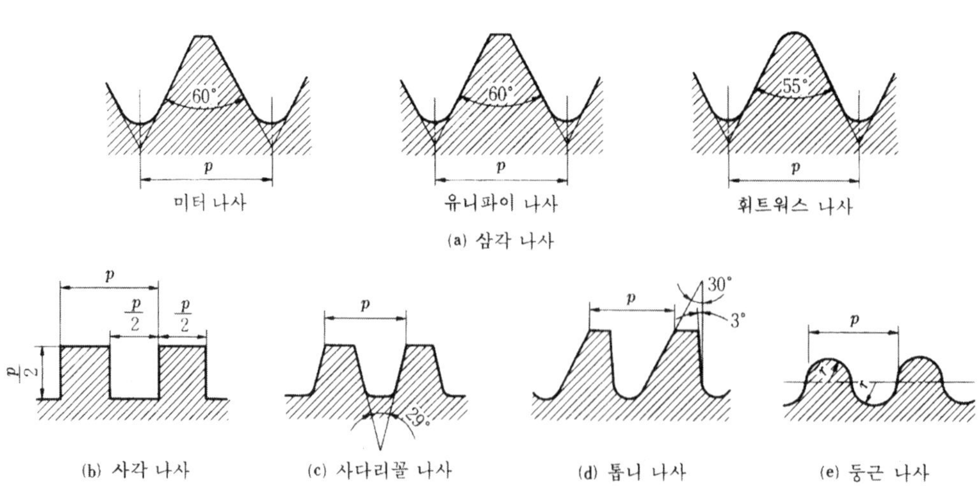

[그림 5·4] 나사산의 종류

된다. 30° 사다리꼴 나사(미터계), 29° 사다리꼴 나사(인치계)가 있으며 밸브의 개폐용, 잭 등에 사용한다.

4) 톱니 나사(buttless thread) : 힘이 한쪽 방향으로만 작용하는 경우의 동력전달용으로 사용한다.

5) 둥근 나사(round thread) : 전구의 꼭지쇠 및 소켓 등 나사 산이 잘 파손되지 않는 곳이나 레미콘 · 윈치 등 충격이 많이 많은 기계에 사용한다.

6) 관용 나사 : 가스관 · 수도관 등의 이음 부분, 압력계의 고정부 등 접촉을 목적으로 하는 부분에 사용하며 평행 나사와 테이퍼 나사 두 종류가 있다.

7) 볼 나사(ball thread) : 마찰이 적어 정밀하거나 원활한 운동을 필요로 하는 기계나 기기의 운동용으로 사용되며, 암나사와 수나사 사이에 볼이 들어가 있다.

(3) 나사 부품

1) 볼트와 너트 : 죄임용에 널리 사용되는 기계부품으로 [그림 5 · 5]와 같이 수나사를 볼트(bolt), 암나사를 너트(nut)라 하며 육각형이 가장 많다. 재료로는 연강이 사용되나 내식성이나 내열성이 특별히 필요한 경우에는 합금, 플라스틱, 세라믹 등을 사용한다.

볼트는 형상이나 사용목적에 따라 [그림 5 · 6], [그림 5 · 7]과 같은 여러 가지 종류가 있다.

① 관용 볼트(through bolt) : [그림 5 · 6] (a)와 같이 볼트를 관통시키고 너트로 조이는 데 사용한다.

② 탭 볼트(tap bolt) : 그림 (b)와 같이 너트를 사용할 수 없을 때 상대측에 암나사를 만들어 볼트만으로 결합시는 데 사용한다.

③ 스디드 볼트(stud bolt) : 그림 (c)와 같이 죔부재의 한쪽에 암나사를 만들고, 여기에 볼트를 심고 다른 부재를 볼트로 죄고 너트로 고정시키는 데 사용한다.

④ 기초 볼트(foundation bolt) : 기계구조물을 콘크리트 기초에 고정할 때 사용한다.

[그림 5 · 7]은 특수 볼트이며, [그림 5 · 8]은 여러 가지 특수 너트의 모양을 보여주고 있다.

2) 작은 나사, 멈춤 나사 : 비교적 축지름이 작은 머리붙이 나사를 작은 나사(machine screw)라 하며, 일상의 가정용품의 사용은 일반용 작은 나사, 광학기계나 측정기기 등은 정밀용 작은 나사가 사용되는데 지름은 1~8 mm 정도이다[그림 5 · 9].

멈춤 나사(set screw)는 [그림 5 · 10]과 같이 나사의 끝단을 이용하여 기계부품의 회전

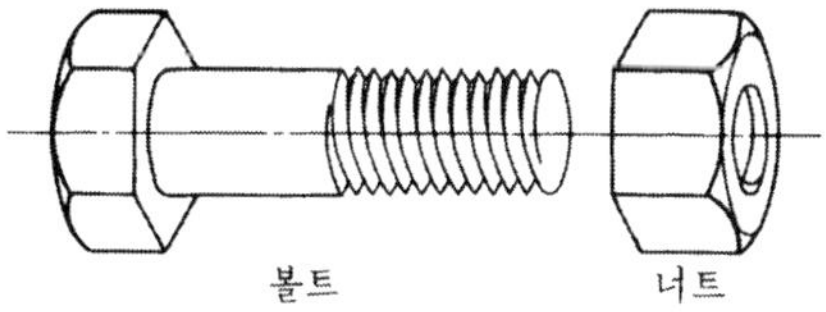

[그림 5·5] 볼트와 너트

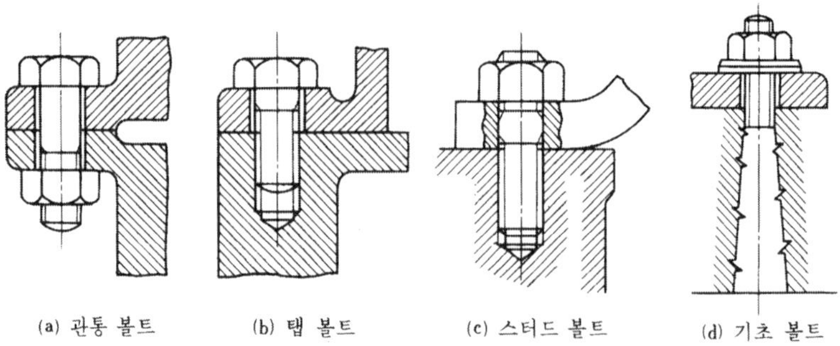

[그림 5·6] 사용 방법에 따른 볼트의 종류

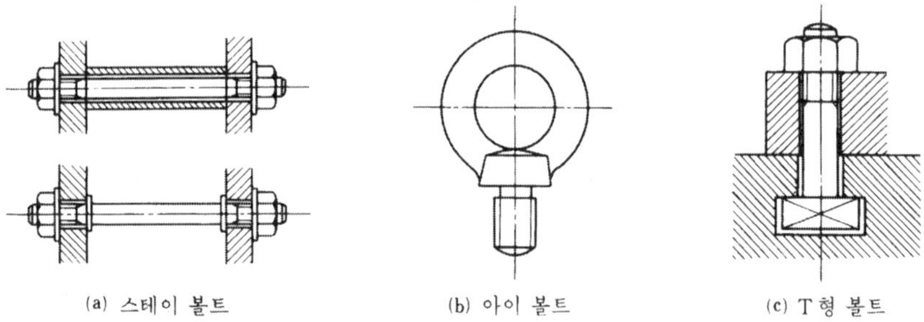

[그림 5·7] 특수 볼트

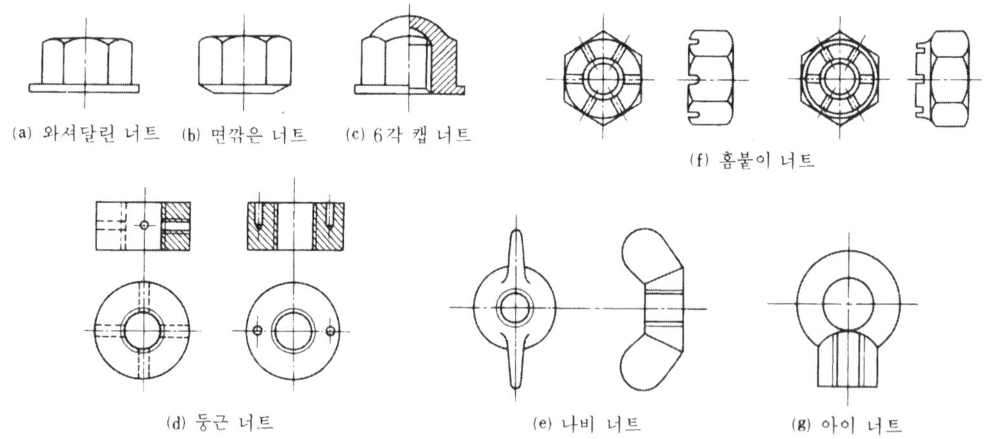

[그림 5·8] 여러 가지 특수 너트

이나 미끄럼을 고정시키는 데 사용한다.

3) **와셔** : 볼트나 너트 등 나사 종류의 머리부와 죕부재의 중간에 끼우는 것을 와셔(washer)라 하며 자리면을 보호해 준다[그림 5 · 11].

4) **로크 너트** : 고속으로 움직이거나 진동하는 기계에서는 볼트 너트가 처음은 충분히 죔이

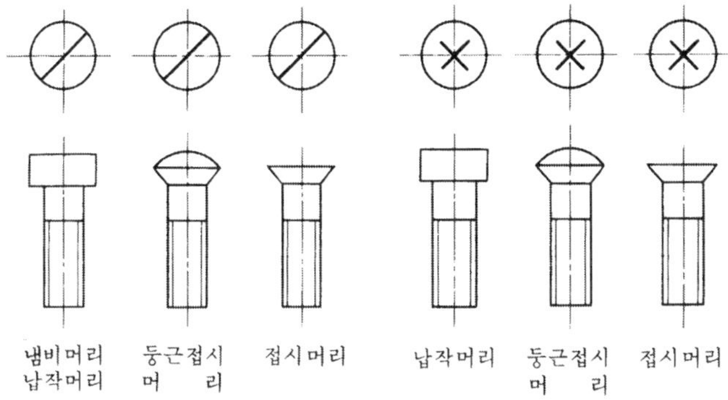

[그림 5·9] 작은 나사

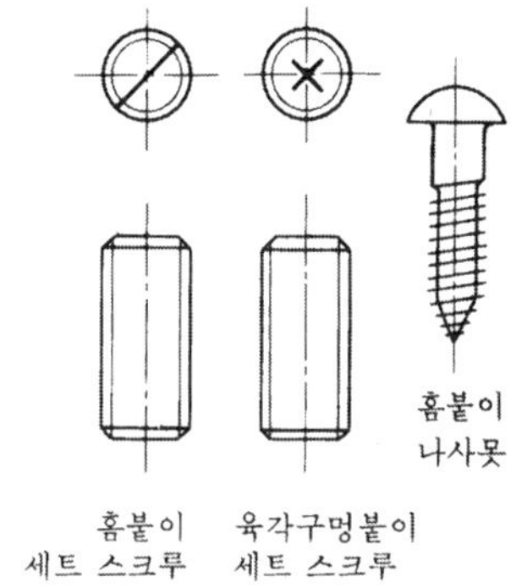

[그림 5·10] 멈춤 나사

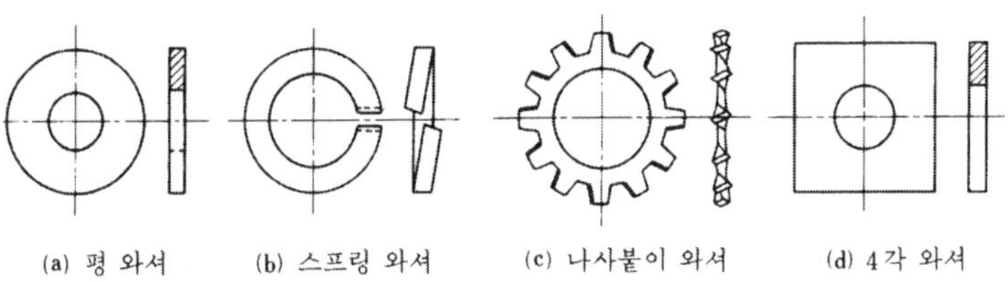

[그림 5·11] 와셔

되었더라도 점차 느슨해져 움직이거나 풀려서 기계의 고장이나 파손을 일으키기 쉽다. 그래서 이런 현상을 막기 위해 사용되는 것이 로크 너트(lock nut)이며 2중 너트를 사용하거나 스플릿 핀, 스프링 와셔를 사용하거나 한다[그림 **5 · 12**].

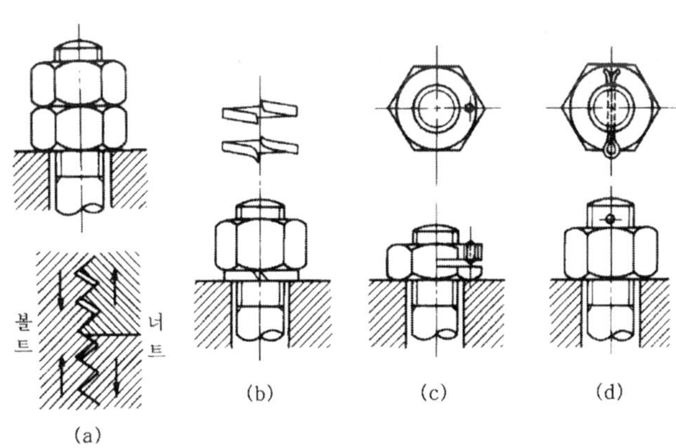

[그림 5·12] 로크 너트

2 **키**(전단력을 받는 부품)

기어, 벨트, 풀리 등을 회전축에 고정시키는 경우, 또는 회전을 전하거나 동시에 축방향으로 이동되도록 하는 경우에 키(key)가 사용된다. 키는 비틀림에 의해 주로 전단력을 받으며 키 윗면에는 1/100의 기울기를 가지고 있다. 키의 종류는 다음과 같다.

(1) 안장 키(saddle key)

[그림 **5 · 13**]과 같이 축에 맞게 키의 밑면을 원호로 깎아 들어가도록 한 것이며, 축에 기어를 붙일 때 사용하며 큰 힘은 전달할 수 없다.

(2) 평 키(flat key)

그림 (b)와 같이 축의 표면을 약간 깎아 이 면과 접촉시키도록 한 키이며 안장키보다는 큰 힘을 전달할 수 있다.

(3) 묻힘 키(sunk key)

가장 보편적으로 사용되고 있으며 상당히 큰 힘의 전달에 견딘다. 이 키는 그림 (c)와 같이

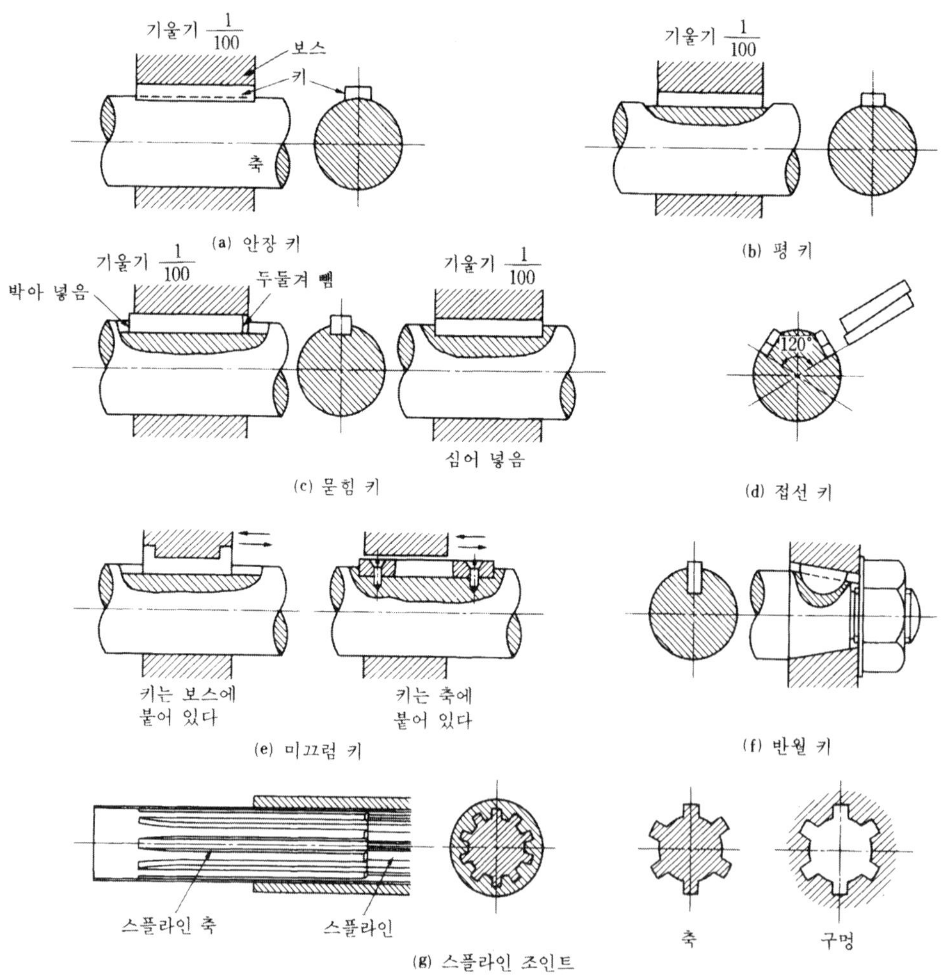

[**그림 5·13**] 여러 가지 키

축과 보스에 홈을 파서 끼워 넣는 키, 처음부터 심어 넣는 키가 있다.

(4) 접선 키(tangent key)

그림 (d)와 같이 기울기가 서로 반대인 두 개의 키를 합쳐서 사용하는 것이며 큰 힘을 전달하는 데 적합하다.

(5) 미끄럼 키(sliding key)

기어 등을 축과 함께 회전시키고 동시에 축에 따라 이동될 수 있게 한 것이며, 그림 (e)와 같이 키에는 기울기가 없다.

(6) 반달 키(woodruff key)

그림 (f)와 같이 모양이 반달 모양의 키이며, 테이퍼 축에도 편리한 축 홈이 깊게 되기 때문에 축이 약하게 되므로, 공작기계나 자동차 어느 쪽에도 힘이 많이 걸리지 않는 비교적 지름이 작은 축에 사용된다.

(7) 스플라인(spline)

그림 (g)와 같이 축에 여러 개의 같은 키 홈을 파서 여기에 맞는 한 짝의 보스부분을 만들어 서로 잘 미끄러져 운동할 수 있게 한 것이다. 키보다 큰 토크를 전달할 수 있으며 공작기계나 자동차 등에서 고정용과 축방향으로 미끄러질 수 있는 슬라이드용이 있다.

3 핀(전단력과 벤딩 모멘트를 받는 부품)

작용하는 하중이 작은 부품의 결합이나 위치를 결정하는 데 사용한다. 핀(pin)에는 둥근 핀과 분할 핀이 있으며 둥근 핀에는 테이퍼 핀과 평행 핀이 있다[그림 **5·14**].

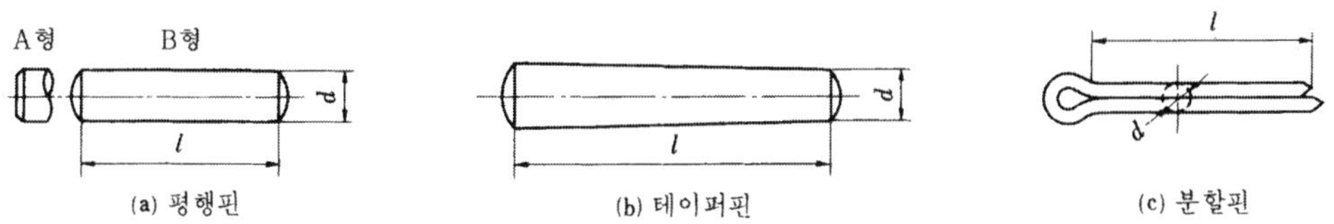

[**그림 5·14**] 핀의 종류

4 코터(인장 · 압축을 받는 부품)

축방향으로 힘이 작용하는 두 개의 축을 결합하기 위해 사용되는 것이 코터(cotter)이며, 두께는 일정하나 너비는 테이퍼로 되어 있거나 기울기가 만들어져 있으며 인장이나 압축을 받는 부분에 많이 사용된다.

5 리벳(전단력을 받는 부품)

나사부품이나 키는 임의로 그 결합을 바꿀 수 있으나 리벳 이음(riveted joint)은 판재, 형재 등을 영구적으로 결합하는 방법이며, 사용목적은 보일러와 같이 기밀과 고압에 견디는 것, 저압용기와 같이 기밀에 견디는 것, 철교나 철탑구조물과 같은 강도만을 요구하는 것 등으로 나눈다.

리벳 이음은 [그림 **5 · 15**]와 같이 포개어 겹친 금속판에 구멍을 만들고, 리벳을 구멍에 넣고 리벳해머로 두들겨 머리(rivet head)를 만들어 결합시키는 방법이다. 리벳 머리를 만드는 작업을 리벳 작업(rivertting)이라 하며 리벳을 일상온도에서 작업하는 경우와 고온으로 가열해서 작업하는 경우가 있다. 가열하여 리벳 작업을 하면 냉각 후에는 수축되어 판의 결합이 잘 된다. 리벳의 재질은 보통 결합하는 모재와 같은 것을 사용한다.

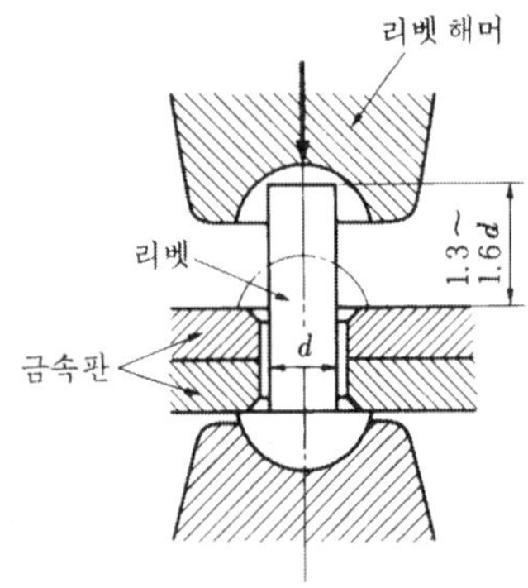

[그림 5·15] 리벳 머리의 성형

(1) 리벳의 종류

리벳에는 비교적 지름이 작은 냉간(冷間)성형 리벳과 이것보다 지름이 큰 열간(熱間) 리벳이 있다. 머리 모양에 따라 몇 가지가 있고 KS(KIS) 규격에 규정되어 있으며 [그림 **5 · 16**]은 그 한 예이다.

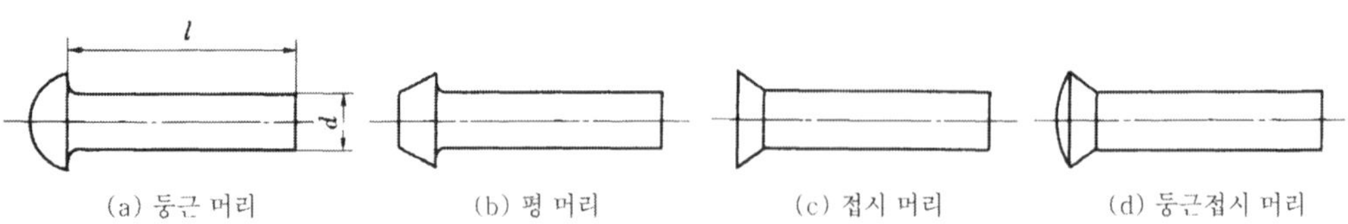

[그림 5·16] 리벳의 종류

(2) 리벳 이음의 종류

리벳 이음에는 판을 포개는 방법에 따라 겹치기 이음(lap joint)과 맞대기 이음(butt joint)이 있다. 또 리벳 배열에 따라 1줄, 2줄, 3줄 등으로 된다. 겹치기 이음은 판을 겹쳐 놓고 이음을 하는 것이며 탱크나 보일러 등의 원통 둘레의 이음에 사용되고, 맞대기 이음은 강판을 맞대어 놓고 아래 위에다 덮개 판(covered strap)을 놓고 이음을 하는 것으로, 구조물이나 보일러의 세로방향의 접합에 사용한다[그림 **5 · 17**].

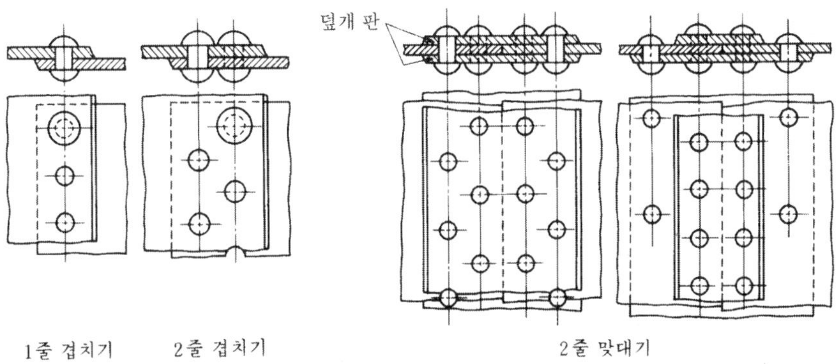

(a) 겹치기 이음 (b) 맞대기 이음

[**그림 5·17**] 리벳 이음의 종류

(3) 리벳 이음의 파괴

리벳 이음을 하였을 때 판의 가장 약한 부분은 리벳으로 접합된 부분이며, 그 부분의 강도가 가해지는 외부의 힘보다 작을 때에는 리벳 이음은 파괴된다. 파괴가 일어나는 경우는 다음과 같은 경우이다[그림 **5 · 18** 참조].

1) 리벳이 전단되는 경우[그림 (a)]
2) 리벳 구멍 사이의 강판이 찢어지는 경우[그림 (b)]
3) 리벳 또는 리벳에 접해 있는 부분이 밀려나가는 경우[그림 (c)]
4) 판의 가장자리가 절단되는 경우[그림 (d)]

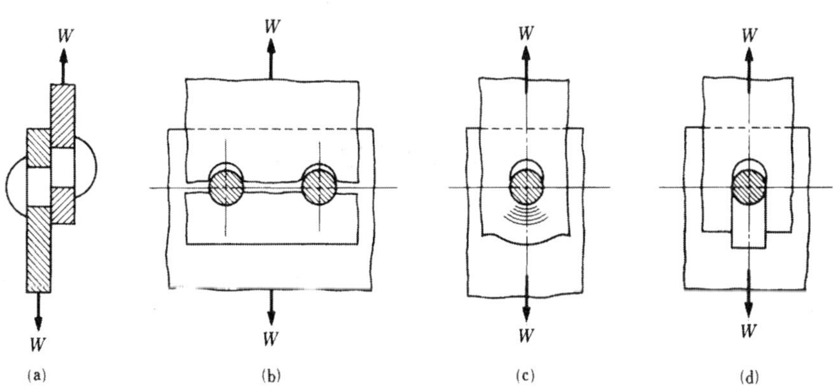

[**그림 5·18**] 리벳 이음의 파괴

6 용접 이음

용접 이음(welding joint)은 야금적으로 금속재료를 영구적으로 결합하는 것을 말한다. 공작이 쉽고 리벳 이음보다 이음 효율이 좋기 때문에 최근에는 리벳 이음 대신에 차량, 선박, 보일러 등에 대단히 많이 이용되고 있다. 용접 이음의 형식에는 맞대기 이음, 모서리 이음, 변두리 이음, 겹치기 이음, T이음, 반쪽 덧댄 맞대기 이음, 양쪽 덧댄 맞대기 이음 등이 있다. [그림 5·19]는 용접 이음이고 [그림 5·20]은 용접 이음의 종류이다.

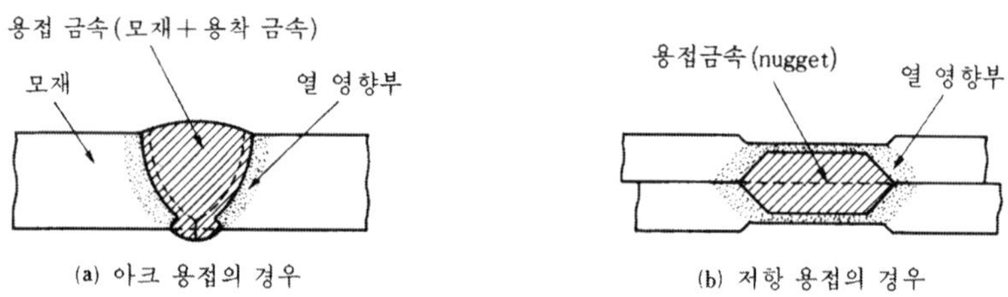

[그림 5·19] 용접 이음

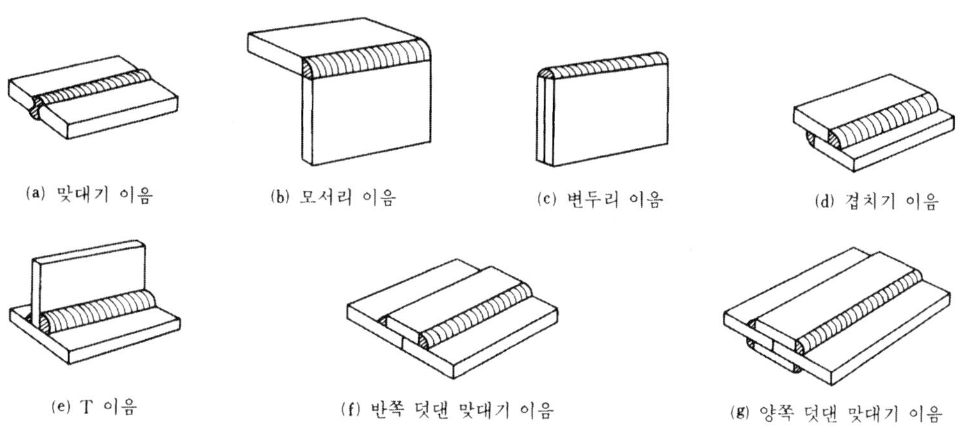

[그림 5·20] 용접 이음의 종류

5-4 운동전달용 부품

기계의 기본은 동력(입력)을 공급받아 일정한 운동을 하거나 또는 일(출력)을 하는 것인데 운동관계의 기본요소는 양과 질이 큰 비율을 차지한다. 기계를 구성하는 각 부품의 운동은 대단히 복잡하지만 분석하여 보면 평면적인 회전운동과 직선운동 및 입체적 나선운동과 구면운동이다. 실제로 기계의 동력원은 전동기·내연기관과 같이 동력을 내는 부분이 회전운동을 하는 것이 압도적으로 많아 여기서도 회전운동을 주로 다룬다.

기계로서는 입력과 똑 같은 출력을 낸다면 가장 좋으나 실제는 운동의 성질, 기계요소의 구조 등에 다소의 차이가 있으나 미끄럼 · 마찰 등으로 인해, 입력의 일부가 불필요하게 소비되어 출력은 입력보다 작게 되는 것이 보통이다. 이 비를 기계요소의 **동력전달효율**(transmission efficiency)이라 하며, 기계전체의 동력전달효율은 각 기계요소의 곱으로 나타낸다.

$$\text{효율} = \frac{\text{출력}}{\text{입력}} = \frac{\text{입력} - \text{손실}}{\text{입력}} = 1 - \frac{\text{손실}}{\text{입력}}$$

회전운동에서 각종 운동을 얻는 방법에는 **3-3**절 ④항의 (2)에서 설명한 유체에 의한 방법도 있으나 여기서는 주요한 기계적 방법과 거기에 사용되는 기계요소의 요점을 [그림 **5 · 21**]과 [표 **5 · 2**]에 표시하여 본다. 아울러 여러 가지 운동을 얻는 기구도 먼저 설명하고 운동전달용 부품을 구체적으로 설명한다.

① 기계요소와 운동전달의 원리

[**표 5·2**] 기계요소와 운동전달의 원리

기계요소의 명칭	운동전달의 원리	장점	단점
마찰차	접촉면의 마찰력에 의해 회전을 전달한다.	운동이 원활하고 정숙하다.	미끄럼이 생기기 때문에 큰 동력전달은 안 된다.
벨트와 벨트 풀리	벨트와 벨트 풀리 사이의 마찰에 의함	축 사이의 거리가 길어도 운동전달이 된다. 원활하고 정숙하다.	위와 같음.
기어	기어의 맞물림에 의한다.	미끄럼이 없다. 강력한 동력의 전달이 된다.	축 사이의 거리가 길면 무리가 생긴다.
체인과 체인 스프로킷	체인과 스프로킷의 맞물림에 의한다.	미끄럼이 없다. 축 사이의 거리가 길어도 된다.	다소간의 소음이 있다. 고속에는 적합하지 않다.
나사	수나사와 암나사의 1조에 의한다.	정밀한 운동이 얻어진다.	마찰에 의해 생기는 힘의 손실이 크다.
링크	봉재의 연결에 의한다.	복잡한 운동이 얻어진다.	기구가 복잡하고 고속에는 적합하지 않다.
캠		대단히 복잡한 운동을 얻을 수 있다.	고속에는 적합하지 않다.

2 여러 가지 운동을 얻기 위한 기구

(1) 회전운동을 전달하는 방법

회전운동을 전달하는 방법은 이미 [그림 5 · 21] (a)~(b)에 표시하였으며 [표 5 · 3]과 같이 구분할 수 있다.

(2) 회전운동에서 직선운동을 얻는 방법

회전운동에서 직선운동을 얻기 위해서는 다음과 같은 방법이 있다.

1) 나사에 의한 방법 : 이것은 [그림 5 · 21] (e)에 표시한 방법이며 선반에서 주로 나사, 현미경 등의 광학측정기의 테이블 이동기구, 또는 잭 등에 사용되고 있다.

2) 기어에 의한 방법 : 이 방법에는 [그림 5 · 22]에 표시하는 래크(직선상의 기어)와 피니언

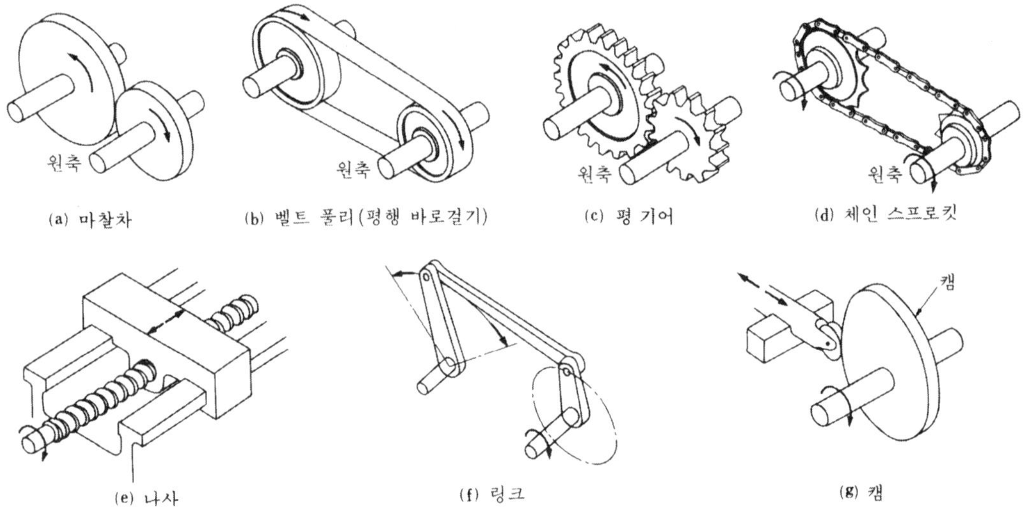

[그림 5·21] 회전운동에서 직접 얻어지는 주요한 운동

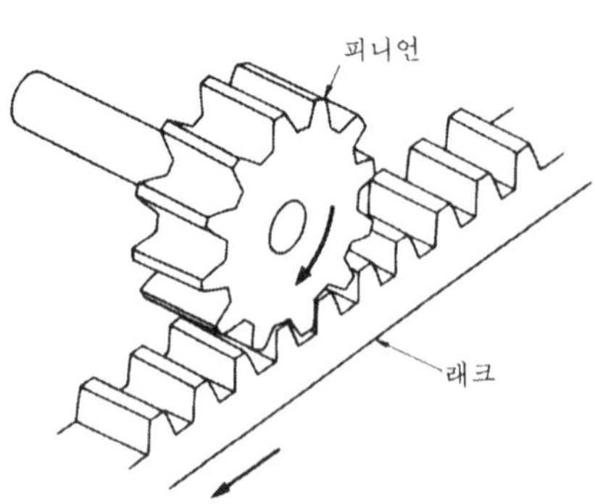

[그림 5·22] 래크와 피니언

[표 5·3] 회전운동을 전달하는 방법

	회전을 전달하는 조건	사용되는 기계요소
1	확실하게 일정한 회전수를 전하고 싶을 때	여러 가지 기어, 스프로킷, 타이밍 벨트[그림 (a)], 링크[(c), 다만 동일한 회전수를 전하는 경우에]
	회전수는 다소 불확실하여도 정숙한 운전을 하고 싶을 때	마찰차, 벨트 풀리
2	원축과 평행한 축에 회전을 전하고 싶을 때	평 기어, 마찰차, 벨트 풀리, 스프로킷, 링크[그림 (c)]
	원축과 교차하는 축에 회전을 전하고 싶을 때	베벨 기어[그림 (d)], 마찰차[그림 (e)], 유니버설 조인트[그림 **5 · 43**]
	원축과 평행도 아니고 교차하지도 않는 축에 회전을 전하고 싶을 때	나사 기어[그림 (b)], 웜 기어, 하이포이드 기어[그림 (f)], 벨트[그림 (g), (h)]
3	원축과 같은 방향의 회전을 얻고 싶을 때	내 기어([그림 (i)], 평행 걸기벨트[그림 5 · 21 (b)], 스프로킷, 링크, 홀수 개의 아이들링 기어에 의한 기어의 연결
	원축과 반대방향의 회전을 얻고 싶을 때	평 기어, 마찰차[그림 5 · 21], 엇걸기 벨트[그림 (j)] 짝수개의 아이들링 기어에 의한 기어의 연결
4	원축과 접근된 위치에 있는 축에 회전을 전하고 싶을 때	기어, 마찰차
	원축과 조금 떨어진 위치에 회전을 전하고 싶을 때	벨트 풀리, 스프로킷, 기어의 연결

(a)

(b)

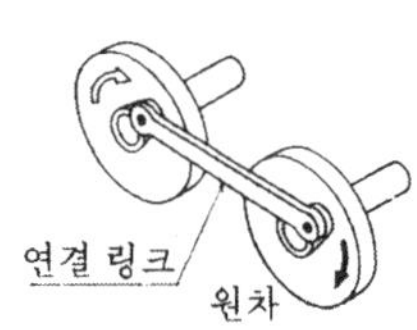

(c)

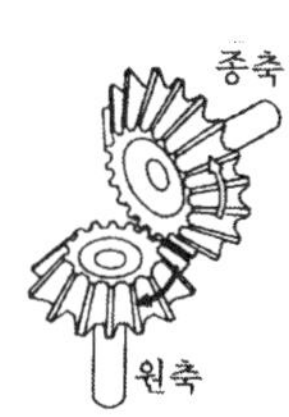

(d)

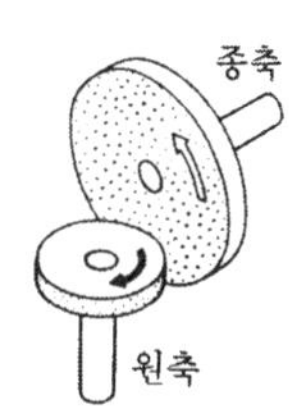

(e)

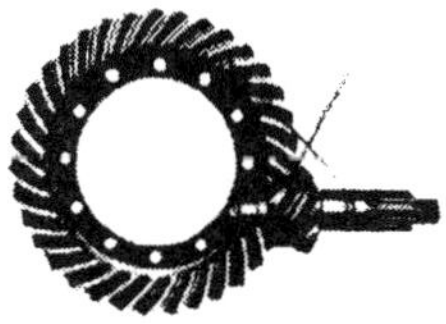
(f)

(g)

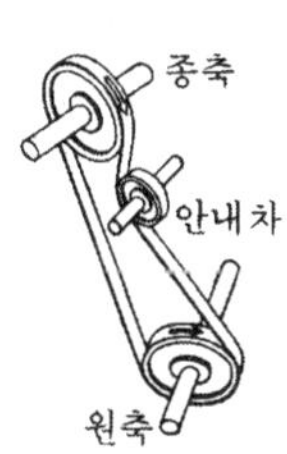

(h)

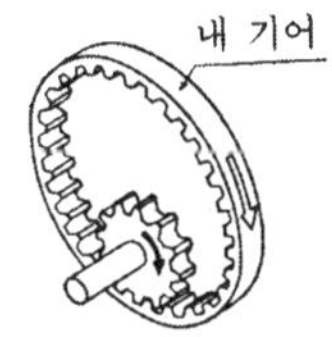

(i)

(j)

(작은 기어)이 사용되고 있다. 나사보다 빠른 운동이 얻어지며 다이얼 게이지나 측미계(測微計 : microindicator) 등의 계측기, 자동차의 조종장치 등에 사용되고 있다.

3) 캠에 의한 방법 : 여기에는 [그림 **5 · 23**]과 같은 것이 있다. 그림 (b), (c), (e)는 종절의 왕복운동이 확실하게 이루어지기 때문에 확동 캠이다.

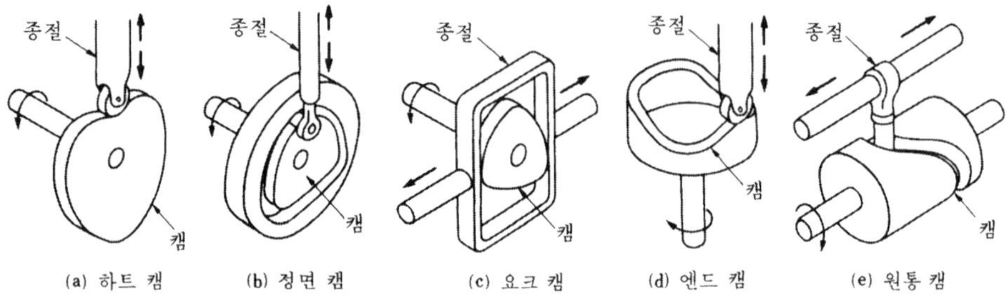

[**그림** 5·23] 직선 운동을 얻는 캠

4) 링크에 의한 방법 : [그림 **5 · 49**], [그림 **5 · 50**]의 슬라이더 크랭크 기구는 이 보기이다. 슬라이더를 두 개로 하면 [그림 **5 · 24**]와 같이 되고 왕복직선운동(이 경우에는 단진동이 된다)이 얻어진다.

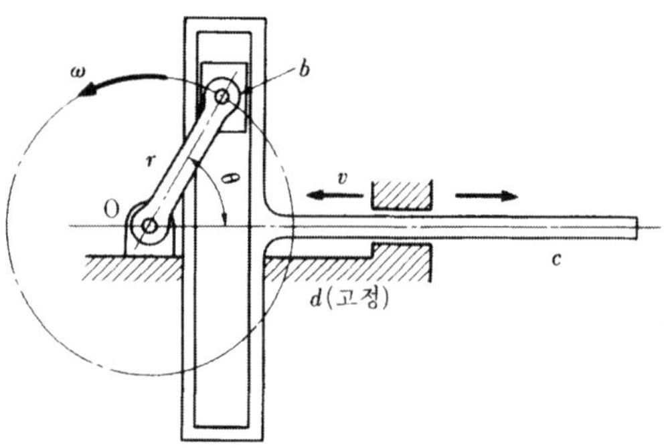

[**그림** 5·24] 2중 슬라이더 기구

(3) 회전운동에서 왕복 각운동(부채꼴 운동)을 얻는 방법

회전운동에서 왕복 각운동을 얻으려면 다음과 같은 방법이 있다.

1) 캠에 의한 방법 : [그림 **5 · 25**]와 같은 캠을 사용하면 된다. 그림 (a)는 직선운동을 얻기 위한 중간의 기구에 이용되는 경우도 많아 기관의 흡기밸브, 배기밸브의 개폐나 연료 펌프의 막의 상하, 공작기계의 내부기로 채용되고 있다.

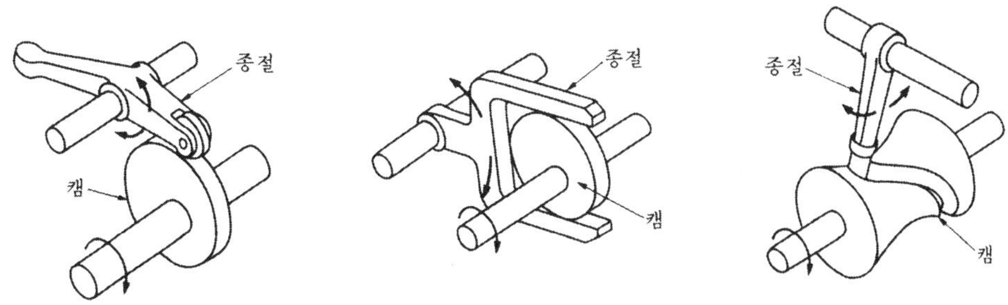

(a) 판 캠 (b) 요크 캠 (c) 장고형 캠

[**그림** 5·25] 부채꼴 운동을 얻는 캠

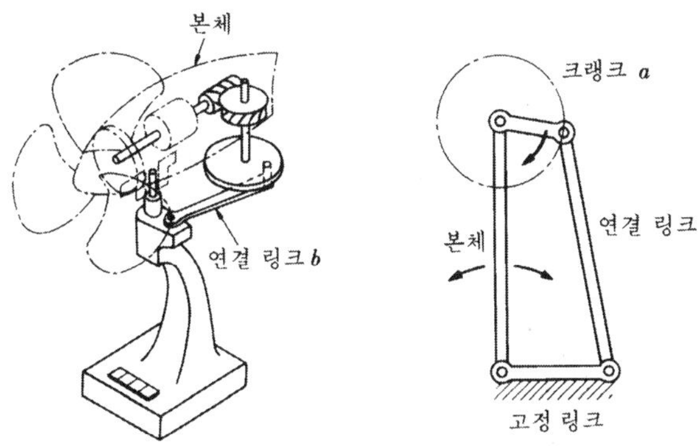

(a) (b)

[**그림** 5·26] 송풍기의 기구

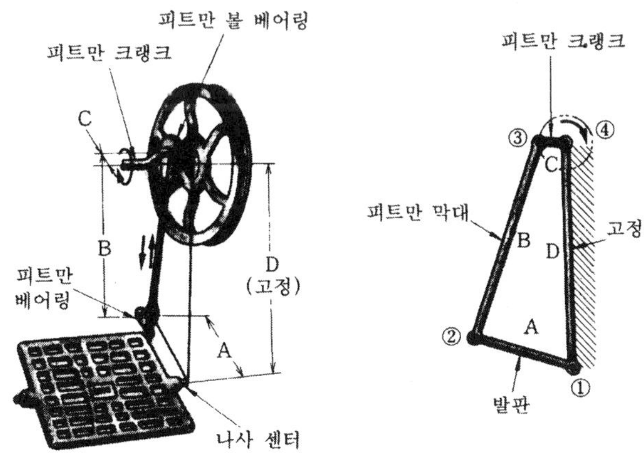

(a) (b)

[**그림** 5·27] 재봉틀의 발 밟는 기구

2) 링크에 의한 방법 : [그림 **5 · 26**], [그림 **5 · 27**]은 우리 생활주변에서 쉽게 볼 수 있는 보기이다. 재봉틀의 발 밟는(足踏) 기구는 부채꼴 운동에서 회전운동을 얻는 데 이용되는 것

이지만 이들은 어느 것이나 4절 회전기구(quadric crank chain : 링크 장치의 일종)이다. 4절 회전기구란 고정된 본체와 다른 세 개의 절(링크라 함)이 결합되어 하나의 링크이지만 이들은 어느 것이나 4절 회전기구(quadric crank chain : 링크 장치의 일종)이다.

[그림 **5 · 28**]에서 얻어지는 부채꼴 운동은 오른쪽 방향과 왼쪽 방향의 속도가 다른 특색을 가지는 기구이다. 이것은 4절 회전연쇄의 하나의 링크를 슬라이더로 바꾼 것이며 크랭크 a의 회전으로부터 링크 c의 부채꼴 운동이 얻어진다. 이 기구에서는 링크 c를 오른쪽으로 α만큼 회전시키는 데에 크랭크 α는 θ_1만큼 회전해야만 되나, 왼쪽으로 α만큼 되돌아오는 데는 θ_2만큼 회전시키면 된다. 따라서 크랭크 α를 일정한 속도로 회전시키더라도 링크 c의 왕복각운동은 진행과 귀환에 시간의 차이가 생긴다. 이 기구는 그림 (b)와 셰이퍼(shaper)라는 공작기계에 옛날부터 채용되고 있으며, 바이트(bite)가 공작물을 가공하는 행정에 비해 귀한 행정의 시간을 단축시킬 수 있게 한 것이며 이것을 급속귀환기구(quick return motion mechanism)라 불려지고 있다.

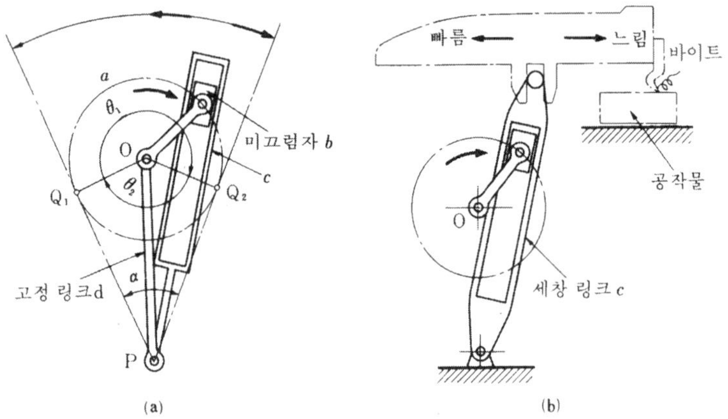

[**그림** 5·28] 부채꼴 운동과 급속 귀환운동

(4) 기타 여러 가지 운동을 얻는 방법

위에서 설명한 것 이외에 부채꼴 운동을 전달하거나 평행운동, 부등속회전운동 등을 얻기 위한 방법으로 다음과 같은 것이 있다.

1) **부채꼴 운동의 전달** : 부채꼴 운동은 [그림 **5 · 29**]와 같이 O_1축에서 O_2축으로 왕복각운동을 전달하는 링크 기구이다. 4절 회전연쇄의 변형이며 재봉틀 각부에 사용되고 있다.

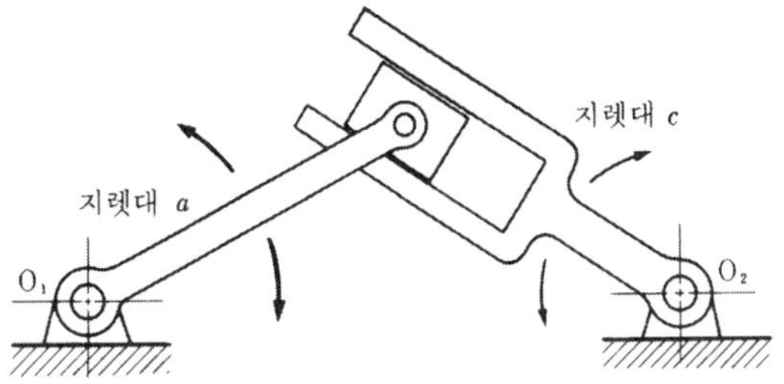

[그림 5·29] 부채꼴 운동을 전달하는 링크 기구

2) 평행운동 : 어디를 움직여도 평행선을 그릴 수 있는 제도기계[그림 5 · 30], 평행으로 움직이는 윈도 와이퍼(window wiper : 그림 5 · 31)는 서로 마주보는 링크의 길이가 같은 4절 회전연쇄이고, [표 5 · 3]의 그림 (c)도 여기에 속한다.

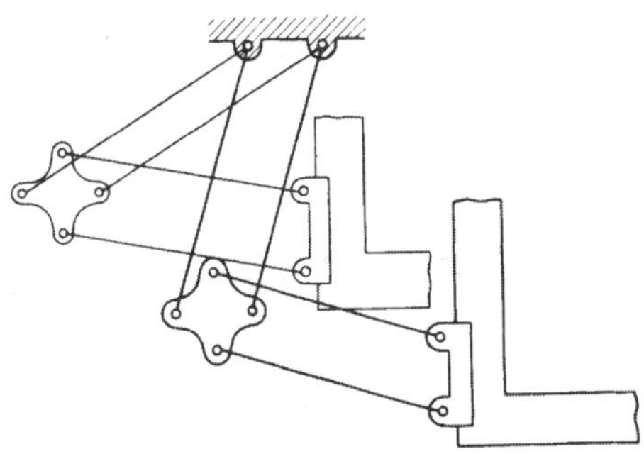

[그림 5·30] 제도기계

[5·31] 윈도 와이퍼

3) 직선운동의 전달 : [그림 5 · 32], [그림 5 · 33]은 어느 것이나 링크와 캠에 의해 직선운동에서 직선왕복운동을 얻는 방법이다.

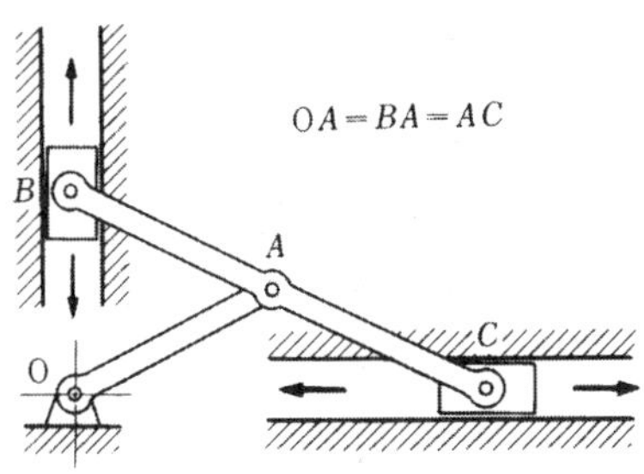

[그림 5·32] 직선 운동 기구

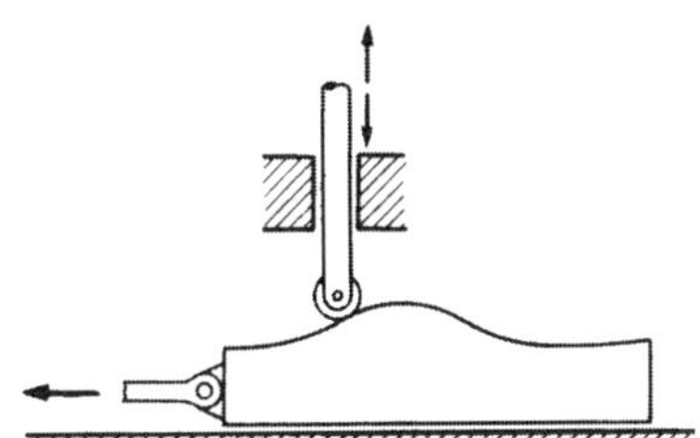

[그림 5·33] 직동 캠

4) 부등속회전운동 : 간헐운동은 일종의 부등속운동이지만 연속운동을 하는 것에는 [그림 5 · 43]의 훅형 유니버설 조인트가 있고 편심기어도 있다. 훅 조인트는 기구상으로는 [그

림 5 · 25]의 구면 링크이다. 대개 30° 이내로 교차하는 두 축 사이에 회전을 전달하기 위한 목적으로 사용되며, 자동차의 기관축과 차축의 연결부, 다축 볼링 머신의 주축과 각 드릴 축의 연결부 등에 사용되지만 세로 축이 부등속운동을 하기 때문에 [그림 5 · 43] (b)와 같이 두 개를 사용하여 등속회전운동으로 바꾸고 있다.

(5) 홈통 미끄럼 운동

[그림 5 · 34]와 같이 우리 생활주변에서 쉽게 볼 수 있는 보기로 가장 간단한 구면 링크이다.

(6) 회전운동에 의하지 않고 직선운동을 얻는 방법

수압, 유압, 공기압을 가해서 직접 피스톤을 직선운동으로 바꾸는 방법이 널리 이루어지고 있다. [그림 5 · 35]와 같이 피스톤의 앞쪽과 뒤쪽에서 교대로 압력이 작용하도록 만든 실린더를 사용하는 것이 일반적이다. 유압 실린더는 공작기계의 바이트나 프레스型, 건설기계, 하역기계, 배나 항공기의 조향조작에 사용되고 공기 실린더는 자동문을 개폐할 때[그림 5 · 36]나 공작물을 잡거나 이동[그림 5 · 37] 등에 활용한다.

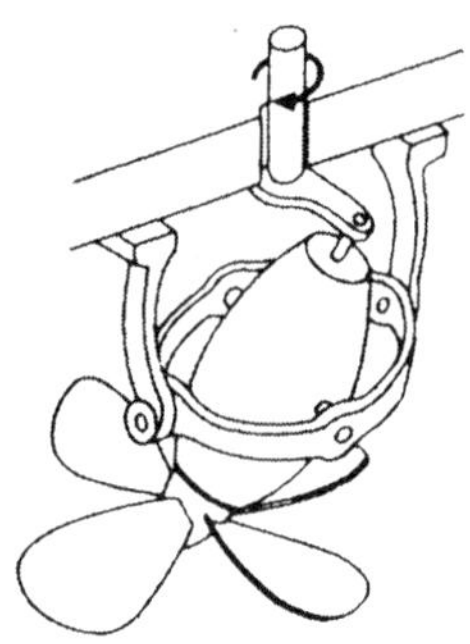

[그림 5·34] 홈통 미끄럼 운동기구

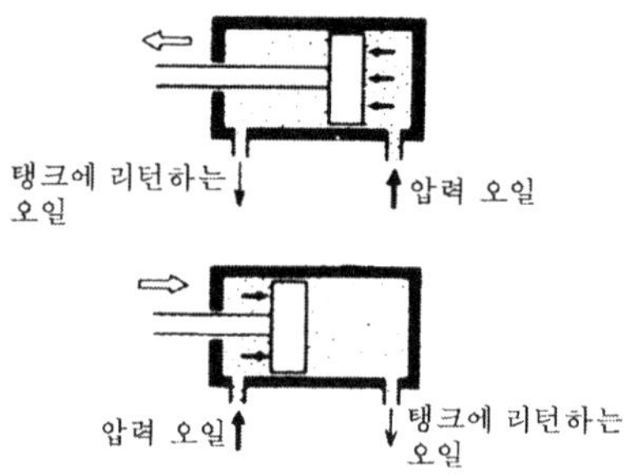

[그림 5·35] 유압 실린더

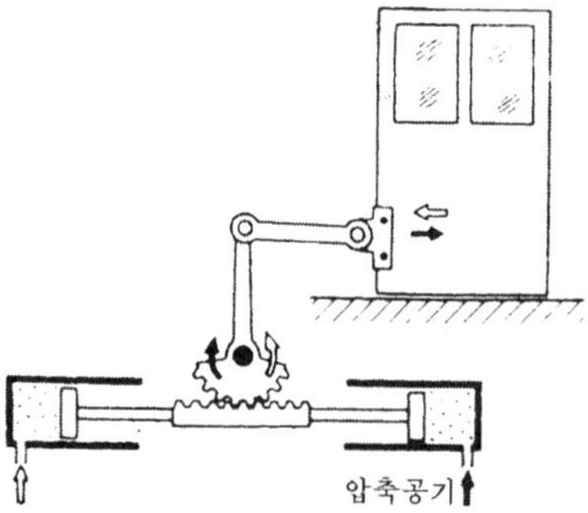

[그림 5·36] 자동문 개폐기구

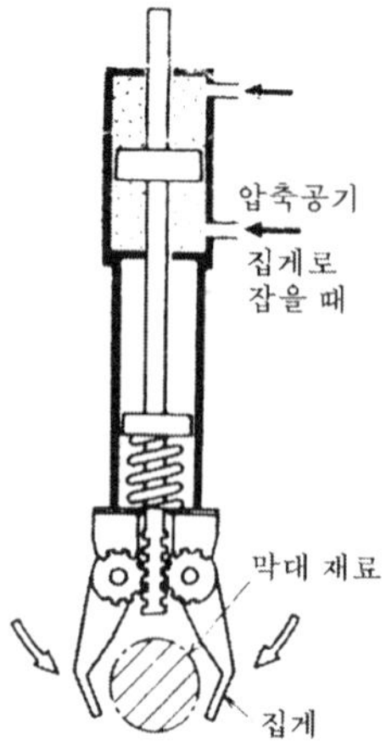

[그림 5·37] 막대 재료를 잡는 장치

(7) 운동의 방향을 변환시키는 방법

운동방향을 주기적으로 바꾸는 기구의 보기로는 [그림 **5 · 23**], [그림 **5 · 25**], [그림 **5 · 26**], [그림 **5 · 51**] 등의 캠이나 링크에 의한 것이 있으나, 이것들은 여러 가지 운동과 방향변환을 동시에 행하는 기구이므로 링크나 캠에 의하지 않을 경우는 방향을 바꾸는 방법을 강구하지 않으면 안 된다. [그림 **5 · 38**]은 단조나 판금가공용의 프레스 기계로 나사봉의 상승 · 하강을 바꾸기 때문에 수평축을 좌우로 이동시켜 목적을 달성시키려고 한 기구이다. 즉, 마찰차 ①과 ③이 접촉하고 있을 때는 나사봉은 하강하여 수평축이 왼쪽으로 움직이며 ②와 ③이 접촉되면 나사봉은 상승한다.

[그림 **5 · 39**]는 실린더에 설치한 좌우 2개의 유입구의 어느 쪽에서 유체를 보낼 것인가를 결정하는 변환 밸브로 **방향제어 밸브**라 부른다. 스플(spool)이라 부르는 작은 피스톤을 전자 코일이나 수동으로 작동시키면 오일의 경로가 바뀌어 피스톤의 작동을 변환시킬 수 있다. 유압이나 공기압으로 작동되는 기구에는 꼭 필요한 중요한 부분이다.

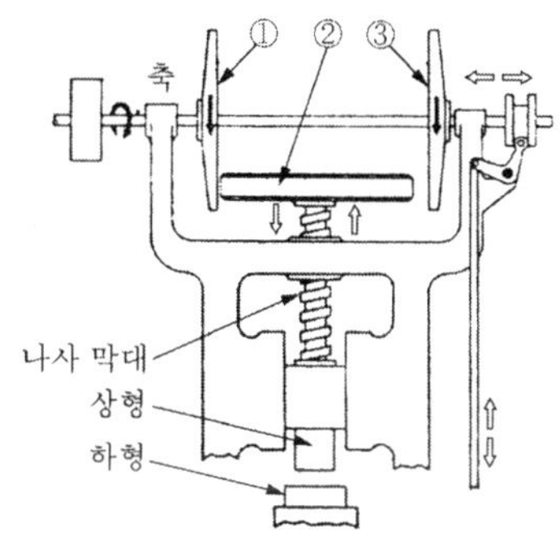

[그림 5·38] 마찰 프레스의 나사봉 상하기구

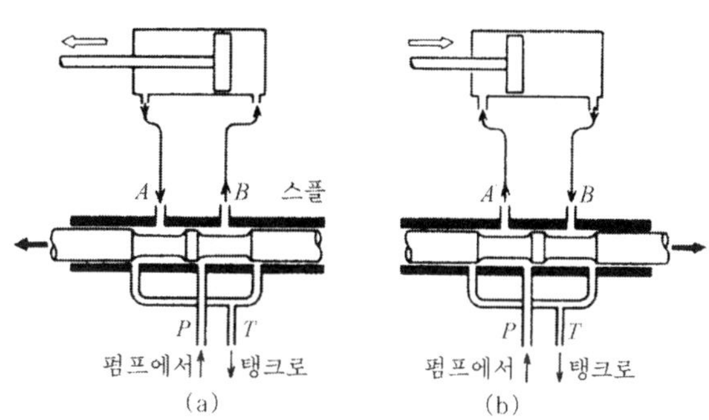

[그림 5·39] 방향제어 밸브

3 축 · 축 이음(강체 매개절에 의한 운동전달용 부품)

동일 직선상의 회전운동을 전달하기 위한 봉(막대기)을 축(shaft, spindle)이라 하며, 사용목적, 작용되는 하중에 따라 여러 종류가 있으며 원동기의 출력축은 회전축이 된다.

두 개의 회전하는 축을 연결하여 한쪽의 동력을 다른 축에 전달하기 위해서 사용되는 것을 축 이음(shaft coupling)이라 한다. 그리고 축 이음은 긴 축을 필요로 할 때, 두 기계축을 연결할 때, 두 축이 어느 각도로 교차할 때 두 축 사이의 동력을 계속적으로 전달하는 경우에 사용한다.

(1) 슬리브 커플링(sleeve coupling)

가장 간단한 구조이며 두 축의 중심이 완전히 일치되어 있을 때가 고정 축이음이다. 두 축을 서로 맞대고 주철제 원통을 덮어 씌워 키로 고정한다. 일반적으로 축 지름이 가늘 경우 사용한다[그림 5 · 40].

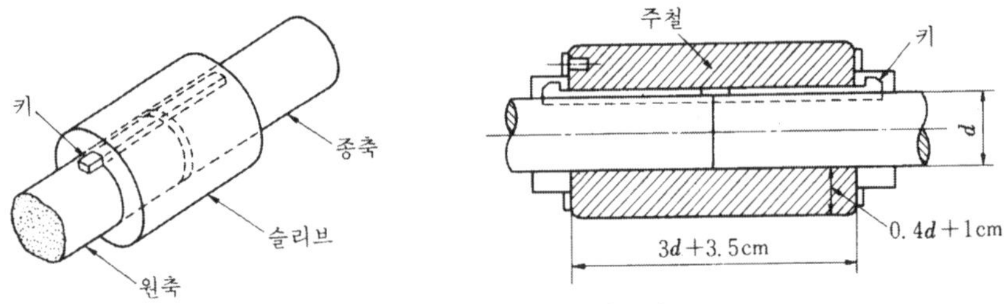

[그림 5·40] 슬리브 커플링

(2) 플랜지 커플링(flange coupling)

[그림 5 · 41]과 같이 주철제 또는 주강제의 플랜지를 축 끝에 압력을 가해 끼워 넣고 키와 볼트로 고정한 것이며, 축 지름이 75mm 이상의 경우에 많이 사용한다. 그러나 축의 지름이 지나치게 클 때에는 축과 플랜지를 일체로 주조하거나 단조한 커플링이 사용된다.

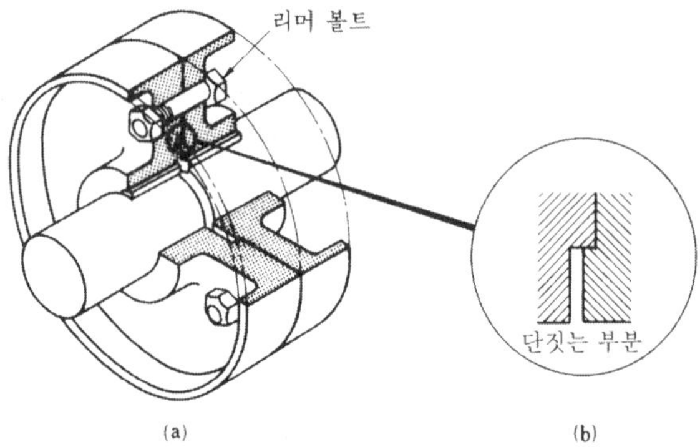

[그림 5·41] 플랜지 커플링

(3) 플렉시블 커플링(flexible coupling)

두 축의 축 중심이 정확하게 일치하지 않을 경우에는 충격이나 진동이 생기기 때문에 가죽 · 고무 · 연질금속박판 등과 같은 탄성체의 부시(bush)를 끼워 넣어 연결한 축 이음이다. 축의 축 방향의 미소이동이나 전기의 절연에도 기능을 나타낸다. [그림 5 · 42]에서 (a)는 고무 부시를 사용한 것이며 (b)는 실물사진이다.

[그림 5·42] 플렉시블 커플링

(4) 유니버설 조인트(universal joint)

두 축이 같은 평면 위에 있고, 또 그 중심선이 어느 각도로 교차될 때의 커플링에는 유니버설 조인트가 사용된다. [그림 5 · 43] (a)는 두 개의 요크(yoke)를 십자형 스파이더를 사용하여 직각으로 결합해서 회전되도록 만든 것이다. 이 유니버설 조인트 하나로는 원축의 회전이 일정하여도 종축(從軸)이 1회전 하는 사이에는 속도에 무리가 생기기 때문에, 그림 (b)와 같이 중간축을 넣어 두 개의 유니버설 조인트로 연결하고 속도변동을 없이 하여 사용하기도 한다. 공작기계나 자동차에 널리 사용된다. 그림 (c)는 실제의 보기이다.

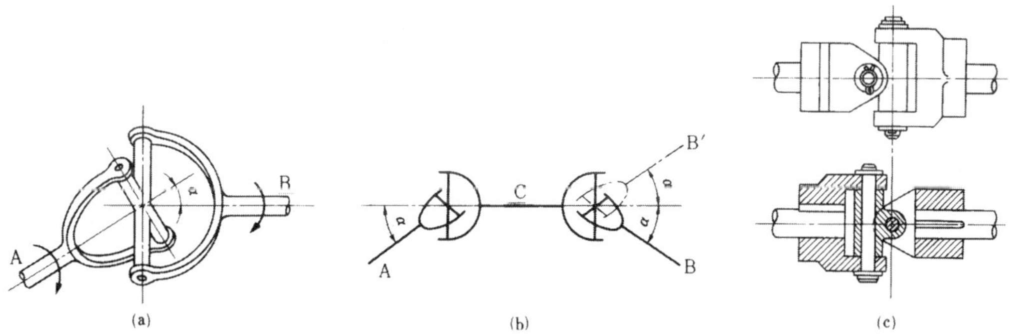

[그림 5·43] 유니버설 조인트

4 클러치

두 축 사이의 회전을 연결시키거나 끊는 장치를 클러치(clutch)라 하며 기계식 클러치, 유체 클러치, 전자기를 이용한 클러치 등이 있다.

(1) 돌리개 클러치(dog clutch)

축 끝의 플랜지부에 서로 맞물리는 凹凸을 한쪽의 플랜지는 축에 고정하고, 다른 쪽은 스플

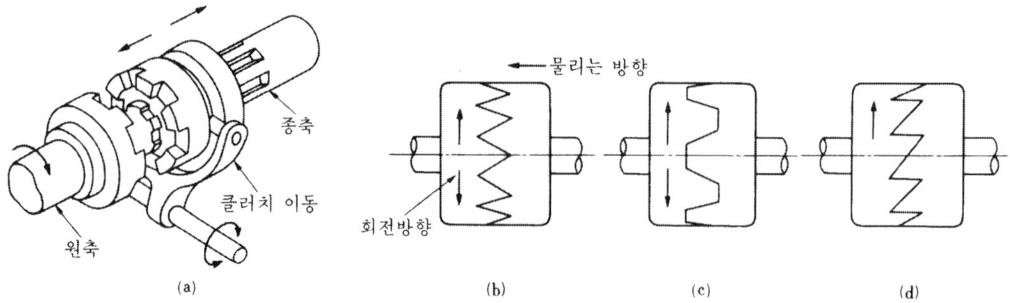

[그림 5·44] 돌리개 클러치

라인 등으로 축 위를 이동시켜 날 끝의 맞물림을 떼거나 밀착되도록 한 것이며 돌리개 클러치 또는 확동(確動) 클러치(positive clutch)라 한다. 확실하게 끊거나 연결이 이루어지기 때문에 일반의 기계에 많이 사용되나 운전 중에 맞물리게 하면 큰 충격을 주게 되므로 정지시키거나 정지에 가까운 상태에서 연결시킨다. [그림 5 · 44]에서 (a), (b)와 같이 한 방향으로만 동력을 전달하는 것과 (b), (c)와 같이 양방향으로 동력을 전달하는 것이 있다.

(2) 마찰 클러치

기계를 정지시키지 않고 운전 중에도 되도록 조용하게 연결시키며, 접촉면의 마찰에 의해 회전을 전달시키는 것이며 옛날부터 많이 사용되는 형식을 마찰 클러치(friction clutch)라 한다. 마찰면에 따라 여러 가지 종류가 있으나 [그림 5 · 45]는 자동차에 사용되고 있는 원판 마찰 클러치를 표시한 것이다.

페달을 밟으면 압력판이 마찰판에서 분리되어 회전의 전달이 끊어지고, 페달을 놓으면 클러치면, 클러치판, 압력판이 밀착되어 회전이 전달된다. 클러치를 연결할 때 마찰판에 슬립(slip)이 생기나 그 때에는 돌리개 클러치와는 달라 대개는 충격없이 끊거나 연결이 이루어진다.

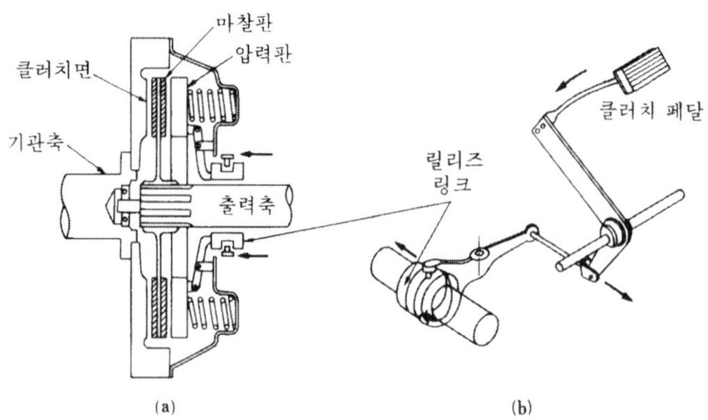

[그림 5·45] 자동차용 원판 클러치

마찰판이 하나인 경우를 단식(또는 단판식), 둘 이상인 경우를 복식(또는 다판식)이라 하며 습식(마찰면을 기름에 담근 것)과 건식으로 구별하고 있다.

마찰판 지름을 작게 하여 큰 토크를 전달하기 위해서는 다수의 마찰판을 사용하는데, 오토바이나 일반기계용으로 사용되고 있으며 이것을 다판 마찰 클러치(multi disc clutch)라 한다.

(3) 유체 클러치

이것은 클러치 오일인 유체를 매개로 하여 동력을 전달하는 장치이다. [그림 **5 · 46**]과 같이 유체를 가득 채운 케이싱 안에 펌프 깃차와 터빈 깃차를 서로 마주보게 세워 두고, 펌프 깃차를 천천히 회전시켜 어느 속도에 도달하면 터빈 깃차는 유체의 운동 에너지에 의해 자연적으로 회전되어 동력을 끊거나 연결하는 장치를 유체 클러치(fluid clutch, fluid coupling)라 한다. 펌프 깃차를 원축(입력축), 터빈 깃차를 종축(출력축)으로 하면 동력전달이 되며, 이 클러치는 소음이나 진동이 적고 운동의 시작이나 정지가 신속하고 확실하여 오토메틱(노 클러치) 자동차에 많이 사용하고 있다. 토크 컨버터(torque convertor)는 펌프 깃차, 터빈 깃차 외에 안내 깃차(stator)를 두어 토크의 변환이 되는 자동변속기이다.

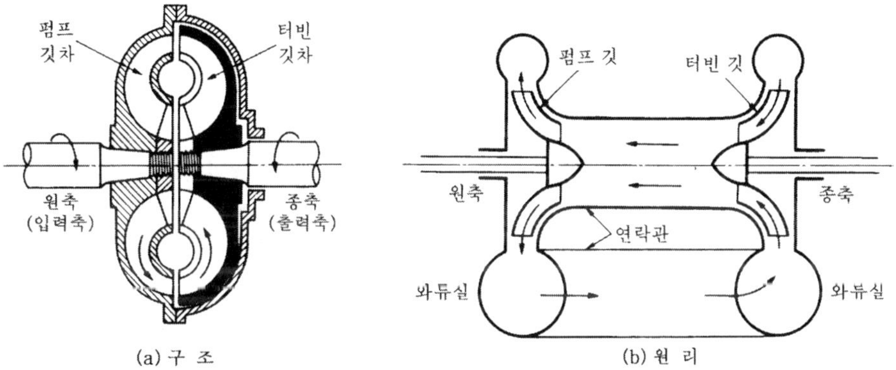

[**그림 5·46**] 유체 클러치

(4) 전자기(電磁氣) 클러치

전류가 흐를 때에 생기는 자력선의 힘(電磁力)에 의해 작동되어, 각종 기계나 전용 공작기계뿐만 아니라 위치 · 속도 등의 제어요소에도 사용되는 클러치를 전자기 클러치(magnetic clutch)라 한다.

[그림 **5 · 47**]은 그 하나를 표시한 것이며 직류전류를 사용하였을 경우, 코일에 의해 생기는 전자력(電磁力 : 전류가 흘러서 생기는 자력선)으로 전기자(電機子, armature)를 흡인하고 전류를 차단시켰을 때는 스프링의 힘으로 전기자가 떨어지는 기구로 되어 있다. 기계식 마찰 클

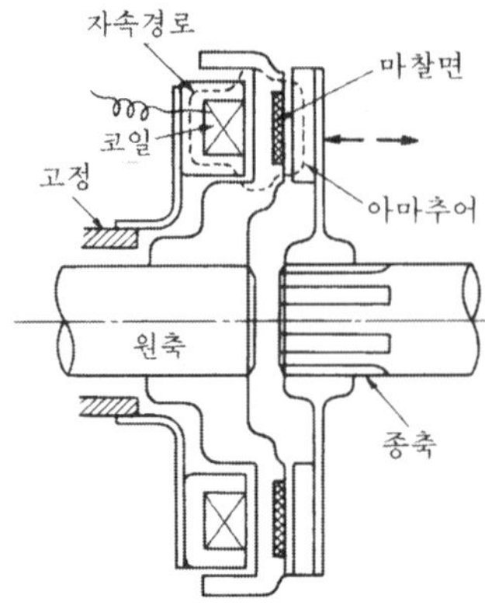

[그림 5·47] 전자 클러치

러치와 비교하여 토크를 임의로 제어할 수 있으며, 원격제어(remote control)가 가능하며 작동이 안정하고 소비전력도 아주 적어 우수한 점이 많다.

5 링크 장치(강체매개절에 의한 운동전달용 부품)

연결점이 회전되도록 만들어진 봉재의 조합에 의해 운동을 전하는 기구를 링크 기구(link age mechanism)라 하며, 그 구성요소인 봉재를 링크(link)라 부른다.

정해진 운동을 전달하려면 [그림 5 · 48]과 같이 4개의 링크로 만들어진 (b)의 경우가 아니면 안 된다.

왜냐하면 링크 A를 고정하고 링크 B를 회전시킬 때 그림 (a)에서는 운동할 수 없다(기계의 프레임과 같이 움직여서는 아니 될 곳에 이 링크가 사용된다). 그림 (c)에서는 C, D, E가 서로 다른 나름대로의 운동을 하기 때문이다.

그림 (b)와 같이 4개의 링크로 구성된 링크기구를 **4절 회전연쇄**(quadric crank chain)라 한다. 어떤 복잡한 운동을 하는 기계라도 4절 회전연쇄에 지나지 않는다.

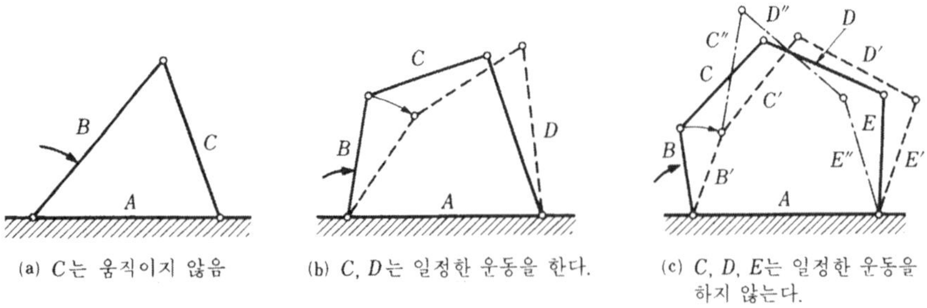

[그림 5·48] 링크의 수와 운동

4절 회절연쇄는 4개의 링크 길이의 차이에 의해 여러 거지 운동이 얻어진다. [그림 **5 · 49**] (a)는 링크 a가 1회전하여 c가 왕복각운동(부채꼴 운동)을 하는 것이지만 1회전하는 링크를 크랭크(crank), 왕복각운동을 하는 링크를 레버(지렛대, lever)라 부르며, 그림 (a)를 레버 크랭크 기구(lever – cranyk mechanism)라 한다.

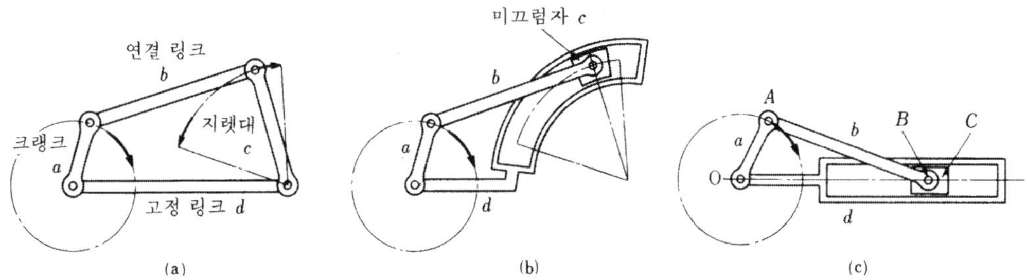

[그림 5·49] 슬라이더 크랭크 기구의 성립

4절 회전연쇄는 4개 링크 가운데 하나를 슬라이더(slider)로 바꾸면 [그림 **5 · 49**] (b) → (c)와 같이 변형시킬 수 있다. 이 때 그림 (c)를 슬라이더 크랭크 기구(slider – crank mechanism)라 부르며, [그림 **5 · 50**]과 같은 모양으로 보통의 자동차용 기관, 왕복피스톤형 공기압축기의 기구로 널리 사용되고 있다.

링크에는 [그림 **5 · 51**]과 같이 각 링크의 이음쇠의 중심선이 O점에 모이도록 입체적으로 만들어진 것도 있다. 이것은 4절 회전연쇄의 변형으로 구면 링크라 불려진다.

링크 기구는 링크의 연결부위의 마찰이나 링크의 무게 때문에 고속운동에 적합하지 못하며, 운동의 조절이 되지 않는 등의 결점이 있으나 여러 가지 운동기구를 만들어 낸다.

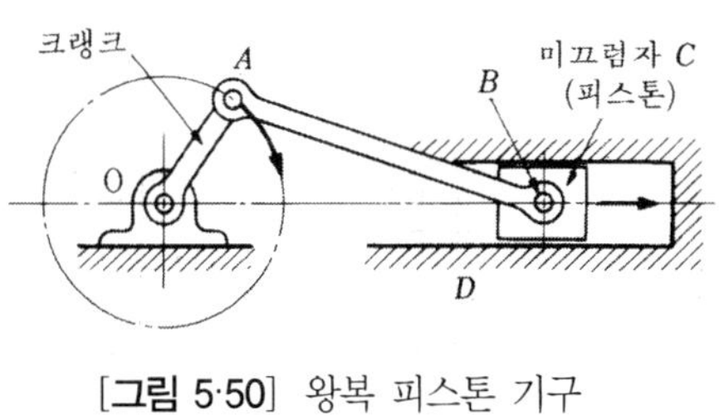

[그림 5·50] 왕복 피스톤 기구

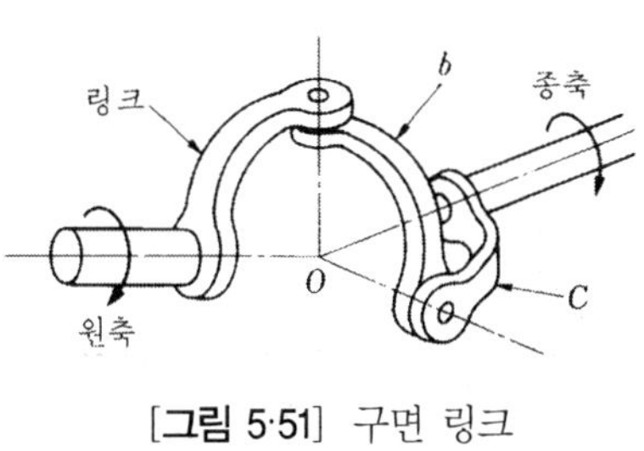

[그림 5·51] 구면 링크

6 캠(미끄럼 접촉에 의한 운동전달용 부품)

회전운동을 직선운동으로 바꾸는 방법으로는 이미 설명한 슬라이더 크랭크 기구에 의해서도 되지만, [그림 **5 · 52**]와 같은 특수한 형상을 가지는 원절(原節, 원동절 : driver)에 의해 회전하면 종절(從節, 종동절 : follower)은 직접 접촉으로 직선왕복운동을 한다. 이와 같은 원절을 캠(cam)이라 하며 캠에 의해 운동을 전달하는 기구를 캠 기구(cam mechanism)라 한다. 캠 장치

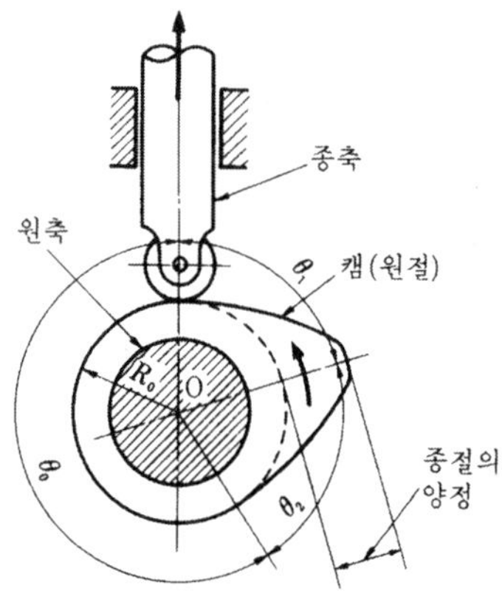

[그림 5·52] 판 캠

는 내연기관 등의 밸브 개폐기구나 자동기계 등에 많이 사용되고 있다.

(1) 캠의 종류

캠의 궤적곡선과 종절의 운동이 하나의 평면 내에 있는 캠을 평면 캠(plane cam), 하나의 평면 내에 있지 않는 캠을 입체 캠(solid cam)이라 한다.

1) **평면 캠** : [그림 **5 · 53**] (e)와 같은 캠에서는 원절과 종절은 미끄럼 접촉을 하므로 마찰이 크고 마모되기가 쉽다. 그래서 [그림 **5 · 53**] (a)와 같이 종절 *B*의 접촉부분에 롤러를 사용하여 구름접촉을 시키면 마찰이 적어진다. 그림 (b)는 *A*의 회전에 따라 종절 *B*가 왕복 각운동을 하는 **요동 캠**이다. 또 그림 (c)는 편심원판을 사용한 **원판 캠**(circular disc cam), 그림 (d)는 원호와 직선으로 이루어지는 **접선 캠**(tangent cam)이다. 그림 (e)는 몇 개의 원호가 연속되어 이루어지는 **원호 캠**(circular arc cam)이다.

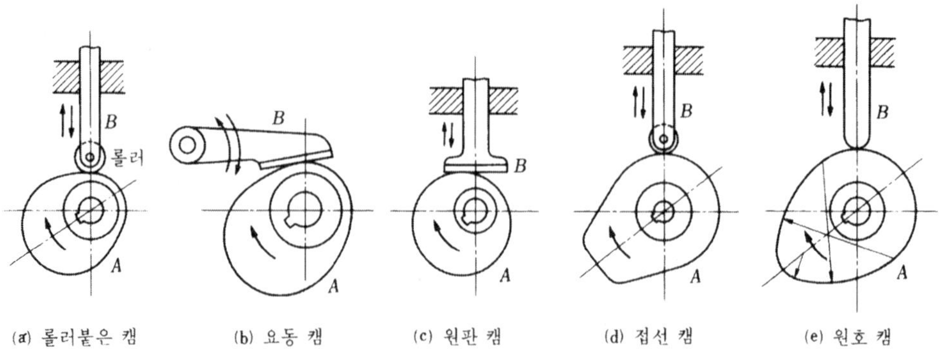

(a) 롤러붙은 캠 (b) 요동 캠 (c) 원판 캠 (d) 접선 캠 (e) 원호 캠

[그림 5·53] 여러 가지 캠

[그림 **5 · 52**]와 같은 캠 장치에서는 원절의 회전으로 종절은 최초에는 밀려 올라가지만 종절이 최고위치에까지 밀려 올라간 후에는 원절이 계속 회전할 때 스프링과 같은 힘으로 종절을 원절에 밀착시키지 않으면 종절의 운동에는 확실성이 없다. 따라서 [그림 **5 · 54**] (a)와 같이 판의 정면에 궤적곡선에 해당하는 홈을 파고 그 곳에 종절의 롤러를 끼워 그 운동의 확실성을 부여한 것을 **정면 캠**(face cam)이라 하고, 또 그림 (b)와 같이 캠의 형상이 삼각형을 이루고 있는 캠을 **삼각 캠**(triangle cam), 또는 종절이 요크형(yoke)을 형성하고 있으므로 이것을 **요크 캠**(yoke cam)이라고도 한다. 이들 캠과 같이 운동의 전달을 확실하게 만든 것을 **확동 캠**(positive motion cam)이라 한다.

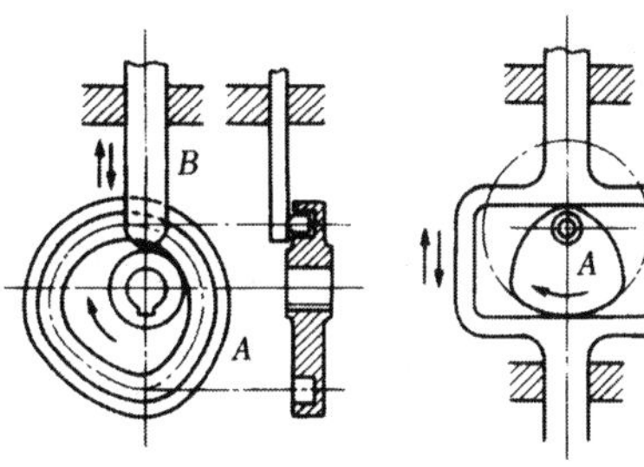

(a) 정면 캠 (b) 삼각 캠

[**그림 5·54**] 확동 캠

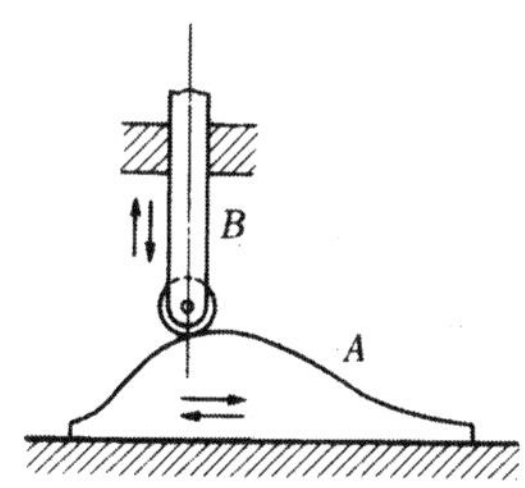

[**그림 5·55**] 직동 캠

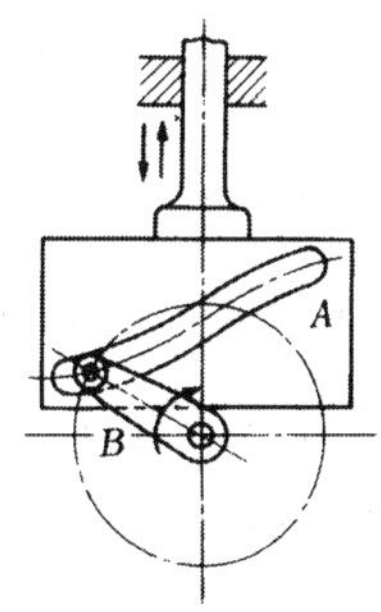

[**그림 5·56**] 역 캠

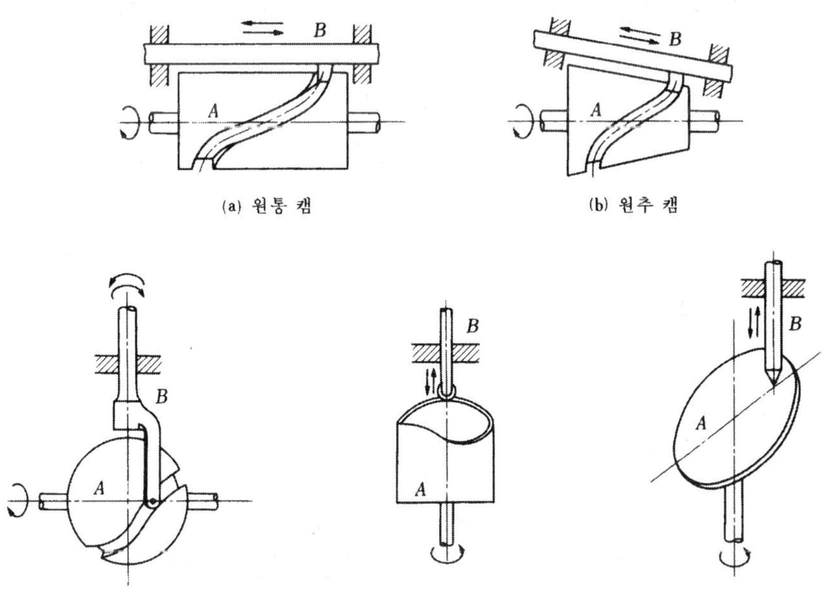

(a) 원통 캠 (b) 원추 캠

(c) 구면 캠 (d) 단면 캠(엔드 캠) (e) 경사 캠

[**그림 5·57**] 입체 캠

[그림 **5 · 55**]에 표시한 것과 같이 캠의 직선왕복운동에 따라 종절에도 특수한 직선왕복운동을 부여한 것을 **직동 캠**(translation cam)이라 한다.

대체로 캠은 원절에 사용되는데 [그림 **5 · 56**]에서와 같은 캠 A를 종절로 만든 것을 역(逆) 캠(inverse cam)이라 한다.

2) **입체 캠** : [그림 **5 · 57**] (a)와 같이 원통면에 홈을 만들어 이것을 회전시켜 종절에 왕복운동을 시키는 캠을 **원통 캠**(cylinderical cam)이라 한다. 또, 그림 (b)와 같이 원추를 사용한 것을 **원추 캠**(conical cam)이라 한다. 그림 (c)와 같이 구면에 홈을 만들어 종절에 요동운동을 시키는 것을 **구면 캠**(spherical cam)이라 하고, 그림 (d)와 같이 원통의 모서리면에 특수한 형상을 준 것을 **엔드 캠**(end cam)이라 한다. 그림 (e)의 회전축에 대해서 원판을 경사지게 부착시킨 것을 **경사판 캠**(swash plate cam)이라 한다.

(2) 캠 선도

캠의 회전과 종절의 변위량과의 관계를 표시한 선도를 **변위선도**(displacement diagram)라 하며, 캠의 회전각과 종절의 속도 또는 가속도와의 관계를 표시한 선도를 각각 속도선도, 가속도선도라 한다. [그림 **5 · 58**]은 캠의 변위선도이다.

예를 들어 [그림 **5 · 58**]의 변위곡선과 같이 롤러가 붙은 종절을 작동시키는 캠의 형상을 얻기 위해서는 [그림 **5 · 59**]의 방법을 따르면 좋다. 캠의 회전각 180° 까지의 분량만을 그려본다. 먼저 변위가 변화하는 90~180° 사이를 3등분하고 변위 0일 때의 종절의 롤러의 위치 및 캠의 중심 0을 그림 (a)의 위치에 그리고 기초원도 변위곡선의 각도 눈금에 맞추어 1, 2, 3, 4, 5의 번호를 붙인다. 최초 90° 회전하는 동안 종절은 전혀 상승하지 않지만 30° 회전하였을 때의 캠과 종절의 관계는 그림 (c)와 같이 되고 회전이 진행됨에 따라 그림 (d), (e)와 같이 된다. 최후의 그림 (e)에 (a), (b), (c), (d)일 때의 종절의 위치를 기입하고, 그 롤러에 접하는 곡선을 그리면 그것이 구하는 캠의 윤곽(profile)이 된다.

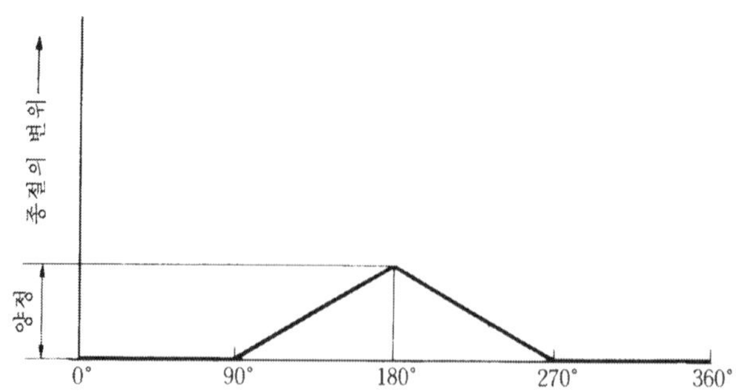

[**그림 5·58**] 변위선도

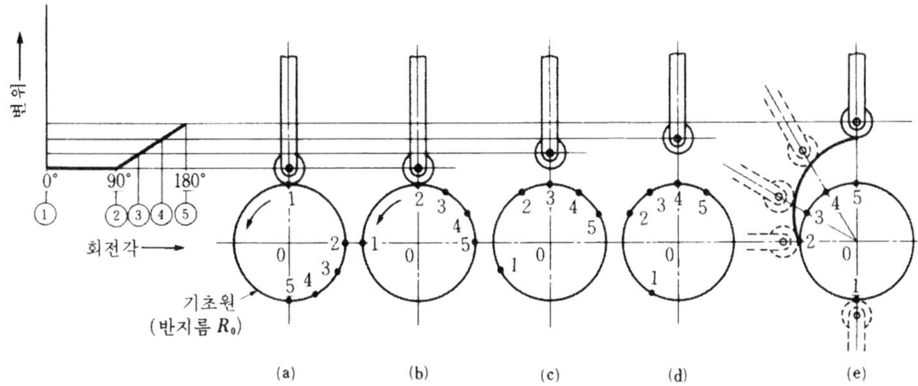

[그림 5·59] 변위곡선과 캠의 윤곽

7 마찰차(구름 접촉에 의한 운동전달용 부품)

원동축과 종동축에 적당한 모양의 바퀴를 붙여 서로 밀어 붙이고, 두 바퀴의 접촉점에서 생기는 마찰력에 의해 원동축의 회전을 종동축에 직접 전달하고자 하는 방법을 **마찰동력전달**(friction transmission)이라 하며 구름 접촉을 하는 두 개의 바퀴를 **마찰차**(friction wheel)라 부른다[그림 **5 · 21** (a)]. 이 마찰차의 동력전달은 두 개의 바퀴의 마찰에 따르게 되므로 확실하게 일정한 속도비를 가진다거나 큰 동력을 전달할 수는 없지만, 운전이 정숙하고 동력전달의 차단과 연결이 무리없이 되며, 어느 범위 안에서 속도비를 연속적으로 변화시킬 수 있는 장점이 있기 때문에 가벼운 하중이고 속도비를 중요시하지 않는 경우에는 자주 이용한다.

마찰차의 접촉부에 사용되는 재료는 가죽, 목재, 고무 등을 원동축 쪽의 바퀴에 사용하고 종동차를 주철로 하는 경우가 일반적이다. [그림 **5 · 60**]과 같이 두 개의 원통형 바퀴를 사용하여 회전운동을 전달하는 것을 **원통마찰차**(cylindrical friction wheel)라 하며, 그림 (a)는 외측에 접촉하는 경우이며 반대방향으로 회전하고 그림 (b)는 내측에 접촉하는 경우로 같은 방향으로 회전한다. 또 [그림 **5 · 61**]과 같이 두 축이 교차할 때의 마찰차가 원뿔의 일부를 사용하기 때문에 **원뿔 마찰차**(bevel friction wheel)라 한다.

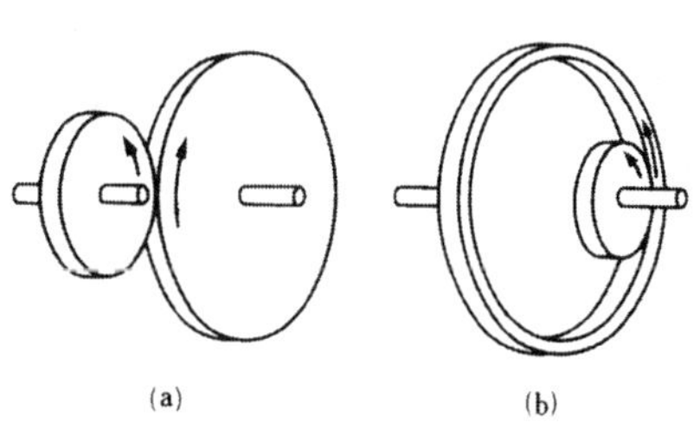

[그림 5·60] 원통 마찰차

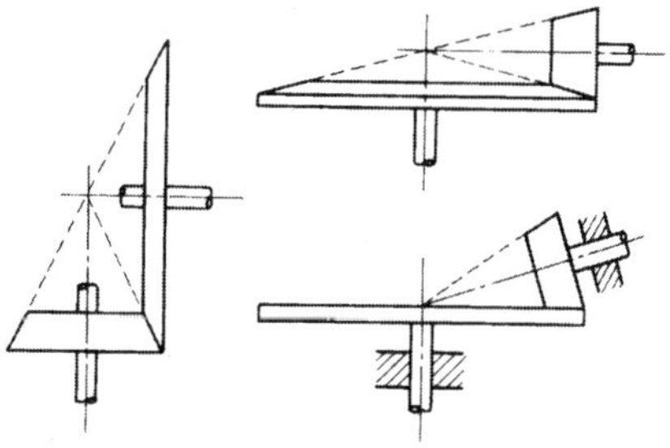

[그림 5.61] 원뿔 마찰차

8 벨트, 로프 및 체인(가동성 매개절에 의한 운동전달용 부품)

원동축과 종동축과의 거리가 비교적 떨어져 있고, 마찰차나 기어에 의해 직접 회전을 전달하기가 곤란한 경우에 신축성(flexibility)이 있는 벨트, 로프, 체인 등을 매개물로 하여 두 축에 붙어 있는 바퀴에 감아 바퀴 사이의 마찰이나 바퀴에 붙은 돌기와의 물림에 의해 힘과 회전을 전달하는 장치를 일컬어 **감기 전동기구**(wrapping connector mechanism)라 한다. 사용하는 매개물의 종류에 따라 벨트 전동, V벨트 전동, 로프 전동 및 체인 전동이라 부른다.

(1) 평 벨트의 동력전달

이것은 가죽, 직물, 강 등으로 만든 띠 모양의 **벨트**(belt)의 양끝을 연결하여 둥근 모양으로 만든 것을 축에 고정한 **벨트 풀리**(belt pulley)에 감아 동력을 전달하는 방법이다. 이 경우의 동력전달은 벨트와 벨트 풀리의 접촉면의 마찰력으로 이루어지는 것이라 미끄러지기 쉽다. 다만, 대단히 간편하고 값이 싸기 때문에 양축의 거리가 비교적 크고 정확한 회전을 필요로 하지 않는 경우의 여러 가지 기계의 운전에 많이 사용되고 있다. 종동축의 관성 모멘트가 큰 경우의 시동, 운전 중의 부하의 갑작스런 증가에 대해서는 벨트가 미끄러지므로 일종의 안전장치의 구실을 하며, 기계의 다른 부분에 무리가 오는 것을 방지하여 준다.

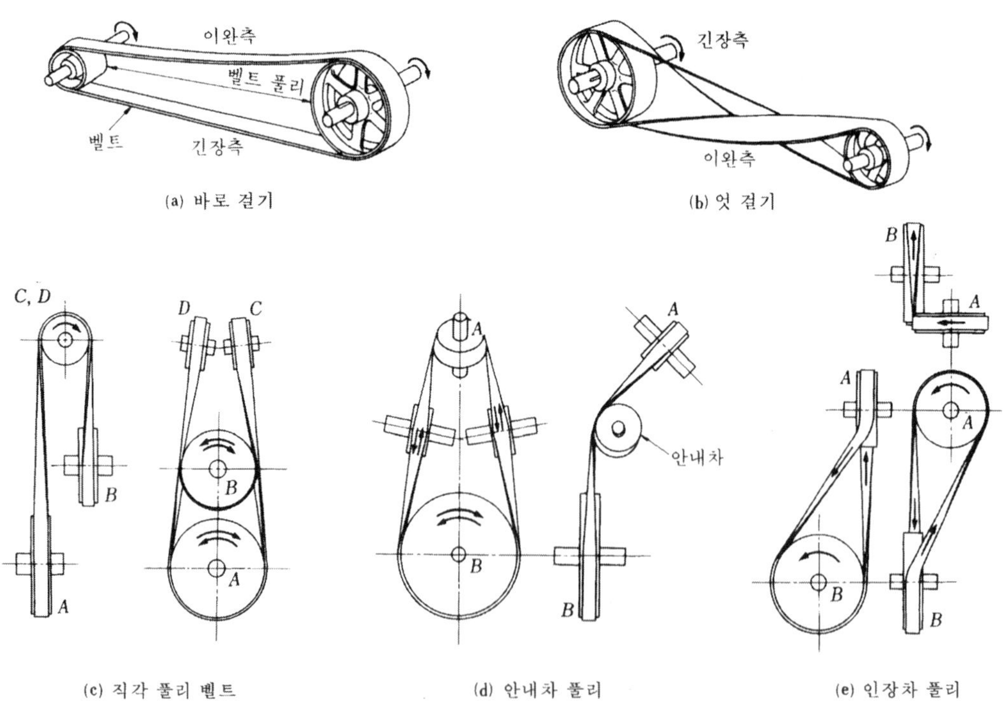

(a) 바로 걸기 (b) 엇 걸기 (c) 직각 풀리 벨트 (d) 안내차 풀리 (e) 인장차 풀리

[그림 5·62] 벨트 거는 방법

전달효율은 96~98%로 좋은 편이나 벨트의 너비나 두께에 제한이 있기 때문에 너무 큰 대마력의 동력전달은 되지 않으며 300 HP 정도까지이다. 보통 축 사이의 거리는 10 m 이하, 속도비 1 : 1 이하, 원주속도 10~39 m/s(최대 50 m/s)로 사용한다.

벨트를 거는 방법은, 평행한 두 축 사이에 평벨트를 걸 때는 [그림 **5 · 62**] (a)와 같은 경우를 바로 걸기(평행 걸기, open blet)라 하며 축은 같은 방향으로 회전하고, 그림 (b)와 같은 경우를 엇 걸기(십자 걸기, crossed belt)라 하며 축은 반대방향으로 회전한다. 평행 걸기에서 화살표 방향으로 회전할 때 벨트의 위쪽은 다소 느슨하여 이완측이라 하고, 아래쪽은 팽팽하기 때문에 긴장측이라 하는데 이것을 반대가 되게 하면 벨트는 미끄러지기 쉽게 된다.

벨트 풀리는 일반적으로 원통형이나 속도비를 연속적으로 변화시키고자 할 경우에는 [그림 **5 · 63**]과 같은 원뿔형을 사용할 경우도 있다.

[그림 **5 · 64**]에는 지름이 다른 원통형 벨트 풀리 몇 개를 병렬로 연결하였는데 이것을 단차(段車, stepped pulley)라 한다. 하나의 벨트를 이동시켜 몇 종류의 속도비를 만들 수 있다.

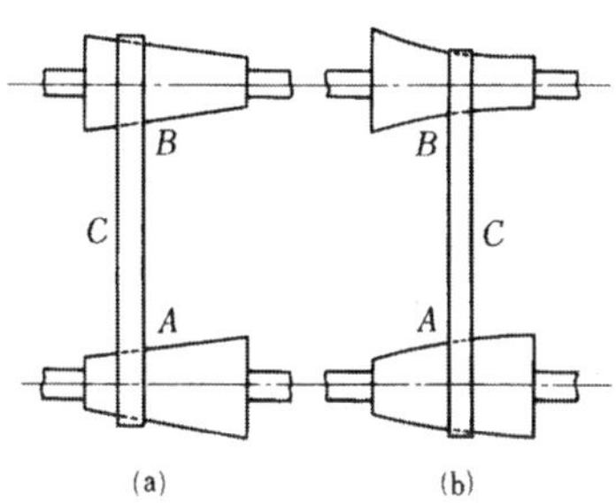

[그림 5·63] 원뿔형 풀리

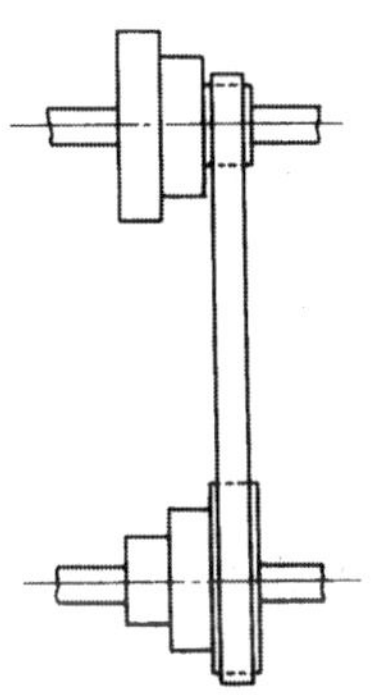

[그림 5·64] 단차

(2) V벨트 동력전달

V벨트는 천과 고무로 만든 단면이 사다리꼴인 고리 모양으로 된 로프이며 V형의 홈이 있는 벨트 풀리에 걸어 사용한다[그림 **5 · 65**].

V벨트 동력전달은 마찰력이 크기 때문에 축 사이의 거리가 작은 경우나 회전비가 큰 경우에도 미끄럼이 적고 강도가 크기 때문에 큰 동력을 전달할 수 있다. 또, 벨트 풀리로부터 이탈되지 않고 운전이 정숙하다. 그러나 벨트의 길이가 조절되지 않고, 이을 수가 없고 축 사이의 거리가 5 m이하이어야 한다는 결점이 있다.

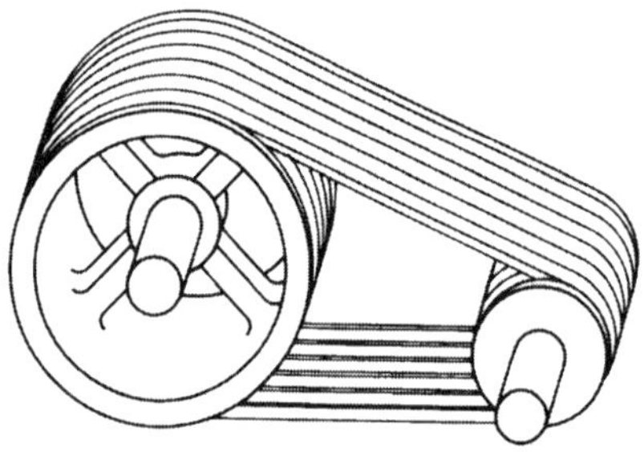

[그림 5·65] V벨트 풀리

(3) 로프의 동력전달

로프 동력전달장치는 V혀이나 U자형의 홈을 가진 로프 풀리에 목면, 마 또는 강철제 로프(wire rope)를 걸어 전동하는 것이며, 옥외에서의 사용, 거리가 긴 경우(50~100 m)의 큰 동력의 전달 등에 적합하며, 특히 와이어로프는 삭도, 광산, 선박, 어업, 하역기계 등에 사용되고 있다. 운전 중에 로프의 분리와 연결이 불가능하며 절단되었을 때의 수리가 곤란하다는 결점을 가지고 있다.

로프는 꼬임의 방법에 따라 여러 종류[그림 **5 · 66**]가 있다. 보통 꼬임은 가닥(strand)의 꼬임 방향과 로프의 꼬임 방향이 서로 반대인 것으로 보통 Z꼬임(왼 꼬임), 보통 S꼬임(오른 꼬임)이 있으며 랭 꼬임(Lang's lay)은 가닥과 로프의 꼬인 방향이 같은 방향으로 랭 Z꼬임, 랭 S꼬임이 있다.

로프를 거는 방법으로는 여러 가닥을 나란히 거는 다환식(多環式, multiple rope system)인 영국식과 긴 로프를 연속하여 여러 번 감는 연속식(continuous rope system)인 미국식이 있다.

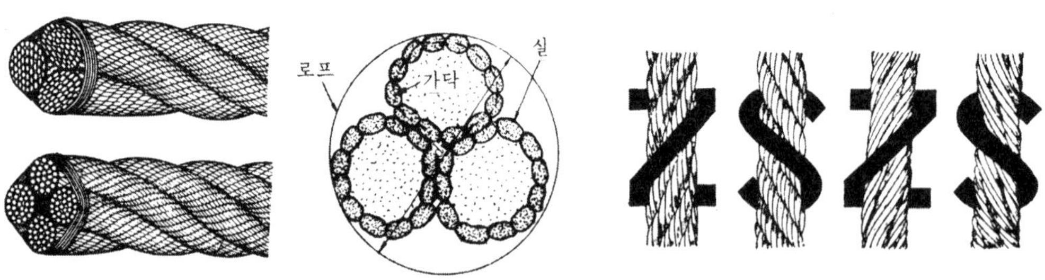

(a) 로프 (b) 실과 가닥 (c) Z 꼬임 (d) S 꼬임 (e) 랭Z 꼬임 (f) 랭S 꼬임

[그림 5·66]

(4) 체인의 동력전달

체인 동력전달장치는 [그림 **5 · 67**]과 같이 체인[그림 **5 · 68**]을 스프로킷(체인 기어, chain sprocket)의 이(齒)로 체인의 롤러 또는 돌기(突起)를 걸어 당겨 적극적으로 동력을 전달하는 것이며, 벨트의 동력전달이나 로프의 동력전달과 같이 마찰을 이용하는 것과는 달라 기어의 동력전달에 가까운 성질을 가지고 있다. 기어를 이용하기 위해서는 축 사이의 거리가 비교적 짧고(보통 4 m이하) 속도도 그렇게 크지 않은 경우에 사용한다. 미끄럼이 없어 속도비가 정확하고 큰 동력을 전달할 수 있다. 그러나 장시간 사용하여 마멸되면 소음이나 진동을 일으키기 쉽다. 동력전달용, 하역용, 운반용 등에 사용되고 있다.

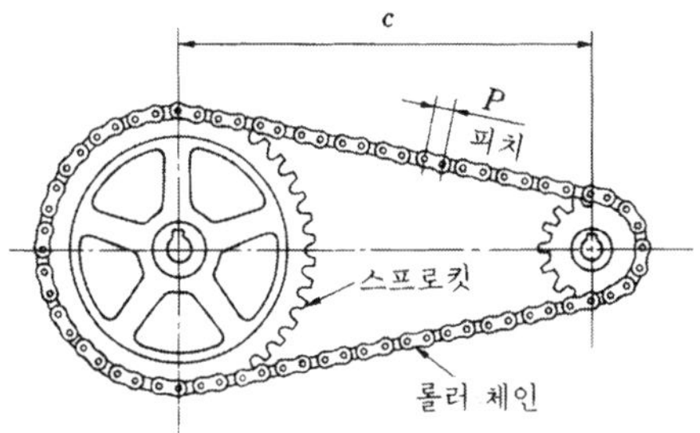

[그림 5·67] 체인의 동력전달

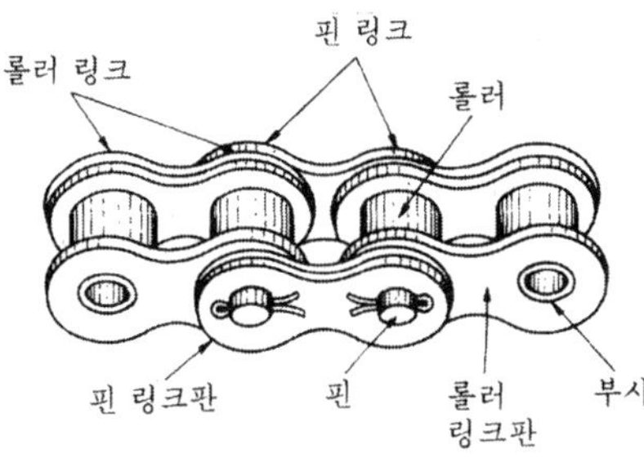

[그림 5·68] 동력용 롤러 체인

그리고 동력전달용으로 저속에 롤러 체인(roller chain), 고속에 사일런트 체인(silent chain), 운반용으로 링크 또는 코일 체인(coil chain)과 블록 체인(block chain) 등이 사용된다. **[그림 5·69]**는 체인의 종류이다.

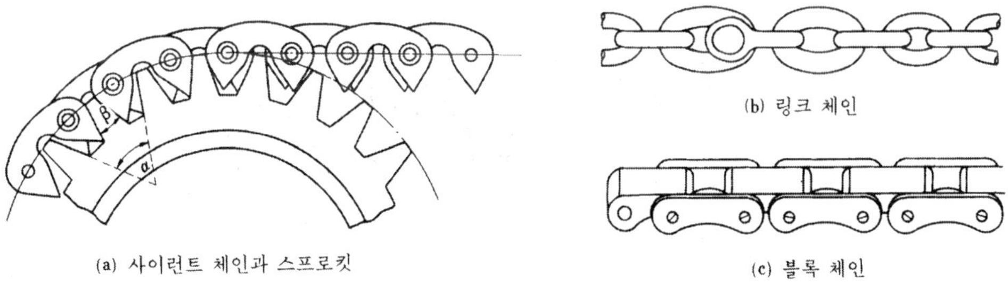

[그림 5·69] 체인의 종류

9 기어(미끄럼 접촉에 의한 운동전달용 부품)

마찰차에서는 미끄러지기 쉽고 정확한 회전속도비로 운동을 전달하기가 어렵기 때문에, 접촉면에 등간격으로 凸부와 凹부를 만들어 상호간에 원활한 물림이 되게 하면 확실한 운동전달이 가능하다. 이 凸부를 **이**(tooth)라 하며 이 차를 기어(gear, toothed wheel)라 한다. 이 기어는 두 축사이의 중심거리가 짧은 경우에 이용되고, 또 잇수(齒數)를 바꾸면 여러 가지 회전속도비를 얻을 수 있다. 따라서 기어는 정확한 동력전달장치, 변속장치로 널리 이용되고 있다.

맞물리는 1쌍의 기어 중 큰 기어를 기어(gear), 작은 기어를 피니언(pinion)이라 하고 또, 피치원이 무한대의 직선기어로 되어 있는 것을 래크(rack)라 한다. [그림 **5 · 70**]은 마찰차와 기어와의 비교인데 (b)와 같이 이를 붙이더라도 모든 맞물리는 위치에서 (a)와 같은 속도전달비가 유지되지 않으면 의미가 없게 된다.

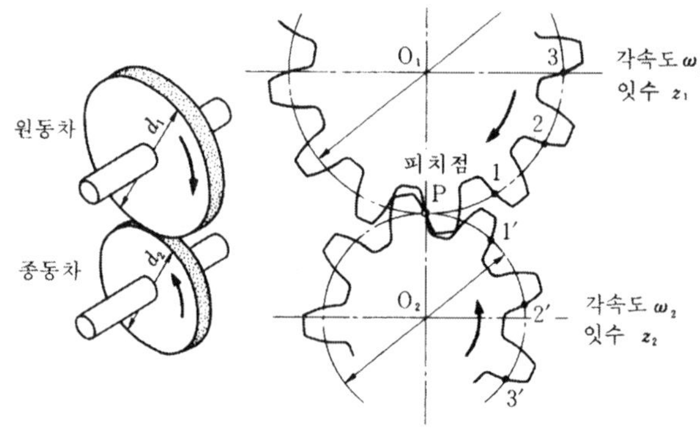

(a) 마찰차 (b) 기 어

[**그림 5·70**] 마찰차와 기어

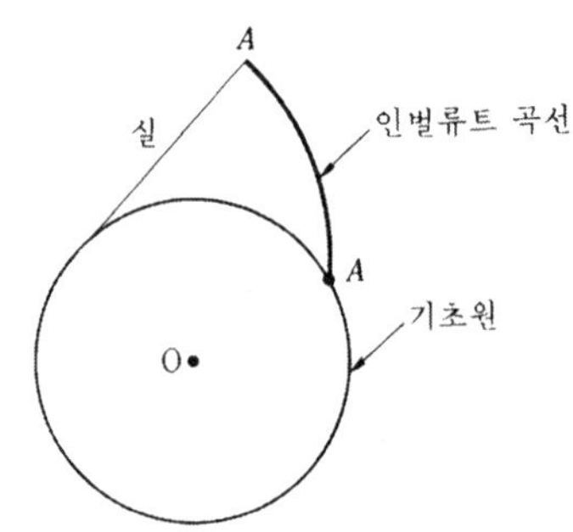

[**그림 5·71**] 인벌류트 곡선

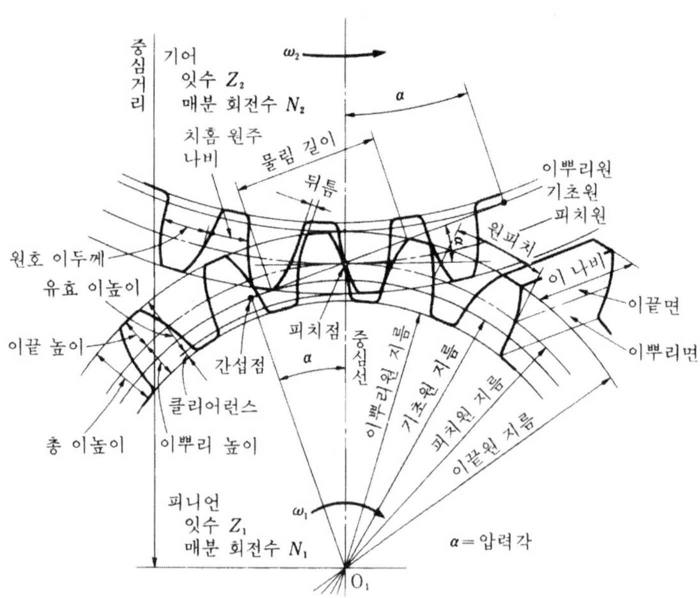

[**그림 5·72**] 기어 각부의 명칭

(1) 치형의 종류

원동차와 종동차의 속도비가 일정할 경우, 회전운동을 전달하기 위한 기어의 치형에는 인벌류트 치형(involute tooth)과 사이클로이드 치형(cycloid tooth)이 사용된다. 사이클로이드 치형은 마모가 적고 회전이 대단히 원활하다는 특징을 가지나 공작이 어렵기 때문에 계측기류의 기어에 사용될 뿐이다. 이와는 반대로 인벌류트 치형은 공작이 쉽고 많은 장점을 가지고 있어 널리 사용된다. [그림 **5 · 71**]은 인벌류트 곡선인데 원통에 실을 감았다가 풀어나가는 A의 궤적을 말한다. 또, [그림 **5 · 72**]는 기어 이의 각부 명칭을 표시해 주고 있다.

(2) 기어의 종류

기어에는 회전운동을 전달하는 두 개의 축의 관계위치에 따라 치형이 접촉되는 방법이 여러 가지가 있다. [그림 **5 · 73**]은 그 보기를 나타낸다. 기어는 보통 주철, 주강, 단강, 청동 등으로 만드나 고속회전에서 소음을 피하기 위해서는 베크라이트 등의 비금속재료로 만든 소리없는 기어를 사용한다.

1) 두 축이 평행한 경우

① 스퍼 기어(spur gear) : 이 끝이 직선이고 축에 평행한 원통기어

② 내접 기어(internal gear) : 원통의 안쪽에 치형이 만들어져 있는 기어

③ 래크(rack)와 피니언(pinion) : 래크는 기어의 피치원통의 반지름을 무한대로 한 직선 기어이며, 이것과 맞물리는 기어를 피니언이라 한다. 회전운동을 직선왕복운동으로 바꾼다.

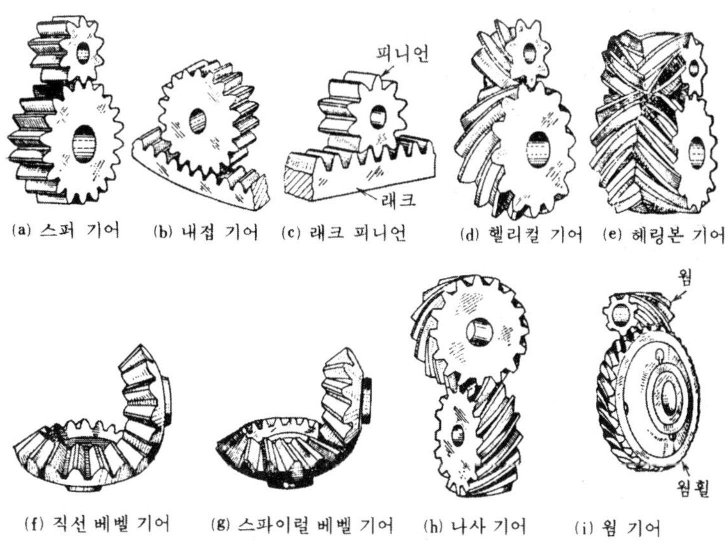

[그림 5·73] 기어의 종류

④ 헬리컬 기어(helical gear) : 축에 대해 이 끝이 나선형으로 경사져 있어 스퍼 기어보다 물림이 조용하고 동력전달이 원활하다. 축방향 하중이 걸리기 때문에 스러스트 베어링이 필요하다.

⑤ 헤링본 기어(herringbone gear) : 헬리컬 기어에서 축방향의 하중을 없애기 위해 두 개의 헬리컬 기어를 역방향으로 붙여 한 조를 만든 것이며, 큰 동력의 전달이나 큰 속도비를 얻는데 편리하다. 산형 기어로 2중 헬리컬 기어(double helical gear)라고도 한다.

2) 두 축이 교차하는 경우

① 베벨 기어(bevel gear) : 원뿔형의 기어로 이를 붙이는 방법에 따라 베벨 기어, 헬리컬 베벨 기어(helical bevel gear), 스파이럴 베벨 기어(spiral bevel gear)의 3종류가 있다.

3) 두 축이 교차하지도, 평행하지도 않는 경우

일반적으로 제작이 간단하기 때문에 각도가 틀리는 두 개의 헬리컬 기어를 조합한 나사 기어(screw gear)를 사용한다. 이 기어의 이는 점으로 접촉되기 때문에 큰 힘을 전달하는 데는 적합하지 않다.

서로 교차되지 않는 직각축 사이의 운동전달에는 웜 기어(worm gear)가 사용된다. 대단히 큰 속도비가 얻어지기 때문에 감속장치에 사용된다.

그 외에 스큐 기어(skew gear)와 하이포이드 기어(hypoid gear)가 있다.

(3) 기어의 크기

기어에서 이(齒)의 크기를 표시하는 데 가장 간단한 수치의 하나로 원주 피치(circular pitch) t가 있다. 그러나 원주 피치는 나누어지지 않는 수이기에 미터계의 기어는 모듈(module) m, 인치계의 기어는 지름 피치(diametral pitch) P로 표시한다. KS에서는 모듈을 규정하고 있으며, 피치원의 지름을 D(mm), 잇수를 Z로 하면 다음 식들로 표시된다.

원주 피치(이 하나에 대한 피치 원주상의 거리)

$$t = \frac{\text{피치원의 원둘레(mm)}}{\text{잇수}} = \frac{\pi D}{Z} = \pi m \qquad (5\cdot1)$$

모듈(피치원에서 이 끝까지의 거리)

$$m = \frac{\text{피치원의 지름(mm)}}{\text{잇수}} = \frac{D}{Z} \qquad (5\cdot2)$$

지름 피치(피치원의 1인치에 대한 잇수)

$$P = \frac{\text{잇수}}{\text{피치원의 지름(in)}} = \frac{25.4Z}{D} \qquad (5\cdot3)$$

기어의 크기는 m의 값이 커지고, 또 P의 값이 작아지면 크게 된다.

(4) 기어의 속도비

[그림 **5 · 70**]에서 원 O_1, O_2를 피치원(pitch circle)이라 하고 그 접점 P를 피치점이라 한다. 또 피치원에 따라 측정한 이의 간격을 원피치라 한다. 한쌍의 기어에서는 서로 원피치가 같아야 된다($12 = 23 = \cdots = 1'2' = 2'3' = \cdots$). 이 때 속도비 i는 잇수에 반비례 하며, 다음 식과 같다.

$$속도전달비(i) = \frac{종동차\ 각속도(\omega_2)}{원동차\ 각속도(\omega_1)} = \frac{원동차\ 피치원\ 지름(d_1)}{종동차\ 피치원\ 지름(d_2)} \tag{5·4}$$

$$= \frac{원동차\ 잇수(Z_1)}{종동차\ 잇수(Z_2)}$$

몇 개의 기어의 연결을 기어 열(gear train)이라 하며 그 보기를 [그림 **5 · 74**]에 표시하였다. 그림 (a)는 A, B, C의 셋으로 된 기어열로 가장 간단한 조합이다. A, B, C의 속도비는

$$A-C\ 사이의 속도비\ i_{AC} = \frac{C의\ 회전수(N_C)}{A의\ 회전수(N_A)} = \frac{A의\ 잇수(Z_A)}{C의\ 잇수(Z_C)}$$

$$C-B\ 사이의\ 속도비\ i_{CB} = \frac{N_B}{N_C} = \frac{Z_C}{Z_B}$$

$$A-C-B\ 사이의 속도비\ i_{ACB} = i_{AC} \times i_{CB} = \frac{N_C}{N_A} \times \frac{N_B}{N_C} = \frac{N_B}{N_A}$$

$$= \frac{Z_A}{Z_C} \times \frac{Z_C}{Z_B} = \frac{Z_A}{Z_B}$$

이것은 식 (5 · 4)와 같으며 A, B 기어가 직접 맞물려 있는 것과 같은 속도비로 C 기어의 잇수에는 관계가 없다. C기어와 같이 회전방향만을 바꾸는 구실을 하는 기어를 중간 기어(idle gear)라 부른다.

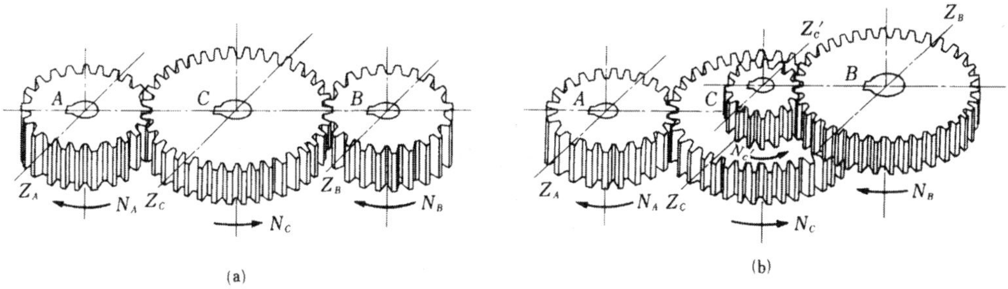

[**그림 5·74**] 기어 열

그림 (b)는 중간의 C기어에 잇수가 다른 두 개의 기어를 일체로 만든 기어 보기이다. 이들 속도비는

$$A-C \text{ 사이의 속도비 } i_{AC}=\frac{N_C}{N_A}=\frac{Z_A}{Z_C}$$

$$C'-B \text{ 사이의 속도비 } i_{CB}=\frac{N_B}{N_C'}=\frac{Z_C'}{Z_B}$$

$$A-CC'-B \text{ 사이의 속도비 } i_{ACB}=i_{AC}\times i_{C'B}=\frac{N_C}{N_A}\times\frac{N_B}{N_{C'}}$$

$$=\frac{Z_A}{Z_C}\times\frac{Z_{C'}}{Z_B}$$

가 되고, 따라서 기어 열의 속도비는 다음 식(5 · 5)와 나타낼 수 있다.

$$\text{기어 열의 속도비}=\frac{\text{최후의 기어의 회전속도}}{\text{최초의 기어의 회전속도}} \tag{5·5}$$

$$=\frac{\text{각 조의 원동차에 해당되는 기어 잇수의 곱}}{\text{각 조의 종동차에 해당되는 기어 잇수의 곱}}$$

(5) 차동 기어 장치

기어장치 중에서 서로 맞물고 있는 기어의 한쪽이 다른 기어의 둘레를 회전하도록 만든 것을 유성 기어(planet gear) 장치라고 있는데[그림 **5 · 75**] 이런 장치는 자동차의 변속장치에 사용되고 있다. 한편 차동기어 장치로도 이용되고 있다. 그림에서 B기어의 축은 암 H에 붙어 있어 A기어의 축을 중심으로 암 H와 함께 회전되는 것이라면, 이 때 B기어는 A기어의 둘레를 굴러가면서 회전(自轉)한다. 만일, 이 때 A기어가 암의 회전과는 관계없이 회전한다면 B기어는 A기어의 회전과 암의 회전의 영향을 동시에 받아 회전한다. 이와 같은 장치를 차동 기어장치(differential gear)라 한다.

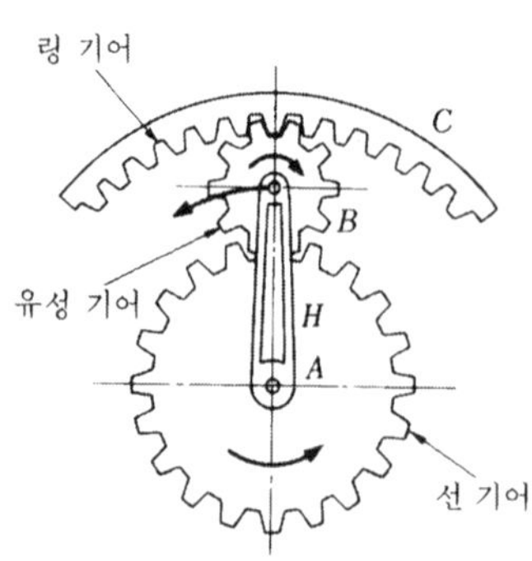

[그림 5·75] 유성 기어장치

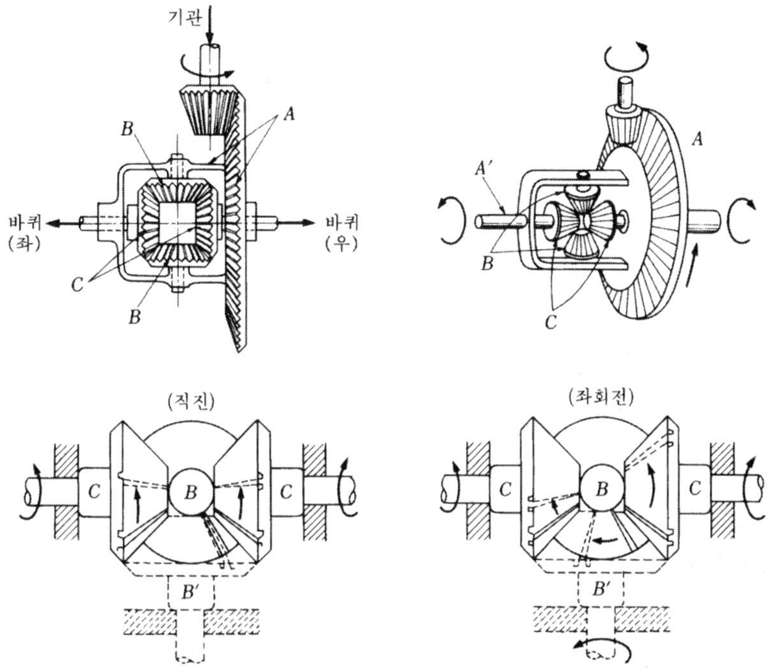

[그림 5·76] 자동차의 차동 기어장치

또, [그림 **5 · 76**]은 베벨 기어를 이용한 차동 기어장치이며 자동차의 뒷차축 구동장치에 사용되고 있다. 이 장치는 직진할 때에는 좌우의 회전속도가 같으며, 좌회전할 때에는 회전속도가 왼쪽은 줄어들고 오른쪽은 반면에 그 양만큼 증가되도록 한 장치이다. 따라서 자동차는 커브가 된 도로를 무리없이 진행할 수 있다.

10 **베어링**(축의 지지에 의한 운동전달용 부품)

축을 지지하면서 위치를 결정하고 그 운동 및 축에 작용하는 하중을 지탱하는 부품을 베어링(bearing)이라 한다. 또, 축이 베어링 내부에서 지지되는 부분을 저널(journal)이라 한다. 축의 위치를 결정하기 위해서는 축과 베어링의 틈새가 적지만 제로(zero)에 가까울 필요가 있다. 축에 작용하는 하중 때문에 축과 베어링 사이에는 마찰이 생겨 동력이 손실되며, 또 마모도 되기 때문에 마찰이나 마모가 적어야 한다. 그래서 틈새에는 [표 **5 · 4**]와 같은 윤활유를 사용하며, 고체 미끄럼 마찰을 유체마찰로 바꾸는 방법과 볼(ball)과 니들(needle) 등의 동력전달매체를 넣어 구름마찰로 바꾸는 방법이 있다.

[표 5·4] 윤활유의 종류와 용도

오일의 종류	용 도
스 핀 들 오 일	재봉틀, 정밀기계, 시계
터 빈 오 일	증기터빈, 진공 펌프, 공기압축기
기 계 오 일	일반기계, 공작기계, 철도차량

(1) 베어링의 종류

1) 베어링을 구조에 따라 나누면 다음과 같다.
   ① 축을 면으로 지지하는 것 : 플레인 베어링[그림 **5 · 77**]
   ② 축을 볼이나 니들로 지지하는 것 : 볼 베어링[그림 **5 · 78**]
   ③ 축을 공기나 오일의 압력으로 지지하는 것 : 공기 베어링, 유체 베어링
2) 축과 베어링 사이에 생기는 마찰의 종류에 따라 나누면 다음과 같다.
   ① 미끄럼 마찰을 일으키는 것 : 슬라이딩 베어링(플레인 베어링은 여기에 속함)
   ② 구름 마찰을 일으키는 것 : 구름 베어링(볼 베어링, 니들 베어링은 여기에 속함)

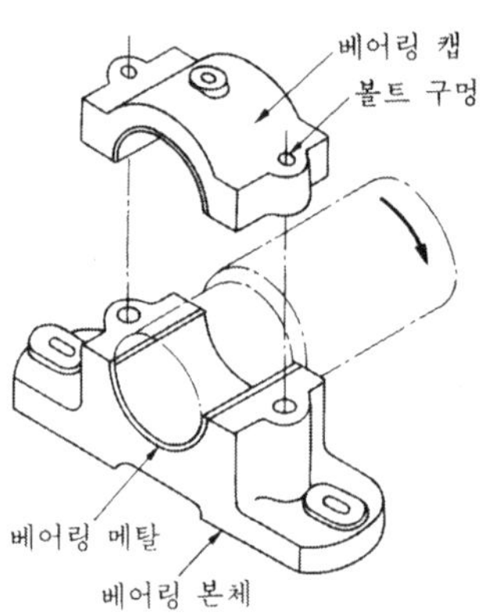

[그림 5·77] 플레인 베어링

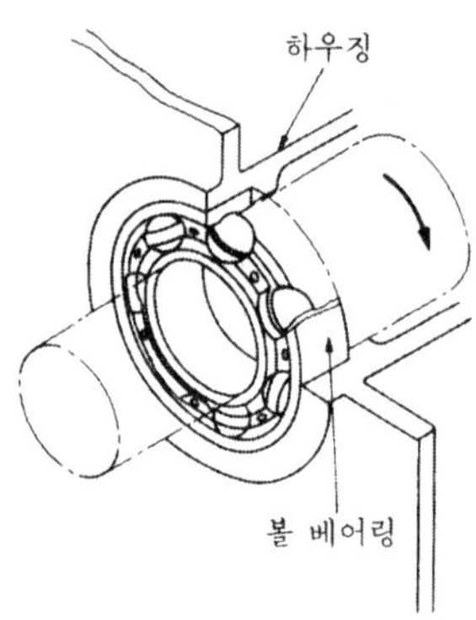

[그림 5·78] 볼 베어링

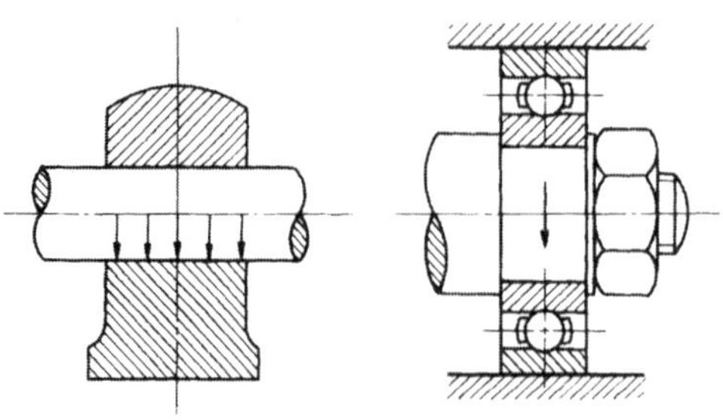

(a) 슬라이딩 베어링 (b) 구름 베어링

[그림 5·79] 레이디얼 베어링

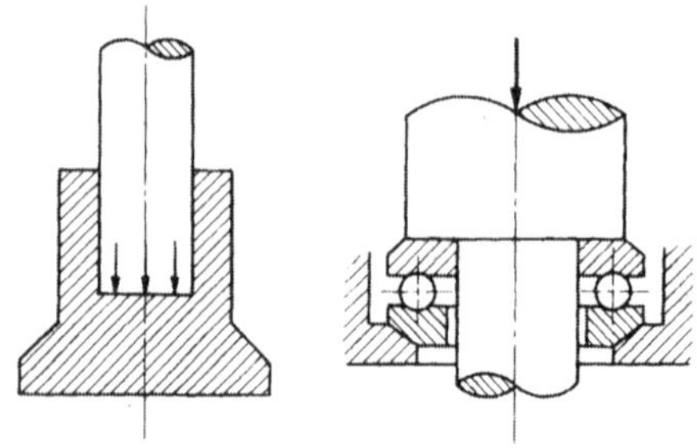

(a) 슬라이딩 베어링 (b) 구름 베어링

[그림 5·80] 스러스트 베어링

3) 베어링이 어느 방향의 하중을 지지해야 하느냐에 따라 나누면 다음과 같다.

① 축심과 직각방향으로 하중을 받는 것 : 레이디얼 또는 저널 베어링[그림 5 · 79]

② 축심에 따라 평행으로 하중을 받는 것 : 엑시얼 또는 스러스트 베어링[그림 5 · 80]

(2) 슬라이딩 베어링(플레인 베어링)

슬라이딩 베어링은 오래 전부터 많이 사용되어 왔다. 주철 등으로 만든 베어링 본체에 축이 들어갈 구멍을 만든 가장 간단한 것과 축과 접촉하는 부분에 베어링 메탈을 붙인 것이 있다. 베어링 메탈에는 축과 융합이 잘 되고 마모가 적으며 기름이 잘 침투되지 않는 재료를 사용한다. 화이트 메탈, 청동, 인청동 등이 사용되는데 일체형보다는 [그림 5 · 77]과 같은 분할형이 편리하다.

슬라이딩 베어링은 운동상태가 정숙하고 진동이 생기지 않으며 하중능력이 큰 것을 쉽게 제작할 수 있고, 또 고속이 되면 마찰계수가 구름 베어링과 같거나 작아지기 때문에 자동차, 터빈, 압연기 등 대형 · 고속기계에는 슬라이딩 베어링이 사용된다.

(3) 구름 베어링(롤러 베어링)

구름 베어링의 구조는 [그림 5 · 81]과 같이 안쪽 홈(inner race)과 바깥 홈(outer race) 사이에 몇 개의 볼 또는 동력전달매체를 두고 이들이 서로 접촉되지 않도록 적당한 구간을 배치하는 리테이너(retainer)를 넣는다.

동력전달매체에 따라 베어링을 구별하면 볼 베어링, 롤러 베어링, 니들 베어링이 있고, 이들을 배열로 구분하면 단열형과 복열형, 하중의 크기에 따르면 경하중용, 중(中)하중용, 중(重)하중용이 있다.

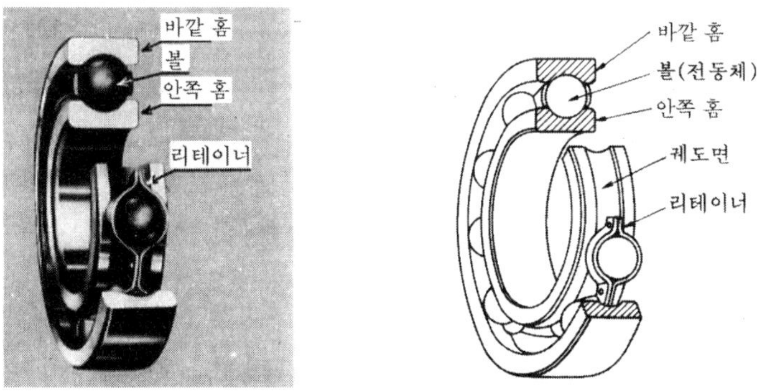

[그림 5·81] 구름 베어링의 각부

구름 베어링은 슬라이딩 베어링과 비교하여 마찰저항이 적어 시동이 잘 되며, 고속회전과 고정밀도를 장시간 유지하며, 제품이 규격화되어 있어 사용하기에 간편하다. 그러나 충격에 약하고 소음이나 진동이 생기기 쉬운 결점도 있다. [그림 **5 · 82**]는 여러 가지 구름 베어링이다.

(a) 한줄 깊은 홈 볼 베어링 (b) 앵귤러 볼 베어링 (c) 원통 구름 베어링 (d) 원뿔 구름 베어링

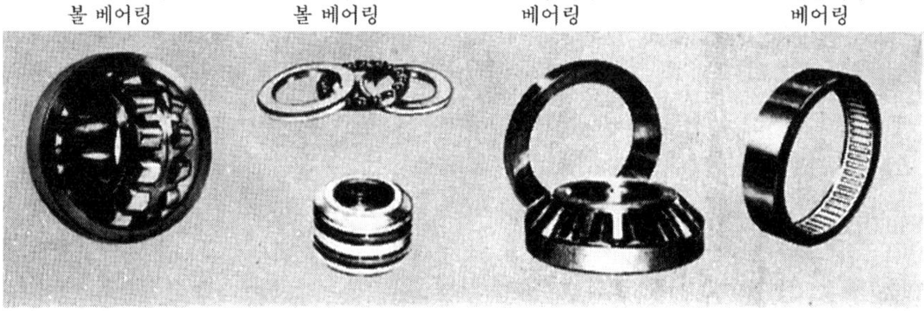

(e) 구면 구름 베어링 (f) 스러스트 볼 베어링 (g) 스트러스 원뿔 구름 베어링 (h) 니들 베어링

[**그림** 5·82] 여러 가지 구름 베어링

5-5 운동제어용 부품

운전 중 기계의 충격을 완화하거나 기계를 적극적으로 기동 · 증속 · 정지시키거나 또는 연결하거나 끊는 운동을 하는 부품을 운동제어용 부품이라 한다. 즉 운동체가 가진 운동에너지를 흡수 · 방출을 행하는 부품이다.

1 완충장치 · 댐퍼

완충장치(shock absorber)는 물체의 충돌에 의해 생기는 가속도를 완화하여 과도한 충격력의 발생을 방지하여 기계를 보호하는 기계요소로, 물체가 가지는 운동 에너지를 일의 형태로변환하여 흡수하는 것이며, 대표적인 보기로 철도차량의 연결기, 항공기 착륙장치의 충격완화장치, 엘리베이터의 완충장치, 자동차의 쇼크 업소버 등이 있다[그림 **5 · 83**].

한편, 탄성체를 매개로 하면 충격을 완화할 수는 있으나 이 때의 충격진동이 오래 계속되고 공진(共振)의 결과 진폭이 증가되거나 또는 **자체작동작용**(self energizing action)이 생길 염려가 있다. 이와 같은 진동을 빨리 감쇠시키는 것을 댐퍼(damper)라 한다. 실제로 쇼크 업소바와 댐퍼를 병행하여 사용하는 것이 많지만 구별이 쉽지 않고, 감쇠력은 고무 등의 내부마찰 · 마찰재에 의한 고체마찰 · 오일 등의 점성저항, 난류저항 등이 이용되고 있다.

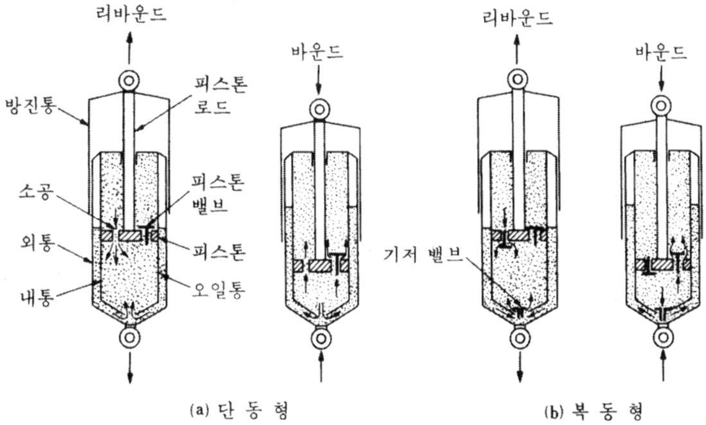

[그림 5·83] 쇼크 업소버의 구조와 작동의 원리도

2 스프링

변형에 의해 탄성 에너지를 저장했다가 필요한 때에 힘이나 일을 발휘할 수 있는 탄성체를 스프링(spring)이라 한다. 따라서 충격 에너지나 진동을 흡수하는 완충진동 흡수장치로 유용하게 사용되며, 변형이나 힘의 비례관계를 이용한 측정기나 밸브에도 사용되고 있다.

(1) 코일 스프링

선재(線材)를 코일 모양으로 감은 것을 **코일 스프링**(coiled spring)이라 하며, 코일의 모양에는 원통형 · 원추형 · 장고형 · 블록통형 등이 있고, 압축력(압축 코일 스프링)과 인장력(인장 코일 스프링), 비틀림 힘(비틀림 코일 스프링)을 받는 데 사용되고 있다[그림 **5 · 83** 참조]. 압축 스프링은 [그림 **5 · 84**]와 같이 끝 부분은 피치가 좁게 만들어져 평면으로 연삭된다. 양끝 부분을 제외한 완전하게 스프링 작용을 하는 구간의 감김 수를 **유효 감김 수**(number of active coils)라 하며 총 감김 수는 그것보다 1.5~2번 정도 많다.

스프링이 발휘하는 힘은 자유 길이에서의 밀착량에 비례하므로, 스프링의 강도는 단위 길이(1 cm, 1 mm 등)만큼 압축하는 데 필요한 힘으로 표시하며, 이 하중을 **스프링 상수**(spring constant)라 하고 유효 감김 수, 선재의 지름, 코일의 지름, 선재의 전단탄성계수에 따라 다르다.

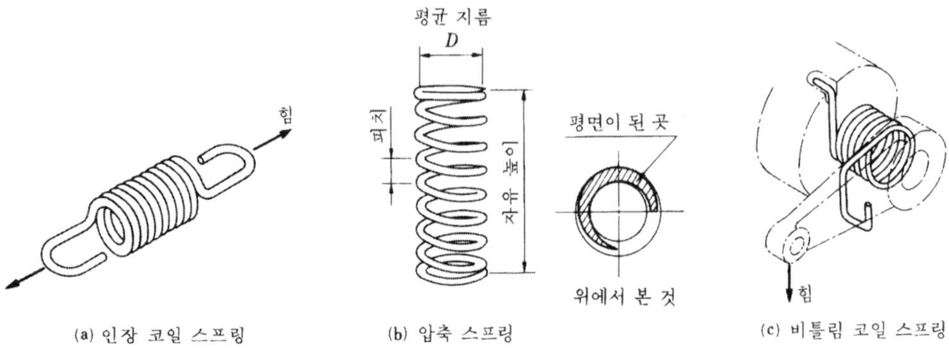

[그림 5·84] 코일 스프링의 종류

(2) 비틀림 막대 스프링

비틀림 하중을 받도록 만들어진 막대형상의 스프링을 비틀림 막대 스프링(torsion bar spring, 그림 **5 · 85**)이라 한다. 가볍고 큰 비틀림 에너지를 저장할 수 있어 자동차에 많이 사용된다.

(3) 고무 스프링

고무가 지닌 탄성을 이용한 스프링으로, 고무는 인장 · 압축 · 전단에 대해 어느 경우나 탄성을 가지고 있어 고무재료의 하중을 받는 방식에 따라 전단이나 비틀림형, 압축형, 복합형으로 나누며 자동차에 많이 사용되고 있다[그림 **5 · 86**].

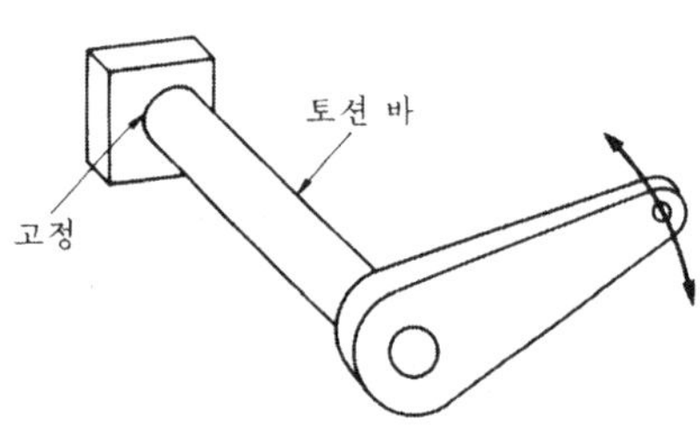

[그림 5·85] 비틀림 막대 스프링

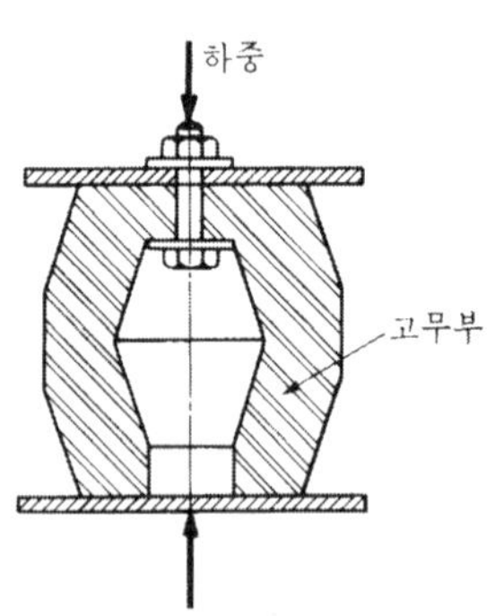

[그림 5·86] 고무 스프링

(4) 판 스프링

이 스프링은 [그림 **5 · 87**]과 같이 길이가 다른 여러 장의 강판을 포개어 중앙부를 센터 볼트로 고정한다. 그리고 앞뒤 방향의 움직임을 없이 하고 사용하는데 **겹판 스프링**(laminated leaf spring)이라 하며 자동차, 기차, 전차 등의 현가 스프링으로 사용되고 있다.

(5) 공기 스프링

공기의 탄성을 이용한 스프링이며 [그림 5 · 88]에 표시한 벨로스형이 널리 사용되고 있다. 다른 스프링에 비해 스프링 상수를 작게 설계할 수 있으며 공기압력에 의해 스프링의 길이를 늘이고 줄일 수도 있다. 내구성이 풍부하고 공기가 출입할 때의 저항으로 우수한 진동흡수성능을 가지고 있다. 차량용 [그림 5 · 90]에 실용화되어 있고 자동차용 스프링에도 많다. 또, 프레스의 소재압출이나 기계의 진동방지에도 이용되고 있다.

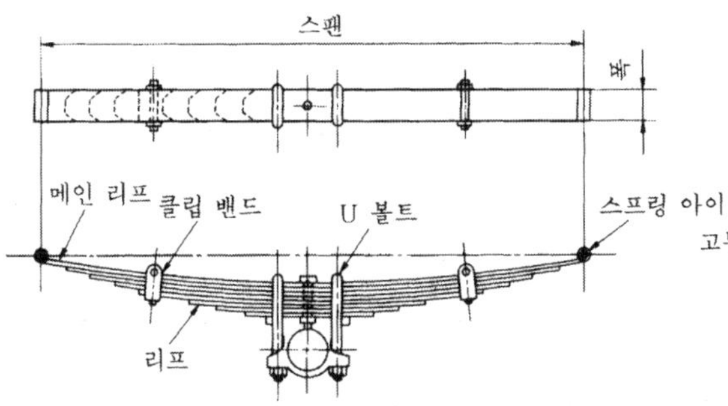

[그림 5·87] 판 스프링

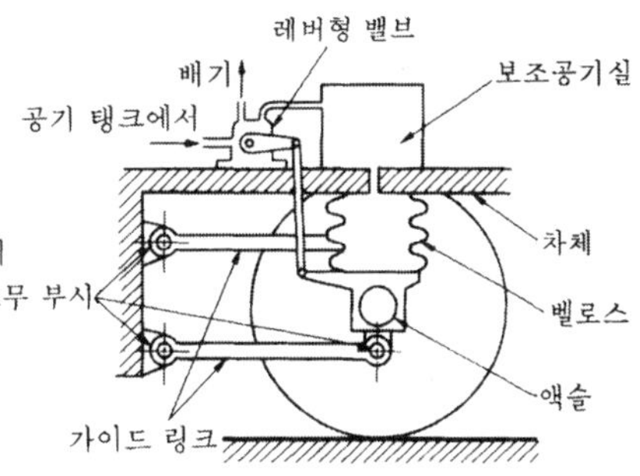

[그림 5·88] 벨로스형 공기 스프링

3 브레이크

브레이크(brake)는 마찰저항이나 전자기의 힘 등에 의해 기계의 운동 에너지를 흡수하여 그 운동을 정지시키거나 또는 속도를 조절하기 위해 사용된다. 일반적으로 고체마찰에 의해 운동 에너지를 열 에너지로 바꾸는 마찰 브레이크가 널리 사용되고 있다. 그 외에도 유체나 기체 마찰을 이용하는 경우도 있고, 또 전기브레이크는 운동 에너지를 전기 에너지로 변화시키는 것이다. 마찰 브레이크는 작동부의 구조에 따라 다음의 다섯 종류로 나누며, 브레이크의 조작은 입력, 추, 스프링, 공기압, 유압 및 전자석 등에 의해 이루어진다. 이 브레이크는 운동제어요소이다.

(1) 블록 브레이크

회전하고 있는 축에 붙어 있는 브레이크 드럼에 브레이크 피스를 압착시켜 운동 에너지를 열 에너지로 바꾸는 장치이다. 구조도 간단하고 작동도 확실해 회전력이 작은 기계나 철도차량, 크레인, 자동차, 전차, 자전거에 이르기까지 소형에서 대형의 기계에 걸쳐 대단히 널리 사용되고 있다. 브레이크 피스의 재료로서는 목재, 가죽, 석면직물, 주철 등이 사용된다. [그림 5 · 89]는 원리도이고 [그림 5 · 90]은 생활주변에서 볼 수 있는 철도차륜용 블록 브레이크이다.

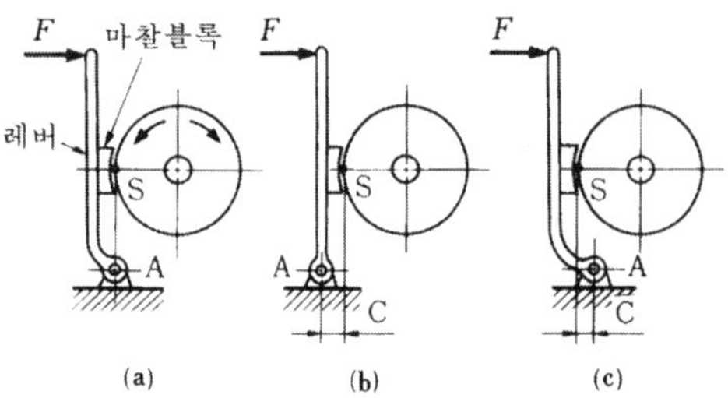

[그림 5·89] 블록 브레이크

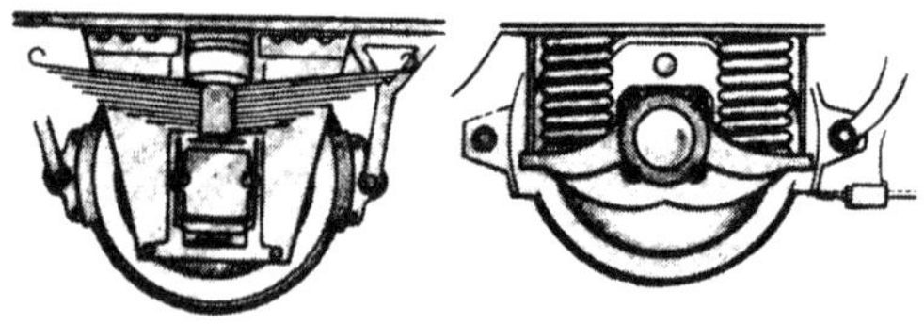

[그림 5·90] 철도 차량 바퀴용 브레이크

(2) 밴드 브레이크

누구나 알고 있는 자전거의 브레이크는 밴드 브레이크(band brake)로 불려지고 있다. 밴드 브레이크는 [그림 **5 · 91**] (a)에 속하며, 조작력 F는 작아도 되지만 바퀴의 회전방향에 따라 조작력이 변한다. 언덕을 오르는 도중에 브레이크를 걸어 정지시켰을 때 후퇴 기미가 있음을 경험하였으리라 생각하는데 이것이 이 형식 밴드 브레이크의 결점이다. 그림 (b)의 형식에서도 같으나 $a=b$이며, 좌우 어느 쪽의 회전에 대해서도 같은 브레이크 힘이 얻어진다.

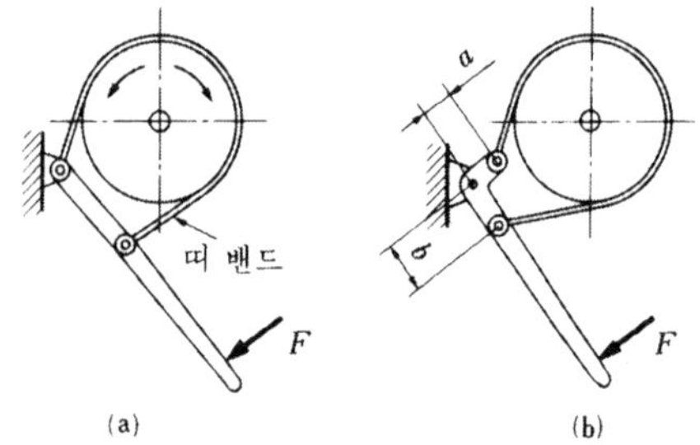

[그림 5·91] 밴드 브레이크

(3) 드럼 브레이크

회전하고 있는 드럼의 안쪽에서 마찰재를 밀어 붙이는 구조의 브레이크를 드럼 브레이크(drum brake)라 한다. 자동차 · 차량 등의 브레이크로 널리 사용된다. 조작력은 유압 실린더로 작동되는 유압식이 보통이다. 여러 가지 형식이 있으나 [그림 **5 · 92**]와 같은 것에는 브레이크를 조작하였을 때 브레이크 드럼의 회전방향에 대해 좌우의 브레이크 슈(brake shoe)의 어느 한쪽이 드럼에 강하게 밀착된다는 자기(自己) 서보 작용성 또는 자기배력 작용성(self servo)을 가지나 다른 쪽 브레이크 슈는 효과가 나쁘게 된다.

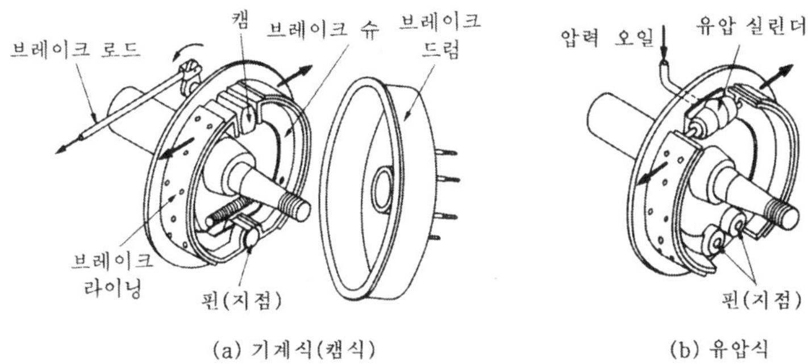

[그림 5·92] 드럼 브레이크

(4) 디스크 브레이크

[그림 **5 · 93**]과 같이 축과 일체가 되어 회전하는 디스크의 한쪽 면 또는 양면에 유압 피스톤 등에 의해 마찰 패드(friction pad)를 압착시켜 제동력을 작용시키는 브레이크를 디스크 브레이크(disc brake)라 한다. 드럼 브레이크와 비교하여 마찰력을 작용시키는 면적을 크게 잡을 수 없어 유압을 높게 하지 않으면 안 되는 점과 내마모성이 높은 패드 재료가 필요하기 때문에 값이 비싸다. 디스크의 대부분이 노출되어 있어 방열성이 좋아 조작 중의 제동력 저하가 적으며 브레이크 성능이 안정되어 있다. 따라서 항공기, 고속차량이나 승용차 · 두 바퀴차 등에 널리 사용된다.

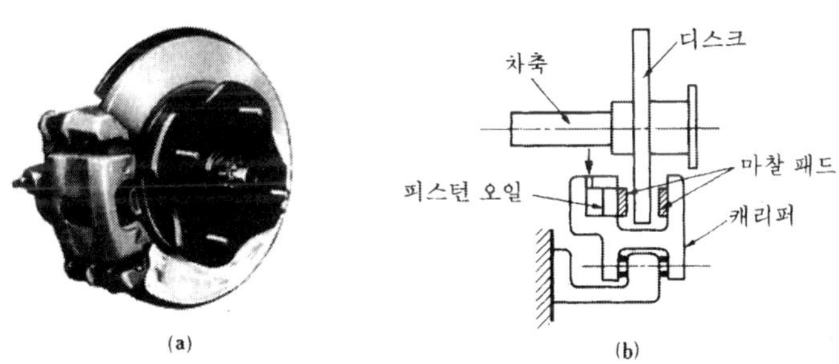

[그림 5·93] 디스크 브레이크

(5) 전자기 브레이크

이것은 **5-4**절 ③항의 (4)에서 전자기 클러치와 비슷하나 종동축이 회전하지 않도록 고정된 것이다.

5-6 유체용 부품

유체는 힘이나 에너지를 전달할 수 있으며, 관은 그 유체를 운반하거나 전달하기 위해 필요한 요소이다. 유체에 관계되는 기계부품으로는 압력용기(고압용 · 저압용), 관 및 관이음, 밸브, 누설방지 장치 등이 있다. 관의 재료에는 [표 5 · 5]와 같은 종류가 있다.

[표 5·5] 각 관재료의 특징

재 료		사용보기	특 징
주 철		수도 · 배수 · 가스 등의 매설관	강관에 비교하여 무겁다. 강관에 비교하여 파괴되기 쉽다. 강관에 비교하여 내식성이 있다.
강	관이음 없음	고압관	인발로 만든다. 모양이 정확하다. 강도가 높다.
	관이음	비교적 지름이 큰 저압관	용접으로 관이음한 것.
비철금속	구리	열교환기나 급수 · 급유관	열전도율 내 식 성 굴 곡 성 } 좋다. 관이음 없음
	납	상수도 · 가스 · 오수 등의 연결관	내 식 성 굴 곡 성 } 좋다. 열에 약함
비 금 속	고무	수도 · 압축공기 · 압력기름 · 가스관	내 식 성 굴 곡 성 } 좋다.
	염화비닐 및 고분자재료	상수도관 · 하수도관	내 식 성 굴 곡 성 } 좋다. 배관공사가 간단 열에 약함
	콘크리트	하수도관	다량 수송에 적합 대형의 것이 많다.

1 압력용기

고압의 유체를 수용하기 위한 탱크 등이 압력용기(pressure vessel)이며, 가스탱크, 액화가스 저자용 탱크, 자동차용 가스연료 저장탱크, 공기 저장조, 수압계통이나 유압계통 등의 압력변동 완화용 탱크, 보일러, 고압화학 반응용 드럼, 액체 탱크 등에 사용된다.

보통 사용되는 재료로는 주철, 탄소강이 있으나 특별한 용도에는 Ni-Cr 강, Ni-Cr-Mo 강, 기타의 특수강, 부식이나 녹에 대해서는 청동이나 내식재료, 중량경감이나 열전도를 잘 하기 위해서는 알루미늄 합금을 사용한다.

압력 탱크의 모양은 강도나 경제성의 관점에서 원통, 원뿔, 구형(球形)이 사용된다. 이러한 형상이나 무게에 비해 큰 강도를 얻을 수 있고 또 원통의 경우에는 기계가공이 쉽다.

2 관과 관 이음

(1) 관(pipe)

물, 증기, 가스, 공기, 약품, 오일 등의 유체를 수송하기 위해서 관을 사용한다. 관의 재료는 유체의 종류나 사용상태에 따라 여러 가지가 있으나 크게 나누어 금속(주철, 강, 구리, 납, 황동 등)과 비금속(고무, 콘크리트, 흙, 천, 플라스틱 등)이 있다.

1) **주철관** : 제조가 쉽고 값이 싸며 부식에 견디는 성질이 강해서 수도, 가스, 배수용 등 지하 매설관으로 많이 사용된다.
2) **강관** : 원둘레상에 조인트가 없는 인발강관과 단접, 용접, 리벳 등으로 조인트를 만든 강관이 있다. 수압용 · 유압용 · 냉동용 · 보일러용 등 여러 가지 목적에 사용된다.
3) **동관 및 황동관** : 냉간인발에 의한 조인트 없는 관이 보통이며, 부식성이 없고 열전도가 좋아 소형관으로 화학공업용이나 또 복수기, 열교환기로도 사용되고 있다.
4) **연관** : 납 또는 합금 납으로 조인트 없는 관이며, 굴곡이 산에 견디는 성질이 강해서 수도관이나 가스관, 산성액체나 오수용으로도 사용된다.
5) **알루미늄관** : 산에 견디는 성질이 있고 가벼워서 항공기 · 전기기기류에서 사용한다.
6) **콘크리트관** : 다량수송에 좋기 때문에 하수도관으로 많이 사용되고 있다.

(2) 관 이음(pipe joint)

관이나 관 또는 관과 다른 부품을 접속시키는데 용접이나 납땜 등에 의한 영구 이음, 나사식 이음, 관의 방향을 바꾸기 위한 휨 이음, 온도변화를 조절하기 위한 늘이고 줄이는 이음이 있다.

1) **나사식 관 이음** : 나사 심은 부분의 누설을 막기 위해서 연결 부위에 페인트 · 광명단 · 흑연 등이 사용되고, 접합부에 부식이 생기지 않기 때문에 지하 매설관으로 적합하다[그림 **5 · 94**].
2) **관 플랜지**(pipe flange) : 관의 지름이 크거나 고압관일 때는 관 플랜지에 의한 플랜지 조인트가 사용된다. [그림 **5 · 95**]는 플랜지를 강관이나 동관에 붙이는 것이며 방법에 따라 몇 가지로 구분한다.
3) **신축(伸縮) 관 이음**(expansion pipe joint) : 온도변화에 의한 늘이고 줄이는 양을 흡수 조정할 목적으로 신축 관 이음이 사용된다. 고온 · 고압증기의 긴 수송관은 밴드 이음, 저압증기 · 물 · 공기 · 가스 등의 관로의 이음에는 강제 벨로스 관 이음, 포화증기 등의 대형

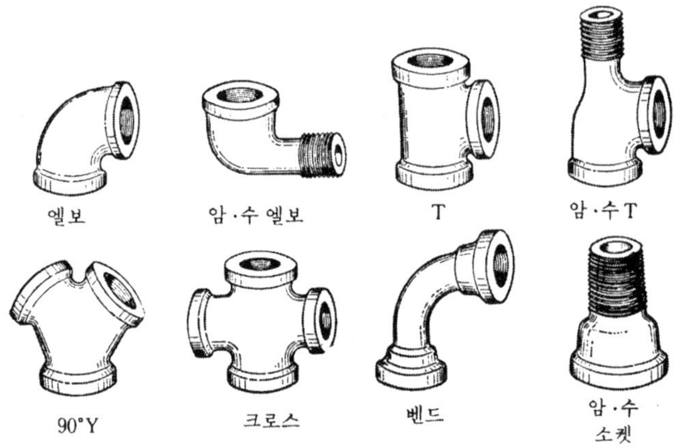

[그림 5·94] 나사식 관 이음

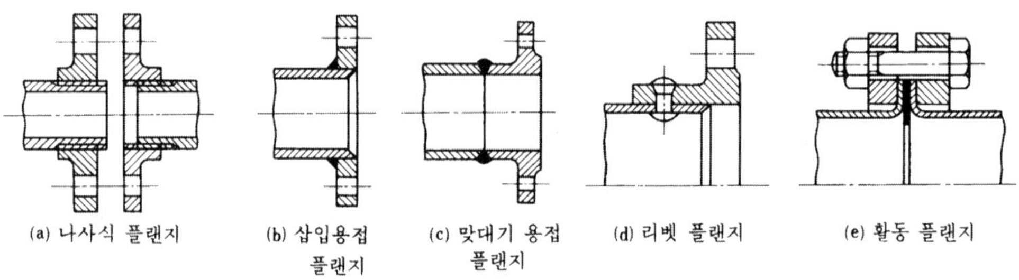

[그림 5·95] 부착식 관 플랜지

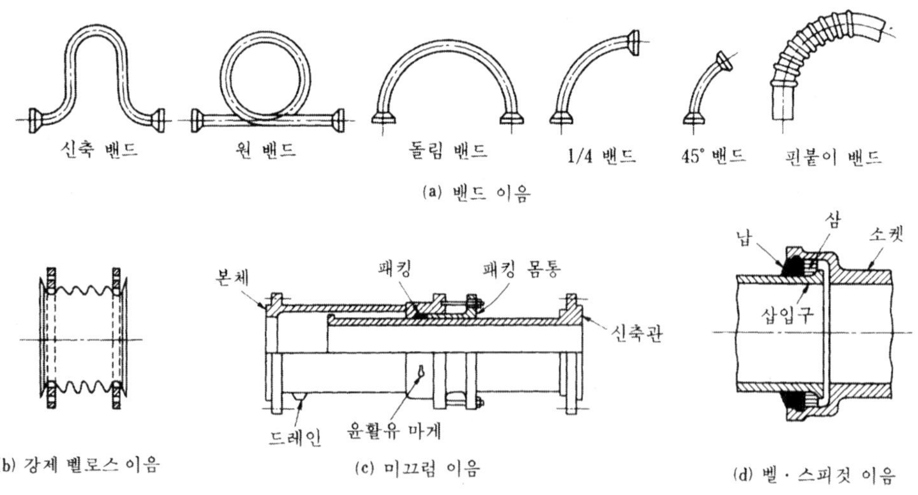

[그림 5·96] 신축 관 이음

관로용의 이음에는 미끄럼 이용, 파이프의 중심선이 일치되지 않을 경우에는 벨 및 스피것 이음(bell spigot joint)이 사용된다. 수도, 가스 및 배수용의 지하매설 수송관에 사용하며, 결합부는 소켓에 파이프의 가는 끝부분을 넣고 그 사이에 삼 또는 무명실 등의 패킹을 굳게 다져 넣은 후 다시 그 위에 납을 녹여 붓는다[그림 5·96].

3 밸브 및 콕

관속을 흐르는 유체의 유량의 조정, 유로의 변화, 압력 및 온도를 제어하기 위하여 밸브(valve)나 콕(cock)이 관로의 중간이나 끝에 설치하여 사용된다. 밸브나 콕의 재료는 보통 청동이 사용되고 고온, 고압, 내식성이 요구되는 곳에는 주철, 주강, 합금강이 사용된다.

유체의 종류·압력·온도·사용목적에 따라 **스톱 밸브**(stop valve), **체크 밸브**(check valve), **게이트 밸브**(gate valve), **감압 밸브** 등이 있다.

4 누설방지 장치

관이나 밸브 등의 접합면 또는 슬라이딩면에서 유체가 누설될 때에는 이것을 방지하지 않으면 안 된다. 그러기 위해서는 접합면을 완전하게 다듬질하여 접합을 면밀하게 하더라도 외력이나 온도에 의해 변형되기 쉬우며 가공비도 필요하다. 따라서 접합시키는 두 면에 탄성을 가진 재료를 충전시키는데 이 현상을 **패킹**(packing)이라 하며, 재료로는 금속재료도 있으나 일반적으로 천연고무, 인조고무, 플라스틱, 목면, 석면, 가죽, 종이 등이 사용되고 있다.

제 6 장 기계의 제작기술

6-1 기계의 제작

금속재료와 같은 소재가 가지고 있는 여러 가지 성질을 이용하여 여기에 열이나 또는 기계적인 힘을 가해 재료의 형상이나 기계적 성질을 변화시켜 필요한 형상이나 치수로 가공하는 작업을 기계제작 또는 기계공작이라 한다.

생활에 필요한 도구류의 제작은 고대의 수공업적 생산방식에서 시대의 변천에 따라 양적으로 사회의 수요에 충분히 대응할 수 있게 생산방법이 능률화되어 품질면에서는 고도로 정밀하게 진보 · 발전하고 있다. 그래서 최근에는 생산의 자동화가 점차 이루어져 제조공장의 무인화가 계획되어 기계공장도 장치공업적 색채가 농후하게 되어 있다. 그런데 제조기술의 개발은 신제품을 생산하는 데는 불가피하다.

레오나르도 다 빈치의 원고에는 몇 개의 새로운 기계요소가 묘사되어 있었으나 제조기술이 없어 실현되지 못한 것이 있다. 또, 와트의 증기기관의 발명(1776)도 윌킨슨의 보링 머신의 발명(1774)에 의해 실현되었다. 현대의 전자기술의 발전도 반도체나 집적회로 제조기술이 없었다면 불가능 하였을 것이다.

현대는 기술혁신에 의해 기계기술과 전기 · 전자기술이 융합하여 메카트로닉스(mechatronics)화하여 컴퓨터를 사용한 로봇을 주역으로 자동화 · 무인화 · 연속화가 이루어지거나 계획된 분야도 많다.

6-2 철강을 소재로 하는 기계제품의 제작과정

기계를 제작하려면 설계도면을 기초로 많은 기계부분품을 만들고, 때로는 시판의 규격부품도 구입하여 이들 부분품을 모아 한 대의 기계로 조립한다.

설계도면은 기계의 목적에 맞는 기구와 기계부분품의 역할에 적합한 재질로 적당한 강도를 가지는 모양과 크기를 결정하고, 부분품의 가공방법도 고려하여 기계설계를 하고 제도법에 따라 그려진 도면이다.

다음에는 도면에 기초를 두고 기계의 제작에 대해 생산계획이 세워진다. 생산계획은 기계제작용의 재료계획과 기계제작의 공정계획 및 그 일에 필요한 인적, 물적인 경비 등에 대해 가능하면 상세하게 계획을 마련하여 실시할 필요가 있다.

[그림 6·1]은 철강재료를 소재로 한 기계제품이 완성될 때까지의 제조공법의 흐름을 표시한 것이다. 그림과 같이 흐름은 동일한 것이 아니고 사용기능이나 제조수량에 따라서도 달라질 수 있다. 즉 강도를 필요로 하는 경우, 높은 정밀도를 요구하는 경우, 또는 같은 제품을 다량으로 공급하는 경우와 비슷하지만 그 모양이 다소 다른 여러 가지 다품종 소량생산을 하는 경우 등, 그때그때에 적응하여 경제적이고 가장 유리한 제조방법이 채택된다.

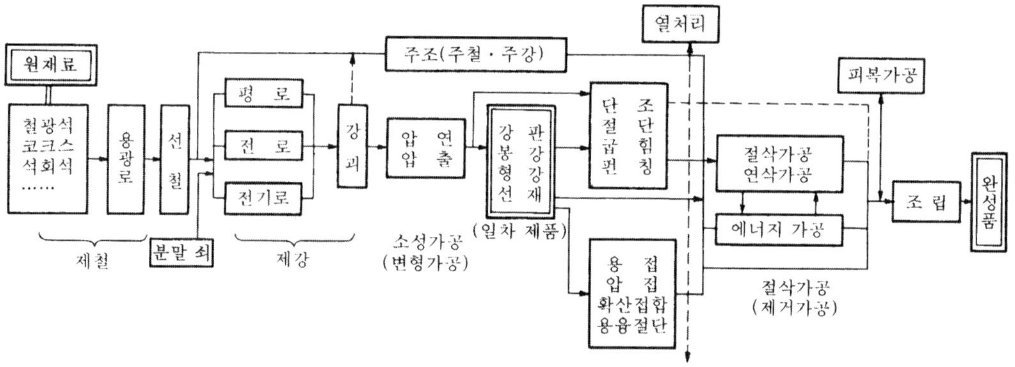

[그림 6·1] 철강재료에서 완성제품까지의 계통도

6-3 기계제작의 개요

1 기계제작의 분류

[그림 6·1]에 표시하는 공정 가운데 제철이나 제강에 의해 만들어진 강괴를 압연이나 압출 등

소성가공을 거쳐 강판이나 봉강, 형강, 선재로 만드는 가공공정은 그 대부분이 조직화되어 일관화작업이 이루어지고 있는 것이다. 여기서 기계부품의 제조를 언급할 경우에는 일차제품으로 만들어진 판재나 봉재를 원재료로 생각할 때, 기계제작의 분류는 [그림 **6 · 2**]와 같이 크게 세 가지 형태로 볼 수 있다. 그리고 가공법의 분류는 각각 특징에 의해 다음의 두 가지로 나눌 수도 있다.

(1) 전체 가공

원재료의 형상을 거의 대부분 전체적으로 형상을 만들 수 있는 가공방법. [그림 **6 · 2**]의 1-a, 1-b, 2-a, 3-a

(2) 부분 가공

부분적인 형상의 수정에 특징이 있는 가공 [그림 **6 · 2**]의 2-b, 3-b 등이다.

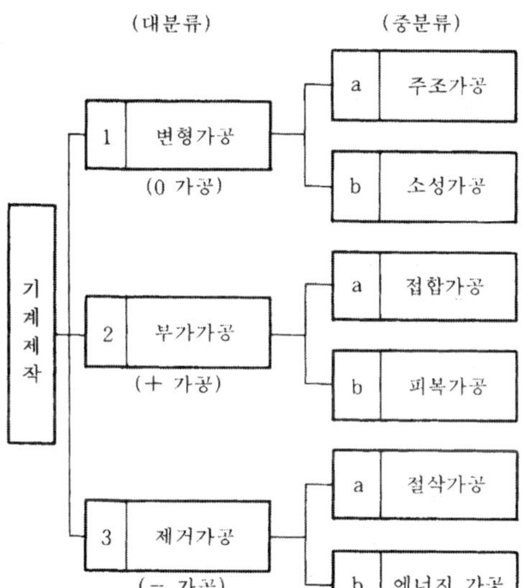

[그림 6·2] 기계제작의 분류

2 변형 가공

원재료의 이동성을 이용하는 방법이며, 원재료를 용융 또는 소성변형하여 필요한 모양으로 바꾸는 것이다. 이상적으로는 원재료 전부가 그대로 제품으로 활용되는 방법이며 주조가공, 소성가공이 여기에 속한다.

(1) 주조가공

강판을 절삭하거나, 굽히거나, 접합하거나 해서 목적으로 하는 복잡한 형상의 제품을 얻을 수 없는 경우, 목적으로 하는 형상으로 목재를 가공하여 **원형**(pattern, wooden pattern)을 만들고, 이것으로 만든 **주형**(mold, mould)에 용해된 금속의 재료를 주입시켜 냉각·응고시킨다. 이 때 만들어진 제품을 **주물**(castings)이라 하고, 주물을 만드는 가공을 **주조**(casting)라 한다. 금속의 가용성을 이용하는 공작법이다.

(2) 소성가공

원재료에 외력을 가해 변형시키는 가공방법으로 압연·인발·단조·압출·프레스 가공·롤링 등이 있다. 이 가공에는 일상온도에서의 가공을 **냉간가공**, 재료를 가열하여 연화시키고, 소성변형을 촉진하는 가공을 **열간가공**이라 한다.

재료에 외력을 가해서 변형시키는 가공을 소성가공(plastic working)이라 하며, 가공시간은 짧은 시간이나 힘에 의한 가공이기 때문에 큰 외력을 필요로 한다.

3 부가가공

원재료의 접합성을 이용하는 방법이며, 원재료에 접합재료나 피복재료를 덧붙여 제품을 다듬질하는 방법, 용접·납땜·단접 외에도 도금이나 페인팅도 포함된다.

(1) 접합가공

두 개 이상의 부품이나 재료를 접합하여 한 부품으로 만드는 경우는 용접·납땜·접합체 등을 사용한 영구적 접합이고, 몇 개의 부품을 접합하여 기계를 조립하는 경우가 나사, 리벳 등에 의해 결합·분해·재조립을 고려한 접합이다.

현재 일반적으로 사용되고 있는 용접법에는 수십 종이 있으나 접합기구에 따라, 금속을 적극적으로 용융해서 접합하는 **융접**(fusion welding)으로 아크 용접이 대표격이다. 금속을 가열하여 변형되기 쉬운 상태에서 가압하여 접하는 것이 **압접**(pressure welding)이며, 전기저항 용접·가스 압접·단접·롤 압접이 있으며, 한 편 자연발생열을 이용한 **마찰용접**, **초음파 용접**도 있다.

한편 저융점 금속을 매개로 하는 일종의 다른 종류의 금속접합인 납땜도 있다. 용접에 의한 접합은 토목·건축·수송기기 등에 많이 사용되고, 나사에 의한 접합은 공작기계·수송기기·사무기기·계측기기·가정용 기기 등 대단히 넓게 이용되고 있다.

(2) 피복(被覆) 가공

내마모성이나 녹·부식을 방지할 목적으로 하는 가공이 부분가공이다. 용융금속 안에 가공물을 집어넣는 **용융도금**, 다른 금속을 확산 침투시키는 **금속침투도금**, 가공물을 음극, 도금금속을 양극으로 하는 **전기도금**, 용융금속을 가공물 표면에 분사하는 금속 용사(溶射), 고무나 플라스틱 등을 두껍게 접착시키는 라이닝, 무기 유리질이나 내화물질 등을 표면에 덧씌우는 세라믹 코팅 등이 있다.

4 제거가공

절삭성을 이용하는 방법으로 원재료의 불필요한 부분을 바이트 등으로 제거하여 제품을 완성하는 방법이다.

(1) 절삭가공

봉 · 판 · 관 · 선 형상의 재료(소재)에서 목적으로 하는 형상의 제품을 얻으려면 절단 · 절삭 등의 가공에 의해 형상을 다듬게 된다. 재료를 바이트에 의해 가공하는 것을 절삭가공(machining)이라 하며, 절삭가공은 **공작기계**(machine tool)에 의존해야 하며, 재료의 회전운동, 직선과 바이트의 회전운동, 직선운동의 각종 조합에 의해 이루어지며 재료의 형상이나 목적에 따라 능률적인 가공법을 선정할 필요가 있다. 원통면의 가공은 선반, 평면가공은 밀링 머신 · 세이퍼 · 머시닝 센터 등이 사용된다. 또 숫돌 등으로 연마하여 가공하기도 한다.

(2) 에너지 가공

소형부품은 전체가공도 있으나 대개는 부분가공이다. 절삭가공에 사용하는 바이트 대신에 특수한 형으로 가공점에 에너지를 집중시켜 제거가공을 하는 것이다. **특수가공**이라고도 한다.

전자빔 가공, **이온빔 가공**, **레이저 가공** 및 **프라즈마 가공**과 같이 입자선 에너지를 작용점에 집중시켜 가공물을 용해 또는 증발 제거하는 가공법이다. **분사가공**, **액체 제트 가공**, **초음파 가공** 등과 같이 물리적 에너지를 집중하면서 진동이나 충격으로 재료를 제거하는 방법이다. 또 전기 에너지를 직접 이용하는 **방전가공**이나, 전기화학적 에너지를 이용하는 **전기분해가공**, **전기분해 연삭**, 거기에 화학작용을 응용한 **캐미칼 밀링**(chemical milling), 사진기술을 채용한 **포토 에칭**(photo etching) 등이 있다. 이들 가공법은 신재료의 개발과 더불어 지금까지의 절삭수단으로는 제거가 곤란한 경우에 적합하여 전자부품 가공이나 초미세가공 등에 적용된다. 가공형식은 절단 · 구멍 내기 · 표면제거로 구분한다.

기계공작의 상세한 내용은 **6-5**절부터 설명하기로 한다.

[그림 **6 · 2**]의 경우는 부분품을 조립하여 하나의 완성기계 제품으로 만드는 경우인데 금속재료 가운데는 철강과 같이 담금질이나 뜨임에 의해 성질을 향상시키는 경우가 많다. 기계부품은 국소적으로 경화시키고 싶은 곳도 있다. 이와 같이 재료가 가지는 열에 대한 성질을 이용하여 처리하는 가공을 **열처리**라 한다.

또 열처리가 끝나고 기계가공을 한 후 기계부품에 도금을 하거나 도료를 칠하는 등 표면만에 특별한 처리를 하는 공작법을 **표면 다듬질**이라 한다. 이 작업은 대개 완성부품의 최종공정에

하는 경우가 많다.

따라서 여러 가지 공정을 거쳐 만들어진 기계부품은 기능별로 부분적으로 조립된다. 이 경우 볼 베어링이나 볼트, 너트와 같이 많은 기계에 공통적으로 이용되고 있는 부분품은 규격화되어 있는 것이 많아 전문 제조공장에서 만들어져 시판되고 있는 것을 사용한다.

부분품은 모두 기계제작의 목적에 합당한가의 여부를 시험하고 검사하여 조립한다. 그리고 조정을 거치고 시운전을 해서 기계가 완성된다. 또, 기계제작의 공정을 목적에 맞게 기계를 합리적으로 제작하도록 관리하는 것도 기계제작상 대단히 중요하다.

이들 기계제작을 위한 공작은 각각 전문공장에서 이루어지는 것이 기본이지만 기계를 대량으로 생산하는 경우에는 소재가 공정순으로 배열된 공작기계에 의해 자동적으로 차례차례 가공되어 기계부품이 되고, 계속하여 조립이 되어 기계로 완성되도록 제조공정 전부를 통합한 공장도 있다. 이렇게 하면 기계제작의 중간에 재료의 운반, 보관이 아주 적어도 되고 능률적이기 때문에 자동차나 전기기계 등의 생산공정에서 활용되고 있다.

6-4 기계설계제도

1 기계설계

기계설계(machine design)는 기계나 장치를 개발하거나 또 대상물을 생산하기 위한 원안을 만드는 일로, 설계자가 구상을 하고 그 대상물의 형상이나 크기를 결정하고 이들을 정리하여 설계도면으로 표현하는 기술이다. 따라서 이렇게 그려진 도면은 설계자와 제3자가 서로 충분히 의사를 소통시킬 수 있는 언어의 역할을 하고 있다.

일반적으로 기계나 장치를 설계하려면 ① 요구되는 조건(성능, 가격, 납기 등)을 명확하게 파악하여 설계방침 등 기초계획을 세우고(설계조건의 설정), 이것을 토대로 ② 필요한 성능인 기능을 발휘할 수 있도록 기구를 정하고(기능설계), ③ 강도상 안전하게 작동하며, 또 내구성을 가지도록 안전율을 설정하여 재료와 형상치수를 결정하고(강도설계), 드디어 ④ 경제적인 제작을 하기 위한 공작법이나 부품의 공통화(규준규격의 채용)나 호환성 등의 고려(생산설계)를 해서 마지막으로 ⑤ 조립도나 부품도 등을 그려 종합적으로 요구된 조건을 만족하는가를 검도(설계제도의 체크)해서 제작과정으로 들어간다.

그런데 이러한 설계순서를 진행시키기 위해서는 일반적으로 기구나 구조에는 기구학이나 기계요소, 강도계산에는 재료역학이나 기계재료, 생산방법에는 기계공작법, 또 나사 등의 표준부품의 도면을 그리려면 한국산업규격(KS)의 지식이 필요하다.

이와 같이 기계설계는 여러 가지 학문, 지식, 기술의 종합이며 좋은 설계를 하기 위해서는 먼저 그 기초가 되고 있는 기계공학의 지식을 충분히 익힌 다음에 그것을 용융하며, 새로운 사고를 거듭하여 새로운 기계를 창조 · 개발해 나가는 힘을 배양하지 않으면 안 된다. 또 최근의 기계설계 기술자는 단순히 축이나 기어의 설계라는 기계요소의 설계만으로는 되지 않고 전기기계, 화학기계, 통신기계, 냉난방장치, 원자력기계 등 그 대상이 대단히 넓고, 그 응용되는 원리는 재료공학, 열공학, 유체공학 등의 기계공학뿐만 아니라 전기공학이나 화학, 원자력 등 다양하다. 그러나 설계자는 이들 원리 전부를 통달하는 것은 불가능하며, 또 스스로 실험연구에 몰두하기도 어렵다. 그러므로 현재의 기계설계 기술자는 이들 새로운 원리나 연구결과 등의 과학 · 기술정보를 정확하게 흡수하여 그것을 응용해 나가는 능력도 필요하다.

2 기계제도법 일반

(1) 일반제도

기계설계가 끝난 사항을 직접 도면으로 만드는 과정을 **기계제도**(mechanical drawing)라 한다. 제도라 함은 물체의 모양과 크기를 제도지 위에 표시하는 한 방법으로서 일정한 투상법과 법칙에 따라 점, 선, 문자 및 기호 등을 써서 설계자의 의사를 명확하고 간단하게 표시한 그림을 **도면**이라고 한다. 도면은 기계의 제작이나 조립에만 필요한 것이 아니라 구조의 설명, 재료와 공구의 준비, 공정의 관리 등에도 소요되며, 때로는 기계의 취급, 설치, 판매 등 여러 가지 목적으로도 사용된다. 이 도면은 세계 각국에서 공통어로서 널리 사용되고 있다.

1) **제도규격** : 제도를 하는 데는 일정한 방식에 따른 제도법, 즉 통일된 표준규격에 맞추어 제도하게 되어 있다. 통일된 규격에 따라 제도하면 도면이 정확하고 간단하며 능률적일 뿐만 아니라 언제, 어디서, 누가 보더라도 쉽게 이해할 수 있다. 이러한 경우에 사전의 역할을 하는 것이 제도규격이다. 외국에서는 그 나라의 사정에 따라 각각 표준규격을 정하고 있다. 우리나라에서는 한국산업규격(KS), 일본은 JIS, 미국은 ANSI, 독일에서는 DIN 등인데 모두가 제도에 관한 규격이 있다.

   근간 무역 등 국가 사이에 교류의 확대에 따라 제도도 국제적인 통일이 요망돼 국제표준화기구(ISO)에 제도규격이 정해져 있다. KS의 제도에서는 **기계제도**(KS B 0001) 외에 공업전반에 적용할 수 있는 공통적이고 기본적인 사항에 대해서는 **제도통칙**(KS A 0005)) 이 있다.

2) **도면의 종류** : 시험제작기계 1대를 만들 때나 몇 만대의 기계를 자동적으로 양산할 때에도 기계를 만들 경우에는 먼저 도면이 없으면 안 된다. 도면은 그 내용이나 용도에 따라 [표 6 · 1]과 같은 종류가 있다.

[표 6·1] 도면의 종류

분류	종 류	설 명	종 류	설 명
용도별	계 획 도	계획을 표시하는 도면	승 인 도	관계방면의 승인을 얻은 도면
	제 작 도	제작에 사용되는 도면	견 적 도	견적서에 첨부하는 도면
	주 문 도	주문서에 첨부하는 도면	설 명 도	설명에 사용하는 도면
내용별	총 조 립 도	전체의 조립을 표시하는 도면	기 초 도	기계 등의 기초를 나타내는 도면
	부분조립도	일부의 조립을 표시하는 도면	계 통 도	급수, 배수, 전력 등의 계통을 표시하는 도면
	부 품 도	부분품의 상세를 나타내는 도면		
	상 세 도	특정부분의 상세를 표시하는 도면	배 치 도	기계 등의 배치를 표시하는 도면
	공 정 도	제작공정의 중간상태를 표시하는 도면 또는 제조공정을 표시하는 계통도면	배 전 도	많은 기계 등의 관계 위치를 나타내는 도면
			장 치 도	장치를 표시하는 도면
	접 속 도	전기회로 등의 접속을 표시하는 도면	외 형 도	외형을 표시하는 도면
			구조선도	기계 등의 골격을 표시하는 도면
	배 선 도	배선의 실태를 표시하는 제작도면	곡면선도	선체, 차체 등의 복잡한 곡면을 표시하는 도면
	배 관 도	관의 배치를 표시하는 제작도		

(2) 도면을 그리는 방법

기계나 부품에 대해 계획, 제작, 설명 등을 목적으로 해서 그려진 것을 기계도면이라 한다. 이미 설명한 대로 점 · 선 · 문자 · 기호 등에 의해 제도용구를 사용하여 도면을 그리는 규칙에 따른다. 다음에는 기계제도의 내용을 요약해서 설명한다.

1) **도면의 크기 및 양식** : 제도용지의 크기는 A0~A5, 또는 연장 크기로 한다. 도면은 그 길이방향이 좌우방향으로 놓은 위치를 정위치로 한다. [표 **6 · 2**]는 도면의 치수이고 [그림 **6 · 3**]은 그 표시방법을 보여 주고 있다.

[표 6·2] 도면의 치수 [단위 mm]

치 수	A 열
A0	841×1189
A1	594×841
A2	420×594
A3	295×420
A4	210×297
A5	147×210

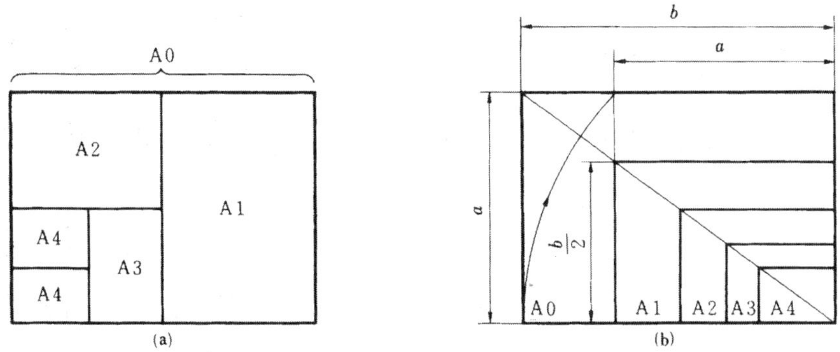

[그림 6·3] 도면의 크기 관계

2) **척도** : 제도의 척도(scale)는 현척(1 : 1), 축척(1 : 2, 1 : 5 등 9종), 배척(2 : 1외 5종)이 있고 특별한 경우를 제외하고는 도면의 표제란에 기입한다.

3) 도면을 보기 좋도록 하기 위해서는 모양에 의해 원칙으로 아래의 4종류로 한다.

실선	————————	연속된 것
파선	....	짧은 선을 약간의 간격으로 나열한 것
일점쇄선	—·—·—·—·—	선과 1개의 점을 서로 섞어서 나열한 것
이점쇄선	—··—··—··—	선과 2개의 점을 서로 섞어서 나열한 것

실선은 대상물의 보이는 형상을 표시하는 외형선이며, 굵은 실선(0.3~0.8 mm)으로 치수선, 치수보조선, 인출선, 파단선은 가는 실선을 사용한다.

파선은 대상물의 보이지 않는 형상을 나타내는 숨은 선이며 굵은 파선이나 가는 파선을 사용한다.

일점쇄선은 중심선, 절단선, 상상선, 피치선 등 가는 일점쇄선(0.25 mm 이하)을 사용한다. 이점쇄선은 대상물의 이동부분을 이동한 자리에 표시하는 상상선으로 사용한다.

4) **글자** : 아무리 좋은 그림이 완성되었더라도 여기에 기입되어 있는 문자나 숫자 등이 명확하지 않아 잘못 읽는 일이 없어야 한다. 제도에 사용되는 글자는 고딕체로 수직 또는 15° 경사로 씀이 원칙이고, 한자 · 한글 · 영자 · 아라비아 숫자 등이 있고 크기도 정해져 있다 [그림 **6 · 4**].

5) **투상도** : 도면은 일반적으로 입체인 물품을 평면인 종이 위에 도시하는 것이므로 투상의 원리를 이용한 **투상화법**(projection)에 따라 그린다.

[그림 **6 · 5**]는 투상법을 표시한 것이다. 그림과 같이 서로 직교하는 V면, H면에 의해 4개로 구획된 공간 가운데 제3각, 또는 제1각의 위치에 물체를 누어 각각 투상면에 수직인 평행선을 비추어 물체의 모양을 그리고, H면을 90° 회전시켜 [그림 **6 · 6**]과 같이 하나의 평면 위에 그림으로 표시할 수 있다.

10mm	甲 乙 丙 丁 製	1 2 3 4 5 6
8mm	床 柱 軸 形 状	1 2 3 4 5 6
6.3mm	視 角 斷 面 車	A B C D E F
5mm	가 나 다 라 마 바	K L M N O P
4mm	가 나 다 라 마 바	U V W X Y Z
3.2mm	가 나 다 라 마 바	a b c d e f
2.5mm	가 나 다 라 마 바	k l m n o p

[그림 6·4] 글자의 크기

물체를 정면으로 본 모양을 정면도(front view), 위에서 내려다 본 모양을 평면도(top view), 또 물체를 측면에서 본 모양을 측면도(side view)라 한다. 측면도 가운데 정면을 향해 왼쪽에서 본 모양을 좌측면도(left side view), 오른쪽으로 본 모양을 우측면도(right side view)라 한다. 평면도와는 반대로 밑에서 위로 본 모양을 저면도(bottom view)라 한다. 그리고 투상면을 필요에 따라 추가하면 [그림 6·7]과 같은 투상도가 얻어지며, 이것은 KS의 규격에 의한 도면의 배치를 표시한 것이다.

평면도를 정면도 밑에 그리고 물체를 우측에서 본 측면도를 정면도의 좌측에 나타내는 것이 제1각법(first angle projection), 평면도를 정면도 위에 그리며 물체를 우측에서 본

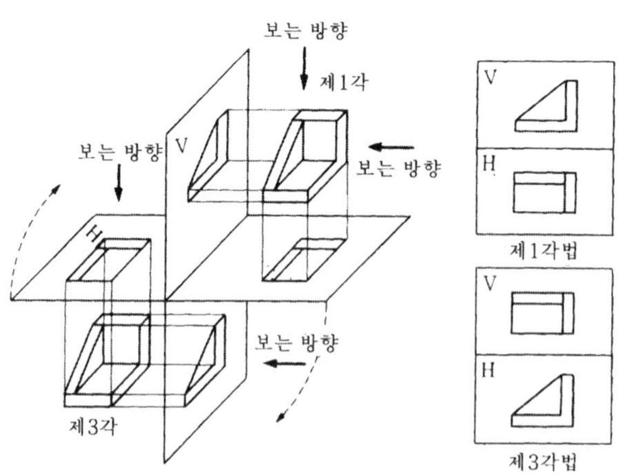

[그림 6·5] 투상법

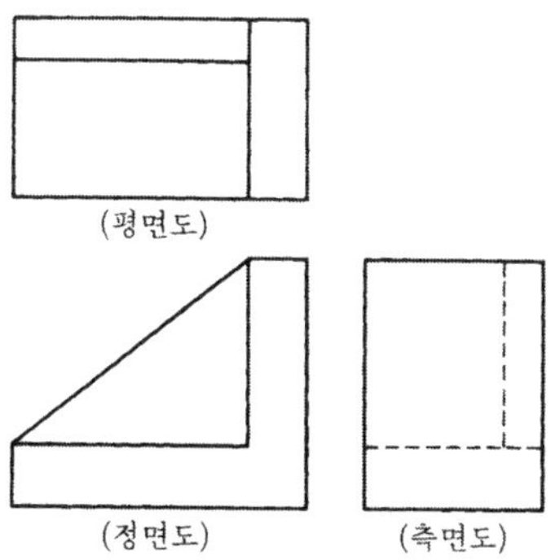

[그림 6·6] 제3각법 투상도의 배치 예

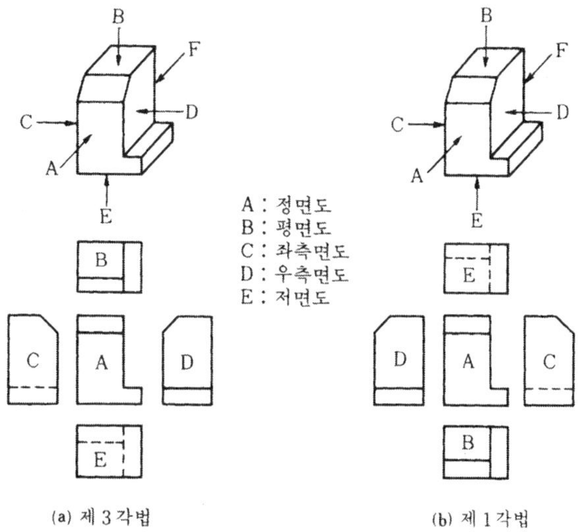

[그림 6·7] 도면의 배치

것을 정면도의 우측에 나타내는 것이 **제3각법**(third angle projection)이다. 제1각법은 "Method E"라 하여 영국을 중심으로 보급되었고, 제3각법은 "Method A"라 하여 미국을 중심으로 보급되었다. 이와 같이 도면의 배치는 전혀 반대이고 도면에는 이들의 구별이 기입되어 있다. [그림 **6 · 8**]은 같은 트럭을 제1각법과 제3각법으로 표시하여 비교하여 보았다.

KS규격에서는 기계도면은 "제3각법"에 따르도록 되어 있다. 또, 도면의 이해를 쉽게 하거나 빨리 제도하기 위해 기계제도 특유의 방법을 사용한다. 즉 부분 · 보조 · 회전투상도, 단면도 도면을 생략하는 방법이 채용되고 있다.

6) **단면도** : 물체의 모양은 외부뿐만 아니라 내부도 나타내어야 한다. 물체의 보이지 않는 부분은 은선으로 표시하는데, 물체의 모양이 복잡하거나 소립도일 때는 은선이 많고 복

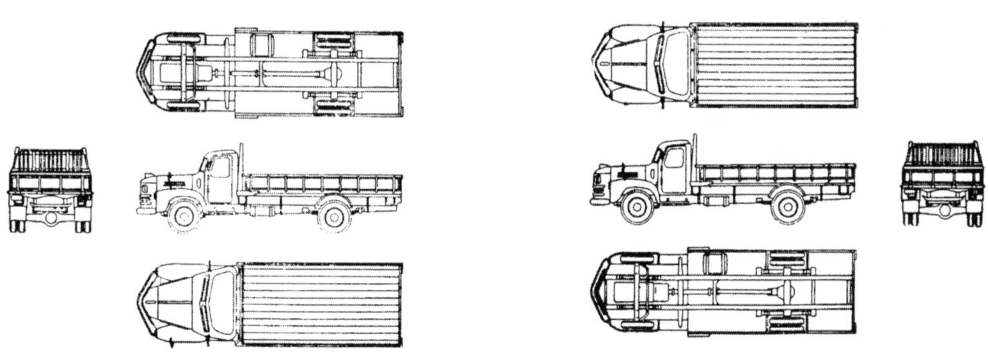

제 1 각법 제 3 각법

[그림 6·8] 같은 모양을 제1각법 및 제3각법으로 표시

잡해지기 때문에 필요한 부분에서 절단하여 그 단면 모양을 외형선으로 표시한다[그림 6 · 9]. 이 방법을 단면법이라 하며, 단면법으로 그려진 그림을 단면도(sectional view)라 한다.

단면을 하는 방법으로는 전단면, 반단면, 부분단면, 부분단면, 계단형단면, 회전단면 등의 응용방법이 있다. 물체를 틀리지 않게 그리고자 배려한 것이다. 또 단면에는 필요할 경우 해칭(hatching)을 하거나 색깔을 칠한다.

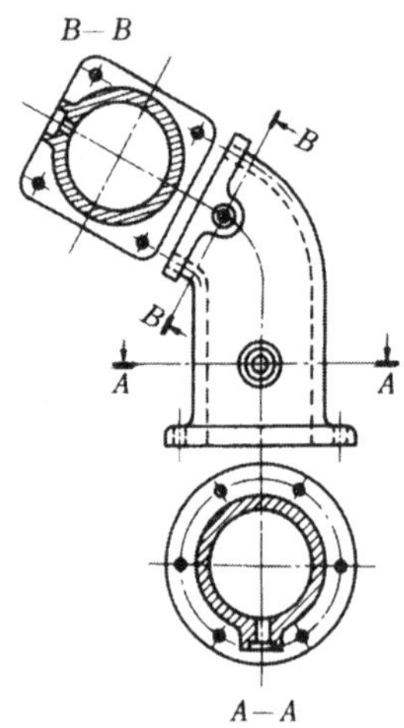

[그림 6·9] 단면도의 한 예

7) **도면의 생략** : 기계의 도면은 제도의 단계를 줄이기 위해 되도록 수가 적을수록 좋다. 오해가 생기기 쉬운 경우에는 정면도만을 그리고 다른 도면은 생략하기도 하고 막대나 관은 중간을 파단하여 단축하기도 한다[그림 6 · 10].

나사나 기어 등은 기계요소로, 나사산이나 이(齒)의 곡선은 기계에 의해 성형되기 때문에 도시할 필요가 없으며, 여러 가지 스프링도 외형치수만 표시하여 두면 전문공장에서 제작되기 때문에 략화법으로 그린다[그림 6 · 11].

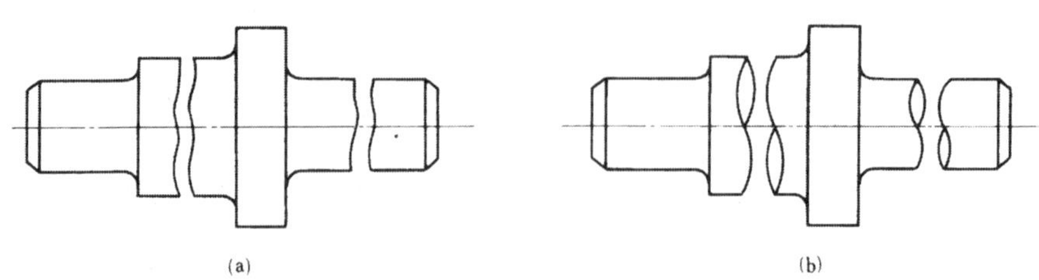

[그림 6·10] 중간부의 생략도

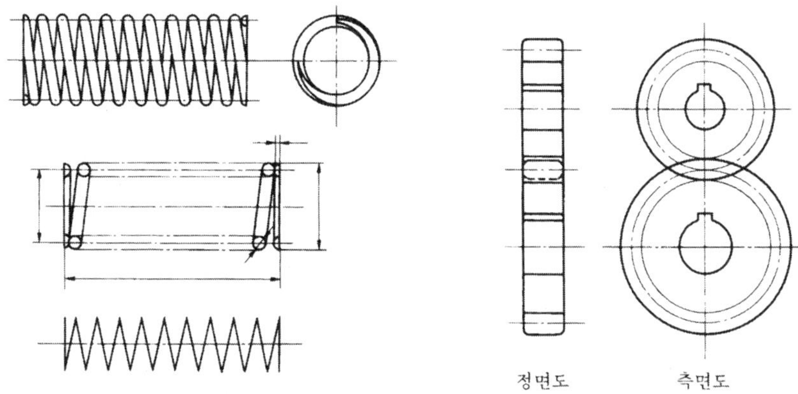

[그림 6·11] 기계요소의 생략도

8) **치수** : 치수(dimension)는 형상의 도시와 함께 제도법으로는 대단히 중요하다. 길이의 치수 수치는 실물이 치수(mm 단위)이며 mm의 기호를 붙이지 않고 표시한다. 치수 숫자 외에 ϕ(지름), □(정사각형), R(반지름), t (두께) 등의 기호를 사용하여 형상을 표시하며, 부품의 중요한 부분의 표면 다듬질 정밀도는 S기호로, 가공 다듬질 정밀도는 ~나 ▽의 다듬질 기호로 표시한다[그림 **6 · 12**].

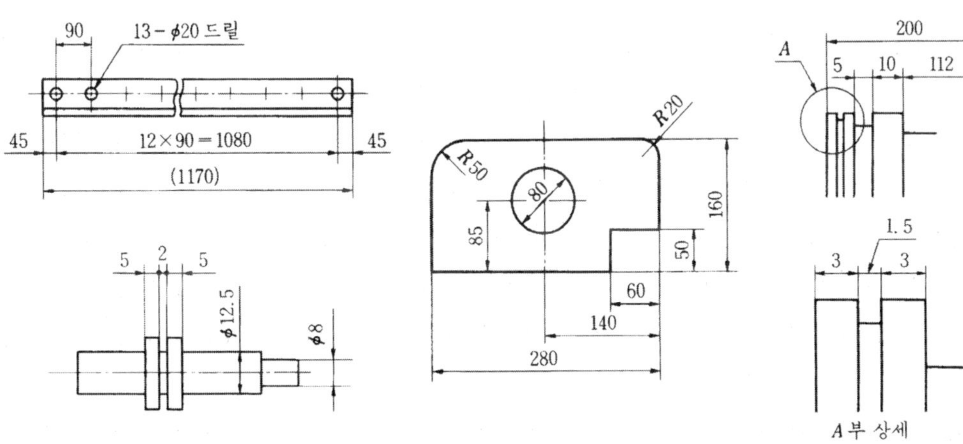

[그림 6·12] 길이의 치수 기입

9) **기계의 스케치** : 같은 기계를 다시 제작할 때, 파손부분을 수리할 때, 기계의 조사 연구, 기계의 일부를 개조할 때 등 도면이 필요한 경우, 보통 제도용구를 사용하지 않고 프리핸드에 의해 연필로써 기계를 도면에 나타내거나 치수를 기입하는 것을 **스케치**(sketch)라 한다. 이와 같이 필요한 사항을 상세히 기입한 도면을 **스케치도**(sketch drawing)라 하는데, 보통 정면도로 그리며 복잡한 모양의 것은 측면도와 평면도로 그린다[그림 **6 · 13**].

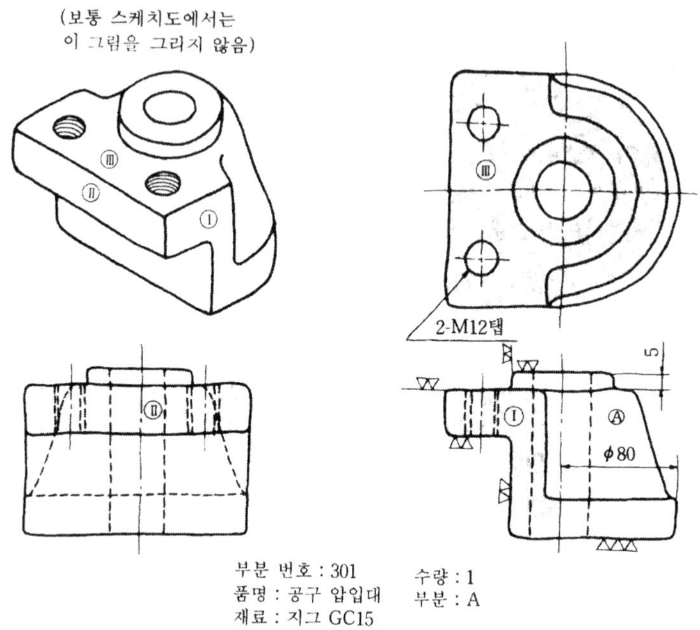

[그림 6·13] 완성된 스케치도

(3) CAD

CAD(computer aided design)는 컴퓨터를 활용하여 자동설계 또는 제도를 효율이 좋게 하도록 한 것이며 CAD 시스템은 설계제도 작업을 지원한다.

CAD 시스템은 기계, 전기, 건축 등 여러 가지 분야에 적용되지만 어느 것이나 대상물의 설계계산에서 작도까지 자동화에 중점을 두고 있다. CAD는 대형에서부터 PC(personal computer)까지 수많은 종류가 있으며, 어느 경우든지 주목적은 i) 제도를 하기 위한 CAD(제도의 능률화), ii) 설계를 하기 위한 CAD(설계＋계산의 효율화), iii) 설계＋제작도를 전적으로 하는 CAD(제도와 설계의 효율화)가 있다. 이들 CAD의 홀용은 시장에서 판매하는 소프트(soft)나 독자개발의 소프트에 의존한다.

1) 개인용 CAD(personal 또는 simple CAD) : 현재 이용되고 있는 제도법은 i) 자나 컴퍼스에 의한 제도, ii) 만능제도기에 의한 제도, iii) 개인용 CAD에 의한 설계 · 제도, iv) CAD에 의한 설계 · 제도가 있다.

   작도방법으로는 디스플레이에 작도, 디스플레이 · 프린터 · 플로터에 작도, 플로터에 작도하는 경우가 있다. 설계방법으로는 설계계산만을, 설계조건＋설계계산, 설계조건＋설계계산＋제작도로 이어지는 3가지가 있다. 어느 것이나 계산 값을 기초로 작도하는 것이 좋다.

2) 개인용 CAD의 효과 : 기업에서는 CAD에 의한 설계 및 도면작성이 급속히 확산되고 있으

며, 교육기관에서도 여기에 대응하는 준비교육이 필요하다. 따라서 교육면에서는 CAI (computer assisted instruction : 개별학습 시스템)로 설계 · 제도에 관계되는 강의, 실습 방법은 되도록 PC를 활용하면 좋고, 제작도면 내용에 대해서도 손으로 그린 도면(만능제도기 포함)과 비교 검토할 수 있다. 실제 사회면으로 볼 때 PC의 활용으로 컴퓨터의 설비 투자가 절감되고 PC, CAD의 조작은 간단하여 설계 · 제도의 능률이 향상된다.

6-5 주조에 의한 성형(주조가공)

기계부품의 소재를 만드는 **주조**(casting)는 금속의 녹는 성질을 이용한 가공법이다. 주형의 종류와 주입하는 방법에 따라 다음과 같은 종류로 나눌 수 있다. 즉, 주형의 모양에 따라 모래형(砂型)주조, 금형(金型)주조, 다이 캐스트, 정밀주조 등으로 나누며, 또 용융금속을 주형에 주입하는 방법에 따라 중력주조, 저압주조, 원심주조 및 고압주조로 구별한다.

주조에 의한 제품을 **주물**이라 한다. 주물을 만들려면 먼저 설계도면에 기초를 두어 어떻게 주형을 만들며, 어떻게 하여 금속을 용해, 용융금속으로 만들어 이것을 주형에 주입할 것인가 하는 등의 주조방법 전반에 걸쳐 결정한 주조의 방안을 세운다.

1 사형주조

규사(硅砂, SiO_2)를 주성분으로 하는 모래입자에 점토 등의 결합재를 혼합한 **주물 모래**(moulding sand)로 주형을 만들고, 용해로에서 녹인 용융금속(molten metals)을 주입하여 주물을 만드는 방법을 사형(砂型)주조(sand mold casting)라 한다.

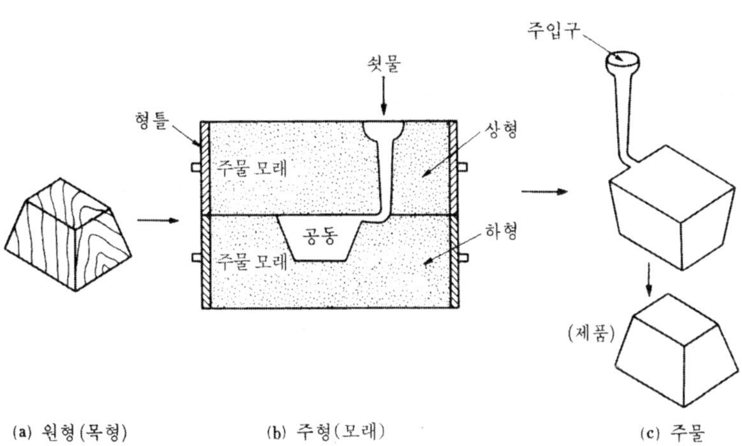

[그림 6·14] 간단한 원형에서 주형까지

사형주조는 먼저 주조방법에 따라 주물의 원형을 만든다. 원형에는 목재를 가공하여 만드는 **목형**(wooden pattern, [그림 **6 · 14** (a)])이 많이 사용되지만, 내구성을 가지기 위해서 원형을 금속재로 하는 경우도 있다. 원형에는 주물과 거의 같은 형상을 하고 있는 **현형**(單體型 또는 분할형)이나 주물의 단면 모양을 판형으로 만든 판형 등 몇 가지의 종류가 있다. 주물모래에 묻혀 있는 현형을 빼내면 모래 주형의 외형이 된다.

주물모래는 적당한 알맹이의 규사와 점토 등의 결합재로 되어 있다. 그 외에도 주형의 성질을 좋게 하기 위해서 유기물 등을 첨가하고 4~7%의 수분을 넣어 다진 모래형에 의한 **생형**(生型)**주조**, 주형 전체를 건조된 모래로 만들거나 또는 노에 넣어 건조시킨 후에 용융금속을 주입하는 **건조형주조**가 있다.

주물모래의 결합재에는 점토류 외에 건고성이 있는 유류나 전분 등의 풀 종류가 사용되고 있으나 어느 경우든지 주형을 노 안에 넣어 가열 건조시키지 않으면 안 되고, 주형의 조형에는 굳어지게 만드는 기능이 필요하다. 따라서 최근에는 석탄산계통의 수지나 요소계 수지를 모래 알맹이에 덮어씌운 주물모래로 두께 5mm 정도의 모래 주형을 만드는 **셸 몰드법**(shell mold process), 물유리를 혼합한 주물모래로 조형을 하고 탄산가스를 불어 넣어 신속하게 물유리를 고체화시키는 **탄산가스법**(CO_2 process), 물유리와 경화용 약재를 혼입시킨 주물무래로 10~20분 사이에 조형을 하고 그대로 방치, 2~24시간 안에 적당한 강도로 굳어진 주형을 이용하는 **자경성**(自硬性)**주조법**, 시멘트류를 모래의 결합재로 한 **시멘트 주조법**, 또 물유리나 시멘트를 결합재로 한 주물모래에 아주 적은 양의 계면활성제를 투입하여 유동성이 좋은 주물모래를 만들어 두고, 주조용의 통 안에 주물모래를 밀어 넣어 주형을 만들고 방치, 적당한 강도로 되었을 때 용융금속을 주입하는 **유동자경성 모래 주형법** 등이 사용되고 있다.

2 용해와 주입

(1) 용해로

주조용 금속재료로서는 융점이 낮을수록 좋고, 유동성이 좋고 응고할 때 수축량과 가스량이 적을수록 양호하다.

1) **용해로**(melting furnace) : 큐폴라, 루츠보로, 전기로 등이 많이 사용되나 원료의 융점, 용해량, 냉각 때의 금속조직 및 효율 등을 고려하여 선택하도록 하고 있다.
2) **큐폴라**(cupola) : [그림 **6 · 15**] (a)와 같이 강판으로 만든 원통형의 수직로이며 내벽에는 내화 벽돌로 라이닝되어 있다. 투입구에서 코크스, 원료, 석회석을 교대로 넣어 밑 부분의 코크스에 불을 붙이고 통풍구멍으로 공기를 보내어 용해시킨다. 따라서 원료는 코크스의 연소가스와 직접 접촉되기 때문에 열효율은 좋으나 C나 S 등의 연소가스로 화학작용을 받기 쉽다. 그러나 구조가 간단하고 취급이 쉬워 주철용으로 사용되고 있다. 플럭스

(flux)는 코크스의 회분이나 원료 등에 부착되어 있는 불순물을 유동성이 좋은 슬래그(slag)로 만들어 분리 유출시키기 위해 사용되는 용제로 석회석 · 대리석 등이 있다. 용량은 1시간당 용해량으로 표시하며 3~10톤의 것이 가장 많이 사용되고 있다.

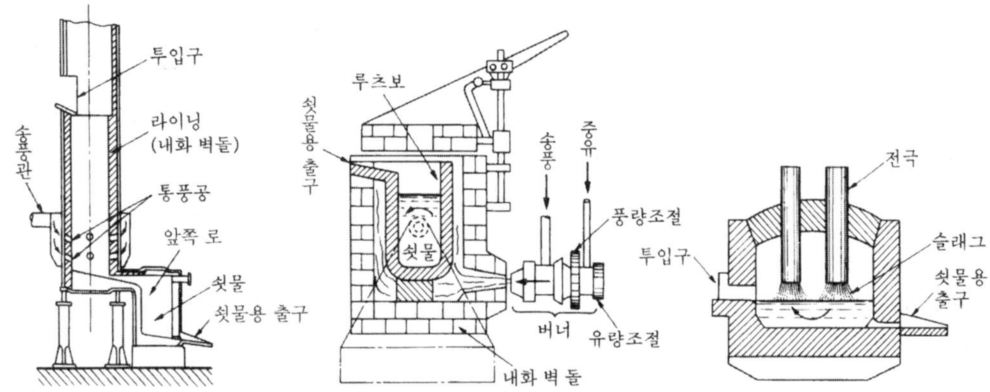

(a) 큐폴라 (b) 루츠보 로 (c) 에루식 전기로

[그림 6·15] 용해로

3) **루츠보로**(crucible furnace) : 정치식(定置式)과 경사식이 있으며, 그림 (b)는 경사식의 보기이며 쇳물을 유출시키기가 쉽다. 루츠보로는 질이 좋은 흑연과 내화점토로 만든 흑연도가니가 많이 사용되기 때문에 **도가니로**라고도 한다. 도가니 안에 원료를 넣고 외측에서 중유, 코크스, 가스 등의 연료로 간접 가열하면 원료가 연소가스에 직접 접속되지 않기 때문에 금속의 조성에 영향을 미치는 것이 적고 불순물 혼입을 방지하는 좋은 점이 있다.

   도가니의 크기는 번호로 표시하며 황동 1 kgf 가 용해되는 용량을 1번이라 하며 비교적 소량의 알루미늄 합금이나 구리 합금 등의 용해에 적합하다.

4) **전기로**(electric furnace) : 아크로(arc furnace)와 유도로(induction furnace)가 있다. **아크로**에는 흑연전극과 원료 · 쇳물과의 사이에 아크를 발생시켜 그 열을 이용하는 것과 흑연전극 사이에 아크를 발생시켜 노 내의 복사열을 이용하는 것이 있다. 그림 (c)는 현재 가장 널리 사용되고 있는 **에루식 전기로**(Heroult type electric furnace)이다.

5) **유도전기로** : 고주파 전류와 저주파 전류에 의한 것으로 나누어진다. 열원이 전기이기 때문에 높은 온도가 유지되며 온도조절이 자유롭고, 원료가 화학작용을 받지 않기 때문에 양질의 쇳물이 얻어진다. 알루미늄 합금이나 아연합금 등의 용해에 사용한다.

(2) 주입과 주물의 처리

주물의 재질, 형상, 크기나 주형의 종류에 따라 거기에 맞는 온도의 쇳물을 주형에 주입하여야 한다. 주입을 할 때는 1개의 주형에는 1회의 용융금속으로 주입되도록 해야 하며, 주입은 조용하게 그리고 빠르게 마지막까지 속도를 똑같이 해야 한다.

주입 후 응고될 때까지의 시간은 주물의 크기, 용해금속의 종류에 따라 다르며 작은 것은 3~10시간, 큰 것은 48시간 정도 방치해 둔다. 주물을 떼어낸 후 쇳물 입구, 쇳물 유도로 등 불필요한 부분을 떼어내고, 눌러 붙은 주물모래를 털어내고 검사가 끝나면 제품이 완성된다.

용해로에서 만든 용융금속을 주형에 주입하는 작업을 **주입**(casting)이라 한다. 용융금속의 자중(自重)을 이용하여 단순하게 되도록 조용하게 흘러들어가도록, 그러면서 유입시키는 것을 **중력주조**라 하여 일반적으로 널리 활용되고 있다.

또, 원통형의 주형이나 방사상으로 배치된 주형을 고속도로 회전시키면서 주형의 중심부에 용융금속을 주입하는 방법을 **원심주조**(centrifugal casting)라 한다. 원심주조된 주물은 용융금속이 원심력을 받으면서 냉각되고 고형화되므로, 이 방법에 따르면 치밀하고 결함이 적은 주물을 능률좋게 만들 수 있다[그림 **6 · 16**].

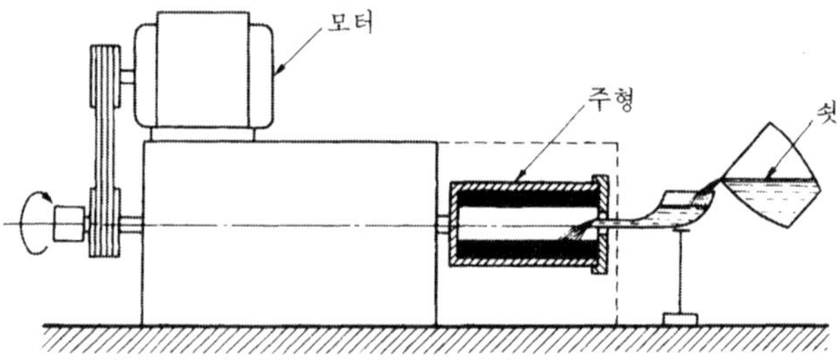

[**그림 6·16**] 원심주조법

(3) 정밀주조법

내열성이나 내마모성이 좋은 재료로 만드는 주조품은 연삭이나 연마가공만으로 다듬질하여 완성부품으로 만드는 경우를 **정밀주조**(precision casting)라 하며 다음과 같은 방법이 있다.

1) **다이 캐스팅**(die casting)**주조** : 용융금속을 금형(die)에 압력을 가해서 단시간 내에 주입하는 방법이다. 다이 캐스팅법에는 냉가압실식[그림 **6 · 17**]과 열가압실식이 있는데 열가압실식은 실린더와 피스톤이 용해로 안에 설치된 형식이다. 이 방법에 따르면 모양, 치수가 정확하고 표면이 아름다우며, 기계 다듬질을 하지 않아도 되기 때문에 작업능률이 높고, 압력을 가하기 때문에 치밀하고 균질이며, 두께가 얇은 주물이 만들어져 경량화가 가능하고 주입시간이 단축되므로 대량생산이 될 수 있으며, 금속으로는 Zn합금, Pb 합금, Al합금, Mn합금 등이다.

   다이 캐스팅을 하는 기계를 **다이 캐스팅기**(die casting machine)라 하며 용융금속을 압입하는 데는 압축공기를 이용하거나 피스톤을 사용하는 방법이 있다.

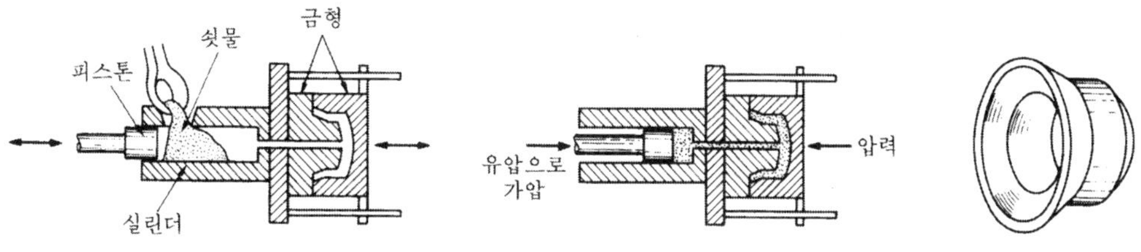

(a) 쇳물 주입 (b) 압입 (c) 제품

[그림 6·17] 다이 캐스트 주조법의 원리

2) **셸 몰드 주조**(shell mold casting) : **크로닝법**(croning process)이라고도 하며, 200~ 300℃로 가열한 금형면의 미세한 규사에 열경화성 페놀수지 분말 5% 정도를 혼합한 조형재를 10 mm 정도 두께로 부착시키면 조개껍질(shell) 형상이 된다. 이것을 금형으로부터 분리시켜 주형으로 하고 주물을 만드는 방법이다. 주형은 두 개를 포개어 모래나 강구(鋼球) 중에 매몰시켜 주입한다.

생모래형 주조에 비해 치수 정밀도가 높고, 주형의 제작기술은 필요하지도 않으며 단시간에 제작된다. 생산능률이 좋아 기관부품 등 정밀한 주조를 필요로 하는 경우에 널리 실용화되어 있다. 그러나 재료비가 비싸고 큰 주형은 만들 수가 없어 주철, Cu합금, Al합금 등에 적합하다.

3) **인베스트먼트 주조**(investment casting) : 원형을 왁스나 플라스틱과 같은 융점이 낮은 재료로 만들고, 그 둘레를 인베스트먼트라 부르는 내화성의 재료로 주형을 만들어 이 주형을 가열, 안에 있는 왁스를 유출시켜 빈 공간이 생긴 곳에 용융금속을 주입하여 주물을 만드는 방법이다[그림 **6 · 18**].

왁스를 가열하고 녹여 배출시키는 방법을 **로스트 왁스법**(lost wax process)이라 부르기도 한다. 특징은 일체형의 주형이기 때문에 복잡한 형상의 주물이라도 정확하게 만들 수 있으며, 치수 정밀도가 높고 아름다운 주물의 제작이 되고, 스테인리스나 내열강에 위력을 발휘할 수 있어 가스터빈이나 제트기관용의 주조부품 등에 많이 이용된다.

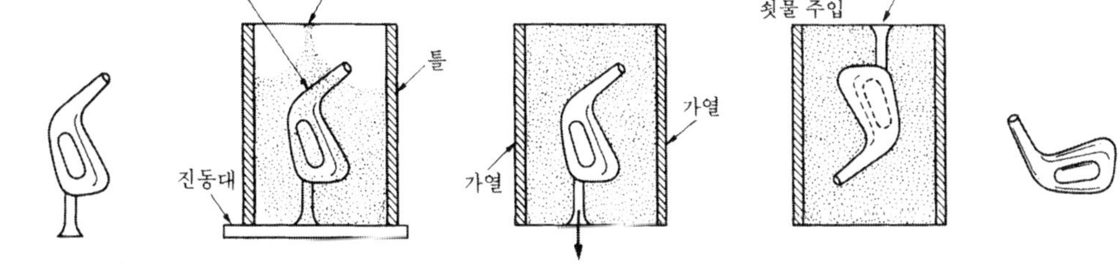

(a) 왁스모형 (b) 모래를 충전 (c) 왁스 녹여냄 (d) 금속주입 (e) 제품

[그림 6·18] 인베스트먼트법의 주형제작 원리

6-6 외력에 의한 성형(소성가공)

금속재료는 하중을 가하면 변형이 되나 가한 하중이 작을 경우, 하중을 제거하면 원형으로 되돌아간다. 이 성질을 **탄성**(elasticity)이라 한다. 그러나 재료의 성질에 따라서는 어느 한도이상의 하중을 가하면 하중을 제거하였더라도 원형으로 되돌아가지 않고 변형된 형태 그대로 되고 만다. 이 경우의 변화를 그 재료가 가진 **소성**(塑性, plasticity)에 의한 변형, 즉 **소성변형**이라 한다. 금속재료 이외에 수지류는 이와 같은 성질을 가진 것이 많다.

소성을 가지는 재료는 높은 온도가 되면 일상온도일 때보다 소성이 커지므로, 재질에 따른 온도범위 내에서 재료의 소성을 이용하여 성형가공을 할 수 있다. 이와 같은 가공을 **소성가공**(plastic working)이라 한다.

고체재료에 탄성한계점 이상의 응력이 작용할 때 소성변형이 생기는 것은, 물질을 구성하는 원자, 분자 상호간의 위치가 변위되기 때문이다. 금속재료가 한번 어떤 방향의 소성변형을 받으면 그 방향으로 내부 저항력이 증가된다. 이것이 탄성한계의 상승이나 경도의 증가로 나타난다. 이 현상을 **가공경화**(work hardening) 또는 **스트레인 경화**(strain hardening)라고 부른다.

소성변형을 진행시켜 가공 경화시킨 금속재료는 [**표 6·3**]과 같은 온도까지 가열하면 금속조직 중에 새로운 결정이 생겨 이것이 점차 성장됨과 아울러 먼저의 결정이 소실된다. 이 현상을 가열처리에 의한 금속의 **재결정**(再結晶, recrystallization)이라 해서 소성가공으로 가공경화가 진행된 경우 재료를 부드럽게 하는 데 이용한다.

일반적으로 재결정온도 이상의 높은 온도로 가열된 금속재료는 일상온도일 때와 비교하여 소성변형에 필요한 하중은 작게 된다. 높은 온도에서의 소성변형이라도 가공경화는 되지만 자기가 가진 고열 때문에 자연적으로 재결정이 되어 재질은 부드럽게 된다. 여기서 각 금속재료의 재결정온도 이상의 높은 온도에서 소성 변형시키는 가공을 **열간가공**(hot working) 또는

[표 6·3] 금속의 재결정온도

원소기호	재결정온도(℃)
Fe	450
Cu	200
Al	150
Mg	150
Zn	7
Pb	−3
Sn	−7

고온가공이라 하고 그 이하의 온도에서 가공하는 경우를 냉간가공(cold working) 또는 상온가공이라고 한다.

1 단조

금속을 적당한 온도로 가열하여 필요로 하는 형상·치수로 압력을 가해 성형함과 아울러 조직이나 기계적 성질을 개량하는 작업을 단조(forging, smithing)라 한다. 단조품은 주물과 비교하여 조직과 기계적 성질에 신뢰성이 있어 기계의 가장 중요한 부품(예를 들어 크랭크 축, 차축, 선박의 추진기 등)에 많이 사용되나 만들어진 제품이 너무 비싸고, 너무 복잡하거나 큰 것은 만들기가 힘들다.

(1) 단조작업

먼저 재료를 노에 넣어 가공하고자 하는 부분을 똑같이 가열하고, 이것을 끄집어내어 여러 가지 공구나 기계에 의해 필요한 형상으로 압력을 가해 변형시키는 것인데 단조할 경우에 온도가 특히 중요하며, 온도가 적당하면 단조를 하여 재료의 강도를 2~5배 정도 크게 할 수 있다. 가열온도는 탄소강의 경우 800~1200℃ 정도이고 작업방법에 따라 자유단조와 형단조로 나눈다.

1) **자유단조**(free forging) : [그림 **6·19**]와 같이 정(chisel), 평면 다듬개(flatter), 해머(hammer) 등의 간단한 수공구로 소재를 처리해서 성형하는 가공법이다. 자유단조는 대단한 숙련을 필요로 하는 힘든 일이며, 거기다 제품의 형상·치수가 정확하지 않고 능률적이지 못하다. 그러나 소량생산·복잡한 형상의 경우에 적합하며, 다음과 같은 기본적인 작업이 있다.
   ① 자르기(cutting off) : 가열상태의 긴 재료에서 단조소재를 잘라 낸다.
   ② 눌러 붙이기(up-setting) : 긴 재료를 축방향으로 압축시켜 굵게 하는 작업
   ③ 늘리기(drawing) : 소재를 때려 단면을 좁히고 길이를 늘리는 작업
   ④ 굽히기(bending) : 각을 붙여 굽히거나 둥글게 만드는 작업
   ⑤ 단 짓기(setting down) : 재료에 단을 지우는 작업
   ⑥ 구멍 뚫기(punching) : 펀치로 두들겨 구멍을 내는 작업
   ⑦ 단접(smith welding) : 소재를 융점 가까이까지 가열하여 압력으로 접합하는 작업
   ⑧ 고르기(leveling) : 단조로 성형한 공작물의 표면을 고르게 하는 작업

2) **형단조**(die forging) : 공기압·수압·유압 등을 동력원으로 하는 해머나 프레스 등의 단조용 기계에 **단조형**(forging die)을 부착시켜, 가열시킨 소재를 상하 두 개의 금형 사이에 넣어 압력을 가해 성형한다. 형단조는 한 공정만으로 제품을 완성시키기가 곤란하며 여러 공정을 거치는 경우가 많다. 형단조품은 형상·치수가 자유단조에 비해 정확하게 되며 다량생산에 적합하다.[그림 **6·20, 6·21**]

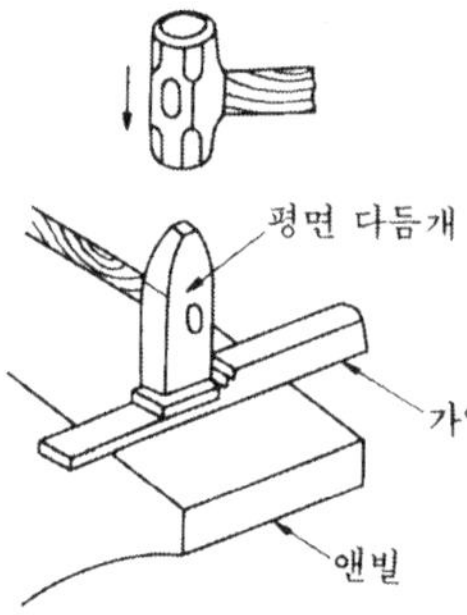

(a) 늘리기

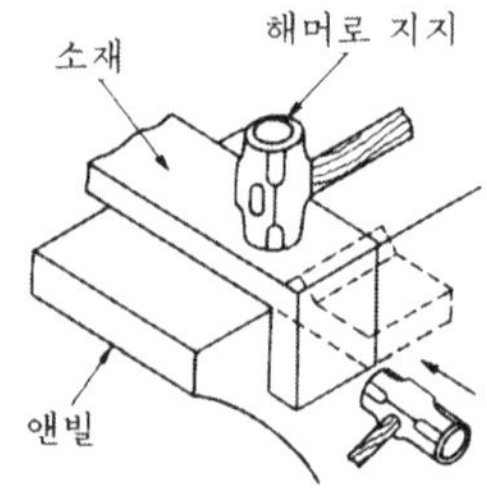

(b) 굽히기

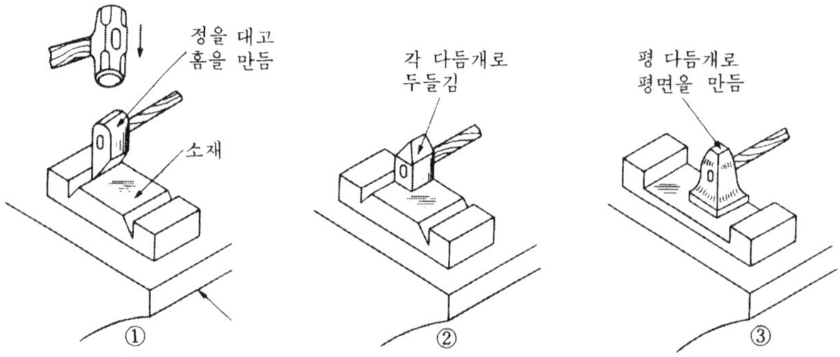

(c) 단 짓기

[그림 6·19] 자유단조에 의한 성형

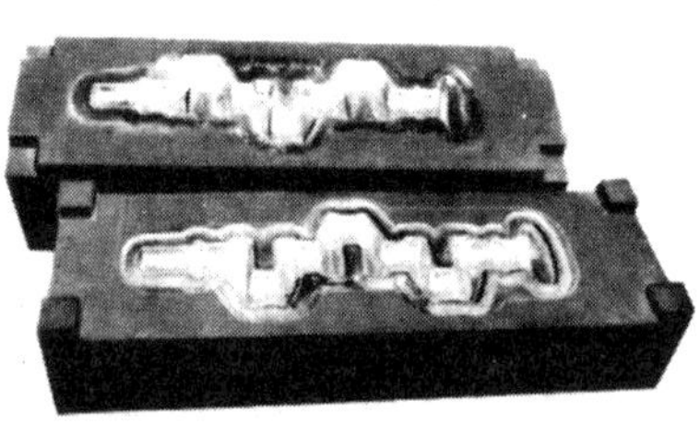

(a) 단조용 금형의 보기

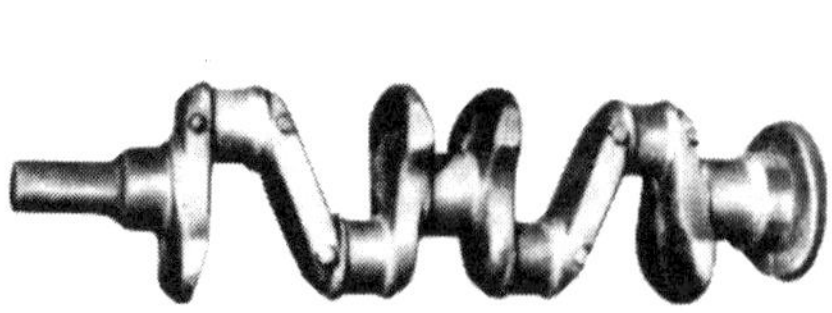

(b) 단조제품의 보기

[그림 6·20] 형단조의 예

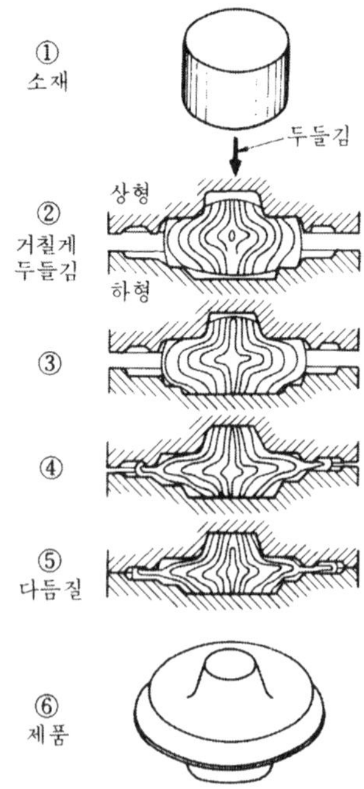

[그림 6·21] 형단조에 의한 성형의 순서

단조기계로는 순간적으로 타격을 가하는 기계해머, 큰 압력을 천천히 가하는 단조 프레스로 구분한다. 기계해머는 해머 머리를 상하시키는 방법에 따라 스프링 해머, 공기 해머, 증기 해머 등이 있고, 단조 프레스는 수압을 이용한 수압단조 프레스가 일반적으로 많이 사용된다.

2 프레스에 의한 가공

금속의 판재를 프레스 기계를 사용하여 소성 변형시켜 여러 가지 모양의 제품을 만드는 가공법을 판금가공 또는 프레스 가공(press working)이라 한다. 이 가공법에는 얇은 판을 다루는 수공판금가공과 기계판금가공이 있고, 또 두꺼운 강판으로 보일러 등을 만드는 제관작업 등이 있다.

프레스 가공으로 만들어지는 것은 시계나 카메라 등의 소형부품, 부엌에서 사용하는 냄비, 식기 등의 가정용품, 자동차 · 항공기의 보디 등 대형부품까지 대단히 범위가 넓다. 가공되는 재료는 강판 · 동판 · 황동판 · 알루미늄판 등의 연성이 풍부한 판재가 사용된다.

프레스 가공에서는 보통은 제품에 맞추어 둔 금형 사이에 판재를 넣어서 성형을 하지만 제품에 따라서는 각기의 금형을 필요로 한다. 금형의 제작비는 고가이지만 대량생산에 의해 제품단가는 떨어진다.

(1) 프레스 가공의 종류

프레스 가공은 판재를 절단하는 전단 가공, 굽힘 가공, 용기 모양으로 만드는 드로잉 가공으로 나눈다.

1) **전단가공**(shearing) : 다이(die)와 펀치(punch)에 의한 블랭킹(blanking)과 펀칭(punching) 또는 천공(piercing), 절단(cutting)이 있다. [그림 **6 · 22**] (a)는 블랭킹으로 목적하는 형상 · 치수로 가공한 다이(下型)를 고정하고, 그 위에 판재를 올려놓아 펀치(上型)에 압력을 가해서 제품을 뽑아내는 것이고, 편칭은 그림 (b)와 같이 뽑힌 부분은 스크랩이 되고 남는 부분이 제품이 된다. 그림 (c)는 전단기(shear)에 의한 절단이며, 밑의 칼 위에 판재를 두고 위의 칼에 압력을 가해 모양에 따라 절단한다.

2) **굽힘 가공**(bending) : 다이와 펀치, 롤러 등에 의해 목적으로 하는 모양에 맞게 판재를 굽히는 것이며, 제품의 형상에 따라 굽힘방법도 여러 가지이다. 재료에 따라서는 탄성이

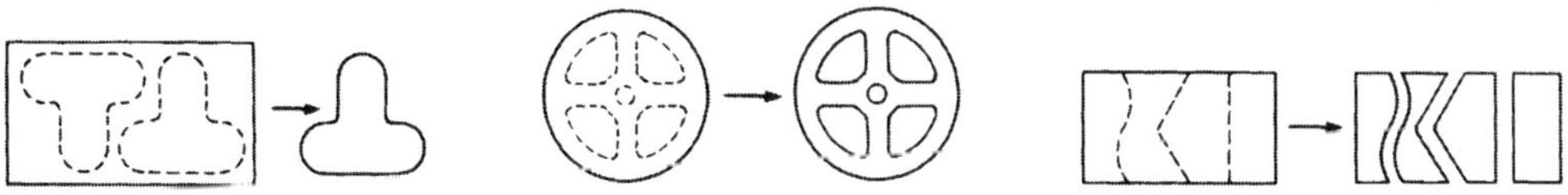

(a) 블랭킹 (b) 펀칭 (c) 절단

[그림 6·22] 전단가공의 종류

강한 것이 있어, 굽힘형에 압력을 가해 벤딩을 시켜도 압력을 제거하면 가공 때보다는 얼마간 변형이 되돌아오는데 이런 현상을 스프링 백(spring back)이라 한다. 또, 굽힘 가공에는 판의 가장자리를 보강 · 안전 또는 장식을 위해 둥글게 하는 작업을 컬링(curling)이라고 부른다. [그림 **6 · 23**]은 여러 가지 굽힘 가공이다.

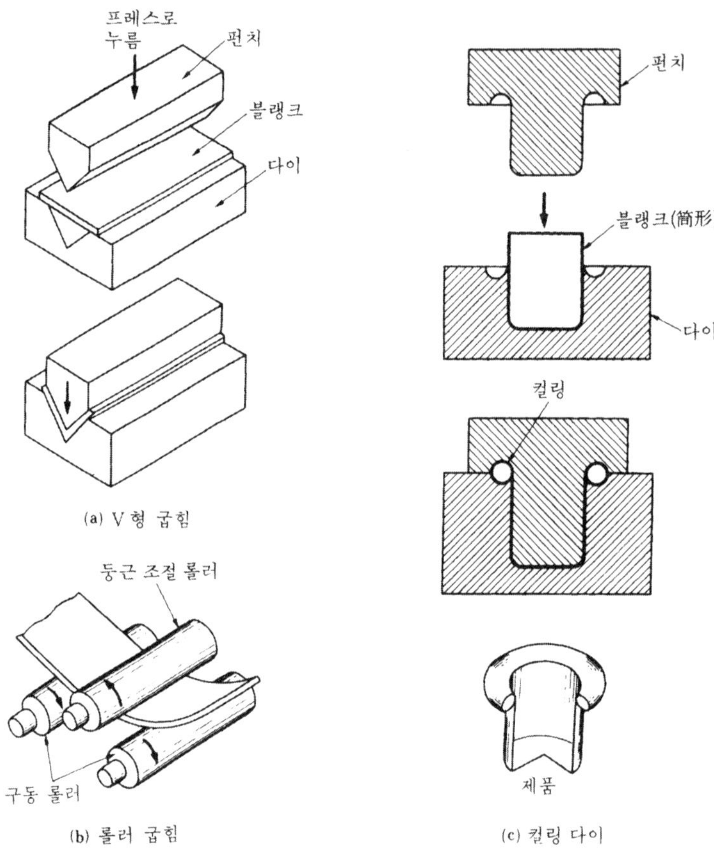

[**그림** 6·23] 여러 가지 굽힘 가공

3) 드로잉 가공(drawing) : 판재를 원통형 · 각통형 · 반구형 등 바닥은 있으나 이음새가 없는 용기로 성형하는 가공[그림 **6 · 24**]이다. 냄비, 세면기, 도시락 등은 드로잉 가공으로 만든다.

펀치와 다이에 의한 드로잉 가공을 형드로잉이라 부른다. 그림 (b)와 같이 종같은 원형에 판재를 세숫대야 모양으로 가공하는 것을 스피닝(spinning)이라 한다.

(2) 프레스(press)

회전운동의 에너지로 여러 가지 기구를 사용하여 직선운동의 에너지로 바꾸고 상온에서 펀치와 다이 사이에 필요한 가공을 하기 위한 기계이다. 크랭크 축이나 편심축을 이용한 프레스

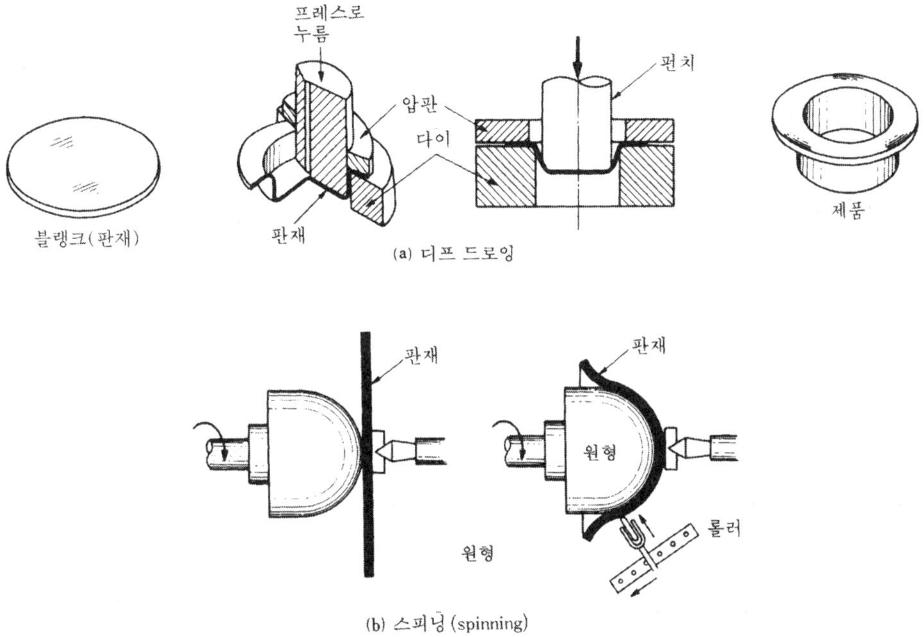

(a) 디프 드로잉

(b) 스피닝 (spinning)

[그림 6·24] 드로잉 가공

기, 마찰차를 이용한 프레스기 및 압축공기압, 수압, 유압, 전자기의 힘 등을 이용한 프레스기를 사용하는 경우가 많다.

자동차의 차체 등 대형용에는 물이나 기름을 가압해서 작동시키는 액압 프레스(hydraulic press)가 있다[그림 6 · 25, 6 · 26].

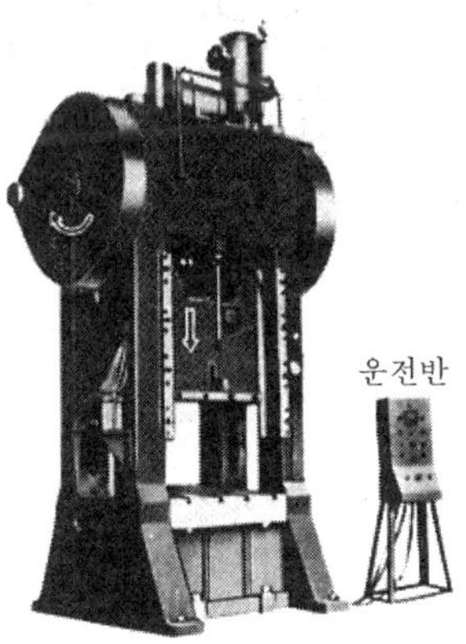

[그림 6·25] 크랭크 프레스

[그림 6·26] 마찰 프레스

3 압연에 의한 가공

압연(rolling)은 회전하고 있는 두 개의 롤러 사이에 금속소재를 통과시켜 판재 · 봉재 · 형재 등으로 성형시키는 소성가공이다.

압연에는 큰 변형 · 균질 · 대량생산 등에 적합하도록 소재를 가열하여 높은 온도에서 가공하는 열간압연과 정확한 치수, 깨끗한 다듬면 등의 요구에 맞게 소재를 일상온도에서 가공하는 냉간압연이 있다.

판재나 선재 등을 만들려면 용광로에서 만들어진 큰 강철 덩어리를 가열하여 압연하고, 질을 조정하거나 조직을 개선하거나 목적으로 하는 모양이나 크기에 맞도록 압연한다. 이와 같은 가공을 분괴압연이라 부른다.

분괴압연(blooming)된 강편은 압연 마지막 형상에 따라 나누며, 정4각형에 가까운 큰 강편을 블룸(bloom), 강판용은 슬래브(slab), 소형강편은 빌릿(billet) 등으로 압연된다. [그림 **6 · 27**] (a)는 슬래브를 판재용의 압연으로 롤러 사이를 몇 단계 통과시켜 박판으로 만드는 것이며, 두께가 6 mm 이상을 후판압연, 6 mm 이하를 박판압연이라 한다. (b)는 블룸이 형상에 따라 홈이 롤러 사이를 순차적으로 통과하면서 점차 목표로 하는 단면형상으로 압연되고 있다. 이 방법으로 봉강 · 형강 · 선재 · 레일 등이 만들어진다.

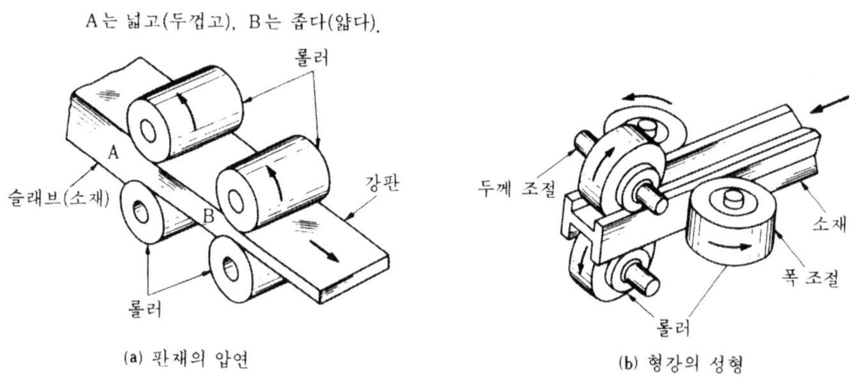

[**그림 6·27**] 압연

(1) 인발가공(drawing)

[그림 **6 · 28**]과 같이 아주 가는 테이퍼 구멍을 가진 다이에 소재를 넣어 인장력으로 다이를 통과시켜, 다이 구멍의 지름과 같은 굵기의 정도가 좋은 막대 · 선 · 관을 만드는 가공이다.

드로잉은 냉간가공에 의해 가는 봉의 가공이 많으며, 특히 선재인발이라 하여 몇 개의 다이를 연속 통과시켜 아주 가늘게 가공한다.

(2) 압출가공(extrusion)

[그림 **6 · 29**]와 같은 실린더 모양의 컨테이너에 소재를 넣고, 플런저에 큰 힘을 가해 다이의 구멍이나 틈새에서 환봉이나 관 등을 밀어내어 제품을 만드는 가공법이다. 가공되는 금속은 구리 · 알루미늄 · 아연 · 주석 및 그들의 합금으로 냉간 · 열간에서 가공되며, 각각 냉간압출 · 열간압출이라 부른다.

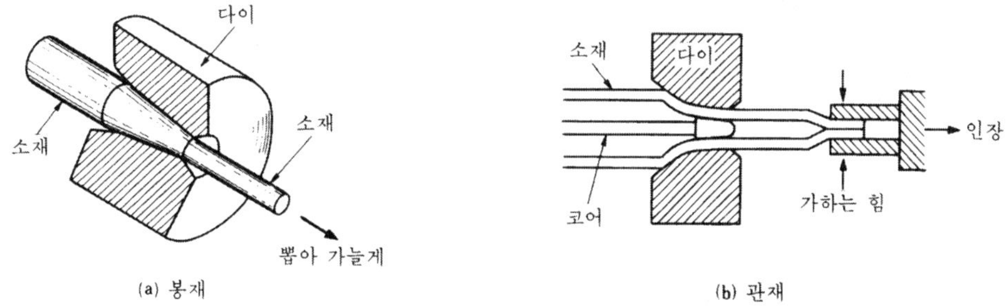

[**그림 6·28**] 인발가공

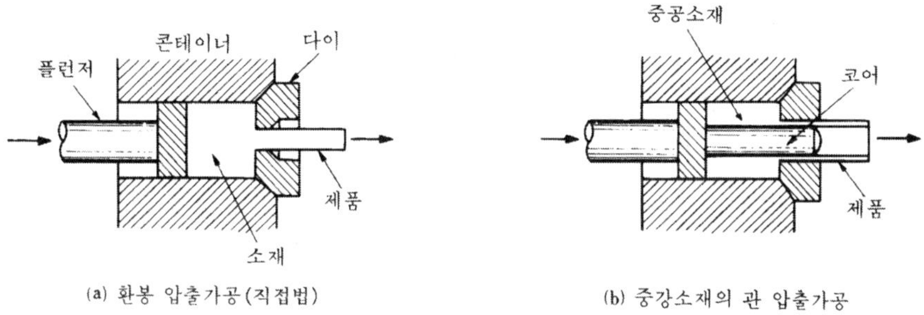

[**그림 6·29**] 압출가공

4 전조에 의한 가공

전조(轉造, rolling)는 롤러 또는 형을 사용하여 국소적으로 압력을 가해 변형시키고 필요한 부품을 만드는 가공법이다. 나사 · 기어 등을 만드는 데 사용한다. 즉 나사 · 기어 등의 제품과 상응하는 형상을 조각한 전조 다이를 막대 형상 · 원판형상의 소재를 밀어붙여 소재를 회전시키면서 가공한다. [그림 **6 · 30**]은 나사의 전조방법이며 (a)는 평형 다이, (b)는 둥근 다이에 의한가공법이다. [그림 **6 · 31**]은 평 기어의 전조이며 (a)는 래크 다이, (b)는 롤러 다이에 의한 가공법이다.

전조가공은 냉간가공이기 때문에 다듬질면이 아름답고, 정도가 좋은 제품이 단시간에 대량 생산된다. 또 나사의 보기를 들어 보면, 지름 9 mm의 소재로 10 mm의 나사를 만들기 때문에 경제적이다. 거기다 절삭가공이 아니기 때문에 재료의 섬유형상조직이 절단되지 않으며, 연속되고 있기 때문에 강한 제품이 되는 장점이 있다.

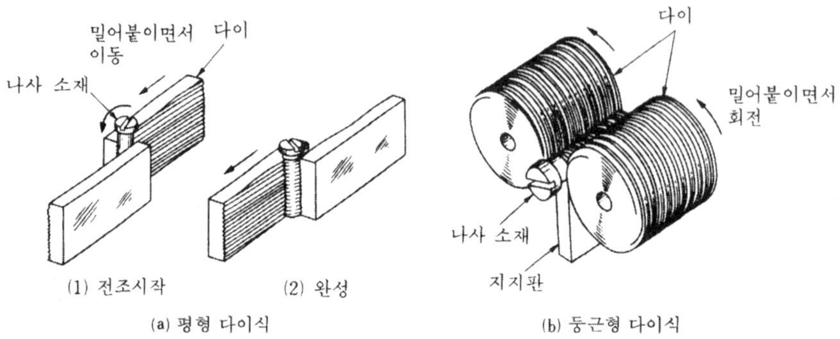

[그림 6·30] 나사의 전조

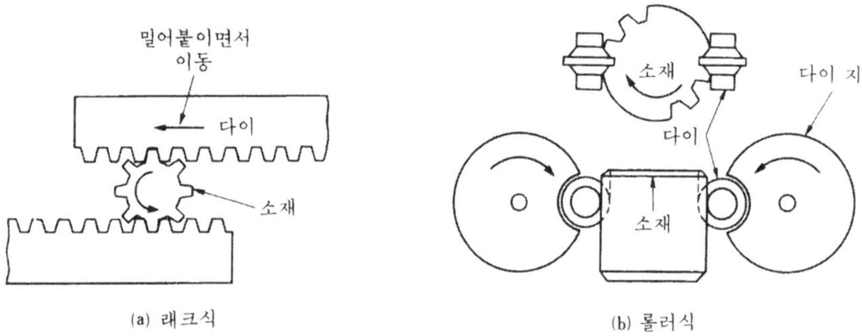

[그림 6·31] 기어의 전조

6-7 접합에 의한 성형(접합가공)

1 용접법의 종류

금속끼리의 결합방법에는 [그림 6 · 32]에 표시하는 것과 같은 여러 가지 방법이 있다.

나사에 의한 결합은 양쪽의 부품에 구멍을 내어 볼트를 관통시키고, 너트로 고정시키거나한쪽의 부품에 나사 구멍을 가공시켜 볼트만으로 고정시킨다. 이 방법은 결합 후 분해가 가능하다. 기밀을 유지하기 위해서는 개스킷(gasket)이나 패킹(packing)을 할 필요가 없다.

리벳에 의한 결합은 특별한 경우가 아니고는 분해할 필요가 없는 개소의 결합에 사용한다. 기밀을 위해서는 리벳 간격을 좁히면 되지만 이음 부분의 강도가 떨어진다.

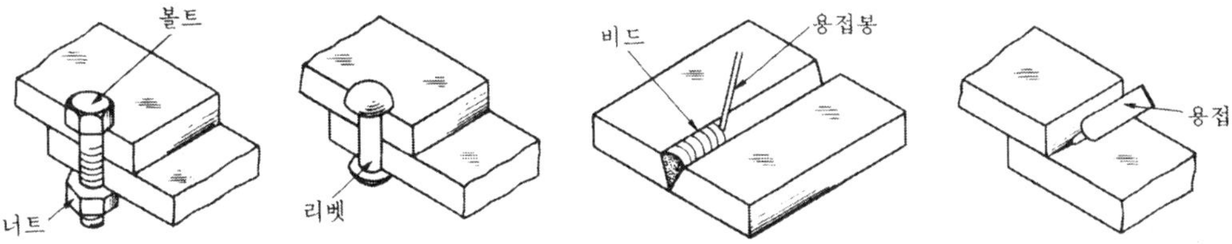

[그림 6·32] 여러 가지 결합방법

용접에 의한 결합은 결합시키고자 하는 부분을 용융상태로 하여 일체로 하고자 하는 결합방법이다. 이 결합방법은 용접 후에 분해할 필요가 없는 부분에 사용한다. 결합에 소요되는 시간도 짧고 기밀도 유지되며, 형상이나 재질에 그다지 제한이 없으며 결합부분에 여분의 튀어나온 곳이 없다. 그러나 국소적 가열로 인해 재질의 변화·변형·내부응력의 발생 등을 고려할 필요가 있다.

접착제에 의한 결합은 어느 정도 기밀이 유지되지만 내열성은 다른 방법보다 낮다. 그러나 결합법이 간단하고 열도 힘도 가해지지 않기 때문에 재질의 변형은 생기지 않는다. 최근에는 접착력이 큰 것도 있으나 힘에 대해서는 다른 방법보다 신뢰성이 떨어진다. 여기서는 용접을 중심으로 설명한다. [표 **6·4**]는 용접법의 개요이다.

[표 6·4] 용접법의 개요

- 용접법
  - 전기용접
    - 아크 용접
      - 용접금속을 전극으로 하는 방법
      - 전극 외에 용접금속을 사용하는 방법
    - 저항용접 – 점용접, 맞대기 용접, 이음새 용접
  - 가스용접
    - 산소·아세틸렌용접
    - 산소·프로판용접
    - 산소·수소용접
  - 마찰용접
  - 납 땜
  - 단 접
  - 전자빔용접
  - 테르밋 용접

2 가스 용접과 절단

(1) 가스 용접

가스 용접(gas welding)에서는 접합시키고자 하는 재료를 모재라 부른다. 가스용접은 모재를 연소가스의 화염으로 가열하여 용융시키고 여기에 모재와 같은 재질의 금속을 가해서 녹여 접합하는 방법이다.

가스 용접에 사용하는 가스는 아세틸렌(C_2H_2), 프로판(C_3H_8), 수소(H_2) 등과 산소(O_2)의 혼합가스이다. 일반적으로 널리 사용되는 것은 화염의 조정이 쉽고 또 고온도를 얻을 수 있는 $C_2H_2-O_2$의 혼합가스이다.

아세틸렌은 발생장치에 의한 것과 아세틸렌에 아세톤을 흡수시켜 봄베에 충전시킨 용해 아세틸렌이 있다. 용해 아세틸렌은 봄베에 압축시켜 충전시킨 것이므로 가스압력은 높고 운반이 쉬우며 폭발의 위험이 낮은 등의 장점이 많아 널리 사용되고 있다.

산소 · 아세틸렌 용접장치는 [그림 **6 · 33**]에서와 같이 산소는 흑색으로 도장한 산소 봄베에 약 15 kgf/cm^2의 압력으로 충전하며, 아세틸렌은 노란색으로 도장한 아세틸렌 봄베에 약 15 kgf/cm^2의 압력으로 충전하여 둔다.

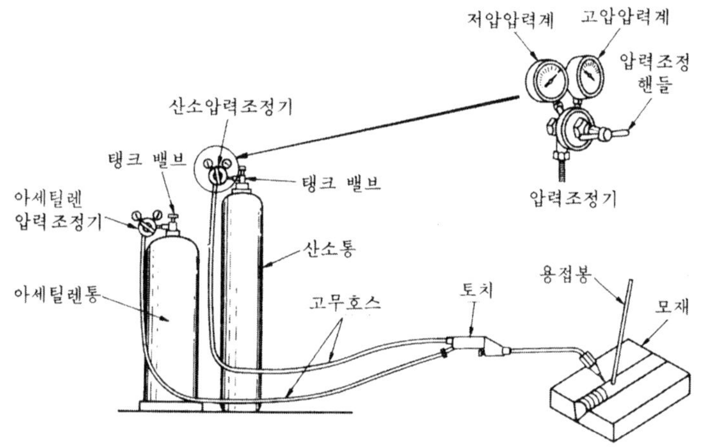

[**그림** 6·33] 산소 · 아세틸렌 발생장치

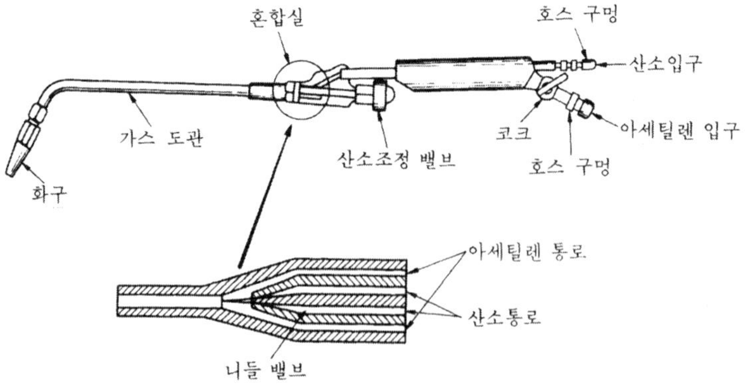

[**그림** 6·34] 용접 토치

토치(torch)는 가스를 혼합시켜 용접 불꽃을 발생시키는 기구이다. 혼합가스는 [그림 **6 · 34**]의 산소조정 밸브에 의해 혼합실 안의 니들 밸브로 압력 · 유량을 조정하여 3000℃ 정도의 높은 온도의 화염을 발생시킨다.

가스 용접은 비교적 얇은 판의 접합에 적당하며 널리 사용되고 있다. 용접봉은 모재와 같은 재질의 금속을 사용하며, 판 두께나 화구(火口)의 크기에 따라 그 굵기를 선택하여야 한다.

가스용접의 장치는 설비비가 비교적 적게 들고 이동도 간단하지만 용접기술은 숙련을 필요로 하며, 취급을 잘못하면 대단히 위험하다. 가스용접의 방법은 [그림 **6 · 35**]에 표시되었다.

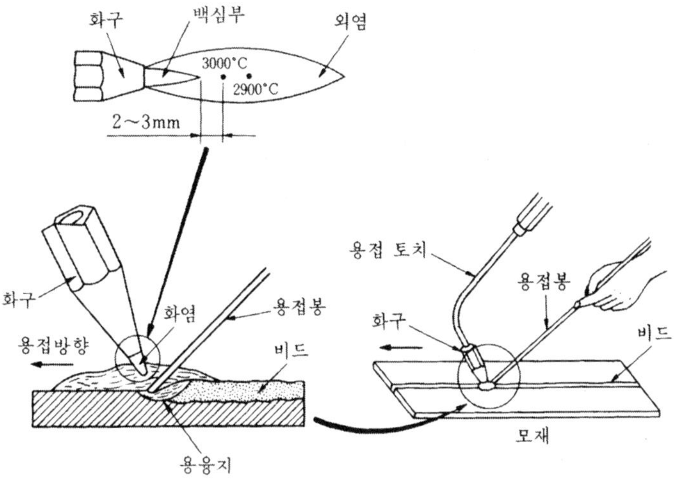

[**그림 6·35**] 가스 용접의 방법

(2) 가스 절단

가스 절단(gas cutting)은 산소 · 아세틸렌 용접장치의 절단용 토치로 바꾸면 된다. 절단코자 하는 강재를 토치를 사용하여 국소적으로 연소 불꽃으로 예열하면서 토치의 중앙에서 순수한 산소가스를 분출시키면, 강재는 연소되어 용융상태의 산화철이 되고 고압의 산소에 의한 토치의 이동에 따라 절단된다.

연강재이면 250 mm 정도까지는 절단이 쉬우며, 박판재를 겹쳐 같은 형상으로 절단하거나 다수의 토지를 연동시켜 자동 절단하는 등 판금가공이나 제관(製罐)작업에 때때로 이용된다.

3 전기 저항용접

전기 저항용접(electric resistance welding)은 용접하고 싶은 두 개의 모재를 접합시키고 모재 자체에 큰 전류를 흐르게 하면 접합부의 접촉저항에 의해 생기는 열을 이용, 모재의 접촉면이나 그 부근이 용융상태에 가까이 이르렀을 때 기계적 압력을 가해서 용접하는 방법이다. 금속의 접촉저항이 비교적 적어서 전원에는 교류를 사용, 전압은 수 볼트에서 수십 볼트, 전류는 수백~수천 암페어, 때로는 수만 암페어와 같은 저압대전류를 이용하고 있다.

저항용접의 특징은 짧은 시간에 용접이 완료되기 때문에 산화나 변형률의 발생이 적고, 조작이 간단하고 특수한 기술이 필요없기 때문에 대량생산 · 자동화 등에 적합한 용접법이며, 용접의 방법에 따라 맞대기 용접과 겹치기 용접으로 크게 나눈다.

(1) 맞대기 저항용접(butt resistance welding)

봉 · 관 등의 단면과 같은 재료를 맞대어 용접하는 경우에 사용된다. [그림 6 · 36]은 업셋 맞대기 용접(upset butt welding)인데 두 개의 모재를 고정전극과 이동전극에 부착시키고 양끝면을 접촉시켜 전류를 통과시키면 접촉부의 저항으로 발열이 되며 용접온도가 되었을 때 압력을 가해서 접합하는 용접법이다. 이 방법은 지름이 작은 막대 형상의 강재에 적합하며, 이 경우 강하게 압력을 가해 전체 맞대기면을 한꺼번에 접합하는 방법을 플래시 용접(flash welding)이라 한다. 이 용접은 공정 중간에 표면의 산화물이 날라가 버려 깨끗한 접합부가 얻어지므로 항공기 · 자동차 등에 널리 이용된다.

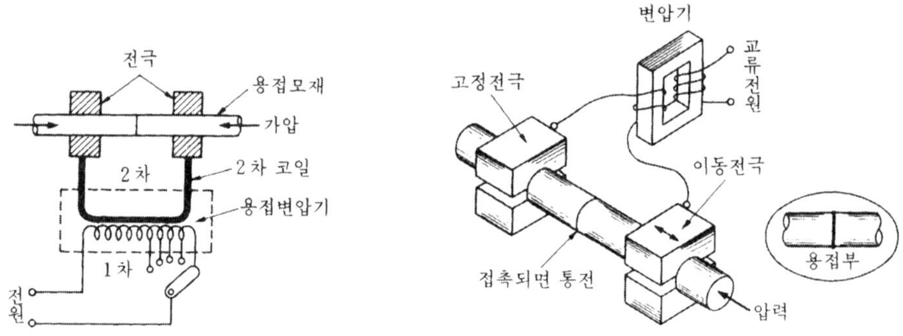

[그림 6·36] 업셋 맞대기 용접

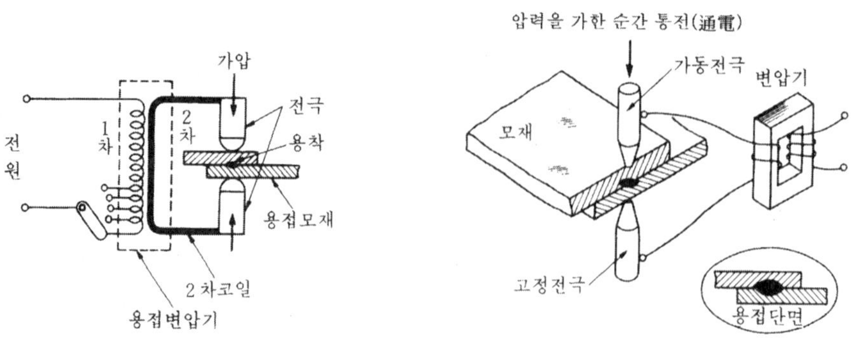

[그림 6·37] 점 용접

(2) 겹치기 저항용접(lap resistance welding)

1) **점 용접**(spot welding) : [그림 **6 · 37**]과 같이 용접하고자 하는 용접모재를 고정전극 위에 포개어 가동전극으로 맞물리게 하고, 압력을 가하면서 전류를 흐르게 하여 접촉부가 용접 온도에 도달하였을 때 큰 압력을 가해 접촉부를 점 모양으로 용접하는 방법이다. 박의 용접에 적합하며 자동차 · 차량의 보디 등에 많이 이용되고 있다.

2) **심 용접**(seam welding) : [그림 **6 · 38**]과 같이 원판 모양의 전극 사이에 모재를 포개고, 상부 롤러전극을 가압한 그대로 회전시켜서 전류를 흐르게 하여 가열 용접하는 방법이다. 접합부는 연속해서 용접이 되기 때문에 기밀 · 수밀(氣密 · 水密)등을 필요로 하는 관 등에 이용된다.

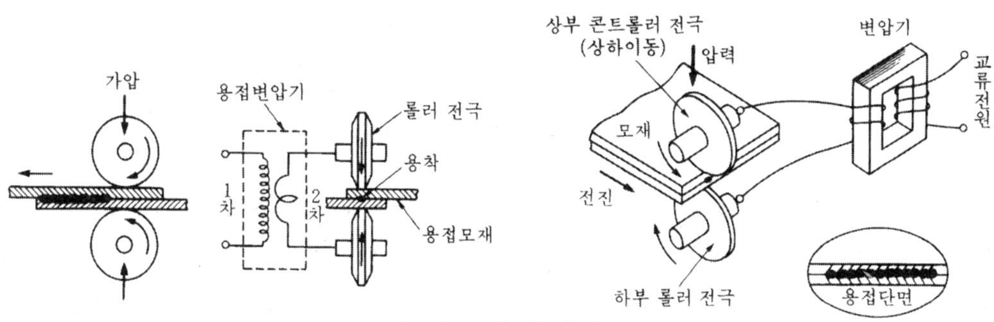

[그림 6·38] 심 용접

3) **프로젝션 용접**(projection welding) : [그림 **6 · 39**]와 같이 금속부재의 접합부분의 한 쪽에 돌기부를 만들어 평편한 모재를 포개고, 가동전극으로 맞물리게 하고 압력을 가하여 이곳에 전류가 흐르게 하여 저항열을 비교적 적은 특정부분에 한정하도록 하는 용접법이다. 이 방법은 동시에 몇 군데가 용접이 되며 점 용접보다 능률은 좋으나 뾰족한 곳을 만드는 앞선 가공이 필요하다.

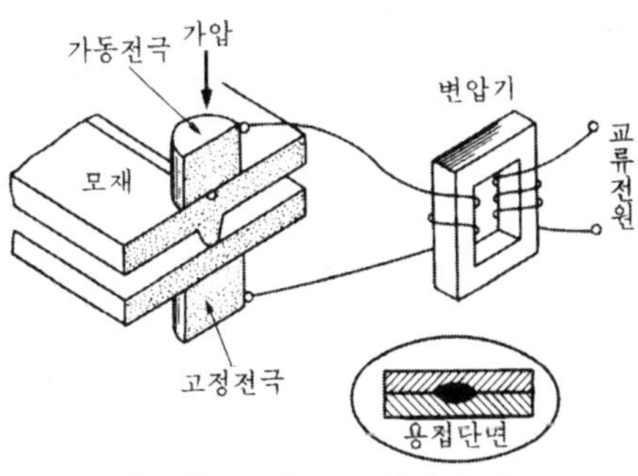

[그림 6·39] 프로젝션 용접

4 아크 용접

아크 용접(electric arc welding)은 용접 모재와 같은 종류의 금속으로 된 전극 겸 용접봉과의 사이에 아크를 발생시키고, 그 열로 전극 자체를 녹여 접합부에 채워서 용접하는 용접법이다. 교류나 직류전기가 사용되며 5~30 볼트의 낮은 전압으로 50~30 암페어의 큰 전류가 흘러 전기불꽃(아크)이 연속적으로 발생한다[그림 **6 · 40**]

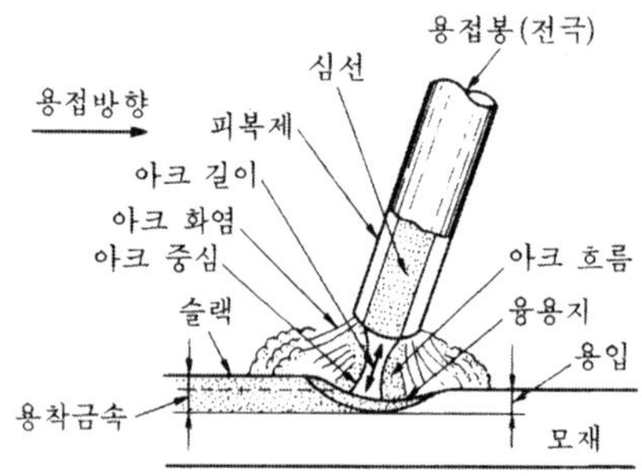

[그림 6·40] 아크 용접

아크는 아크 중심 · 아크 유동부(stream) · 아크 화염(flame)의 세 부분으로 나누어지며, 아크 중심은 백색의 빛나는 부분으로 4000℃에 이르는 고온부분이다. 아크에 접하는 부분은 금속이 녹아 고이는데 이것을 용융금속이라 하고, 이로 인한 용접부위는 용착금속이 된다. 용착 깊이는 전류의 세기, 극성, 아크의 길이, 용접봉의 종류, 용접속도에 영향을 받는다.

전극봉으로는 지금까지 용접모재와 같은 종류의 금속으로 된 피복되지 않은 용접봉을 사용하였으나 현재는 플럭스(flux)를 바른 피복 아크 용접봉이 사용되고 있다.

(1) 아크 용접의 종류

아크 용접은 전극의 종류나 전류에 의해 다음과 같이 나누어진다.

1) **탄소 아크 용접**(carbon arc welding) : [그림 **6 · 41**] (a)와 같이 모재와 탄소전극과의 사이에 아크를 발생, 그 열로 모재와 용접봉을 녹여 용접하는 방법이며 전원은 직류이다. 이 방법은 소비전력이 많고 작업이 힘들다는 이유로 주강의 손상부위의 수리 등 특수한 경우에만 사용한다.

2) **금속 아크 용접**(metal arc welding) : 그림 (b)와 같이 용접봉의 구실까지 하는 금속전극과 모재 사이의 아크가 발생되며, 그 열로 모재와 용접봉을 녹여서 용접하는 방법이며 전원은 교류나 직류가 사용된다. 작업이 간단해서 널리 이용은 되나 용접 중에 금속전극은 녹아 짧아져 모재와의 간격을 적당히 유지하여 아크가 계속 유지되도록 주의해야 한다.

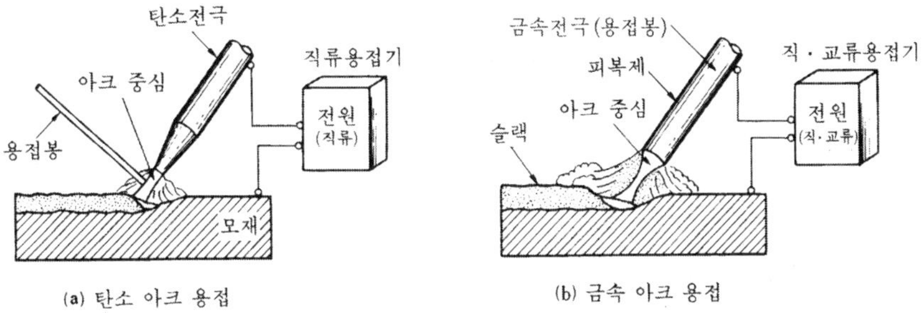

[그림 6·41] 아크 용접의 종류

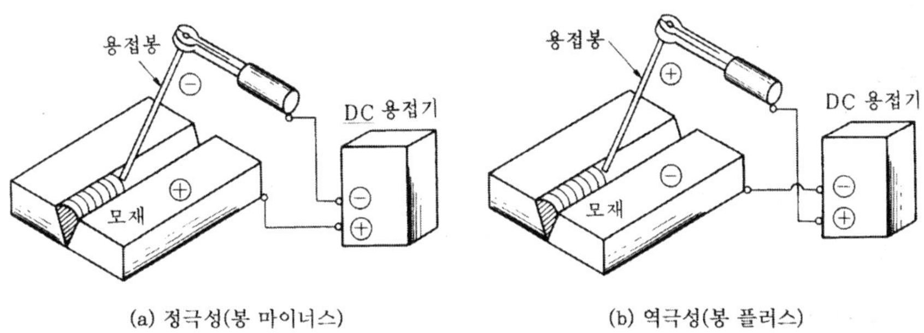

[그림 6·42] 아크 용접의 극성

3) **직류 아크 용접**(DC arc welding) : 이 용접은 사용하는 전원이 직류전류이다. 이 방법에서는 양극쪽이 음극쪽보다 높은 온도가 되어 안정된 발생하며 [그림 **6 · 42**] (a)와 같이 모재를 양극에, 용접봉을 음극에 연결한다. 이것을 정극성(正極性) 또는 봉(棒) 마이너스 등으로 부르고 있다.

4) **교류 아크 용접**(AC arc welding) : 이 용접법에 사용되는 전원은 교류전류이다. 이 방법에서는 극성(極性)이 바뀌어지는 데 양극 · 음극 다 발생되는 열은 같게 된다. 교류에서 직류보다 안정된 아크를 얻으려면 높은 전압이 필요하고 때문에 전기충격 사고가 일어나기 쉽다. 최근에는 사고방지 장치가 교류 아크 용접기에 설치되어 있다. 이것을 역극성(逆極性) 또는 봉 플러스 등으로 부른다.

5 납땜

납땜(brazing)은 모재보다 융점이 낮은 금속(납)을 접합하고자 하는 모재 사이에 녹여 넣어 금속을 접합하는 방법이며 경납땜과 연납땜(soldering)이 있다. 용접과 다른 점은 모재를 용융하지 않는다는 점이다.

납에는 융점이 450℃이상의 경납(braze metal), 450℃ 이하의 연납(solder)이 있다. 경납에는 금 · 은 · 구리 · 황동 · 인산 · 니켈 · 알루미늄 등의 납이 있고, 연납에는 Sn-Pb계의 합금이 있다.

납땜에는 모재의 재질, 접합강도로 보아 적당한 납을 선택하지만, 대체로 납땜이라고 하면 경납에 의한 납땜을 뜻한다. 납땜을 할 때에는 모재표면을 깨끗하게 하고, 모재 사이의 틈새를 똑같이 하여 작업을 한다.

6-8 표면의 처리에 의한 성형(피복가공)

1 금속 피복

(1) 용금욕법(溶金浴法 또는 도포 담금법)

가장 간단하게 이루어지는 것은 용융된 금속 중에 가공물을 넣었다가 집어내는 방법이다. 사용되는 금속은 Zn, Sn, Pb, Al 등으로 양철판, 함석판, 옥외 철골구조물, 관, 화학공장의 장치 등의 표면가공에 이용된다. 이 방법으로는 정확하게 균일한 표면층은 형성되지 않는다.

(2) 금속용액 분사법

용융된 금속을 압축공기에 의해 가공물에 분사시켜 부착시키는 방법을 금속조정(metal control) 또는 금속용액 분사법이라 한다. 기계부분품의 마모된 부분에 두께를 더하거나, 주물에 생긴 구멍 부분을 메우는 경우 등에 사용한다.

(3) 도금

금속 이온의 어느 용액에 전극을 넣고, 직류전압을 가해 전류를 흐르게 하면 음극에 금속이 부착된다. 이 현상을 이용하여 음극에 가공물을 배치하고 금속을 도금하는 방법을 전기도금이라 한다.

균일한 좋은 도금층을 형성하기 위해서는 도금하려는 가공물의 표면에 부착된 부착물을 깨끗하게 제거하고 아울러 이온의 석출과 함께 변화하는 용액을 항상 일정한 상태로 유치해야 한다.

2 산화물 피복

금속의 표면에 안정된 산화물의 막을 형성하면 산화막 부식 등에 대해 내부를 보호한다. 또 산화물에 따라서는 특이한 색을 가지므로 착색에 이용된다. 가장 피복이 잘 되고 안정된 산화물을 만드는 것은 철과 알루미늄이다. 알루미늄을 피복하는 방법에는 양극산화법(陽極酸化法)이 있고, 철에는 알칼리 착색법이 있다.

(1) 양극산화

알루미늄의 표면에 산화막을 만드는 방법을 보통 알루마이트(alumite)라 불려지고 있다. 알루미늄을 양극에, 납을 음극으로 해서 수산(oxalic acid), 크롬산, 황산 등의 묽은 용액 중에 전류를 흐르게 해서 피복한다.

(2) 알칼리 착색

이것은 사진기의 셔터나 스프링 등의 표면을 검은 색으로 만드는 가공으로, 가공물인 철강을 140~150℃로 가열하여 규정된 용액 안에 넣어 착색시킨다. 표면에는 43산화철(Fe_3O_4)의 막이 1~3μ정도의 두께가 만들어진다. 이것은 빛의 반사나 부식의 방지 등의 목적으로 시행한다.

3 도장(塗裝)

도료로 가공물에 피복막을 만드는 조작을 도료의 치장이라 한다. 도장의 원료는 대개 액체 상태로 종류가 대단히 많다.

도료의 치장에는 손으로 도료를 칠하는 방법, 압축기로 공기와 함께 도료를 분출시켜 가공물에 부착시키는 방법, 도료 안에 집어넣는 방법, 정전기로 도장하는 방법 등이 있다.

6-9 절삭에 의한 성형(절삭가공)

주조나 단조 등에 의해 만들어진 기계부품의 불필요한 부분을 깎아내고 다듬질하거나, 봉재·관재·형재를 공구로 다듬질하여 목적으로 하는 모양·치수로 가공하는 공작법을 절삭가공이라 한다.

절삭가공은 기계·기구·공구 등의 부품으로는 최종단계의 가공이며 형상·치수와 고정밀도가 요구된다. 또 거기에 따라 여러 가지 기계가 이용되며, 가공 또한 여러 가지 방법이 동원되고 있다.

절삭가공에는 수공구만을 사용하는 손 다듬질(hand finishing)과 기계를 사용하는 기계가공(machining)으로 구분하고, 기계가공에 사용하는 각종 기계를 공작기계라 한다.

1 손 다듬질

손 다듬질(hand finishing)은 공작기계를 사용하지 않고 정(chisel), 줄(file), 스크레이퍼(scraper), 망치(hammer) 등 수공구를 사용하여 기계부품을 가공하는 작업을 말한다.

(1) 금 긋기(marking off, laying out)

주어진 공작물을 손 다듬질이나 기계가공에 의해 정해진 치수 모양대로 다듬질하려면 깎을 부분, 뚫을 구멍 등의 위치를 분명히 하기 위해 금을 그어 기준을 잡아 주는 작업이다. [그림 6 · 43]은 금 긋기용 공구, 금 긋는 방법 및 펀칭(punching)하는 방법이다.

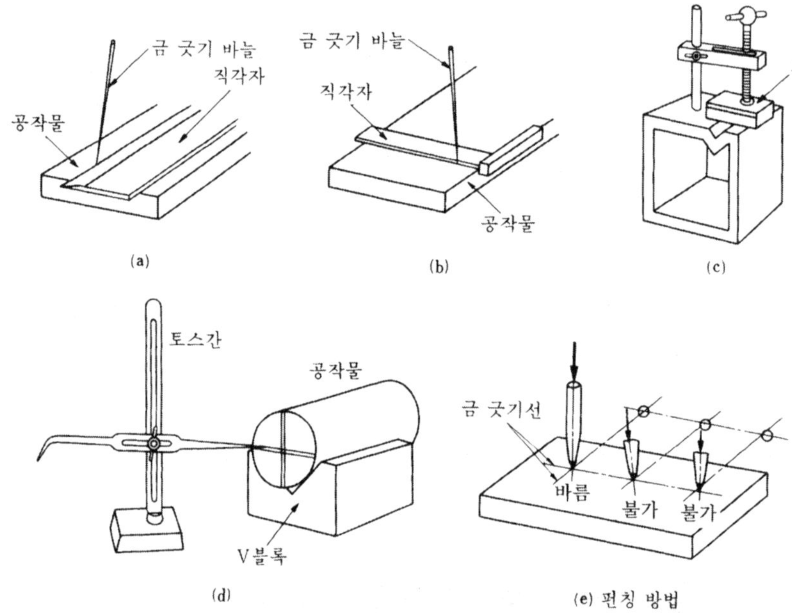

[그림 6·43] 금 긋기용 공구, 금 긋기 방법 및 펀칭

(2) 줄 작업(filing)

줄 작업이란 주물 · 단조품이나 정이 들어간 부분, 기계가공을 한 표면, 또 조립할 때 꼭 맞지 않는 부분을 줄(file)을 사용하여 평면이나 곡선을 다듬질하는 작업으로, 손 다듬질 중에서 가장 중요한 작업이다[그림 6 · 44].

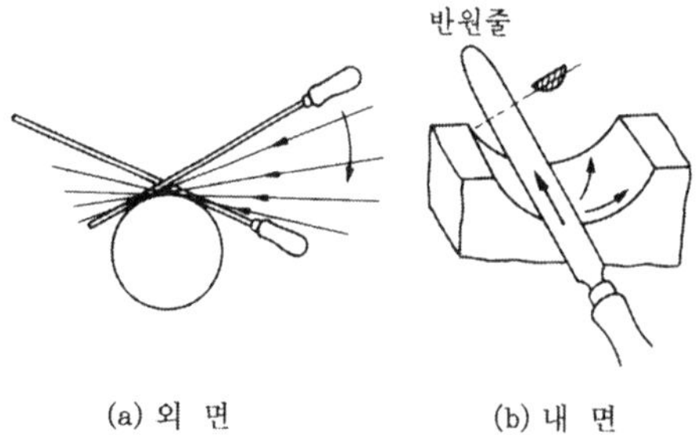

[그림 6·44] 곡면의 다듬질

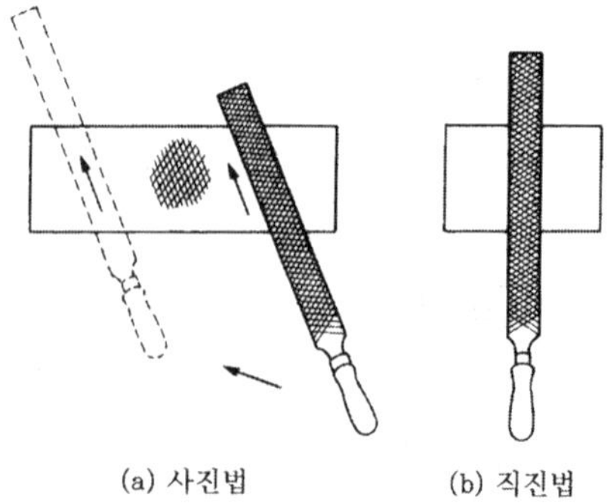

[그림 6·45] 줄의 사용방법

줄의 날은 홑줄 날, 두줄 날, 줄 날의 종류도 거칠은 날, 보통 날, 고운 날 등이 있고, 줄을 사용하는 방법에 따라 직진법(straight filing), 사진법(斜進法 ; diagonal filing)이 있다[그림 6 · 45].

(3) 스크레이핑(scraping)

스크레이핑은 줄작업이나 기계가공을 한 다듬질면을 스크레이퍼(scraper)라는 공구로 보다 더 정밀하게 다듬질하거나 기계부품의 가장자리를 다듬는 작업이다. 대체로 평면 다듬질이나 곡면 다듬질도 있다.

(4) 나사 깎기(thread cutting)

손 다듬질에서 둥근 막대에 수나사를 내거나 구멍 안에 암나사를 내는 작업을 말한다. 둥근 막대에 수나사를 내려면 [그림 6 · 46]과 같은 나사 깎기 둥근 다이(thread cutting round die)를 사용하며, 구멍에 암나사를 만들려면 [그림 6 · 47]과 같은 등경(等徑) 핸드탭(ordinary hand tap)을 사용한다. 3개가 한 조이며 차례대로 사용하고 이 작업을 태핑(tapping)이라 한다.

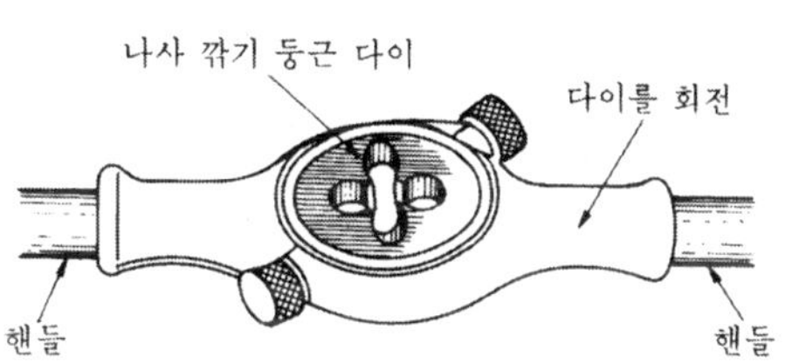

[그림 6·46] 나사 깎기 둥근 다이

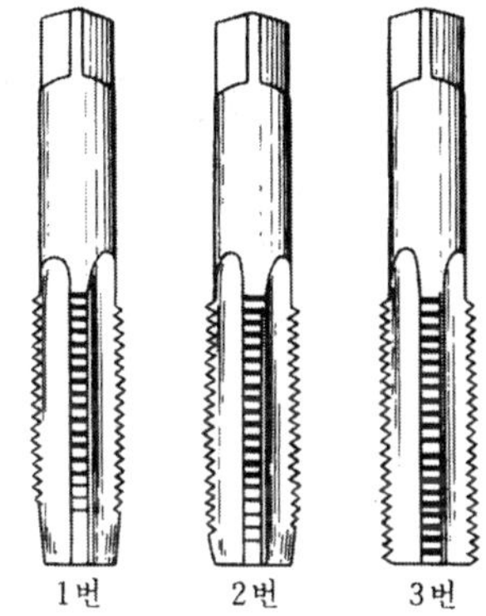

[그림 6·47] 같은 지름의 핸트탭

2 선반절삭에 의한 가공

공작물을 선회(회전)시켜 절삭하는 가공법을 선박절삭이라 한다. 선반절삭용 절삭공구는 대개 바이트(cutting tool)가 사용된다.

(1) 선반의 주요구조

선반(lathe)은 공작물을 주축에 고정하고 회전시켜 전후 또는 좌우로 이동되는 공구를 닿게 하여 재료를 절삭하는 공작기계(machine tool)이다. 선반은 가장 많이 사용되는 공작기계로 그 가공분야는 [그림 6 · 48]과 같이 여러 가지 가공이 가능하며, 일반적으로 널리 사용되고 있는 것이 [그림 6 · 49]와 같은 보통 선반(engine lathe)이다.

1) **주축대**(head stock) : 공작물을 정확하게 지지하면서 공작물을 회전시키는 부분이다. 내부에는 주축(spindle)의 회전을 변속시키는 기어장치가 들어 있고, 그 하부에는 전동기가 설치되어 상부와 V벨트로 연결되어 있다. 주축의 회전속도는 30~3000 rpm 정도이고 6~12종류의 회전속도를 얻을 수 있다.

2) **심압대**(tail stock) : 주축대와 상대되는 베드 위에 있고 센터로 공작물을 지지하고 구멍을 가공할 경우에는 드릴(drill)이나 리머(reamer) 등을 고정한다. 따라서 심압대는 공작물의 길이에 따라 베드의 임의의 위치에 고정시킬 수 있다.

3) **베드**(bed) : 주축대 · 심압대 · 왕복대 등 선반의 주요부분을 지지하고, 이들 운동을 안내하여 절삭을 할 때 큰 힘을 받기 때문에 정확하고 또 단단하게 제작되어 있다. V형 안내면이 가장 정확하고 실제적이다.

선반의 크기(lathe size)는 베드 위나 왕복대 위의 공작물의 최대 지름(swing)과 최대 길이(양 센터 사이의 거리)로 표시한다.

[그림 6·48] 선반으로 가능한 작업의 종류

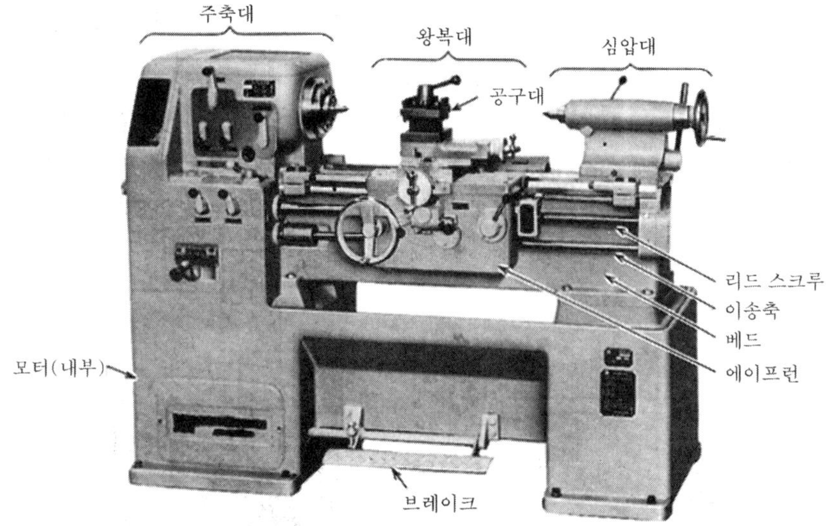

[그림 6·49] 보통 선반의 주요부의 명칭

4) 왕복대(carriage) : 주축대와 심압대와의 중간에 놓여 있으며, 베드 위에서 좌우로 이동되며 베드 위 안내면에 놓여 있는 새들(saddle)과 하부에는 왕복대를 이동시키기 위한 에이프런(apron)이 달려 있다. 새들 위에는 공구대(단식공구대, 복식공구대)가 붙어 있어 여기에 고정시킨다.

주축의 회전은 기어장치에 이송축 · 리드 스크루(lead screw)에 전달되고 에이프런 내의 장치에 의해 가로 · 세로방향으로 수동으로나 자동으로 이동된다. 리드 스크루는 나사가공을 할 때 에이프런을 이동시키도록 한 나사이다.

5) 센터 : 비교적 긴 공작물을 주축에 꽂혀 있는 회전 센터와 심압대에 꽂혀 있는 고정센터의 두 센터 사이에 지지시키고, 센터사투는 둘 다 모스 테이퍼(morse taper)로 되어 있고 끝 머리의 원뿔형도 각도가 60°이다.

6) 회전판(driving plate), 선반 돌리개(lathe dog, work carry) : 양 센터에 의해 지지된 공작물에 회전을 전달시켜 공구로 절삭한다. 회전판을 주축에 나사로 고정하고 공작물에 고

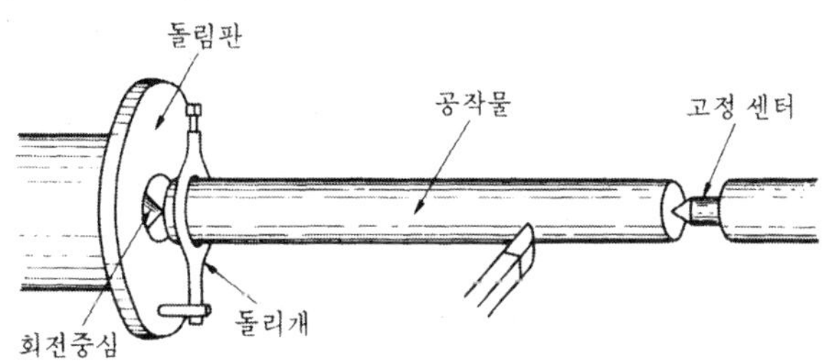

[그림 6·50] 센터의 일

정된 선반 돌리개의 꼬리를 회전판의 홈에 밀착시키면 축의 회전은 회전판-선반 돌리개-공작물의 순으로 전달된다[그림 **6 · 50**].

7) **선반 척**(lathe chuck) : 두 센터 사이의 공작물을 걸 수 없는 비교적 짧은 가공물은 척에 고정한다. 척은 주축에 고정하며 몇 개의 조(jaw)를 사용하여 가공물을 붙잡는 장치다. 척에는 여러 가지 종류가 많으나 [그림 **6 · 51**]과 같은 단독 척, 만능식 척이 많이 사용된다.

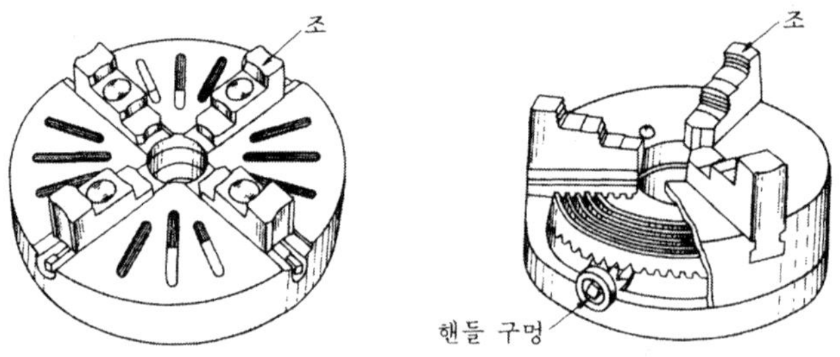

(a) 단독 척 (b) 만능식 척

[**그림** 6·51] 척

8) **면판**(face plate) : 회전판과 비슷하나 그것보다는 크고 척에 고정하기 힘든 불규칙적인 공작물을 볼트 등으로 직접 또는 간접으로 고정시킨다.

9) **방진구**(work rest) : 비교적 가늘고 긴 공작물을 절삭할 경우에는 공작물 자체의 무게나 절삭력으로 휘어져 진동을 일으킨다. 진동을 방지하기 위해 사용되는 것이 방진구(防振具)로 베드에 고정해서 사용하는 **고정방진구**(steady rest), 왕복대의 새들에 고정시켜 바이트와 함께 베드에 따라 이동시키는 **이동방진구**(follow rest)가 있다.

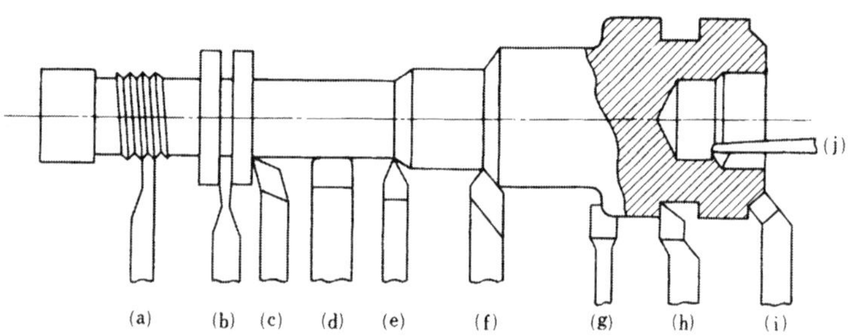

(a) 수나사깎기 바이트, (b) 절단 바이트, (c) 우측 횡검 바이트, (d) 원형완성 바이트,
(e) 검 바이트, (f) 좌측 황삭 바이트, (g) 총형 바이트, (h) 우측편 칼날 바이트,
(i) 굽은 우측 바이트, (j) 보링 바이트

[**그림** 6·52] 용도별에 따른 바이트와 종류

(2) 선반용 바이트

바이트(cutting tool)는 고속도강이나 초경합금으로 만들며 모양 · 구조 · 크기가 다른 많은 종류가 있다. 형상은 [그림 **6 · 48**]에서도 알 수 있으나 [그림 **6 · 52**]에 용도별 바이트의 형상과 명칭을 표시한다. 바이트를 사용할 때에는 바이트 **홀더**(bite holder)에 끼워 사용한다.

(3) 선반의 종류

선반의 종류에는 보통 선반 외에 터릿 선반(turret lathe) · 정면 선반(face lathe) · 탁상 선반(bench lathe) · 수직 선반(vertical lathe) · 자동 선반(automatic lathe) 등 여러 가지가 있으며, 공작물에 따라 적합한 것을 선택할 필요가 있다.

터릿 선반은 표면 깎기, 가로 깎기, 구멍 뚫기, 나사 깎기 등 몇 개의 공정을 일관 작업을 할 수 있다. 정면 선반은 지름이 큰 공작물의 선반, 탁상 선반은 시계부속 등 작고 정밀한 공작물의 가공, 수직 선반은 지름이 크고 짧은 것이나, 무거운 것을 절삭하는 데 사용한다. 자동선반은 터릿 선반이 자동화된 것으로 보면 될 것이고 몇 개의 바이트가 자동적으로 작동되어 절삭된다. 최근에는 컴퓨터를 이용한 **수치 제어 자동선반**(numerical controlled automatic lathe)가 많이 사용되고 있다.

3 구멍의 가공(드릴링)

구멍의 가공이란 공구를 회전시킴과 동시에 상하운동도 시켜, 주로 공작물에 구멍을 내거나 만들어진 구멍으로 여러 가지 절삭가공을 하는 것을 말하며 사용하는 공작기계가 **드릴링 머신**(drilling machine)이다. 이 기계가 할 수 있는 작업은 [그림 **6 · 53**]과 같이 드릴(drill)로 구멍을 내는 구멍 뚫기, 드릴로 만든 구멍을 리머(reamer)로 정밀 다듬질하는 리밍, 구멍을 크게 넓히는 보링(boring), 너트의 암나사를 너트 탭으로 깎는 태핑(tapping), 구멍에 볼트나 작은 나사를

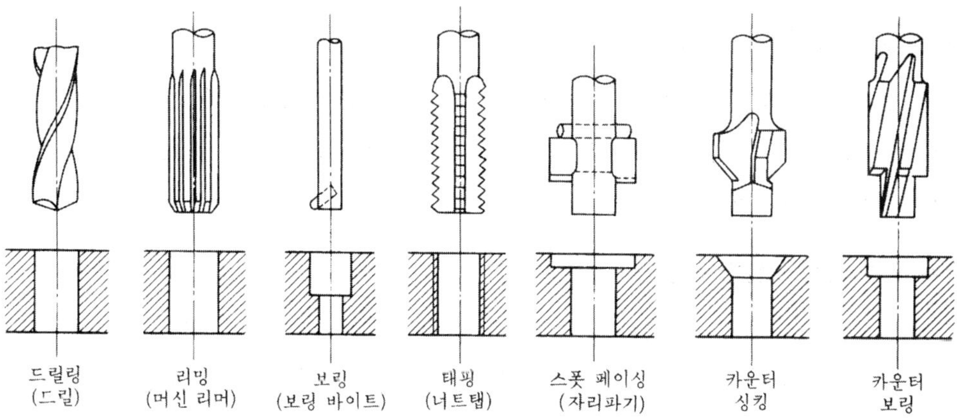

[그림 6·53] 드릴링 머신으로 할 수 있는 작업 예

넣을 경우, 머리를 박거나 바른 자리를 만들기 위한 자리 뚫기, 접시자리 뚫기, 깊은 자리 뚫기 등이 있다.

드릴링 머신은 크게 나누면 직립 드릴링 머신, 레이디얼 드릴링 머신, 다두(多頭) 또는 다축 드릴링 머신 등이 있다.

(1) 직립 드릴링 머신(upright drilling machine)

비교적 소형 공작물의 구멍을 뚫는 데 사용되며 가장 많이 사용되는 형식의 하나이다. [그림 6·54]와 같이 공작물을 테이블 위에 고정시키고 드릴 등의 절삭공구를 부착시킨 주축을 회전시켜 밑으로 내려 밀면서 구멍 뚫는 작업을 한다. 이것을 더 소형으로 만든 것이 탁상 드릴링 머신(bench drilling machine)이며 지름 13 mm 이하의 구멍 뚫기에 사용된다.

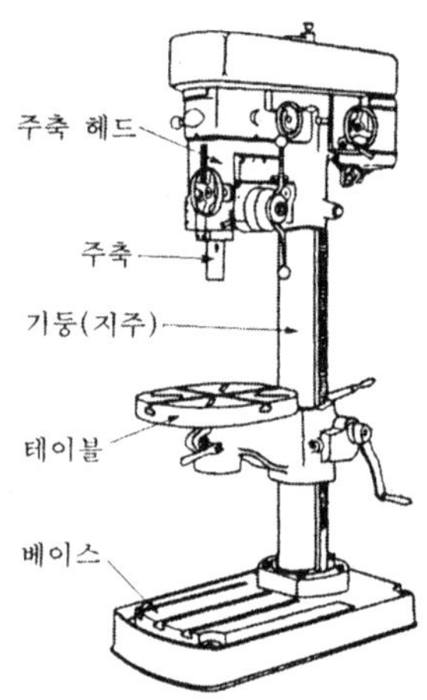

[그림 6·54] 직립 드릴링 머신

(2) 레이디얼 드릴링 머신(radial drilling machine)

대형 공작물의 가공에 편리하도록 공작물을 움직이지 않고 주축을 이동시키도록 만든 기계이다. 칼럼(column, 기둥)에 지지되어 상하운동이나 선회가 되는 암이 설치되고 이 암 위를 주축두가 수평 이동하는 구조이다.

(3) 다두 또는 다축 드릴링 머신

다두 드릴링 머신(multiple head drilling machine)은 구멍 뚫기 · 리밍 · 태핑 등을 조립하는 경우처럼, 몇 개의 주축에 필요한 절삭공구를 부착하고 1공정마다 공구를 바꾸지 않고 차례대로 사용하여 작업하는 기계이다.

다축 드릴링 머신(multiple spindle drilling machine)은 여러 개의 구멍을 동시에 뚫을 수 있는 공작기계이다.

(4) 드릴(twist drill)

드릴에는 [그림 6 · 55]와 같이 여러 가지 종류가 있으나 일반적으로 널리 사용되고 있는 것이 비틀림형인 트위스트 드릴이다. 끝부분의 칼(cutting edge)로 절삭하며, 드릴 끝 각도는 118°로 만들어져 있으나 공작물의 재료에 따라 각도를 바꾸어 사용하기도 한다.

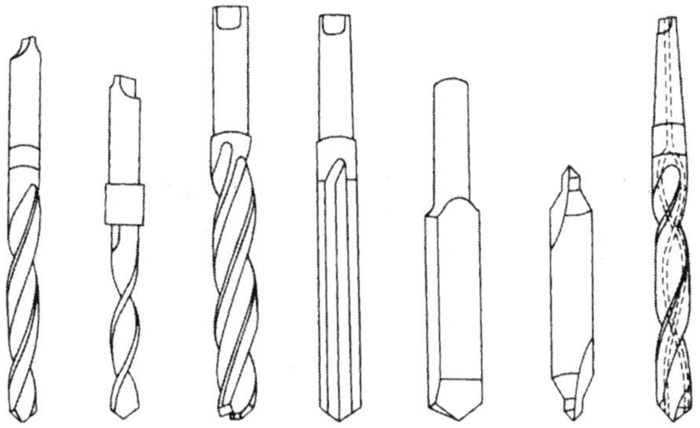

(a) (b) (c) (d) (e) (f) (g)

(a) 트위스트 드릴, (b) 비틀림 드릴, (c) 3홈 드릴, (d) 곧은 홈 드릴, (e) 평 드릴, (f) 센터 드릴, (g) 기름구멍 드릴

[그림 6·55] 드릴

(5) 구멍 뚫기 지그

하나의 공작물에 몇 개의 구멍을 뚫을 경우, 구멍의 위치에 하나하나 금긋기를 하고, 드릴을 옮기려면 손질이 많이 가고 구멍의 위치 또한 정확하지 못하다. 그래서 공작물의 수가 많을 경우에는 작업능률에도 영향이 있기 때문에 구멍을 뚫을 위치에 드릴을 안내하는 **지그**(jig)를 사용하면 작업도 간편하고 편리하다.

4 밀링에 의한 가공

원판이나 막대 모양의 표면에 많은 절삭 날을 붙인 밀링 커터(milling cutter)라 하는 절삭공구를 회전시켜 공작물을 절삭하는 것이 밀링 가공(milling)이다. 밀링가공에는 공작물을 테이블에 붙여 공구를 향해 이동케 하여 공작물의 표면에 홈 · 평면 · 곡면 · 기어 등을 [그림 6 · 56]에 표시하는 바와 같이 가공한다. 밀링 가공에는 공삭기계를 밀링 머신(milling machine) 또는 프레이스반이라고 한다.

밀링 커터는 고속도강이 많이 사용되나 초경합금의 칩(chip)을 붙여 심은 밀링 커터도 사용되고 있다.

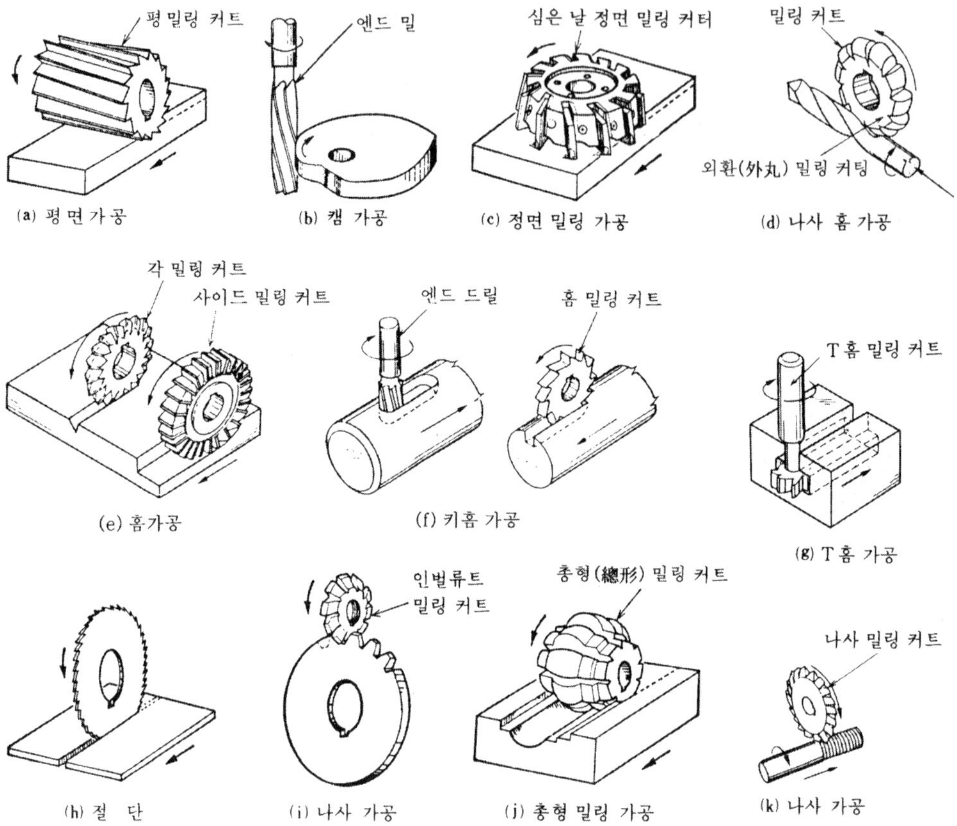

[그림 6·56] 밀링 머신에 의한 가공

공구가 회전되어 공작물을 절삭하는 상황은 [그림 6 · 57]과 같이 밀링 커터의 회전방향과 공작물의 이송방향에 따라 상향절삭(up cutting), 하향절삭(down cutting)의 두 가지가 있다.

밀링 머신은 일반공작에 사용되는 니형 밀링 머신과 생산성 향상이나 특정 공작물을 절삭하기 위한 특수 밀링 머신으로 크게 나눈다.

(1) 니형 밀링 머신(knee type milling machine)

니형 밀링 머신[그림 6 · 58]은 칼럼의 앞면에 니(knee)가 붙어 있어 상하로 이동하며, 이 니에 새들(saddle)이 앞뒤로 이동하며 또 새들 위에서 테이블이 좌우로 이동되도록 한 구조이다.

이 형식에 속하는 밀링 머신으로는 플레인 밀링 머신(plain milling machine), 수직형 밀링 머신(vertical milling machine), 만능 밀링 머신(universal milling machine)이 있다.

만능 밀링 머신은 보통 밀링 머신과 큰 차이는 없으나 테이블을 수평면 내에서 일정한 각도

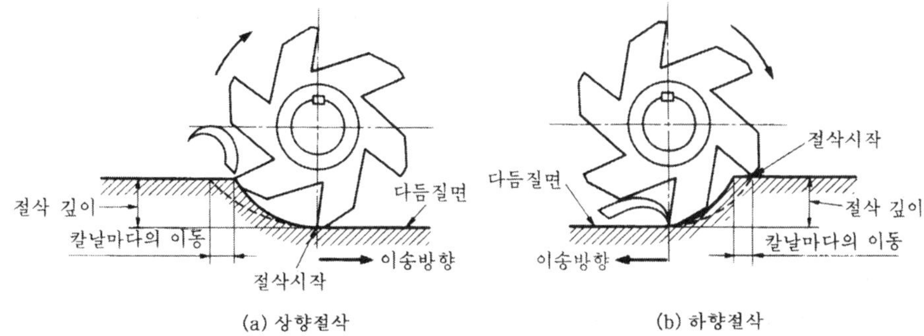

[그림 6·57] 밀링 커터에 의한 피드의 방향

로 선회할 수 있으며, 분할대(index)를 부속시켜 사용하면 각종 기어, 트위스트 드릴, 각종 밀링 커터의 제작 등 복잡한 제품을 가공할 수 있다.

여기서 분할대라 함은 플레인 · 만능 두 밀링 머신에 부착시켜 여러 가지 공구나 기어를 절삭할 때 원둘레를 같은 간격으로 나누거나 각도의 분할에 사용하는 부속장치이며, 공작물은 분할대와 심압대의 두 센터 사이나 척에 고정시킨다. 단능형과 만능형이 있다.

[그림 6·58] 밀링 머신

(2) 특수 밀링 머신

플레인 밀링 머신의 생산성을 높이기 위해 절삭량을 많이 할 수 있도록 니형을 헤드형으로만든 것에 생산 밀링 머신(production milling machine)이 있다. 이 기계에는 주축대의 수를 늘려 쌍두형(雙頭刑)인 플래노밀러(planomiller), 나사나 웜의 대량생산에 사용하는 나사 밀링 머신(thread milling machine), 캠이나 프레스 및 다이캐스트 등의 형을 제작하는 데 사용하는 모방 밀링 머신(profile milling machine)이 있다.

5 평면의 가공

바이트를 사용하여 평면을 가공하려면 공작물은 바이트에 직선왕복운동을 시켜서 절삭을 한다. 플레이너 · 셰이퍼 · 슬로터는 각각 바이트에 의해 평면을 절삭 가공하는 공작기계이다.

(1) 셰이퍼(shaper, shaping machine)

비교적 작은 공작물의 평면이나 홈의 절삭에 적합한 공작기계[그림 6 · 59]이다. 그림에서와 같이 램의 끝에 있는 공구대에 바이트를 고정하여 테이블에 직접 또는 테이블 위의 바이스에 부착시킨 공작물 위를 화살표 방향으로 왕복운동을 하면서 앞으로 나가며 절삭한다. 테이블은 상하 · 좌우로 이동이 가능하며, 좌우의 이동이 평면절삭의 이동이다. 상하 또는 각도의 절삭이송은 [그림 6 · 60]의 공구대의 상하운동에 의해 이루어지며, 눈금이 새겨진 회전판의 경사로 각도 절삭이 된다.

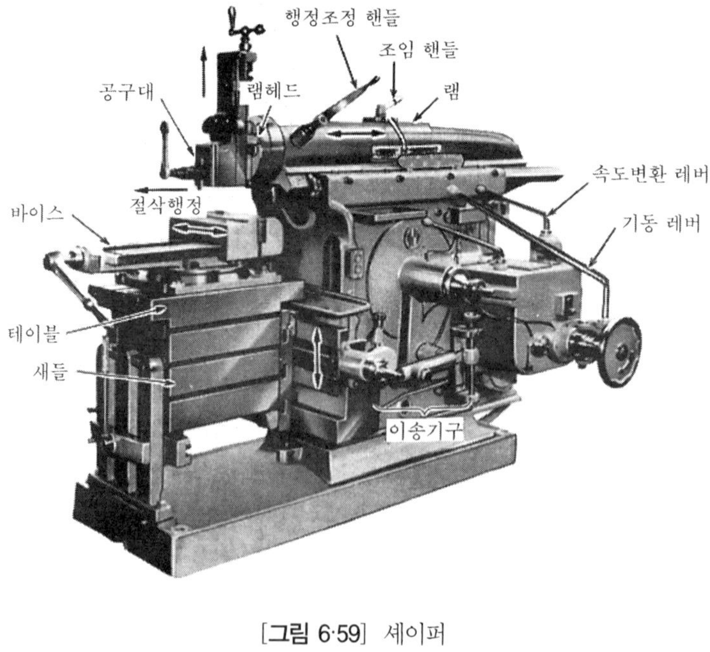

[그림 6·59] 셰이퍼

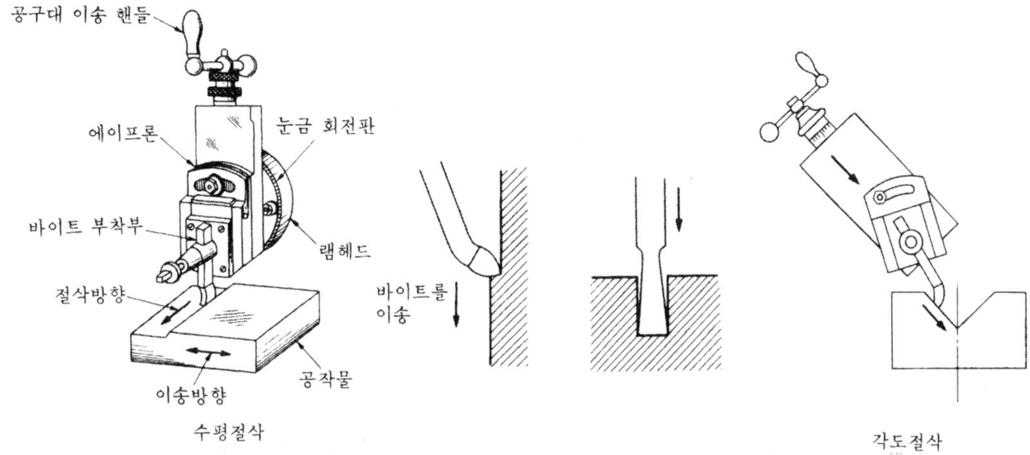

[그림 6·60] 셰이퍼의 절삭방식

(2) 플레이너(planer, planing machine)

공작기계의 베드와 같이 비교적 큰 공작물의 평면이나 홈의 절삭에 적합한 공작기계이다. 절삭의 방법은 큰 베드에 설치된 V홈 위에 놓여져 왕복직선운동을 하는 테이블 위에 공작물을 부착시킨다. 바이트는 지주(칼럼)를 상하로 오르내리면서 가로 이송(cross feed)되는 정면공구대에 고정되어 좌우의 절삭이송과 상하의 이동이 된다. 또, 지주에는 가로공구대가 직접 부착되어 측면도 절삭되도록 하고 있다. [그림 6 · 61]은 플레이너에 의한 절삭방식을 보여 주고 있다.

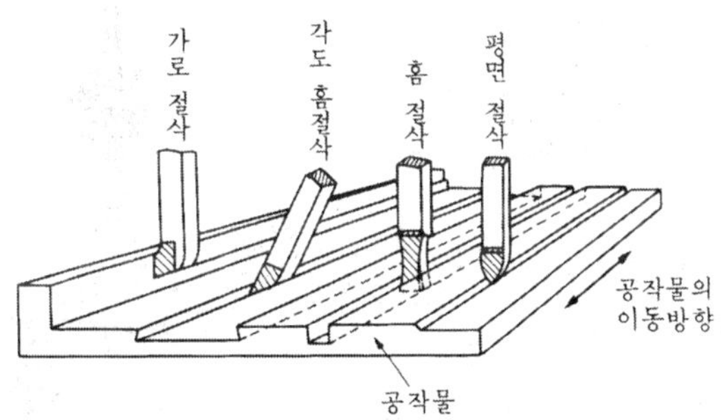

[그림 6·61] 플레이너에 의한 가공방식

(3) 슬로터(slotter, slotting machine)

플레이너를 수직으로 세운 것과 같은 구조이다. 주로 내면의 홈이나 안쪽의 평면 등을 절삭하기 위해 사용되는 공작기계이다. 절삭의 방법은 바이트를 부착시킨 램이 수직 직선왕복운동을 하면서 밑으로 내려올 때만 절삭운동이 된다.

공작물은 베느 위에 있는 둥근 테이블에 고정되어 전후 · 좌우의 이송과 선회운동이 주어진다. [그림 6 · 62]는 슬러터에 의한 가공방식을 보여 주고 있다.

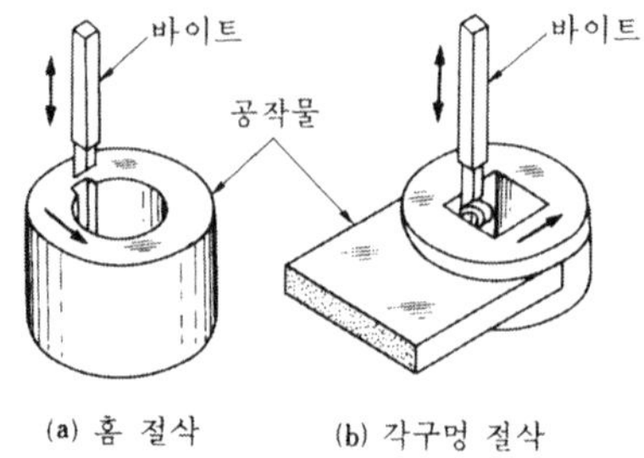

[그림 6·62] 슬로터에 의한 가공

6 구멍의 가공(보링)

선반이나 드릴링 머신으로 할 수 있지만, 특히 구멍을 크게 하거나 구멍의 위치 결정을 목적으로 만든 공작기계를 보링 머신(boring machine)이라 한다. 이미 드릴로 뚫은 구멍, 또한 단조나 주물에서 내부 구멍이 먼저 만들어져 있는 것을 보링 머신을 사용하여 구멍 내부를 완성하든가 또는 내부 구멍을 확대하는 작업이다. 자동차용 기관의 실린더 내면의 절삭가공 등에 널리 사용된다. 일반적으로 수평식 보링 머신을 많이 사용하는데, [그림 **6 · 63**]은 주요 부분을 보여 주고 있다.

[그림 6·63] 수평식 보링 머신

이 외에도 정밀 보링 머신(fine boring macine)과 지그 보링 머신(jig boring machine)이 있다.

절삭방법은 수평식의 경우 주축대는 지주에 따라 상하로, 주축은 회전과 동시에 축방향으로 이동된다. 베드 위의 테이블은 전후 · 좌우로 이동되고, 공작물의 구멍을 통해 주축과 보링의 바 지지구 사이에 바이트를 부착시킨 보링바를 고정시킬 때 보링바의 회전, 즉 바이트의 회전에 의해 구멍을 절삭할 수 있다. [그림 **6 · 64**]는 평면 및 나사절삭도 가능함을 보여준다.

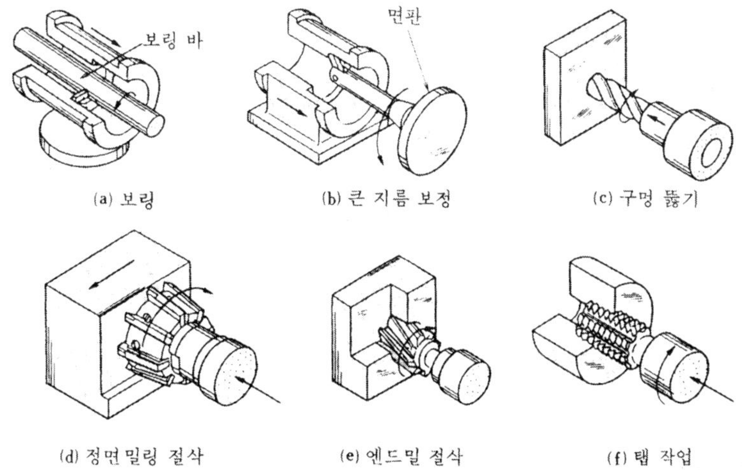

[그림 6·64] 보링 머신에 의한 가공

7 기어의 가공

기어 절삭(gear cutting)은 밀링 머신, 셰이퍼 또는 슬로터 등에 의해 기어의 치형과 같은 총형(總形)커터를 사용하여 가공할 수도 있지만 일반적으로는 이론적인 상대운동을 커터와 공작물에 주어 빠르고 연속적으로 가공되는, 기어절삭을 전문적으로 하는 기어 **절삭기계**(gear cutting machine)가 사용된다.

기어는 여러 가지 기계의 회전속도 변환용으로 대단히 많이 사용되고 있다. 자동차의 변속기와 시계의 기어가 바로 그것이다. 기어에는 치형의 곡선에 따라 인벌류트 기어와 사이클로이드 기어가 있으나 대개는 인벌류트 기어가 많이 사용되고 있다.

기어를 절삭하는 방법으로는 치형의 밀링 커터에 의해 치형을 절삭 가공하는 **형성법**(形成法)과 공작물과 커터의 상대운동에 의해 치형을 절삭하는 **창성법**(創成法)이 있다. 최근에는 창성법에 의한 가공법이 일반적이다[그림 **6 · 65**].

기어 절삭기계를 커터에 의해 크게 구분하면 i) 호브를 사용하는 것, ii) 래크형 커터를 사용하는 것, iii) 피니언형 커터를 사용하는 것으로 나눈다.

(1) 호빙 머신(gear hobbing machine)

호브(hob)라는 절삭공구와 기어소재가 서로 맞물리도록 하고 회전의 상대운동을 주어, 치형을 만들어 내는 기어 절삭기계인데 평기어 · 베벨기어 및 웜기어 등의 기어 절삭이 되는 가장 일반적인 기어 가공기계이다. [그림 **6 · 66**]은 호브에 의한 기어 절삭가공을 나타낸다.

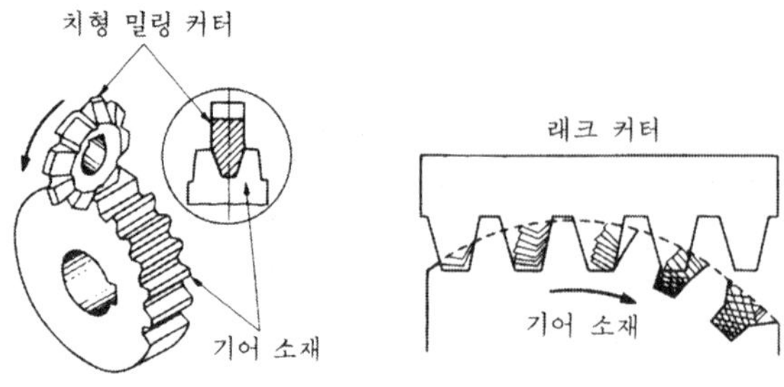

(a) 형성법 (b) 창성법

[그림 6·65] 기어의 절삭

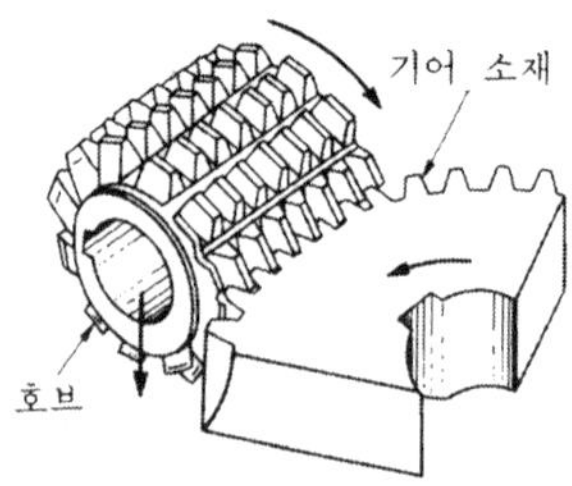

[그림 6·66] 호브에 의한 기어 절삭

(2) 기어 셰이퍼(gear shaper)

래크형 커터(rack cutter)를 사용하는 기어 절삭기계는 래크와 피니언이 물려 있는 것과 같은 상태로 해서 커터에 왕복운동을 준다. 기어소재는 회전이송이 되도록 하여 기어 절삭을 하는 기계이며 Maag 기어 셰이퍼, Sunderland 기어 셰이퍼가 여기에 해당된다.

피니언형 커터(pinion cutter)를 사용하는 기어 절삭기계는 피니언 커터와 기어 소재 사이에 한 조의 기어가 이상적으로 맞물리도록 회전이송을 주어, 피니언 커터는 상하왕복운동을 하고 하향행정 때 절삭을 하며, 상향 행정 때는 소재와 피니언 커터는 분리되어 커터가 소재에 닿지 않도록 한다. 대표적인 것으로는 Fellow 기어 셰이퍼가 있다.

8 숫돌(砥石)에 의한 가공

숫돌에 의한 가공은 연삭가공(grinding)이라 부르며 커터에 해당되는 숫돌에 의해 공작물을 절삭하는 가공법이다. 따라서 연삭도 넓은 의미에서 절삭가공의 일종이다.

절삭방법은 고속으로 회전하는 연삭 숫돌(grinding wheel)의 표면에 무수하게 많이 솟아 있는 대단히 단단하고 날카로운 연삭입자가 공작물의 표면을 조금씩 절삭하는 가공법이다. 따라서 전단계 가공으로는 바이트에 의한 절삭가공을 하고 다시 정밀한 다듬질면을 얻기 위해서 가공하는 것이 연삭가공이다.

숫돌은 [그림 6 · 67]에서와 같이 연삭입자 · 결합제 · 공기 구멍으로 되어 있으며, 연삭입자는 용융 알루미나(alumina Al_2O_3) 성질의 A숫돌, 탄화규소(SiC) 성질의 C숫돌이라는 인조연삭재로 만들어져 있다.

연삭 숫돌이 보통의 바이트와 다른 점은, 연삭 숫돌의 미세한 입자가 마모가 되거나 결손이 되면 숫돌 입자가 떨어져 나가고 차례로 새로운 연삭입자가 노출되어 연삭을 계속할 수 있다. 이 현상을 연삭 숫돌 입자의 자생작용이라 한다.

연삭 숫돌은 연삭 알맹이의 종류 · 알맹이 크기 · 결합재료의 종류 · 결합정도, 조직(연삭 숫돌에 차지하는 입자의 체적비율, 숫돌 입자의 밀도) 등의 조합에 따라 많은 종류가 있어 사용할 때에는 공작물의 재질이나 작업의 종류에 따라 선택을 잘 하여야 한다.

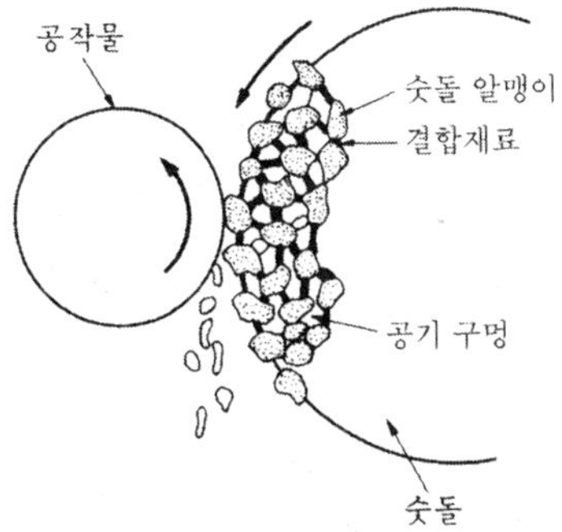

[그림 6·67] 연삭 숫돌의 구성

(1) 원통 연삭기(cylinderical grinder)

지름이 같은 원통의 바깥 둘레면을 연삭하는 공작기계이며 [그림 6 · 68]과 같이 가공한다. 공작물은 선반과 같이 공작주축대와 심압대의 두 센터 사이에서 지지한다. 그림 (c)의 플랜지 커트(flange cut)는 여러 가지 윤곽연삭의 경우에 사용한다.

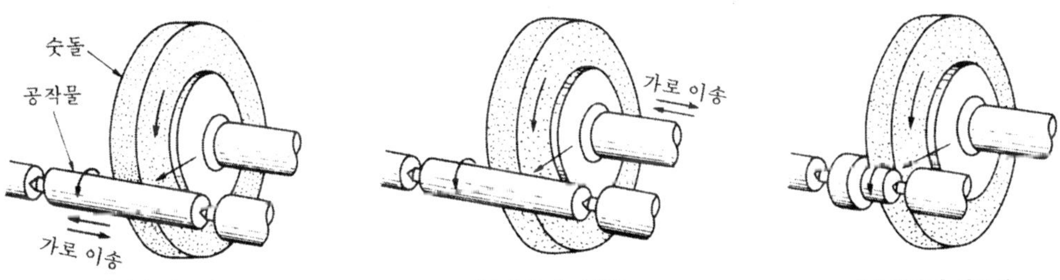

[그림 6·68] 원통연삭의 방식

(2) 만능 연삭기(universal grinder)

원통 연삭기의 일종이며 가장 널리 사용되고 있다. 같은 지름이나 테이퍼와 원통 바깥 둘레면, 구멍의 내면 연삭 또 가장자리 연삭까지도 된다. 공작주축대는 테이블 위에서 선회하며 테이블 자체도 크게 선회한다. 그래서 연삭 숫돌은 자유스럽게 방향을 바꿀 수 있다.

(3) 평면 연삭기(surface grinder)

평면을 연삭하는 공작기계로 연삭 숫돌의 바깥 둘레면으로 연삭하는 방식(정도가 높은 다듬질면을 얻고자 할 때 적합한 횡축형이 많음)과 가장자리를 연삭하는 방식(연삭하는 양이 많아 거칠은 연삭에 적합하며 입축형이 많음)이 있다.

테이블에는 전후 · 좌우의 왕복운동을 하는 얇은 긴 각 테이블과 회전운동을 하는 원 테이블이 있으며, 작은 공작물의 대량생산에는 원 테이블이 적합하다. 어느 경우나 전자기 척을 구비하여 공작물의 부착이 편리하도록 하고 있다. [그림 6 · 69]는 평면의 연삭방법이다.

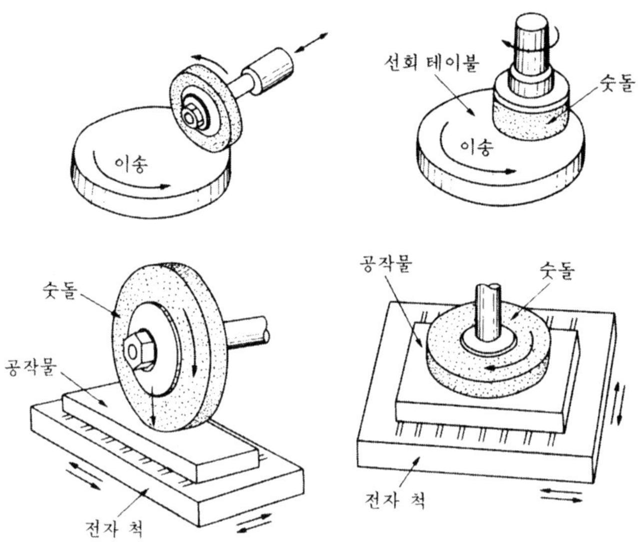

[그림 6·69] 평면연삭의 방법

(4) 센터리스 연삭기(centerless grinder)

이 연삭기도 원통의 바깥 둘레면을 연삭하는 기계이지만 공작물을 센터로 지지하는게 아니라 가공물의 외면을 조정하는 조정 연삭 숫돌(regulating wheel 또는 controlling wheel)과 지지판으로 지탱시키고 가공물의 회전이송운동은 보통 원주속도 30~40 m/min으로 조정하면서 연삭하는 기계이다. [그림 6 · 70]은 센터리스 연삭의 원리인데 그림 (b)와 같이 조종연삭숫돌을 조금 경사지게 두면 공작물은 회전되면서 점차로 전방으로 이동되어 연삭 숫돌의 너비보다 긴 둥근 막대도 자동적으로 끝에서 끝까지 연삭된다.

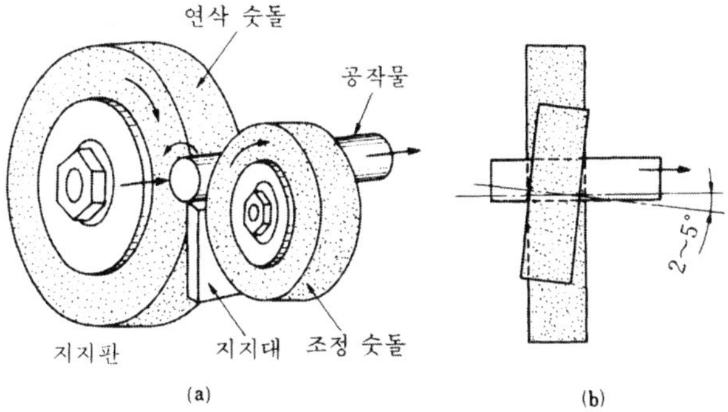

[그림 6·70] 센터리스 연삭의 원리

(5) 내면 연삭기(internal grinder)

실린더, 베어링 등의 구멍의 내면연삭을 목적으로 하는 것이며 [그림 6 · 71] (a)와 같이 연삭 숫돌이나 공작물이 함께 회전하며, 이송은 공작물이든 연삭 숫돌이든가의 하나이다. 이 경우는 작은 공작물의 가공에 적합하다. 그림 (b)는 큰 공작물의 경우로 공작물은 회전되지 않고 연삭숫돌이 자전하면서 둥근 구멍의 내면을 공전한다.

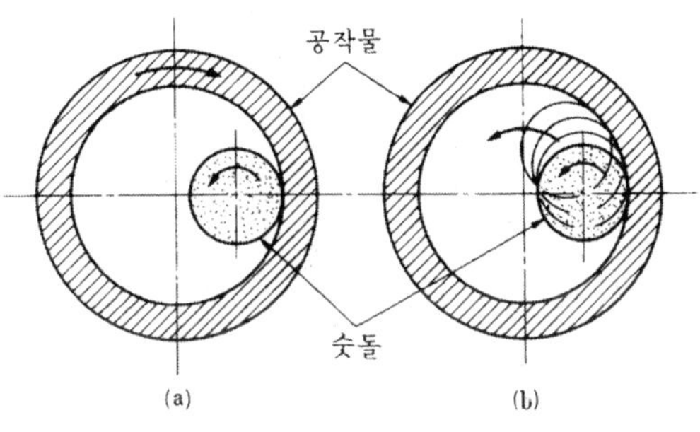

[그림 6·71] 내면연삭의 방식

(6) 기타의 연삭기

밀링 커터, 호브 등의 여러 가지 절삭공구를 연삭하는 만능공구연삭기, 전용 또는 특수한 것으로 초경공구연삭기 · 드릴 연삭기 · 나사 연삭기 · 기어 연삭기 등이 있다.

6-10 에너지 및 특수가공

1 초음파 가공(ultrasonic machining)

1초 사이에 20,000회 이상의 진동수를 가지는 음파는 사람의 귀에는 들리지 않는데, 이것을 초음파(ultrasonic)라 부른다. 이와 같은 진동을 전기적으로 발생시켜 액체 중에 떠다니는 단단한 미립자에 전하면, 미립자는 격렬한 진동을 해서 숫돌 입자의 연삭하는 것과 같은 효과가 생긴다. 이 방법을 초음파가공이라 한다.

[그림 **6 · 72**]에서 진동자의 상하운동의 진동을 콘(cone)과 혼(hone)으로 증폭시켜 30~60㎛의 진동으로 공구에 전달하면, 가공액 중의 숫돌 입자가 가속, 공작물에 충돌되어 표면을 파쇄하여 가공한다.

가공액은 탄화규소 · 탄화붕소 · 다이아몬드 등의 숫돌 입자와 물 또는 경유를 혼합하여 사용하며, 공작물은 초경합금 · 보석류 · 세라믹 · 유리 등의 경도가 큰 재료의 구멍 뚫기 · 절단 · 평면가공 · 표면 다듬질을 한다.

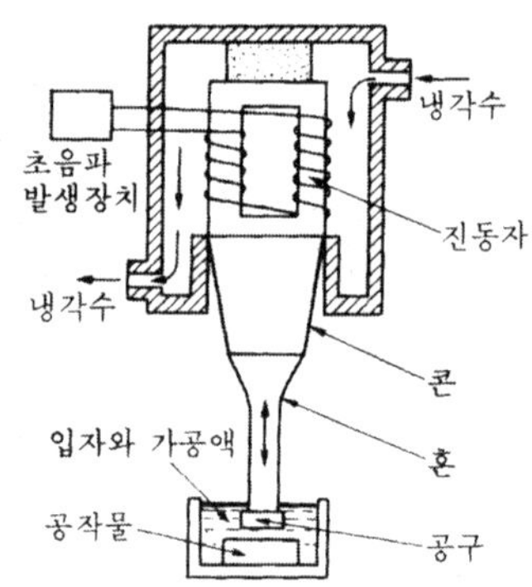

[그림 6·72] 초음파가공의 원리

2 방전 가공(electrical discharge machining)

절연성이 있는 가공액 중에서 공구와 공작물을 전극으로 하고, 그 사이에 방전을 하고 스파크를 발생시켜 공작물에 구멍을 내는 방법이다. 이와 같은 가공을 하는 기계를 방전가공기라 한다. [그림 **6 · 73**]은 널리 사용되고 있는 콘덴서 방전방식의 원리를 보여 주고 있다.

방전가공은 절삭이 어렵거나 복잡한 형상의 초경합금 · 소입강 · 내열강 등 고경도재료의 구멍 내기 · 절단 · 평면가공 · 표면 다듬질을 할 수 있다.

방전가공은 절삭가공이 아니기 때문에 공구의 재료는 경재질일 필요는 없고 구리나 흑연 등으로 만들며, 가공방법은 가공액 중에 공작물을 양극(+), 공구를 음극(−)으로 한 짝으로 하고, 60~150V의 전압을 걸어 스파크를 튀게 하여 공작물의 표면을 미소량씩 제거시켜 구멍을 뚫는다.

방전가공에는 와이어 커트 방전가공(wire cutting electrical spark machining)도 있다. [그림 6·74]는 원리도를 말하는데 지름 0.05~0.3 mm의 구리·황동의 가느다란 와이어를 전극으로 하고, 와이어는 롤러를 통해 풀어가면서 공작물과의 사이에 스파크를 발생시켜 가공하는 방법이다.

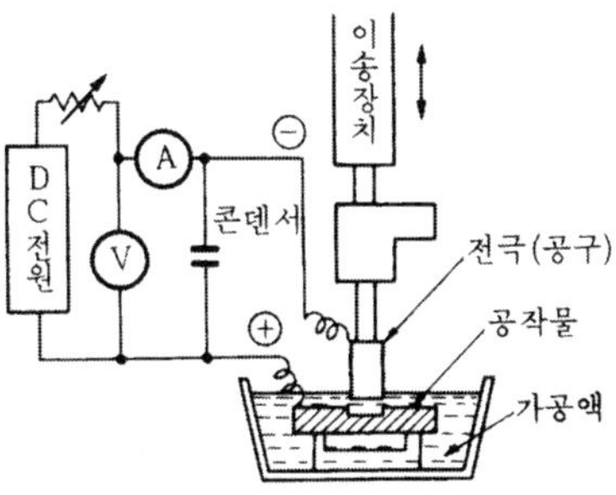

[그림 6·73] 방전가공의 원리

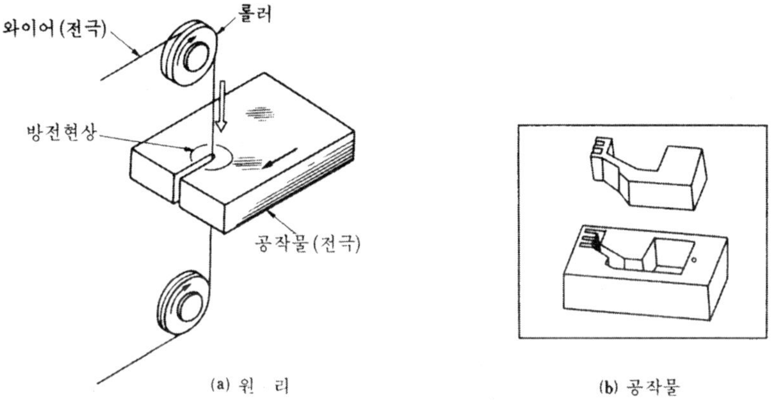

[그림 6·74] 와이어 커트 방전가공의 원리

3 전기분해 가공(electro chemical machining)

방전가공은 전기절연성의 기름 속에서 가공하지만 전기분해 가공은 전기분해를 이용하여 공작물을 용해시켜 가공하는 방법이다. 원리는 공작물을 +극, 공구를 −극으로 하여 두 극을 접근시키고, 그 사이에 염화나트륨 또는 황산의 수용액을 전연기분해 용액으로 분출시켜 공작물의 표면을 공구와는 반대 형상으로 전기분해로 제거하는 가공이다.

전류는 5~8 volt이며, 공작물이 용출된 전연기분해 용액을 강제적으로 순환시켜 깨끗하게 하년서 가공을 진행시킨다. 전기분해 가공 후의 공작물의 표면은 약간의 연마 다듬질이 필요하다. [그림 6·75]는 전기분해 가공의 원리를 나타낸다.

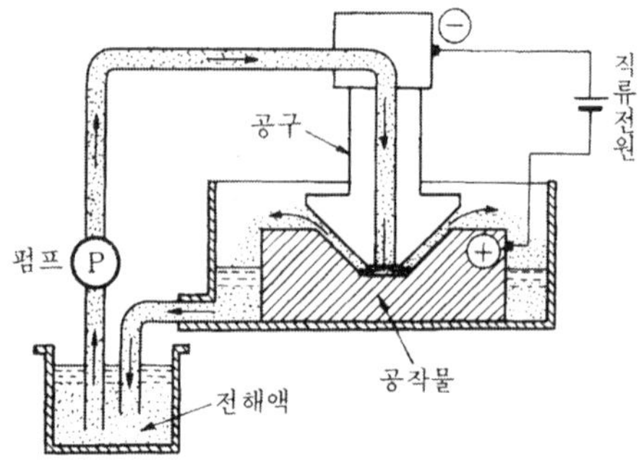

[그림 6·75] 전기 · 분해 가공의 원리]

4 레이저 가공(laser machining)

레이저는 빛 에너지를 열 에너지로 변환시키고, 이 열 에너지로 공작물을 가열하여 용융시키고 증발시켜 가공하는 방법이다. laser란 light amplification by the stimulated emission of radiation의 머리 글자를 따서 얻은 글자이다.

현재 널리 사용되고 있는 레이저는 고체 레이저와 기체 레이저이다. [그림 6 · 76]은 루비를 레이저 재료로 한 고체 레이저의 원리이다. 크세논(xenon) 램프에서 나온 빛은 루비 막대에서 집광되어 루비 막대내에서 증폭 · 증대되어 레이저가 되고, 이 레이저가 집광 렌즈에 의해 공작물 위의 한 점에 모아지고 가열 · 용융 · 증발에 의해 가공된다.

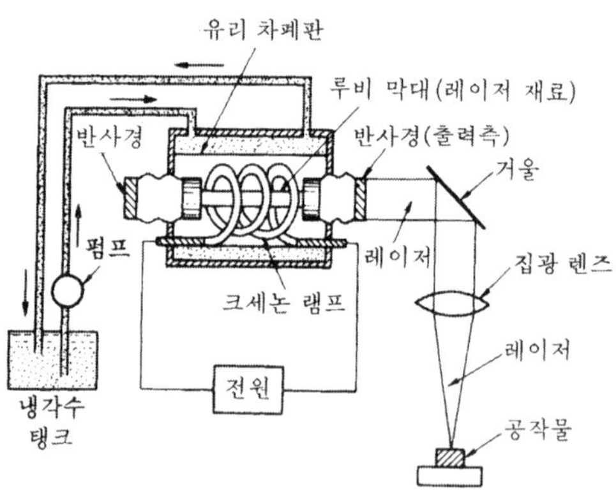

[그림 6·76] 레이저 가공의 원리

레이저 가공에서는 지름이 3 mm 이하의 작은 구멍(시계의 베어링 구멍), 다이아몬드나 세라믹 등의 비금속재료의 정밀한 구멍가공, 커팅 등에 사용되고 있다.

5 플라스마 가공(plasma arc machining)

플라즈마는 가열되어 이온화된 가스체를 말하며, 가스를 가열하여 이온화하기 위해 전기아크를 이용하는 여러 가지 장치가 사용되고 있다. 이전에는 스테인레스 스틸, 모넬(Monel) 등의 절단에 사용되는 정도였으나 최근에는 선삭, 밀링, 평삭 등에서 할 수 있는 가공을 플라스마로 가공할 수 있다.

[그림 **6 · 77**]은 플라스마의 원리를 나타낸 것이다. 플라스마 제트는 노즐을 통한 아크를 축소시킴으로 생기며 플라스마 제트는 고속 고강도(high intensity)를 가진다.

가공물의 가열은 가공물상에서 전자의 에너지 변환, 분자의 결합과 고온 플라스마 제트의 대류 등에 의한다. 일단 가공물의 가공부가 용융점에 도달하면 고속의 가스분출에 의해 제거된다.

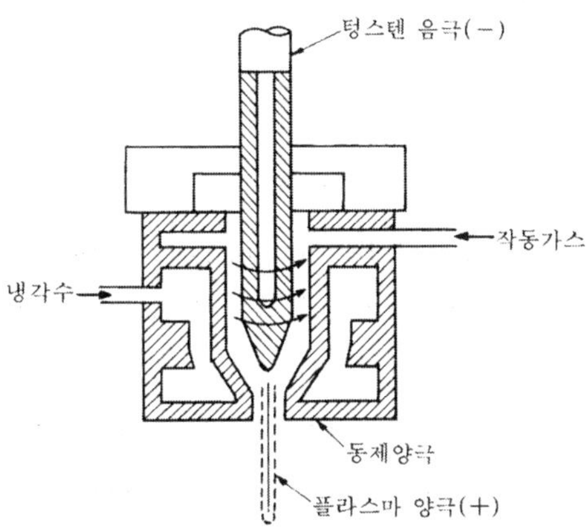

[**그림 6·77**] 플라스마 제트 아크 원리

6 기타의 가공

(1) 브로칭(broaching)

브로칭 머신(broaching machine)을 사용하여 키 홈이나 스플라인 구멍 등의 내면을 [그림 **6 · 78**]과 같은 브로치(broach)라 부르는 많은 칼날을 나란히 갖고 있는 공구를 축방향으로 움직여 1회 통과시키는 동안, 브로치의 날이 공작물 표면을 조금씩 깎아내어 날의 단면형상으로 절삭하는 공작법이다. 인발을 하거나 압출하여 절삭작업하며 축 외면을 다듬질하는 데도 사용한다. [그림 **6 · 79**]는 브로치 가공이 가능한 구멍의 모양이다.

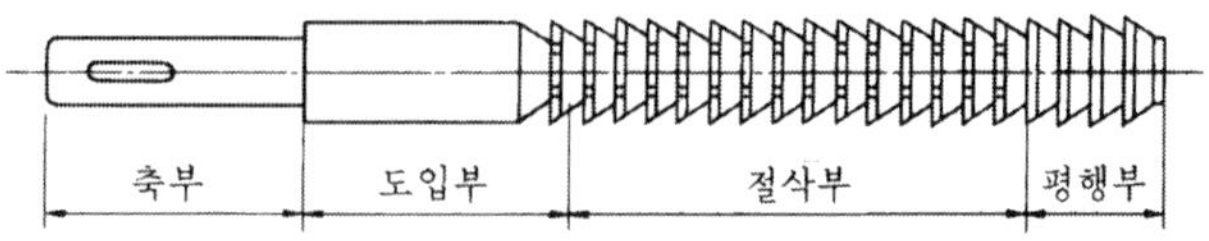

[그림 6·78] 브로치

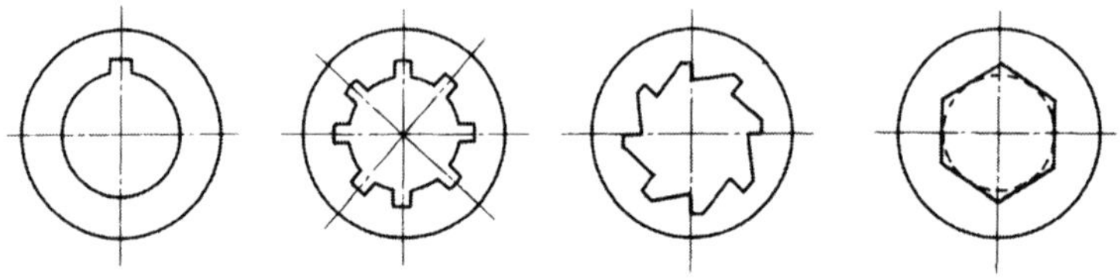

[그림 6·79] 브로치 가공이 가능한 구멍의 모양

(2) 래핑

래핑 가공이란 마모와 연삭의 두 작용에 의해 다듬질하는 것이며, 랩(lap)이라 부르는 공구와 공작물 사이에 미세한 연마재인 랩 재료(lapping powder)를 경유 등의 랩 액체와 혼합하여 넣고 압력을 가하면서 상대운동을 시켜 랩 재료로 공작물의 표면을 조금씩 연삭하면서 다듬질하는 가공법이다.

래핑에는 [그림 6 · 80]과 같은 평면 랩, 축 랩이 있고 그 외에 구멍 랩도 있다. 래핑의 방법에는 손작업에 의한 방법과 래핑 머신(lapping machine)이라는 기계를 사용하여 능률적으로 가공하는 방법이 있다. 블록 게이지, 그 외의 게이지류 · 볼 · 롤러 · 렌즈 등의 다듬질에 응용되고 있다.

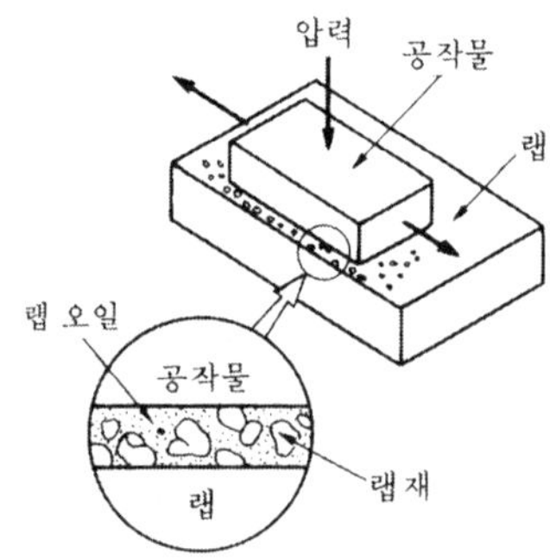

(a) 평면 랩

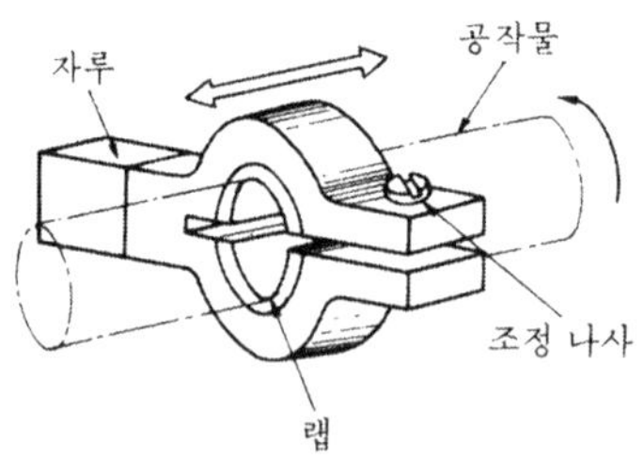

(b) 축 랩

[그림 6·80] 래핑의 원리

(3) 호닝(honing)

구멍의 내면을 정밀한 보링 머신 · 셰이퍼 등으로 가공한 후, 또는 이들의 가공을 생략하고 보링한 뒤 정밀 다듬질하는 가공법이다. 래핑보다 능률이 좋으며 최근에는 원통외면 · 평면의 호닝도 이루어지고 있다.

가공법은 [그림 **6 · 81**]과 같이 둘레에 몇 개의 막대 모양의 숫돌을 부착시킨 혼(hone)이라 부르는 회전공구를 절삭 가공된 원통 내면을 스프링에 의해 4~6 kgf/cm^2 정도의 압력으로 밀면서 공작물과의 사이에 회전운동과 축방향의 왕복운동을 반복하면서 다듬질한다. 표면 거칠기는 0.1~1μ이다. 호닝에 사용되는 기계를 호닝 머신(honing machine)이라 한다.

호닝은 내연기관 · 수압기기 · 유압기기 등의 실린더 내면의 다듬질에 널리 사용된다.

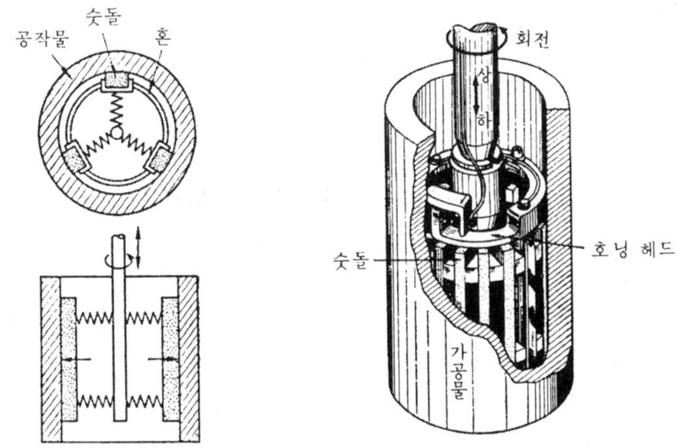

[**그림 6·81**] 호닝 가공의 원리

(4) 슈퍼 피니싱(super finishing)

슈퍼 피니싱은 베어링의 궤도면같이 특히 내마모성을 요구하는 부분의 다듬질로 발달하고 있다. 호닝과 비슷하며 [그림 **6 · 82**]와 같이 알맹이(粒度)가 아주 부드럽고 결합정도가 비교적 작은 숫돌을 공작물의 표면에 적은 압력으로 밀면서 공작물을 회전시키고, 숫돌은 1~4 mm의 짧은 행정으로 빠른 왕복운동(매분 500~2000회), 즉 진동을 주어 공작물을 아주 정밀하게 다

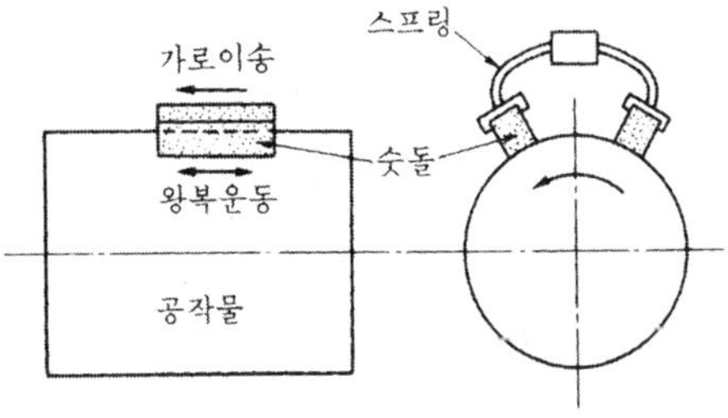

[**그림 6·82**] 슈퍼 피니싱

듬질한다. 원통 외면 · 구멍 내면 · 평면의 다듬질이 된다. 슈퍼 피니싱하는 기계를 슈퍼 피니싱 머신(super finishing machine)이라 한다.

(5) 톱질(sawing)

금속재료는 가스 절단이나 전단기계로 절단하는 외에도 선반의 절단용 바이트나 밀링 머신의 금속 톱을 이용하여 절단작업을 할 수 있으나, 긴 막대 모양의 재료를 절단하려면 **금속 톱 기계**(sawing machine)를 사용한다.

절단하는 방법은 톱날이 왕복운동하면서 절단하는 기계 **활톱**(hack saw), 원판 외주에 톱날이 있어 둥근 톱의 회전운동으로 재료를 절단하는 기계 **둥근톱**(circular saw), 띠톱날을 사용하여 판재의 곡선을 따라 윤곽을 잘라내는 기계 **띠톱**(band saw)의 세 가지 기계에 따른다.

6-11 공작기계의 자동화

공작기계의 자동화는 공작기계 그 자체가 인간의 근육운동을 기계에 의해 대치한다는 목적에서 생겼다. 제2차 세계대전 중에 정밀한 공작물의 대량생산 필요성에서 고성능의 자동제어 공작기계가 발달하였고, 전쟁 후에는 자동제어공학의 발전과 더불어 현저하게 발전하였다. 최근에는 계산기계의 발달을 촉진하여 수치제어의 신기술이 도입되어 공작기계의 자동화가 지속적으로 이루어지고 있다.

1 NC 공작기계

NC 공작기계란 수치제어 공작기계의 줄인 말로 코드화 된 수치의 형으로 자기 테이프나 구멍이 뚫린 테이프 또는 카드에 기록된 지령에 따라 공작기계의 바이트나 테이블의 운동을 제어하는 것이다. 1952년 미국 MIT 공과대학에서 개발되고 그 이후 급속히 발전하여 현재에는 산업용 로봇과 NC 공작기계를 결합시킨 무인생산 시스템도 등장하고 있다.

(1) NC 공작기계의 종류

1) **NC 선반**(numerically controlled lathe) : NC 장치(numerical controller)와 선반본체로 구성되고 NC 장치에 기억되어 있는 절삭조건에 따라 주축 및 공구대의 작동을 제어하여 선박작업을 자동적으로 수행하는 공작기계를 말한다. 최근에는 공구관리 · 정밀도 관리 · 자동작업순서 · 절삭 칩 처리 등의 기능을 구비한 것도 등장하였다. NC 공작기계의 좌표축은 [그림 **6 · 83**]과 같이 공작물의 지름 방향을 X축, 주축의 방향을 Z축으로 잡는다.

2) **NC 밀링 머신**(numerically controlled milling machine) : NC 선반과 마찬가지로 NC 장치

와 밀링 머신 본체로 구성되어 있고, NC 장치에 기억되어 있는 지령에 따라 테이블과 주축 헤드의 작동을 제어하는 공작기계이다. 동시에 3축 제어에 의한 종래의 공작기계로서는 어려웠던 3차원 곡면(차체의 금형 등)의 가공이 가능하게 되었다. 센서에 의한 계측기능을 덧붙여 가공 정밀도의 향상도 기하고 있다. 좌표계는 [그림 **6 · 84**]와 같이 되어 있다.

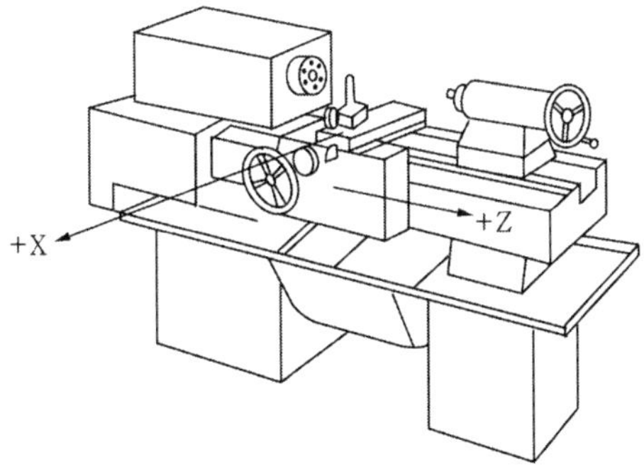

[**그림 6·83**] NC 선반의 좌표계

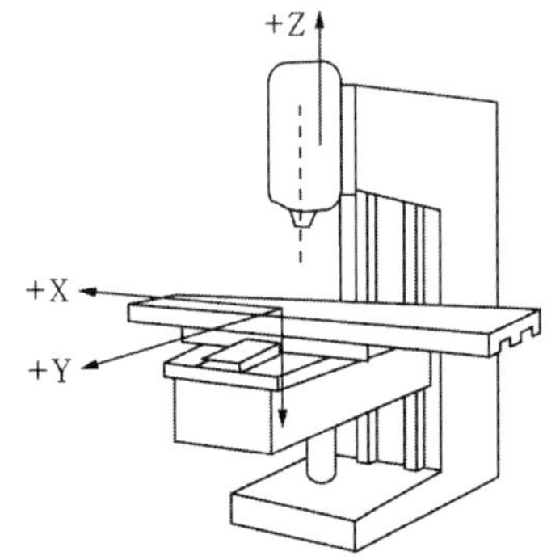

[**그림 6·84**] NC 밀링 머신의 좌표계

3) **머시닝 센터**(machining center) : NC 장치가 부착된 **복합 공작기계**로 공구가 신속하게 교환되는 점이 특징이다. 기계의 중심부에 부착된 공작물에 대해서 밀링 머신 · 드릴링 머신 · 보링 머신 등의 기능을 수행할 수 있다[그림 **6 · 85**].

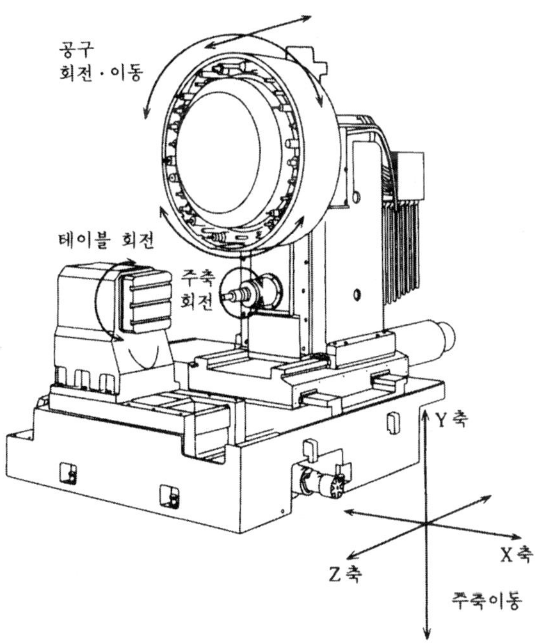

[**그림 6·85**] 머시닝 센터의 예

(2) NC 공작기계의 원리와 구성

NC 공작기계는 [그림 **6 · 86**]에 표시된 것과 같은 형식으로 구성되어 있다. 테이프 리더(tape reader)에서 판독된 지령정보는 정보처리회로에서 지령 펄스나 기능신호로 출력된다. 이 출력신호는 D(디지털 량) − A(아날로 량)변환이 되어 위치 검출기로부터의 피드백(feed back) 신호와 비교되어 그 편차를 드라이브 회로에 입력시켜 서보 모터를 구동한다. 이 운동은 리더 나사(lead screw)를 매개로 공작기계에 전달된다. 이 경우 자기 테이프나 종이테이프에 지령정보를 입력하는 작업을 프로그래밍(programing)이라 부른다.

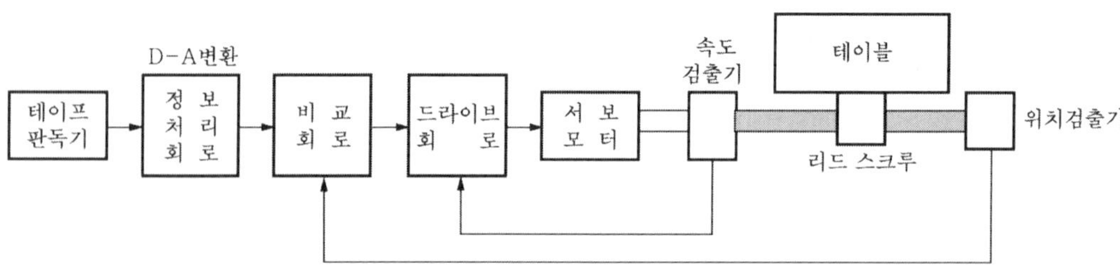

[그림 6·86] NC 공작기계의 구성

2 트랜스퍼 머신(transfer machine)

재료를 목적하는 형상으로 가공하기 위해 필요한 NC 공작기계와 머시닝 센터를 가공순서에 따라 배치하고, 기계와 기계 사이는 벨트 컨베이어나 로봇(robot) 등에 의해 자동적으로 재료를 이동시키도록 한 일련의 기계 · 장치를 통틀어 트랜스퍼 머신이라 한다. 따라서 수대 내지는 수십 대의 전용 공작기계에 자동적으로 공작물을 이동시키는 기구를 부착시킨 것이며, 하나의 기계에서 구멍 뚫기가 끝나면 다음 기계로 옮겨져 그 곳에서 결정된 부분을 절삭하고, 또 다음 기계에 옮겨간다. 가공을 하거나 다음 기계에 운반할 때도 인간의 손을 빌리지 않으며, 가공 도중에 공작물의 형상 · 치수 등을 자동적으로 측정한다. 만일, 이상이 있으면 기계는 자동적으로 정지되면서 경보를 울리게 되어 있다. 그러므로 공정수가 다소 복잡한 부품도 능률적으로 저리할 수 있다.

3 메카트로닉스(mechatronics)

메카트로닉스란 지금까지의 기계공학의 기술에 전자공학의 기술을 접목시켜 생겨난 새로운 기술을 말한다. 대표적인 것은 로봇과 NC 공작기계와 같은 자동기계이다.

인간의 기능 가운데 특히 손, 발, 두뇌에 가까운 활동을 하는 자동기계를 로봇이라 하며, 인간의 대용 · 보조를 하는 것을 그 목적으로 도입하고 있다.

4 산업용 로봇

산업용 로봇은 사람의 팔과 손끝에 해당되는 작업영역과 단순 반복동작의 기능을 가지는 범용성이 높은 자동기계이다. 이미 설명한 NC 공작기계가 종래의 공작기계의 기능을 단순하게 개선 · 능률화시킨 것에 지나지 않는 반면, 산업용 로봇은 공작기계에 공작물의 떼어내기와 장착(material handling) 하는 일이나 소재의 공급 · 용접 · 도장작업 같은 여태까지 사람이 하여온 작업을 자동화한 점에 특징이 있다.

(1) 산업용 로봇의 역사

산업용 로봇의 역사는 1954년 미국의 데볼(G. C. Devol)이 단순 반복작업을 교시(teaching)와 재생성(play back)에 의해 수행되는 플레이 백 매니플레이트(play back maniplator)의 개념을 발표한 시점을 시작으로 보고 있다.

그런데 매니플레이트는 사람의 팔과 비슷한 기능을 가지며, 대상물을 공간적으로 이동시키는 장치이다. 그 후 1962년에 동시에 미국에서 유니메이트(unimate) 및 버사트란(versatran)이라 이름을 붙인 산업용 로봇이 잇달아 상품화되어 각국으로 수출되면서 급속히 개발 · 개량이 진전되었다.

(2) 산업용 로봇의 분류

매니플레이트의 기능면으로 보아 로봇은 매니플레이트의 신축, 굴신, 상하이동, 좌우이동, 선회동작 또는 이들의 복합동작을 자동적으로 할 수 있는 기계이다. 현재 사용하고 있는 로봇은 입력정보에서 보았을 때 [그림 **6 · 87**]과 같이 여섯 종류로, 또 동작형태에서 보았을 때는 [그림 **6 · 88**]과 같이 다섯 종류로 분류할 수 있다.

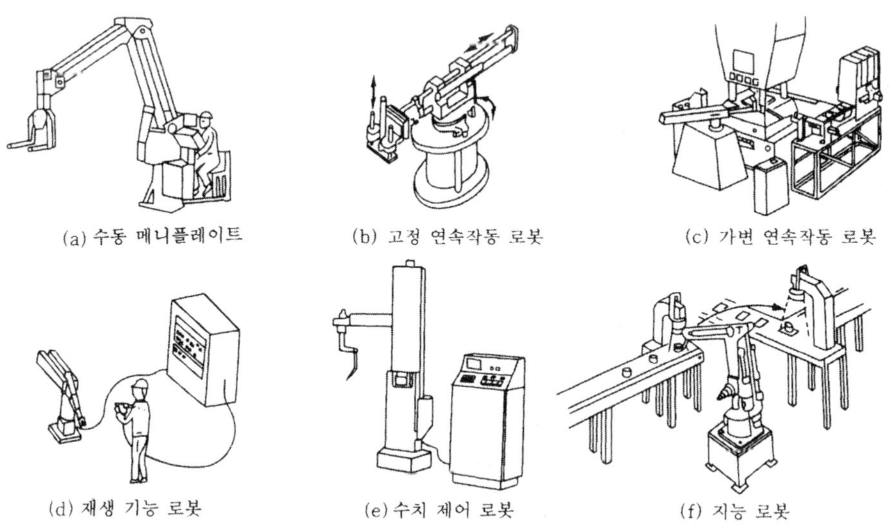

(a) 수동 매니플레이트 (b) 고정 연속작동 로봇 (c) 가변 연속작동 로봇

(d) 재생 기능 로봇 (e) 수치 제어 로봇 (f) 지능 로봇

[그림 6·87] 입력정보에서 본 산업용 로봇의 종류

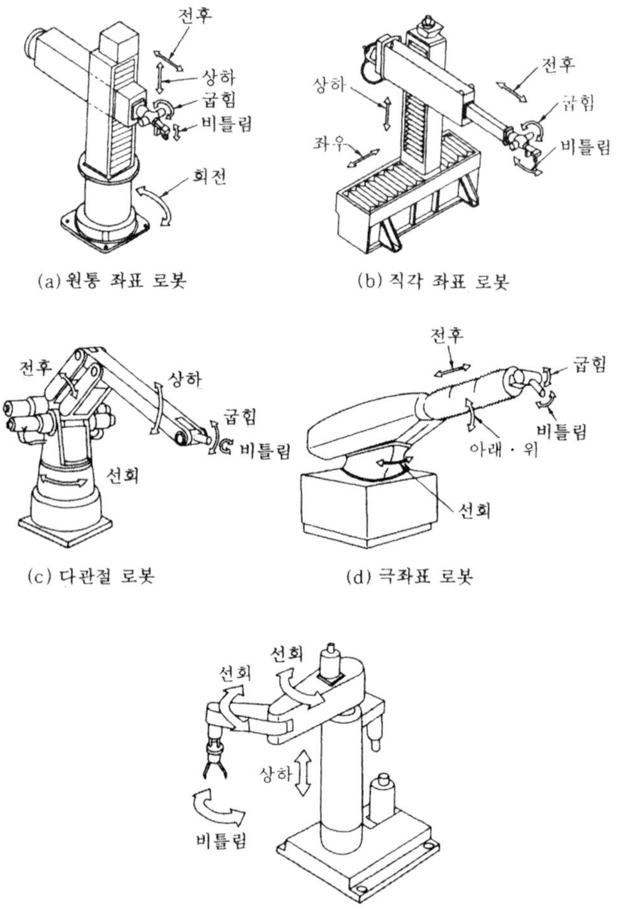

(a) 원통 좌표 로봇 (b) 직각 좌표 로봇 (c) 다관절 로봇 (d) 극좌표 로봇 (e) 스칼라 로봇

[그림 6·88] 동작형태에서 본 산업용 로봇의 분류

인간의 팔과 같은 기능을 가지고 있는 매니플레이트는 그 끝부분에 있는 메커니컬 핸드(mechanical hand), 흡착기 등에 의해 물체를 잡고 공간적으로 이동시키는 작업을 할 수 있고, 또한 선단부분에 부착시킨 도료를 분사하는 스프레이 건(spray gun), 용접용 토치 등의 공구로 도료를 칠하거나 용접 등의 작업이 된다.

기억장치는 매니플레이트의 동작순서, 위치, 속도의 설정, 변경 등의 정보를 기억하는 장치를 말하며, 자 기디스크, 집적회로 등이 대표적이며, 가변 연속동작 제어장치 및 고정연속동작 제어장치도 핀 보드 · 캠 등에 의해 매니플레이트 정보를 가질 수 있기 때문에 기억장치에 포함시킨다. 기억장치의 정보에 따라 매니플레이트, 기타 산업용 로봇의 각부 구조상 움직이는 최대의 작동범위를 가동범위라 한다. 그래서 작업을 할 때는 재해를 방지하기 위해 안전 울타리를 만들어 사람의 접근을 막는다.

제 7 장 열의 에너지

7-1 에 너 지

열 에너지를 비롯하여 여러 가지 에너지의 상호변환을 지배하고 있는 법칙 및 에너지 변환에 관계되는 물질의 성질을 구명하고 있는 것이 열역학(thermodynamics)이다. 우리들 주변에는 ① 열 에너지, ② 역학적 에너지(운동 에너지, 위치 에너지, 일 등), ③ 화학적 에너지(연료의 화학반응에 의한 연소 등), ④ 전자기적 에너지(전력, 정전기, 지자기 등), ⑤ 빛 · 복사선 에너지(태양열, 음파, 탄성파 등), ⑥ 핵 에너지(핵분열, 핵융합) 등의 에너지가 있다. 이들 에너지는 저장되거나, 전달되거나 또는 [그림 7 · 1]에서 보는 것과 같이 다른 형태의 에너지로 변환되기도 한다. 여기서 중요한 것은 에너지가 여러 가지 형태로 바뀌더라도 변화에 있어서 에너지의 양은 결코 증감되지 않는다. 즉, 에너지의 전체량은 보존된다는 사실이다. 따라서 무에서

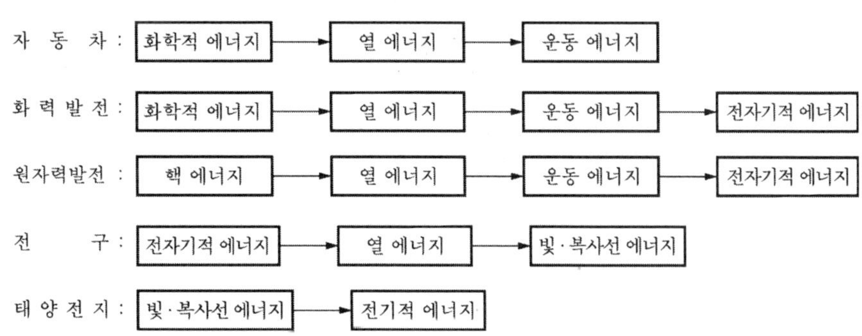

[그림 7·1] 에너지 변환의 여러 가지

에너지가 발생되는 일은 결코 없다.

에너지의 성질로서 또 하나 중요한 것은 에너지의 이동변환에는 정해진 방향이 있다는 사실이다.

이미 설명한 에너지의 두 성질은 대단히 중요하며 첫 번째는 열역학 제1법칙, 두 번째의 성질은 열역학 제2법칙이다.

7-2 열과 온도

1 열의 본질

열이란 무엇인가? 란 논의가 옛날부터 있었다. 고대 그리스, 로마 시대의 철학자는 불 · 물 · 흙 · 공기를 세계창조의 원소로 생각하고 불이 열의 본질이라고 보았다. 그 후 오랜 공백기간을 거쳐 1640년 데카르트(R. Descartes)는 열은 운동의 하나라 설명하였고, 1720년경에는 볼프(C. Wolff)에 의한 열소설이 제기되기도 하였다. 그러나 1790년경 럼퍼드(G. Rumford)는 열소설에 의문을 가지고 실험에서 일에 의해 발생되는 열의 양을 계사하는 데 성공하였다. 1842년에는 마이어(J. R. Mayer)가 이론계산에서 열의 일 당량을 구하기도 하였다. 1848년 줄(J. P. Joule)이 [그림 **7 · 2**]와 같은 장치에 의한 실험으로 올바른 열의 일 당량을 구했다. 여기서 열은 일과 같은 에너지임이 증명되고 열역학의 제1법칙이 확립된 것이다.

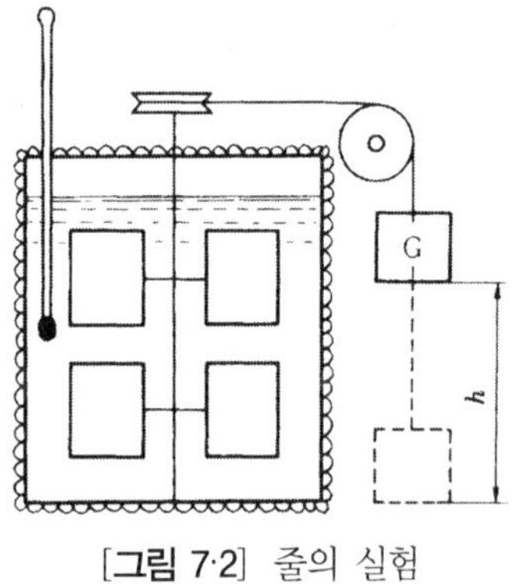

[그림 7·2] 줄의 실험

2 온도

일상생활에서는 온도(temperature)와 열(heat)이 혼동되어 사용되고 있으나, 사실은 다른 것이기 때문에 구별을 확실하게 할 필요가 있다. 온도는 감각에 의해 얻어지는 '온(溫)', '냉(冷)'

의 정도를 객관적으로 표시하는 단순한 척도이다. 사람의 추움과 따뜻함의 감각은 개인차가 크기 때문에 객관성을 가지기 위해서는 온도를 측정하는 계기(**온도계** : thermometer)에 추움과 따뜻함의 차이에 의해 변화되는 물질의 성질-체적, 전기저항, 열기전력 등-을 이용한다.

대표적인 온도계로는 액체온도계, 기체온도계, 저항온도계, 열전대(熱電對) 및 적외선온도계 등이 있다.

SI 단위계로는 온도에서 열역학적 온도 T가 사용되며 이를 **절대온도**(absolute temperature)라 부르는데 단위는 켈빈(kelvin) K로 표시한다. 1켈빈은 물의 3중점을 표시하는 열역학 온도의 1/273.16로 정의되고 있다. 절대온도 T(K)와 셀시우스 온도 t (℃)와는 단위의 크기는 같고 다음의 관계가 성립된다.

$$\left.\begin{aligned} &1(℃) = 1(\text{K}) \\ &t = T - 273.15 \end{aligned}\right\} \tag{7·1}$$

화씨온도 t_F(°F)와 **섭씨온도** t_C(℃)와의 관계는 다음과 같다.

$$\left.\begin{aligned} &0(℃) = 32(°\text{F}), \quad 100(℃) = 212(°\text{F}) \\ &t_C = \frac{5}{9}(t_F - 32)(℃), \quad t_F = \frac{9}{5}t_C + 32(°\text{F}) \end{aligned}\right\} \tag{7·2}$$

이상기체를 기준으로 하는 절대온도 눈금은 열역학온도 눈금과 일치한다.

3 열량

감기가 들어 "열이 있다"는 표현은 정확하게는 "체온이 높다" 또는 "내부에 비축되어 있는 에너지(내부 에너지)가 높다"고 하지 않으면 안 된다. 이동하는 열 에너지를 정량적으로 표시하려면 그 양을 **열량**(quantity of heat)이라 하며 **칼로리** 또는 **줄**이 사용된다. 표준대기압에서 순수한 물 1kg을 온도 1℃ 높이는 데 필요한 열량을 **1kcal**라 한다. 그러나 물의 경우 1℃ 높이는 데 필요한 열량은 온도에 의해 약간 다르기 때문에 정확하게는 14.5℃에서 15.5℃까지 높이는 경우의 열량을 **15° 킬로 칼로리**(kcal_{15}), 0℃에서 100℃까지 상승시킨 경우의 열량 1/100의 열량을 **평균 킬로 칼로리**(kcal_m)라 한다. 1956년 국제증기회의가 채택한 칼로리는 **국제증기표 킬로 칼로리**(kcal_IT)라 한다.

SI 단위계에서는 열량의 단위는 줄(joule : 단위기호 J)이다. 15℃ 킬로 칼로리와 줄의 관계는 다음과 같다.

$$1\text{kcal}_{15} = 4.18\,\text{kJ} \tag{7·3}$$

물질에 열을 가하면 반드시 그와 비례한 온도변화가 물질에 나타나는데 그 열을 현열

(sensible heat)이라 하고, 온도가 변화되지 않고 액체에서 기체로 변화하는 것과 같이 상변화를 가져오는 열(증발열, 융해열 등)을 **잠열**(latent heat)이라고 한다.

물체의 온도를 단위온도(1K)만큼 상승시키는 데 필요한 열량을 그 물체의 **열용량**이라 하고, 1kg의 물체의 온도를 1K만큼 높이는 데 필요한 열량을 **비열**(specific heat)이라고 하며 단위는 J/(kg · K) 또는 J/(kg · ℃)이다. 비열은 온도를 높이는 데 일정한 압력하이면 **정압비열**(C_P), 일정한 체적하이면 **정적비열**(C_v)이라 부른다. 일반적으로 비열은 온도에 의해 변화한다.

7-3 열과 일

1 일

[그림 **7 · 3**]에서와 같은 기관에서 피스톤을 고정시킨 상태에서 실린더 내의 기체에 열을 가하여 압력이 외압 P_2보다 고압의 P_1이 되었다고 한다. 이 때 기체는 일정한 외압 P_2에 대항하여 피스톤을 오른쪽으로 밀어 외부에 대해서 일을 한다. 피스톤의 면적을 $A(\mathrm{m}^2)$, 외압 P_2 $(\mathrm{N/m}^2)$가 피스톤면에 가해져 피스톤이 dx만큼 움직였다고 하면 피스톤면에 작용하는 힘 $F = P_2 dx$가 된다. 실린더 내의 기체 m(kg)이 하는 일 dW는

$$dW = Fdx = P_2 A\,dx$$

가 된다. 지금 dV를 기체의 체적증가라 생각하면 $dV = A\,dx$이므로

$$dW = P_2\,dV \qquad (7\cdot4)$$

따라서 기체가 1에서 2까지 움직이는 사이에 하는 일을 ${}_1W_2$로 하면

$${}_1W_2 = \int_1^2 P_2\,dV = \text{면적 } 1234 \qquad (7\cdot5)$$

가 된다.

지금 외압 P_2가 기체의 압력 P가 평형되는 상태이므로, 마찰이 작용하지 않고 피스톤이 서서히 작동될 때(이것을 일반적으로 가역변화라 함) 외압 P_2는 기체 자체의 압력 P와 같다고 보아도 좋다. 즉, 기체와 부피가 dV만큼 증가함에 따른 일 dW는

$$dW = P\,dV \qquad (7\cdot6)$$

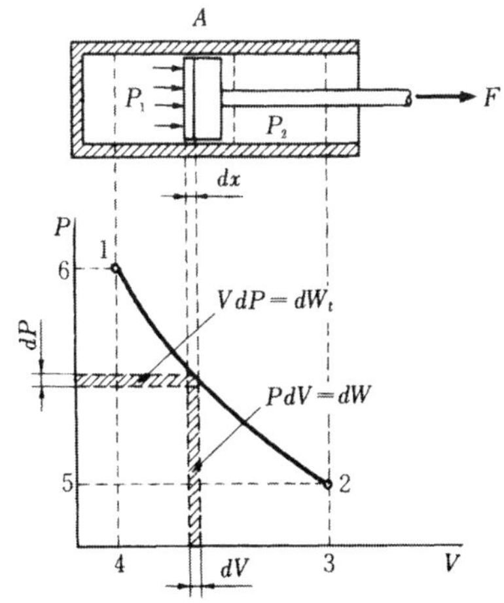

[그림 7·3] 기관의 압력 · 체적 선도

로 표시되므로, 기체가 1에서 2까지 팽창되었을 때의 일 ${}_1W_2$는

$$W = \int_1^2 P\,dV \tag{7·7}$$

가 된다. 이 값은 [그림 7 · 3]의 압력－체적선도($P-v$선도)에서 면적 1234에 해당되며 절대 일(absolute work)이라 불려진다. 1 kg의 기체 대해서 생각한다면 일 dw는 식 (7 · 6)에서

$$dw = p\,\frac{dV}{m} = p\,dv \tag{7·8}$$

가 된다. 여기서 v는 1 kg의 기체가 차지하는 체적, 즉 비체적(m^3/kg)이다.

열역학에서는 일반적으로 계(실린더 내의 기체)가 외부에 대해서 하는 일을 플러스(+), 외부로부터 하게 되는 일을 마이너스(－)로 본다.

2 열역학의 제1법칙

물체에 열을 가하면 물체의 온도는 상승한다. 경우에 따라서는 융해, 증발 등이 일어나지만 그와 동시에 팽창해서 외부에 대해 일을 한다. 즉, m(kg)의 물체에 열량 dQ를 가하면 물체의 내부 에너지(internal energy)가 dU만큼 증가하고 동시에 물체는 외부에 대해서 dW만큼 일을 한다. 이 관계는 다음 식과 같이 된다.

$$dQ = dU + dW \text{ (J)} \tag{7·9}$$

이 관계식이 표시하는 바와 같이 열과 일은 다같이 에너지의 일종으로 일을 열로 변환시킬 수도 있고 열을 일로 바꿀 수도 있다. 이와 같은 에너지 불멸의 법칙을 열역학 제1법칙(the first law of thermodynamics)이라 한다. 1 kg의 물질에 대해서 생각하면

$$dq = du + dw \text{ (J/kg)} \tag{7·10}$$

가 되고, 1 kg에 해당되는 물질의 내부 에너지 u를 비내부 에너지(J/kg)라 한다. [그림 **7 · 3**]의 기관에서 실린더 내의 기체가 가역적으로 팽창한 경우, 외부에 대해서 한 일 dw는 식 (7 · 8)에 의해서 식 (7 · 10)은 다음과 같이 바꾸어 쓸 수 있다.

$$dq = du + pdv \tag{7·11}$$

한편 이 식을 열역학의 제1기초식이라고도 하며 대단히 중요하다. 또, 이 식에서 p는 일정하기 때문에 $dq = du + pdv = du + d(pv) = d(u + pv) - dh$가 된다. 여기서 $h = u + pv$ $(H = U + PV)$는 엔탈피(enthalpy)라 부르고 이 h는 1 kg에 대한 물질의 엔탈피로 비 엔탈피(J/kg)라 하며 에너지 변환기기의 해석에 많이 사용되고 있다.

또 $dh = du + pdv + vdp = dq + vdp$에서

$$dq = dh - vdp \tag{7·12}$$

가 된다. 이 식을 열역학의 제2기초식이라 하며 다음과 같이 바꿀 수도 있다.

$$q = h_2 - h_1 - \int_1^2 vdp \tag{7·13}$$

식 (7 · 13)에서 $W_t = -\int_1^2 vdp$는 공업일(technical work)이고 [그림 **7 · 3**]에서 보면

$$W_t = \int_1^2 vdp = \text{면적 } 1256$$

가 된다.

종래의 공학단위계에서는 일량의 단위는 kgf · m, 열량의 단위는 kcal이기 때문에 그 사이에는 다음의 환산관계가 사용된다.

$$Q = AW \text{ 또는 } W = JQ \tag{7·14}$$

이 식에서 A를 열당량(thermal equivalent of work), J를 열의 일당량(mechanical equivalent of heat)이라 하며 다음과 같은 값을 가진다.

$$A = \frac{1}{426.9}(\text{kcal}_{\text{IT}}/\text{kgf·m}), \quad J = 426.9(\text{kgf·mkcal}_{\text{IT}}) \tag{7·15}$$

7-4 열역학의 제2법칙

1 열역학의 제2법칙

열과 기계적 일은 서로 변환된다고 하였으나, 실제로 일을 열로 바꾸기는 쉬우나 그 반대는 쉽지 않다. 회전축을 베어링으로 지지하였을 경우, 동력의 일부는 마찰열로 변환되지만 그 열을 반대로 동력으로 바꾸기는 불가능하다.

열을 기계적 일로 변환하려면 일정한 원리가 있다. 열 에너지를 가지는 물체보다 저온의 물체를 사용, 그 사이에서 열이 이동되도록 하지 않으면 안 된다. 고온의 물체가 처음에 가지고 있던 열량을 Q_1(kcal)라 하고 저온물체의 열량을 $Q_2=$(kcal)라 하면 그 사이에 흐르는 열량 Q_1-Q_2(kcal)의 열 에너지만이 열역학 제1법칙에 의해 기계적 일로 변환시킬 뿐 고온물체가 가지는 열 에너지 Q_1을 전부 기계적 일로 변환시키기란 불가능하다.

열 발생원에서 열 에너지를 받아 사이클을 수행하면서 일(동력)을 발생하는 에너지 변환기기를 열기관(heat engine)이라 하는데, 열기관의 구성은 [그림 **7·4**]와 같고 발생되는 외부 일 W는 열역학 제1법칙에서 다음과 같이 표시된다.

$$W=Q_1-Q_2 \tag{7·16}$$

주위로 방출하는 열량 Q_2[무효 에너지(unavailable energy)라 함]는 적을수록 좋으나 0으로 할 수는 없다. 즉, 열은 스스로 고온체에서 저온체로 흐른다는 기본적 성질을 응용한 것에 불과하지만 열역학 제1법칙과 더불어 열의 근본적 성격을 표시하였다는 데 그 특징이 있고 방향성을 포함한 법칙을 열역학의 제2법칙(the second law of thermodynamics)이라 한다.

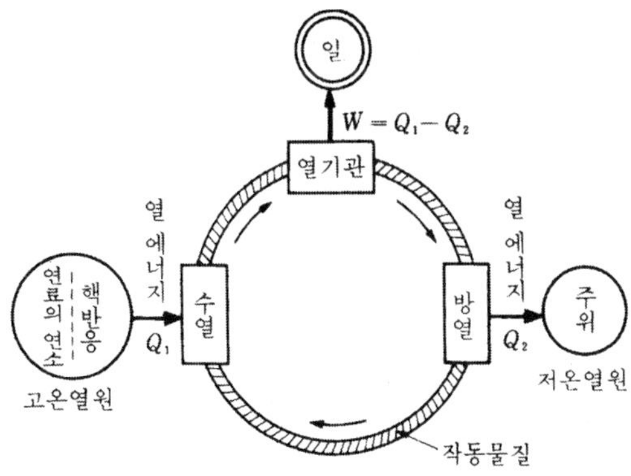

[그림 7·4] 열기관의 구성

저온열원에서 열을 흡수하여 고온열원으로 열을 방출하려면 인위적으로 계에 일 W를 하지 않으면 안 된다. 이와 같은 사이클을 수행하는 에너지 변환기기를 냉동기(refrigerator) 또는 열펌프(heat pump)라 한다. 이 사이클은 열기관과는 전혀 반대이며 식 (7 · 16)에서 Q_1, Q_2는 모두 마이너스가 된다[그림 **7 · 5** (b)].

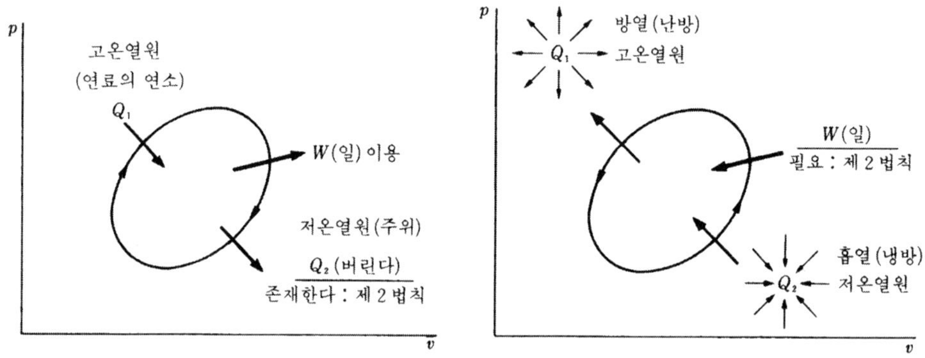

(a) 열기관(가역 사이클)　　(b) 냉동기 · 열펌프(역가역 사이클)

[그림 7·5] 열기관과 냉동기 · 열 펌프의 사이클

열기관에서 작동물질이 고온열원에서 받는 열량 Q_1가운데 이용되는 **유효** 에너지(available energy)는 열역학의 제1법칙 및 제2법칙에서 $Q_1 - Q_2 (= W)$이다. 받는 열량 Q_1에 대해서 유효 에너지가 클수록 열기관으로서는 우수하기 때문에, 열기관의 우열을 표시하는 척도로 다음의 **열효율**(thermal efficiency) η가 사용된다.

$$\eta = \frac{W}{Q_1} = \frac{Q_1 - Q_2}{Q_1} = 1 - \frac{Q_2}{Q_1} \tag{7·17}$$

η를 크게 하려면 **무효** 에너지 Q_2를 작게 하면 좋다. 그러나 열역학 제2법칙에서 Q_2는 0이 되어서는 안 되기 때문에 열효율 100의 열기관은 실현 불가능하다. 실제 η의 값은 자동차용 기관이 25~30%, 증기터빈에서 40% 정도이다.

2 엔트로피

열역학의 제2법칙을 정량적으로 설명하는 물리량으로 엔트로피(entropy)가 정의된다. 온도 T의 계가 외부로부터 등온변화에서 가역적으로 아주 작은 열량 dQ를 흡수하였을 때 계의 엔트로피 증가를 ds로 하면

$$ds = \frac{dQ}{T} \text{ (J/K)} \tag{7·18}$$

로 정의한다. 계가 가역적으로 열을 흡수하면 ($dQ>0$), 즉 $ds>0$으로 계의 엔트로피는 증가하나, 열을 방출하면 ($dQ<0$, $ds<0$으로 계의 엔트로피는 감소한다. 가역변화에서는 계의 엔트로피 증가(또는 감소)는 그 양만큼 외부의 엔트로피 감소(또는 증가)가 된다. 따라서 계와 외부와를 동시에 합해서 생각할 때는 엔트로피 변화는 없다. 식 (7 · 18)의 $dQ=Tds$에서는

$$_1Q_2 = \int_1^2 Tds \tag{7·19}$$

가 되고 $T-s$ 선도[그림 **7 · 6** (a)]의 면적에서 열의 출입량 $_1Q_2$가 얻어진다. 사이클을 수행하는 경우에는 $T-s$ 선도상에서 포위되는 면적에서 사이클의 일 $Q_1-Q_2=W$가 구해진다[그림 **7 · 6** (b)]. 여기서 $T-s$ 선도는 $P-v$ 선도와 마찬가지로 에너지 변환기기의 해석에 많이 사용된다.

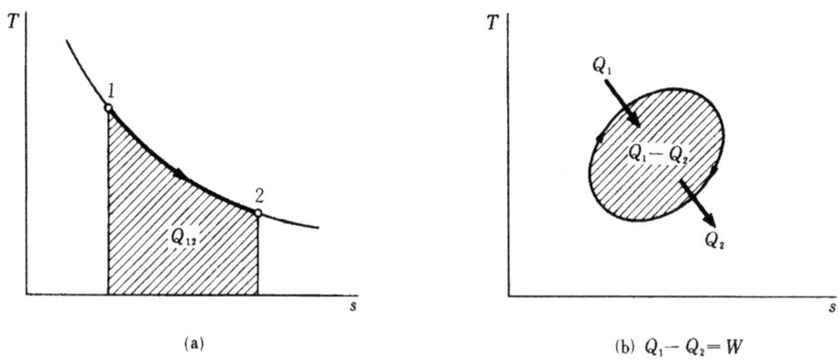

[그림 7·6] $T-s$ 선도와 계에 출입하는 열량의 관계

7-5 기체의 성질

1 이상기체

열기관의 작동유체(working fluid)로는 열로 인해 큰 체적변화를 일으키는 기체와 증기가 주로 사용된다. 따라서 이들 물질의 열에 의한 상태변화를 이해하는 것이 대단히 중요하다. 심한 저온이나 고압이 아닌 공기, 산소, 수소, 연소가스 등과 같은 기체와 과열도가 높은 수증기는 기체 하나의 분자운동론적인 분자의 크기, 분자 사이에 작용하는 힘을 무시한 가상적인 기체를 이상기체(ideal gas)라 해서 실용상 많이 취급되고 있으며 완전가스(perfect gas)라고도 한다. 이상기체는 다음의 두 법칙에 따른다.

(1) 보일의 법칙(Boyle의 법칙)

"온도가 일정한 경우 가스의 비체적은 그 압력에 반비례한다." 즉,

$$P_1 v_1 = P_2 v_2 = Pv = \text{일정} \qquad (7{\cdot}20)$$

이 법칙을 Mariotte의 법칙이라고도 한다.

(2) 샤를의 법칙(Charles의 법칙 또는 Gay-Lussac의 법칙)

"압력이 일정한 경우 가스의 비체적은 그 온도에 비례한다." 즉,

$$\frac{v_1}{T_1} = \frac{v_2}{T_2} = \frac{v}{T} = \text{일정} \qquad (7{\cdot}21)$$

(3) 보일 · 샤를의 법칙

기체의 상태를 표시하는 데는 압력과 체적을 좌표축으로 하는 그래프(지압선도)가 많이 사용된다. 기체는 일반적으로 에너지를 받아 상태변화를 하면 압력, 체적, 온도가 변하는데 상태 1 (P_1, v_1, T_1)에서 상태 2(P_2, v_2, T_2)로 되었을 때 무게 1 kgf의 기체에 대해서는 다음의 관계가 성립된다.

$$\frac{P_1 v_1}{T_1} = \frac{P_2 v_2}{T_2} = R(\text{일정한 값}) \qquad (7{\cdot}22)$$

여기서 T는 ($273 + t$℃)의 수치로 표시하며, R는 기체의 종류에 따라 다르며 이것을 기체상수(gas constant) 또는 가스상수라 한다. 식 (7 · 22)는 기체의 온도가 일정하면 압력과 체적은 반비례하며, 압력이 일정하면 체적은 온도에 비례함을 표시하고 있는데 이 관계를 보일 · 샤를의 법칙이라 하며 다음과 같이 표시된다.

$$Pv = RT \qquad (7{\cdot}23)$$

이 식을 기체의 상태방정식이라고도 한다.

실존의 기체에서는 압력을 가함에 따라 분자 사이의 거리가 작아지면 분자간의 인력이 크게 미치게 되어 위의 식은 성립되지 않는다. 그러나 열역학의 이론을 뒷받침하기 위해서는 어떤 압력, 온도의 상태에서도 보일 · 샤를의 법칙이 성립되는 것으로 가정해서 취급한다.

2 이상기체의 상태변화

기체가 받은 열 에너지를 Q, 그 열 에너지를 상태변화가 1에서 2로 되었다고 본다.

(1) 등적변화(constant volume change)

기체가 일정한 체적의 용기 속에 있을 때의 상태변화로, 체적이 일정하기 때문에 체적은 증가되지 않으며 기체는 일을 하지 않는다. 따라서 받은 열량 Q는 모두 온도상승의 형태로 내부 에너지가 되어 축적된다[그림 **7 · 7**].

(2) 등압변화(constant pressure change)

압력이 일정할 때의 기체의 상태변화에서는 압력이 일정하므로 열량 Q는 일부가 일 $_1W_2$로 사용되고 일부는 내부 에너지(온도상승)가 된다[그림 **7 · 8**].

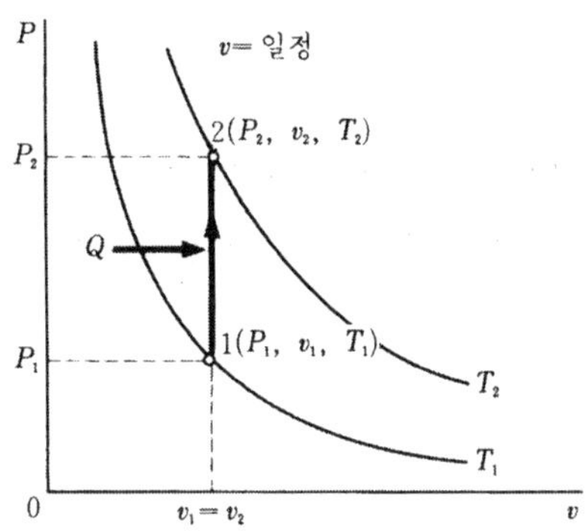

[그림 7·7] 등적변화

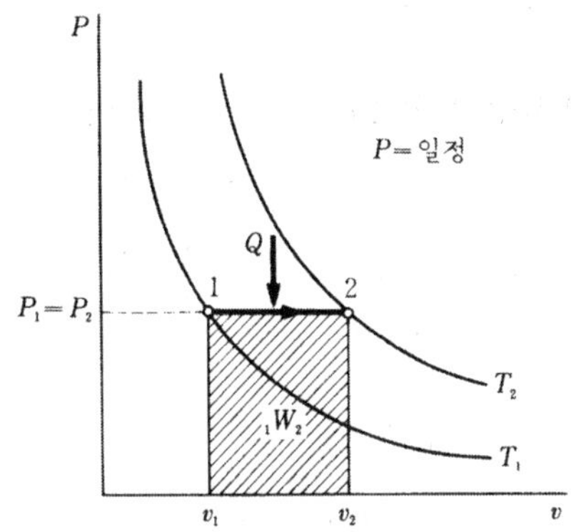

[그림 7·8] 등압변화

(3) 등온변화(isothermal change)

기체온도가 일정할 때의 상태변화에서는 온도가 일정하기 때문에, 열량 Q는 전부 일 $_1W_2$에 소비되고 기체의 온도는 변함없다[그림 **7 · 9**].

(4) 단열변화(adiabatic change)

[그림 **7 · 10**]의 단열변화는 변화의 사이에 전혀 열에너지의 출입이 없는 상태변화이다. 열량을 받지 않고 일을 하기 때문에 내부 에너지가 소비되어 일을 하므로 온도가 떨어진다. 단열가역 변화에서는 엔트로피변화가 없기 때문에 등엔트로피 변화라고도 한다.

기체가 보유하고 있는 내부 에너지만을 소비시켜 팽창하거나 기체를 압축하는 형태로, 기계적 에너지를 주는 경우의 변화로 보면 된다. 실제기관에서는 실린더 내의 고온가스가 피스톤을

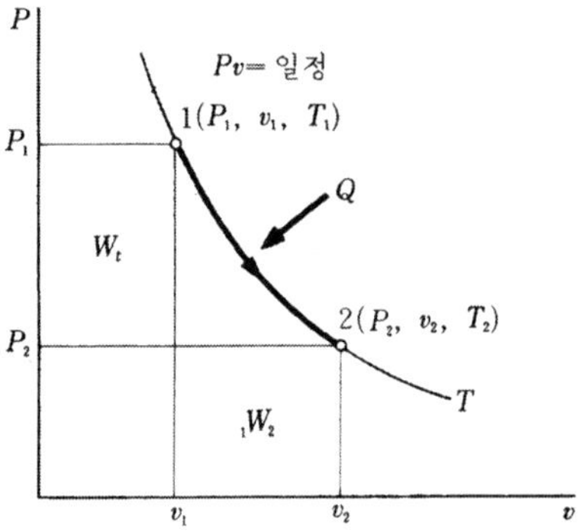

[그림 7·9] 등온변화

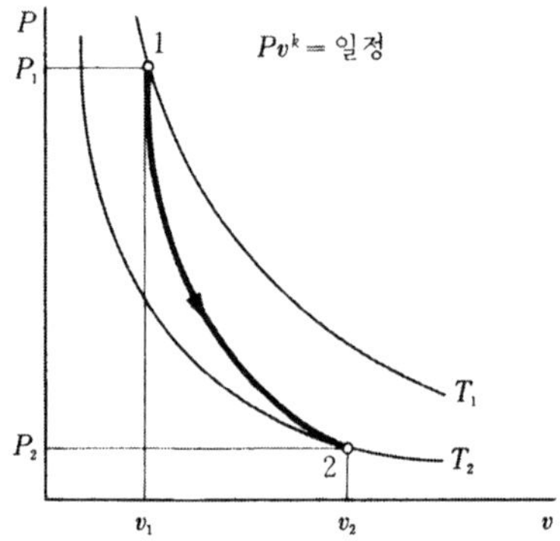

[그림 7·10] 단열변화

아주 빠르게 작동시킬 때는 열이 실린더벽을 통해 출입하는 시간이 없는 것으로 간주되기 때문에 단열변화로 본다.

(5) 폴리트로픽 변화(polytropic change)

내연기관의 작동가스나 공기압축의 공기와 같은 실제로 가스가 변화할 경우에는, 위에 설명한 변화만으로는 설명이 곤란하다. 따라서 압력과 체적의 관계가 다음 식으로 표시되는 상태변화를 폴리트로픽 변화라 한다.

$$Pv^n = \text{일정} \tag{7·24}$$

여기서 지수 n은 임의의 일정한 값을 가질 수 있다.

피스톤의 압축, 팽창행정에서는 앞에서 설명한 대로 이론해석을 할 때 근사적으로 단열변화로 취급한다. 그러나 이것으로 계산하면 실제 이상으로 열효율이 좋아 실용에는 미치지 못한다. 여기서 실제에 접근시키기 위해 $k=1.4$를 $n=1.3$으로 두어 계산한다. 또, n은 어떤 값을 가져도 좋으며 특별한 경우로

$n=1$이면	$Pv^1 = Pv =$상수	등온변화
$n=k$이면	$Pv^k =$상수	단열변화
$n=0$이면	$Pv^0 = P=$상수	등압변화
$n=\pm\infty$이면	$Pv^n = P^{\frac{1}{n}}v = P^0 v = v=$상수	등적변화가 된다.

따라서 폴리트로픽 변화는 모든 상태변화를 표시하는 것이라 할 수 있다. [그림 7·11]은 폴리트로픽 지수와 상태변화를 $P-v$ 선도와 $T-s$ 선도에 동시에 그린 것이다.

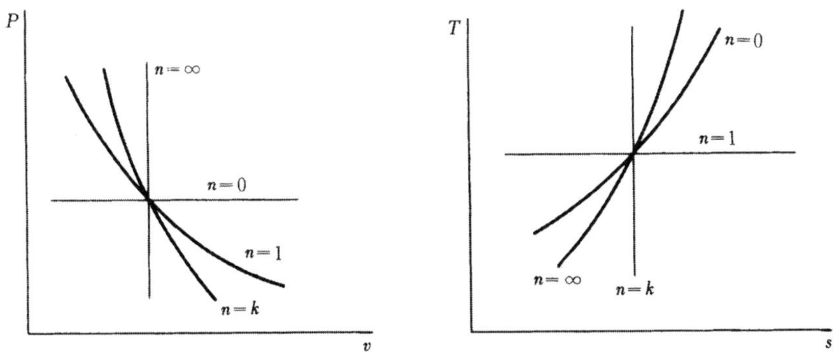

[그림 7·11] 폴리트로픽 지수와 상태변화

7-6 증기의 성질

1 가스와 증기

기체는 실용상 가스(gas)와 증기(vapour)로 구별되지만 이 구별은 명확한 것이 아니고 편의상의 구별이다. 즉, 증발이나 응축이 일어날 상태에 가까운 기체를 증기라 하고 쉽사리 응축이 일어나지 않는 상태의 기체를 가스라 한다. 실제로 사용되는 기체에는 내연기관이나 가스터빈의 작동유체같이 응축이나 증발이 잘 일어나지 않는 범위에 작용하는 것과, 증기원동기의 작동유체인 수증기나 냉동기의 작동유체인 냉매에 사용하는 암모니아와 같이 증발이나 응축이 쉽게 일어나면서 작동하는 것이 있으므로 편의상으로 구분하는 것이다.

가스는 근사하게 이상기체로 취급하므로 $Pv = RT$인 특성식을 적용할 수 있지만 증기는 이상기체와는 상당히 다른 성질이 있어서 아주 높은 온도나 낮은 압력일 때에는 이상기체의 상태식을 만족시키지 못하고 복잡한 성질을 나타내고 있다.

따라서 실용상 기체로 취급할 경우에는 각각의 증기에 대해서 정밀한 실험에 따라 온도, 압력, 비체적, 엔탈피, 엔트로피 등의 관계를 실제로 측정하고, 그 결과를 기초로 하여 수표나 선도를 만들어서 이용하는 것이 보통이다.

2 등압에서의 증기의 발생

[그림 **7·12**]에서 볼 수 있는 바와 같이 실린더 안에 액체를 넣어 기밀이 유지되도록 하고, 마찰이 없는 피스톤과 그 위에 올려놓은 추에 따라 일정한 압력을 유지하면서 가열하는 과정에 대해 생각하여 본다.

(1) 액체의 가열

그림 (a)의 상태에 있는 액체를 가열하면 액체의 온도는 점차로 높아지고 그와 동시에 체적도 얼마쯤 늘어나는데, 이 때 액체에 가해진 열량을 **감열**(sensible heat) 또는 **액체열**(heat of liquid)이라 한다. 그림 (b)와 같은 어떤 일정한 온도(1 ata에서 물은 100℃)에 도달하면 액체의 상태에서는 그 이상의 온도로는 되지 않는다. 이 한계의 온도는 액체의 종류와 그 때 가해진 압력에 따라서 결정되고, 이 온도를 그 압력에 대한 **포화온도**(saturated temperature)라 하고 특히 대기압에서의 포화온도를 **비등점**(boiling point)이라고 한다.

포화온도에 있는 액체를 **포화액**(saturated liquid)이라고 하지만 포화액의 온도와 압력 사이에는 일정한 관계가 있고, 한편이 결정되면 다른 쪽도 결정이 된다. 포화액의 압력을 그 온도에 대응하는 **포화압력**(saturated pressure)이라고 한다.

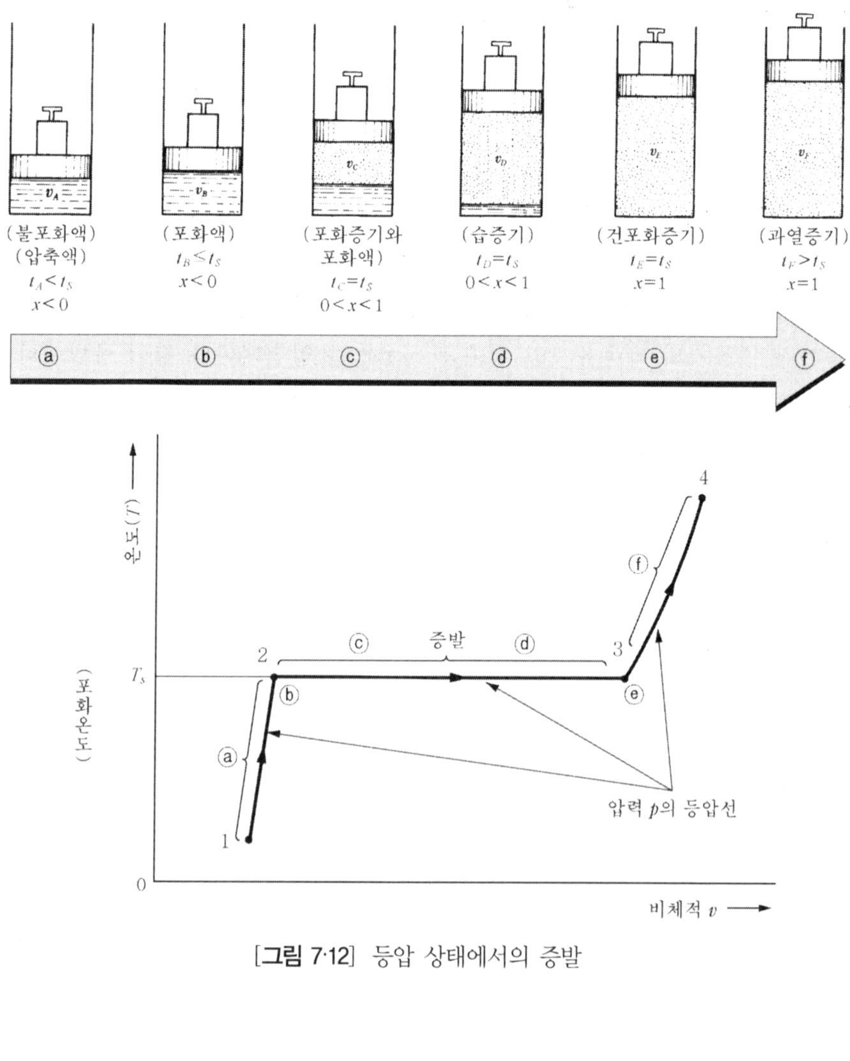

[그림 7·12] 등압 상태에서의 증발

(2) 포화액의 가열

포화액을 다시 가열하면 증기가 발생되기 시작하고, 온도는 포화온도를 계속 유지하면서 액체의 일부는 등온·등압의 기체가 되어 그림 (c)와 같이 체적이 현저하게 증가된다. 이와 같이 액체가 기체로 변해지는 현상을 **증발**(vaporization)이라 하고, 이 증발과정에서 흡수되는 열을 **증발의 잠열**(latent heat of vaporization)이라 한다.

일반적으로 증발은 액체의 표면에서 일어나지만 가열이 급격한 때에는 액체의 내부에서도 증발이 일어나 증기는 기포로 되어 액체 중에 떠 올라가게 된다. 이와 같은 증발현상을 특히 비등(boiling)이라고 한다.

증발이 계속될 때 실린더 안에는 액체와 증기가 평형상태를 이루어 공존하게 되는데 이 상태의 증기를 **포화증기**(saturated vapour)라 한다.

그림 (e)는 액체 전부가 완전히 증발한 상태로 액체가 제거된 증기를 **건포화증기**(dry saturated vapour)라 하고, 이에 대해서 증발 도중에 있는, 즉 (d)와 같이 수증기와 액체가 혼합되어 있는 포화증기를 **습증기**(wet vapour)라고 한다.

(3) 증기의 가열

건포화증기를 다시 가열하면 그림 (f)와 같이 증기의 온도는 포화온도 이상으로 된다. 이 때는 같은 압력상태라 온도·체적만 증가한다. 이와 같이 포화온도 이상으로 가열된 증기를 과열증기(superheated vapour)라 하고 과열증기의 온도(t')와 그 압력에서의 포화온도(t)와의 차 ($t'-t$)를 **과열도**(degree of superheat)라고 한다. 과열도를 높이면 과열증기의 성질은 이상기체에 가까워진다.

(4) 증기의 임계점

지금까지는 액체를 일정한 압력 P 하에서 가열하여 증기로 하였을 때의 변화를 설명하였으나, 압력을 바꾸어 등압과열을 하여도 같은 변화를 한다.

[그림 **7·13**]은 여러 가지 압력 P_1, P_2, $\cdots P_6$에서 등압가열한 모양을 $T-v$ 선도에 표시한 것이다. 그림과 같이 압력이 달라도 굴절선 a b c d는 같으나 고압이 됨에 따라 포화온도는 높게 되고 b－c 사이가 짧게 된다. 이는 증발잠열이 압력의 상승과 더불어 감소됨을 보여주고 있다. 압력이 $P_5(=P_C)$가 되면 점 b와 점 c는 일치하여 점 C가 되고 곡선 a_5C_{d5}가 된다.

이 점에서는 액체와 증기의 비체적은 같게 되고 액체는 증발현상을 동반하지 않고 연속적으로 액체에서 바로 증기로 변한다. 점 C를 **임계점**(critical point)이라 하고, 그 압력 P_C와 온도 T_C를 각각 **임계압력**(critical pressure)·**임계온도**(critical temperature)라 한다.

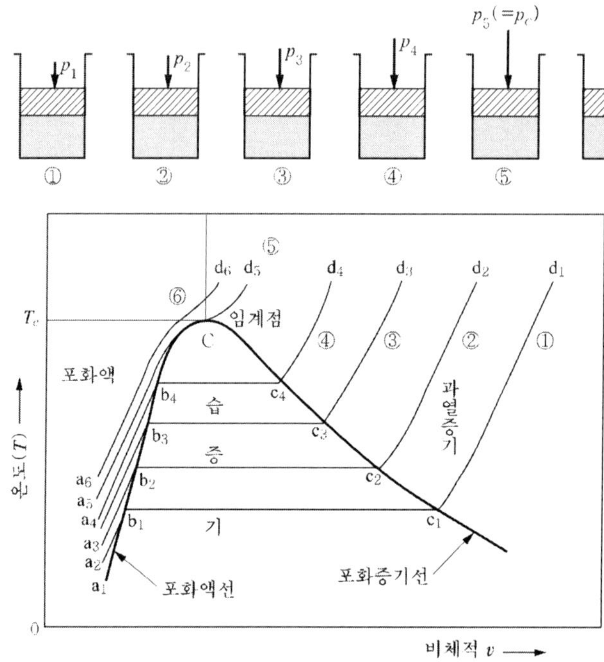

[그림 7·13] 증기의 $T-v$선도

3 증기의 열적 성질

증기의 열적 성질에서 공업상 문제가 되는 것은 온도 · 압력 · 비체적 · 엔탈피 및 엔트로피 등이나 증기의 성질은 대단히 복잡하여 정밀한 실험결과에 기초하여 증기의 상태식을 만들면 이상기체와 달리 대단히 복잡한 식이 되고 계산이 힘들기 때문에 미리 상태식을 계산하여 수표나 선도를 만들고 필요에 따라 사용하고 있다. 이것을 증기표(steam table) · 증기선도(steam diagram)이라 한다. 열역학 교재에는 부록에 끼워 넣고 있으나 이 책에서는 생략하였다.

습포화증기는 일반적으로 그 안에 있는 온도의 수분을 함유하고 있다. 즉 건포화증기와 수분과의 혼합체이다. 습포화증기 1kg 중의 건포화증기의 양을 x kg이라 하면 수분의 양은 $(1-x)$ kg이다. 이 x를 건도(dryness)라 한다. 건도 x인 습포화증기의 비체적 v, 엔탈피 h 및 엔트로피 s는 다음 식으로 구해진다.

$$\left.\begin{aligned} v &= xv'' + (1-x)\cdot v' = v' + x(v''-v') \\ h &= h' + x(h''-h') = h' + x\cdot r \\ s &= s' + x(s''-s') = s' + x\frac{r}{T} \end{aligned}\right\} \quad (7\cdot25)$$

여기서 ′는 포화수 상태 ″는 건포화 증기상태를 나타내며 r는 증발열인데 어느 경우나 증기표에서 구한다.

7-7 사 이 클

기체를 사용하여 열에너지를 기계적 일로 변환시키려면 기체에 필요한 상태변화를 일으키고 최초의 상태를 되돌려 놓지 않으면 안 된다. 여러 가지 상태변화에서 최초의 상태로 되돌아가는 1순환의 변화를 사이클(cycle)이라 한다.

1 가스 사이클(gas cycle)

실제의 열기관에서는 연소, 유동, 열전달 등 복잡한 과정이 포함되나 작동유체를 비열이 일정한 이상기체로 보고 가역 사이클(reversible cycle)로 취급한다.

(1) 카르노 사이클(Carnot cycle)

열을 일로 바꾸려면 고·저 두 열원 사이에 작동하는 기관 중에서 최고의 효율을 나타내는 이상적인 사이클이 1824년 카르노(S. Carnot)에 의해 제창되었다. 이 카르노 사이클(Carnot cycle)은 [그림 **7·14**]와 같이 두 개의 단열변화 2→3, 4→1과 두 개의 등온변화 1→2, 3→4에 의해 구성되어 있다. A는 온도 T_1인 고온열원, B는 온도 T_2인 저온열원으로 다 무한의 열용량을 가지며, 고열원에서 열량 Q_1을 받아 저열원에 Q_2를 방출하여 외부에 대해 일 W를 하는 것으로 생각한다.

1) 등온팽창(1→2) . 가스는 A에서 열량 Q_1을 받아 상태 1에서 상태 2까지 팽창일을 한다.

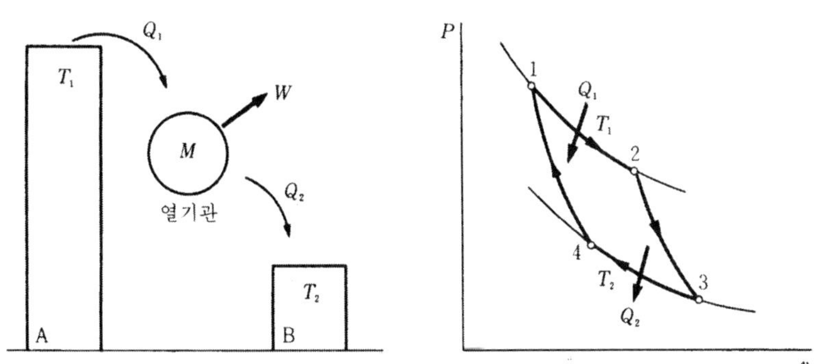

[그림 7·14] 카르노 사이클

이 때 A는 무한한 열용량을 가지고 있어 열을 빼앗겨도 온도 T_1은 변하지 않는다.

2) **단열팽창**(2→3) : 다음에는 A를 떼고 상태 3까지 팽창을 계속시킨다. 이 사이에 열의 출입은 없고 가스는 내부 에너지를 소비하여 단열팽창을 하고, 온도는 T_1에서 T_2까지 떨어진다.

3) **등온압축**(3→4) : 다음에 B를 접촉시킨다. 외부에서 가스에 압축일을 가하면 가스는 열량 Q_2를 B에 방열을 하면서 변화 3→4를 한다. B는 무한의 열량을 가지고 있기 때문에 등온압축이 된다.

4) **단열압축**(4→5) : B를 제거한 후에 가스를 단열 압축한다. 내부 에너지가 증가하여 온도는 T_2에서 T_1으로 높아진다. 이와 같이 완성된 사이클의 열효율은 다음과 같다.

$$\eta = 1 - \frac{Q_2}{Q_1} = 1 - \frac{T_2}{T_1} \qquad (7\cdot26)$$

(2) 스털링 사이클(Stirling cycle)

이 사이클은 1816년 스털링에 의해 제안된 것인데 열기관이나 냉동기에서도 사용이 되며, 외연기관이기 때문에 어떤 연료든지 사용가능하며, 연속연소기이므로 연소의 제어가 쉬워 자원절약, 저공해기관으로 우수해서 최근 주목의 대상이 되었다. [그림 **7·15**]에서와 같이 등온압축(T_2) 1→2, 등적가열 2→3, 등온팽창(T_1) 3→4, 등적방열 4→1로 이루어지는 사이클이다. 이 사이클에서는 Q_{23}과 Q_{41}이 같아 축열교환기를 사용하여 변화 4→1의 방열량 Q_{41}을 Q_{23}으로 완전히 이용이 된다면, 스털링 사이클의 열효율은 같은 온도 조건하에서 작동하는 카르노 사이클의 열효율과 같아진다. 즉 다음과 같다.

$$\eta_s = 1 - \frac{Q_2}{Q_1} = 1 - \frac{T_2}{T_1} \qquad (7\cdot27)$$

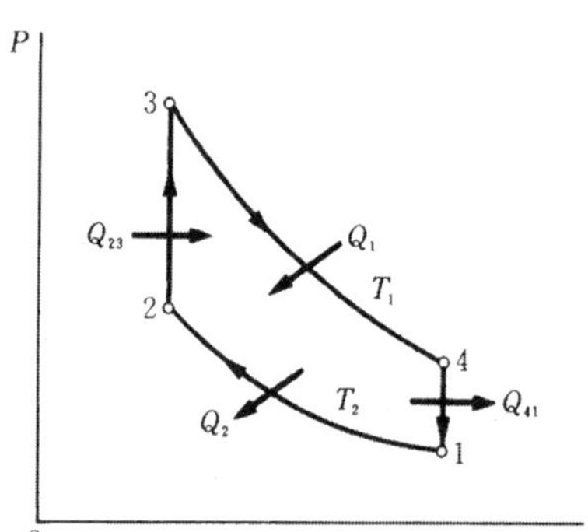

[그림 7·15] 스털링 사이클

(3) 오토 사이클(Otto cycle)

이 사이클은 현재 자동차 등에 사용되고 있는 가솔린기관이나 가스기관 등의 불꽃 점화기관의 기본 사이클이며 오토(N. A. Otto)에 의해 1876년에 만들어졌다. 오토 사이클(Otto cycle)은 일정한 체적에서 연소가 이루어지기 때문에 **등적 사이클**(constant volume cycle)이라고도 한다.

[그림 **7 · 16**]에서 먼저 연료와 공기의 혼합가스(**혼합기** : mixture)가 흡입 밸브에서 등압변화 $0 \rightarrow 1$에 따라 실린더 내에 흡입된다. 피스톤이 하사점 1에 오면 흡입 밸브가 닫혀지고 다음에 단열변화 $1 \rightarrow 2$에 의해 혼합가스는 압축되며, 상사점 2에서 점화시키면 가스는 폭발되고 체적이 일정하여 등적변화 $2 \rightarrow 3$에 의해 압력이 상승된다. 다음에 단열팽창 $3 \rightarrow 4$에서 일이 이루어지고 4에서 배기 밸브가 열려 등적변화 $4 \rightarrow 1$에서 연소가스가 배출된다. 등압변화 $1 \rightarrow 0$에서 남아 있는 연소가스가 빠져나간다. 이들 가운데 흡입과 배기의 변화 $0 \rightarrow 1$과 $1 \rightarrow 0$에서는 같은 과정을 통과하기 때문에 기본 사이클을 논할 때에 이것을 무시하여도 상관없다.

오토 사이클에서는 변화 $2 \rightarrow 3$ 사이에 열량 Q_1이 공급되고 변화 $4 \rightarrow 1$ 사이에 열량 Q_2가 방출된다. 이 때의 열효율은

$$\eta_0 = 1 - \frac{Q_2}{Q_1} = 1 - \left(\frac{1}{\varepsilon}\right)^{k-1} \tag{7·28}$$

여기서 $\epsilon = \dfrac{v_1}{v_2}$을 **압축비**(compression ratio)라 한다.

식 (7 · 28)에서 알 수 있듯이 오토 사이클은 효율은 다만 ϵ만의 함수이며 ϵ이 클수록 효율은 높다. 그러나 실제 오토 사이클 기관에서는 압축비가 높아지면 **노킹**(knocking)이 일어나기 때문에 ϵ을 무작정 크게 할 수는 없다.

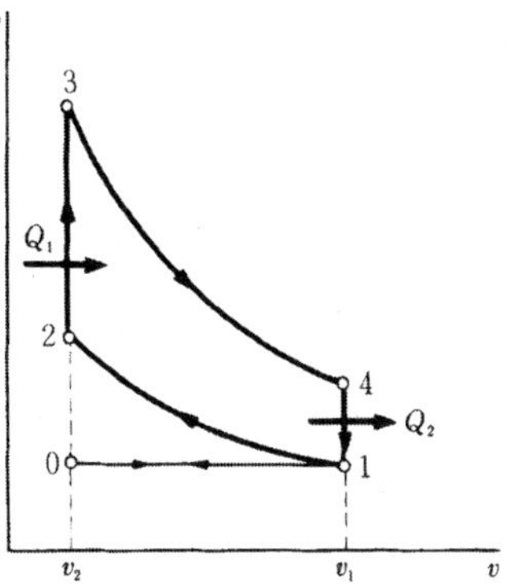

[**그림 7·16**] 오토 사이클 $P-v$ 선도

(4) 디젤 사이클(Diesel cycle)

이 사이클은 디젤(R. Diesel)이 1892년에 고안한 것이며, 연소가 등압하에서 이루어지기 때문에 등압 사이클(constant pressure cycle)이라고도 한다.

[그림 **7 · 17**]에서 등압변화 0 → 1에서는 새로운 공기만을 흡입하고, 흡입한 공기를 단열변화 1 → 2에서 압축하면 이 공기는 압축열로 말미암아 연료착화온도에 도달한다. 압축이 끝나는 2에서 연료를 실린더 내에 분사하기 시작하면 이 때 압축된 공기의 압력은 현저하게 높아지는데, 그 이상의 압력상승을 피하기 위해 폭발연소가 되지 않게 연료의 공급을 적당히 조절하면서 등압연소 2 → 3을 진행시킨다. 3에서 연료분사를 끝낸다. 이 뒤부터는 오토 사이클과 같이 연소가스는 단열팽창 3 → 4에 의해 일을 하며, 등적변화 4 → 1에서 배출, 등압변화 1 → 0에서 배기한다. 디젤 사이클의 열효율은 다음 식으로 표시된다.

$$\eta_d = 1 - \frac{1}{\epsilon^{k-1}} \cdot \frac{\sigma^k - 1}{k(\sigma - 1)} \tag{7·29}$$

여기서 $\sigma = \dfrac{v_3}{v_2}$를 차단비(cut－off ratio)라 한다.

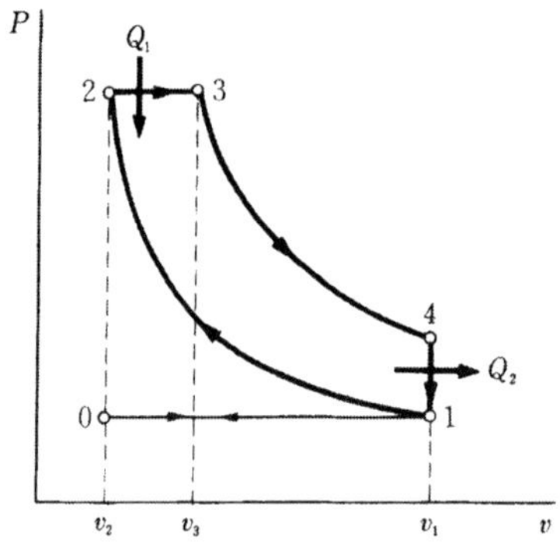

[그림 7·17] 디젤 사이클의 $P-v$ 선도

이 식에서 본다면 디젤 사이클의 열효율은 ϵ뿐만이 아니라 σ의 영향도 받는다. $\dfrac{\sigma^k - 1}{k(\sigma - 1)}$은 1보다 크기 때문에 만일 ϵ이 동일하면 열효율은 디젤 사이클 쪽이 오토 사이클보다 작게 된다. 그러나 디젤 사이클은 노킹의 염려가 없어 ϵ을 오토 사이클보다 크게 할 수 있어 실제로는 열효율도 크게 된다. 오토 사이클 기관에서는 일반적으로 $\epsilon = 5 \sim 10$정도이나 디젤 사이클 기관은 대개 $\epsilon = 13 \sim 18$ 정도이다.

(5) 사바데 사이클(Sabathe cycle)

이 사이클은 사바데(P. Sabathe)의 제안에 의한 것이며, 현재 자동차 등에서 사용되고 있는 무기분사 디젤기관의 기본 사이클이다. 연소행정이 등적과 등압의 복합으로 되어 있기 때문에 **복합 사이클**(dual combustion cycle)이라고도 부른다. 앞에서 설명한 디젤 사이클의 연소행정에서는 등압연소를 시키기 위해 연소의 초기에는 공급연료가 적게 되며 확실한 착화가 잘 되지 않는다. 현재의 자동차용 디젤기관과 같이 고속회전의 무기분사기관에서는 확실한 연소를 기하기 위해 먼저 폭발연소, 즉 등적연소에 이어서 등압연소를 시킨다. 이 사이클의 열효율은 다음과 같이 된다.

$$\eta_s = 1 - \frac{1}{\epsilon^{k-1}} \cdot \frac{\sigma^k \left(\dfrac{P_{3'}}{P_2}\right) - 1}{\left(\dfrac{P_{3'}}{P_2}\right) - 1 + k(\sigma - 1)\left(\dfrac{P_{3'}}{P_2}\right)} \tag{7·30}$$

사바데 사이클은 오토 사이클과 디젤 사이클과의 조합이며, 식 (7 · 30)에서 $\sigma = 1$로 두면 오토 사이클이고 압력비 $\dfrac{P_{3'}}{P_2} = 1$로 두면 디젤 사이클이 된다. [그림 **7 · 18**]은 사바데 사이클이다.

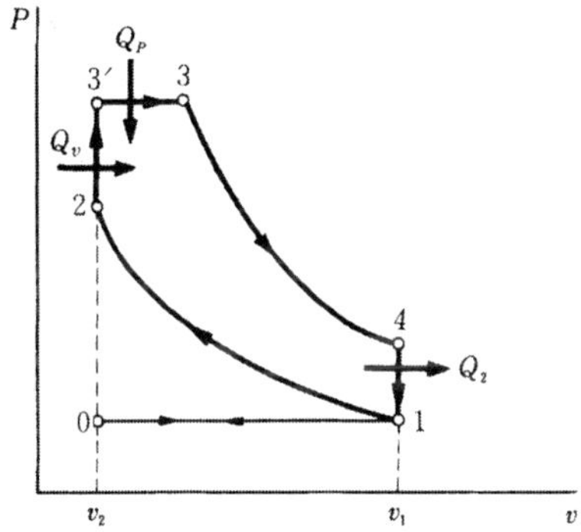

[그림 7·18] 사바데 사이클의 $P-v$ 선도

(6) 브레이턴 사이클(Brayton cycle)

이 사이클은 1872년에 브레이턴(G. Brayton)에 의해 제안된 것이며 가스터빈의 기본 사이클이다. 가스터빈의 기본형은 [그림 **7 · 19**]에서와 같이 공기압축기, 연소기 및 터빈으로 구성되어 있고 이 사이클은 공기의 단열압축 1 → 2, 등압연소 2 → 3, 터빈에서의 연소가스의 단열팽창 3 → 4, 등압방열 4 → 1로 되어 있다. 열효율은 다음과 같다.

$$\eta_b = 1 - \frac{Q_2}{Q_1} = 1 - \frac{T_4 - T_1}{T_3 - T_2} = 1 - \left(\frac{1}{\phi}\right)^{\frac{k-1}{k}} \tag{7·31}$$

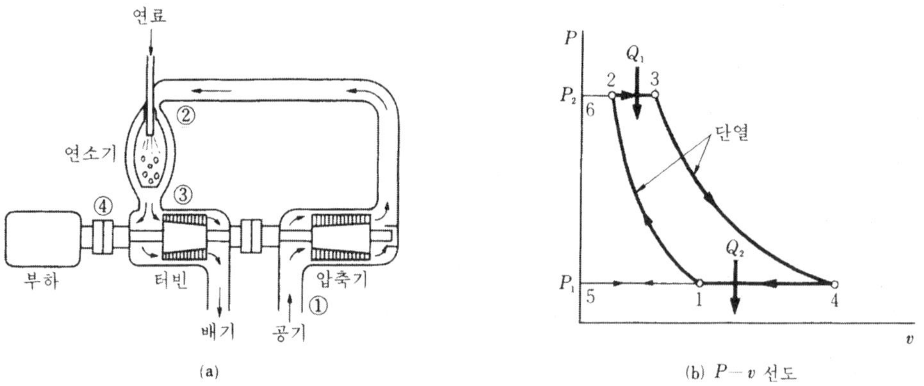

[**그림 7·19**] 브레이턴 사이클

여기서 ϕ는 압력비 $\phi = \dfrac{P_2}{P_1}$이며 열효율은 ϕ만의 함수이다.

2 증기 사이클

(1) 랭킨 사이클(Rankine cycle)

이 사이클은 1854년 랭킨(W. J. M. Rankine)에 의해 증기원동기의 기본 사이클로 제창된 것이다. [그림 **7 · 20**]에서와 같이 포화수 1이 펌프에 의해 보일러에 보내진다. 이 변화 1→2는 단열압축이며 또 물은 압축이 되어도 체적이 거의 변화하지 않기 때문에 등적변화이다. 다음에 보일러 내에서 등압가열되어 포화수 2′를 거쳐 증발하여 건포화증기 3이 되고 또다시 과열기에서 4가 된다. 그래서 터빈에 들어가 단열팽창 4→5에 의해 일을 한다. 압력, 온도 모두 저하되어 포화증기는 복수기(condenser)에 들어가 등압하에 냉각되어 처음의 포화수 1로 되돌아간다. 열효율은

$$\eta_R = \frac{(h_4 - h_5) - (h_2 - h_1)}{(h_4 - h_1) - (h_2 - h_1)} \tag{7·32}$$

여기서 $(h_2 - h_1)$은 펌프 일이며 고압 보일러가 아니면 무시할 수 있다. 그래서 열효율은 다음 식과 같이 된다.

$$\eta_R = \frac{h_4 - h_5}{h_4 - h_1} \tag{7·33}$$

(2) 재생 사이클(regenerative cycle)

랭킨 사이클이 카르노 사이클에 비해 현저하게 열효율이 낮은 까닭은 급수를 등압가열하기

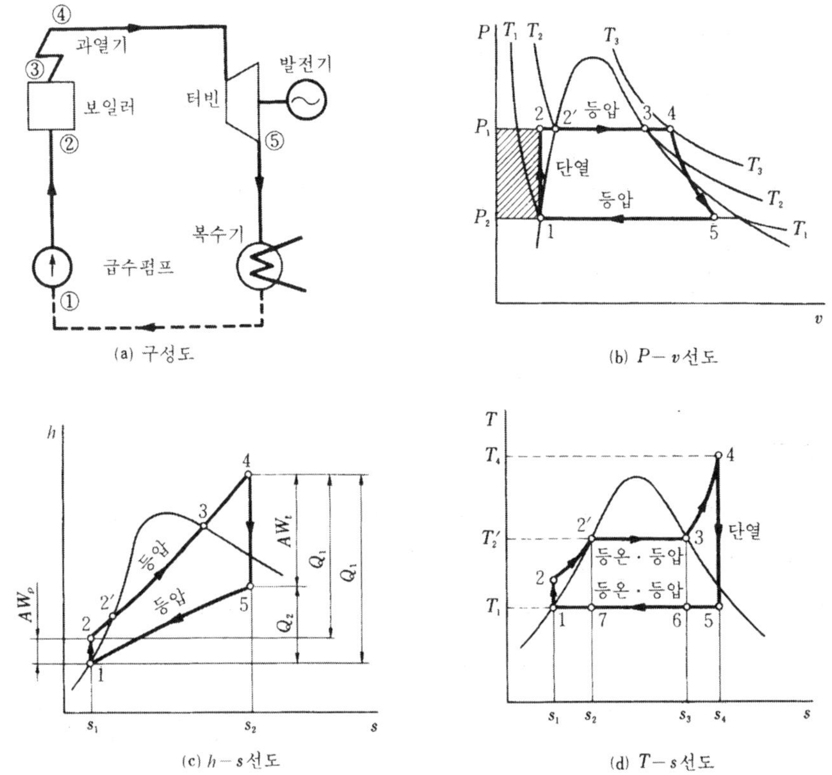

[그림 7·20] 랭킨 사이클

때문이다. 그래서 터빈의 팽창 도중에 증기의 일부를 추출하여 그 복수열을 급수 가열에 이용하면 열효율이 향상된다. 이것을 재생 사이클(regenerative cycle)이라 한다. 추출 단수는 1내지 4단이나 7단도 잇다. [그림 **7 · 21**]은 1단 추출 재생 사이클을 보기 쉽게 그린 것이고, [그림 **7 · 22**]는 2단 추출 재생 사이클을 표시한다.

이 때의 열효율은 펌프 일을 무시하면 식 (7 · 34)와 같이 된다.

$$\eta_{Reg} = \frac{(h_1 - h_4) - \{m_1(h_2 - h_4) + m_2(h_3 - h_4)\}}{h_1 - h_7} \tag{7·34}$$

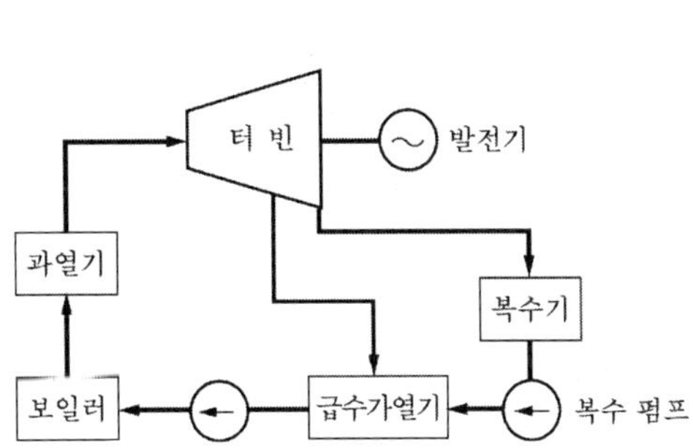

[그림 7·21] 재생 사이클

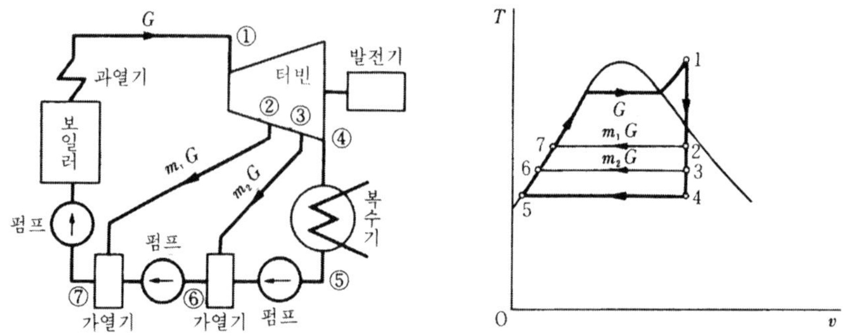

[그림 7·22] 2단 추출 재생 사이클

(3) 재열 사이클(reheating cycle)

랭킨 사이클에서는 터빈의 팽창 중 증기의 습도가 높고 마찰손실도 증가하며 또 터빈 깃에 나쁜 영향을 준다. 이와 같은 기계적 손실을 제거하기 위해 팽창 도중에 증기를 터빈으로부터 뽑아내어 다시 가열하고 과열도를 높여 다시 터빈에 보낸다. 이와 같은 사이클을 재열 사이클(reheating cycle)이라 한다. 재열의 단수는 보통 1단 내지 2단이다. [그림 **7 · 23**]과 같이 1단 재열 사이클의 열효율은 다음과 같다.

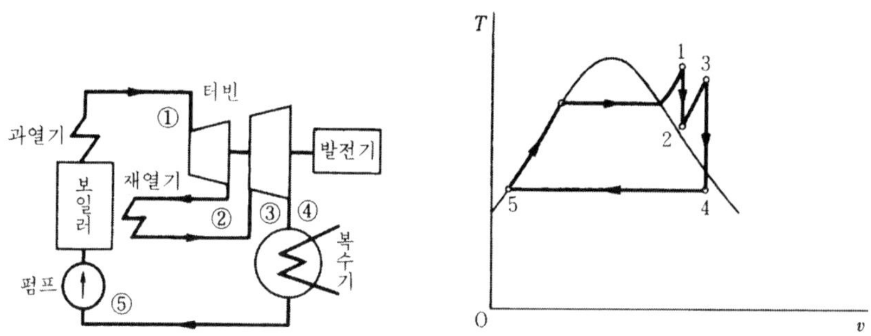

[그림 7·23] 1단 재열사이클

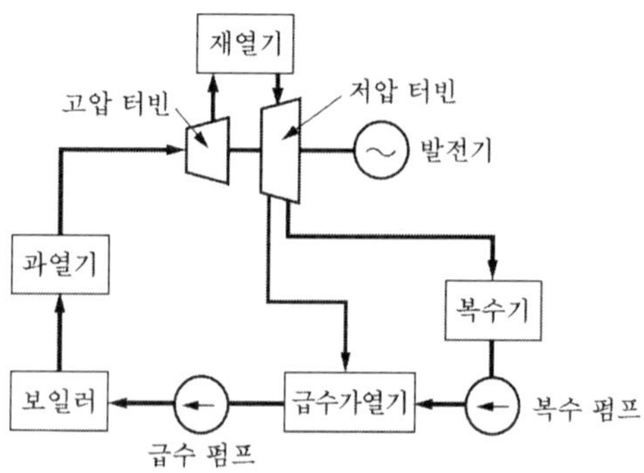

[그림 7·24] 재열 · 재생 사이클

$$\eta_{Reh} = \frac{(h_1 - h_2) + (h_3 - h_4)}{(h_1 - h_5) + (h_3 - h_2)} \tag{7·35}$$

재생 사이클과 재열 사이클을 조합한 재열·재생 사이클(reheating and regenerative cycle)도 있다[그림 **7·24**].

3 냉동 사이클(refrigerating cycle)

전기냉장고 등에 널리 사용되는 증기압축식의 냉동장치는 일을 소비하여 온도가 낮은 곳에서 열을 빼앗아 온도가 높은 곳으로 방열하는 것이다. 이 때의 작동유체를 **냉매**(refrigerent)라 하며 프레온이나 암모니아가 사용된다. 이와 같은 냉동 사이클(refrigerating cycle)은 [그림 **7·25**]와 같이 역 랭킨 사이클을 행한다. 즉 저온의 건포화상태 1의 냉매를 압축기로 단열 압축하고 과열상태 2로 만든다. 이 고온 고압의 과열증기를 응축기에 보내어 등압하에서 냉각하고 변화 2→3에 의해 포화액이 된다. 다음에 이 포화액을 모세관을 통해 증발기 입구에 보내 팽창 3→4를 수행하면 압력과 온도는 낮아져 그 일부가 증발한다. 이 습포화상태 4의 냉매를 증발기에 넣어 등압하에 증발시키면 증발에 필요한 증발열 Q_2를 주위로부터 빼앗아 냉동을 실행하게 된다. 이 냉동 사이클의 효율을 나타내는 **성적계수**(coefficient of performance)는 다음 식으로 구해진다.

$$\epsilon_R = \frac{h_1 - h_4}{h_2 - h_1} \tag{7·36}$$

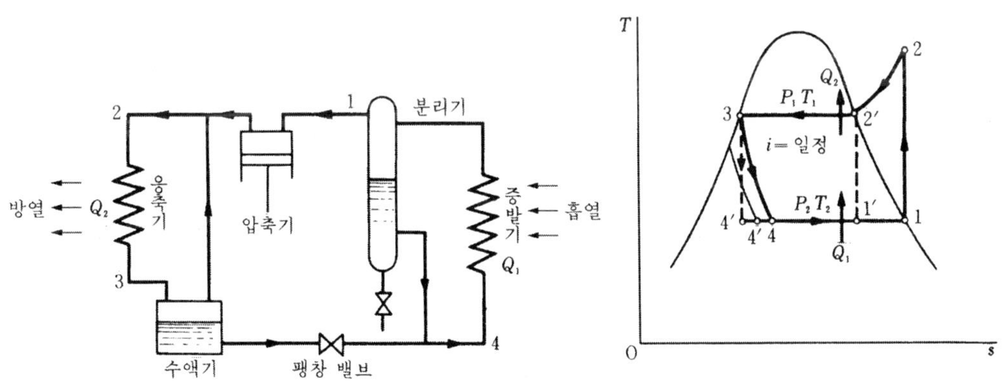

[그림 7·25] 냉동 사이클

7-8 열전달

자연계에서는 열이 고온의 물체에서 저온의 물체로 이동하는 것은 일상적으로 경험하는 일이며, 이 열의 이동에는 열전도, 열대류, 열복사의 세 가지 형식이 있다. 그러나 공업상, 실제의 전열에서는 동시에 일어나기도 한다.

또 보일러에서는 연소가스의 열이 전열면을 통해서 물에 전달되는 것과 같이 한쪽의 고온 유체에서 고체벽을 통해서 다른 쪽의 저온 유체로 열이 전달되는 현상이 많다.

1 열전도

열전도(heat conduction)는 열이 분자의 열운동에 의해서 물체 내부에 전달되는 현상으로, 고체 내부의 전열은 대부분은 여기에 속한다. 금속은 자유전자가 열전도의 대부분을 담당하는데 비금속이나 액체 · 기체와 비교해서 열전도가 좋다.

물체의 내부의 열전도에 의해 전달되는 열량은 전열면적 · 온도 차 및 시간에 비례하며 열이 전달되는 거리에 반비례한다. 즉 [그림 **7 · 26**]과 같이 서로 평행한 두 면의 온도가 각각 일정해서, 물체의 구조가 똑같다면 물체 내부의 온도분포는 그림과 같이 직선이 된다.

물체의 두께를 δ(m), 면적을 s(m^2), 두 면의 온도를 t_1, t_2(℃), 시간을 z(s)라면 열전도량 Q(J)는 다음 식으로 주어진다.

$$Q = \lambda s \frac{t_1 - t_2}{\delta} z \tag{7·37}$$

식 (7 · 37)의 λ(W/m · k)는 물질에 의해 결정되는 정수(열물성값)로 **열전도율**(thermal conductivity)이라 한다. 또, $\frac{t_1 - t_2}{\delta}$(K/m)은 **온도 기울기**라고 한다.

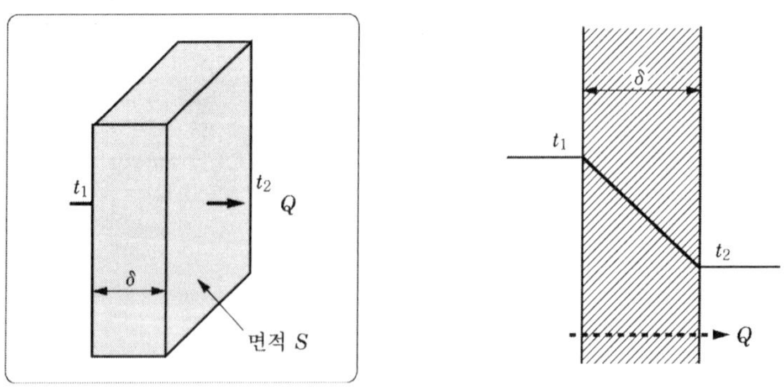

[그림 7·26] 열전도 현상

2 대류

열 에너지를 가지는 유체가 유동하면 거기에 따라 열의 이동이 일어난다. 이것이 대류에 의한 **전열**(convective heat transfer)이다. 대류는 유체내에 온도차가 생기면 밀도에도 차이가 생겨 순환운동이 일어나는데 이것이 **자연대류**(natural convection)현상이다.

그러나 실제의 장치에는 유동이 펌프나 송풍기에 의해 인위적으로 만들어지는 경우가 많아 이 경우를 **강제대류**(forced convection)라 한다.

3 열복사

열복사(heat radiaton)에서는 물체가 가진 열 에너지가 전자파의 형상으로 공간을 전파해간다. 그래서 물체에 부딪치면 반사되거나 투과하는 부분도 있으나 그 나머지는 물체내에 흡수되어 열 에너지를 회복한다. 따라서 온도가 다른 물체 사이에는 서로 에너지의 이동이 있고 이동된 에너지의 차에 의해 고온물체에서 저온물체로 열이 이동하며, 양 물체가 같은 온도가 되었을 때 상호 전달 에너지가 평형이 된다. 열복사에 대해서는 1879년 슈테판(J. Stefan)이 실험에서, 또 1884년에 볼츠만(L. Boltzmann)이 이론적으로 물체에서 방출되는 에너지는 절대온도의 4제곱에 비례됨을 밝혔다.

온도 T(K)가 일정할 때 **흑체면**(black body surface)의 복사열량이 가장 크고 그 에너지 E_b (W/m^2)는 **슈테판·볼츠만의 법칙**에 의해 다음 식이 된다.

$$E_b = 5.67\left(\frac{T}{100}\right)^4 \tag{7·38}$$

4 열전달

고체표면과 유동하고 있는 유체 사이에 온도차가 있을 때 생기는 열의 이동을 열전달(heat transfer)이라 부른다.

대류에 의한 열전달이 이루어지면 보통 열전도·열복사도 동시에 일어나고 있다. 이를 테면 [그림 **7·27**]과 같이 고체와 유체가 접촉하여 온도차가 있을 때 고체의 벽면과 이것과 접하고 있는 부근의 유체 사이에는 열전도로 열이 전달되는데, 열은 이동하여 그 부분과 유체, 다른 부분의 유체 사이에는 대류와 열전도에 의해 열이 전달된다. 이동된 열 에너지는 유동에 의해 하류로 운반된다.

고체와 유체가 접해서 온도차가 생기면, 고체와 접해 있는 표면 가까이의 유체부분에 큰 온도차가 생겨 그것이 열이동의 근원(구동력)이 된다. 이 엷은 층을 **온도경계층**이라 하며, 온도조건에 따라 두께가 변한다. 이와 같이 고체와 유체 사이의 전열에는 열전도와 대류가 동시에서로 관계를 가지면서 이루어지고 이 두 개의 현상은 구별하기가 어렵다.

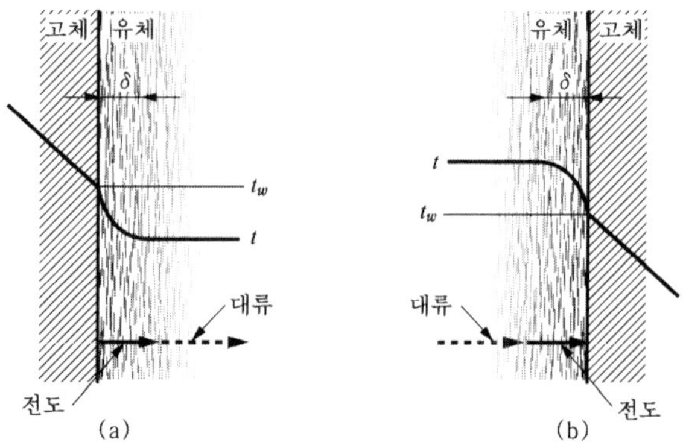

[그림 7·27] 열전달현상

고체 표면의 온도를 t_w(℃), 고체와 떨어진 유체의 온도를 t (℃)라 하면, 단위시간 · 단위면적당의 전열량 q(W/m^2)는 다음 식으로 표시된다.

$$q = \alpha(t_w - t) \tag{7·39}$$

여기서 α(W/m^2 · K)를 **열전달율**이라 하며, 열전달율 α의 값은 열전도율 · 밀도 · 비열 · 점성계수 등의 물성값과 유체의 유동상태의 영향을 받아 고체표면의 형상 · 유체의 종류와 유속 등에 의해 달라진다.

5 열통과

공업상의 전열에서는 [그림 **7 · 28**]과 같이 고체 벽을 세워 한 쪽의 고온유체 I에서 다른 쪽 저온유체 II로 열이 전달되는 경우가 많다. 이 경우, 고온유체 I이 열전달로 고체벽을 가열, 고체벽 내부에서는 전도로 열이 이동하고, 고체벽에서 저온유체 II에 열전달로 열이 전해진다.

이와 같이 고체벽을 사이에 두고 양쪽의 유체 사이에 열이 전해지는 현상을 열통과(overall

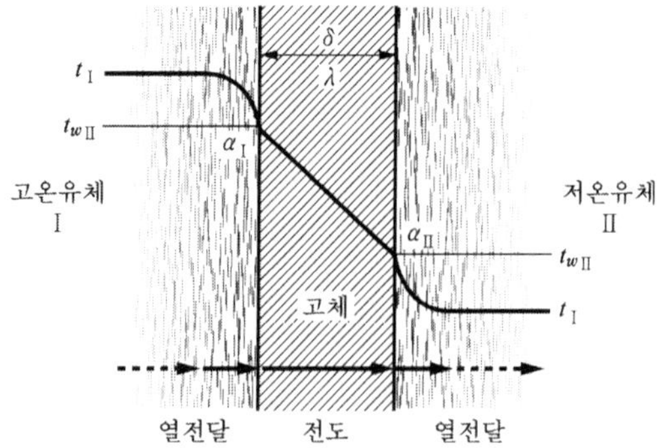

[그림 7·28] 열 통과

heat transfer)라 한다.

열통과로 유체 I에서 유체 II에 단위시간 · 단위면적당 전달되는 열량 q(W/m^2)는 온도변화가 시간에 의해 변화하지 않는 것으로 간주, 열의 이동방향을 [그림 **7 · 28**]과 같이 정하면 다음 식이 얻어진다.

$$q = \alpha_I (t_1 - t_{w1}) = \frac{\lambda}{q}(t_{wI} - t_{wII}) = \alpha_{II}(t_{wII} - t_{II}) \tag{7·40}$$

이것을 요약하면

$$q = K(t_I - t_{II}) \tag{7·41}$$

여기서 K(W/m^2 · K)를 **열통과율**이라 하고 α_I, α_{II}는 고온 · 저온유체 I, II와 벽 사이의 열전도율, λ는 벽의 열전도율을 나타낸다.

제 8 장 유체의 에너지

8-1 유체의 기초

1 유체의 종류

자연계에 존재하는 물질은 그 집합상태에 의해 보통 고체(solid), 액체(liquid) 및 기체(gas)로 분류된다. 그 가운데 고체는 정해진 형을 가지고 있으며, 힘을 가하면 어느 범위내에서는 탄성변형이 생기나 힘을 제거하면 원래의 형상으로 되돌아간다. 그러나 이 범위를 벗어나면 소성변형이 생기며 원래의 상태로 되돌아가지 않는다. 그렇지만 액체는 극단적인 큰 압력을 가하지 않는 한 일정한 체적을 가지고 있으며, 어떤 모양의 그릇에 상관없이 자유스럽게 따를 수 있다.

또, 기체도 액체와 같이 정해진 형상은 가지고 있지 않으나, 액체와 다른 점은 아무런 저항없이 무한정 확산되며 그릇을 가득 채우는 성질까지도 있다. 이와 같이 액체와 기체는 어떤 저항도 표시할 수 없고 자유스럽게 변형되는 성질을 가지고 있기 때문에 일반적으로 유체(fluid)라 부른다. 그래서 액체는 일정한 체적을 가지고 있으며 압축되지 않기 때문에 비압축성유체(incompressible fluid), 기체는 자유스럽게 압축이나 팽창이 되기 때문에 압축성유체(compressible fluid)라 불려지고 있다. 또, 압축성과 점성(viscosity)이 없는 유체를 가상하여 이상유체(ideal fluid), 또는 완전유체(perfect fluid)라 부른다.

2 유체의 기본적 성질

(1) 밀도, 비중량

단위체적에 대한 유체의 질량을 **밀도**(density)라 하며, 그 무게를 **비중량**(specific weight)이라 한다. 지금 밀도를 ρ, 비중량을 γ, 중력의 가속도를 g라 하면 힘은 질량과 가속도를 곱한 것이기 때문에

$$\gamma = \rho g \tag{8·1}$$

이다. 따라서 표준기압(760 mmHg), 4℃에서의 물의 밀도는 $\rho \fallingdotseq 1000\ \mathrm{kg/m^3}$이다. $g = 9.81\mathrm{m/s^2}$이라 하면

$$\gamma = \rho g \fallingdotseq 1000(\mathrm{kg/m^3}) \times 9.80(\mathrm{m/s^2}) = 9800(\mathrm{N/m^3})$$

가 된다.

공학단위계에서는 비중량을 $\gamma = 1000\mathrm{kgf/m^3}$로 하면 밀도 $\rho = 102\ \mathrm{kgfs^2/m^4}$가 된다. 그러나 SI 단위계에서 표시한 ρ의 수치와 중력단위계로 표시한 γ의 수치는 같다. 또, 어떤 유체의 밀도 ρ와 표준기압 4℃의 물의 온도 ρ_w와의 비를 그 유체의 **비중**(specific gravity)이라 한다.

(2) 압축성

기체는 압축되기 쉬우나 액체(물이나 기름)는 잘 압축되지 않는다. 유체의 밀도나 부피는 압력에 따라 변화하며, 압력이 상승하면 유체는 수축되는데 이와 같은 성질을 **압축성**(compressibility)라 한다. 지금 기체의 압축성을 구해본다. 공기 실린더(압력 P, 체적 v)에서 피스톤에 Δp인 압력을 가하면 체적이 Δv만큼 감소하는데, 공기의 체적 변형률은 $\dfrac{\Delta v}{v}$이다. 이 변형률은 Δp에 비례하므로

$$\beta = -\frac{1}{v}\frac{dv}{dp}\ (1/Pa) \tag{8·2}$$

와 같이 되고 여기서 β를 유체의 **압축률**(modulus of compressibility)이라 하여 압축성의 대소를 나타낸다. 이 역수를 **체적탄성계수**(bulk modulus)라 한다.

일반적으로 0℃의 물은 49.033(MPa, 500 kgf/cm^2)의 고압이 되어도 체적은 불과 2~3(공기의 1/20,000 정도)밖에 압축되지 않는다. 압축의 정도가 아주 작을 때의 전파속도를 음속(acoustic velocity)이라 한다. 물은 비압축성유체로 취급한다. 그래서 펌프, 수로관, 유압관로 등의 관내를 흐르는 액체는 비압축성유체로 취급한다.

유체에 미치는 압축성의 영향은 유동의 속도 v와 음속 c의 비 $M_a = v/c$인 마하수(Mach number)로 평가된다.

(3) 점성

실제의 유체는 서로 이웃하는 층 사이에 상대운동이 있을 경우에는 정도의 차이는 있지만 그 사이는 반드시 일종의 저항이 생긴다. 이것을 **유체마찰**(fluid friction)이라 하며, 저항을 표시하는 성질을 **점성**(viscosity)이라고 하고 점성의 크기를 점도라 한다.

[그림 **8·1**]과 같이 유체가 정지하고 있는 벽면 위를 흐르고 있을 때 벽에 접하고 있는 유체의 속도는 0이나 유체의 층이 벽에서 멀리 떨어질수록 빠르게 된다. 지금 벽에서 y만큼 떨어진 층의 유속을 u, 그 곳에서 dy만큼 떨어진 층의 속도를 $u+du$라 하면 면적 A에 작용하는 저항력 F는 실험에서 면적 A와 속도 기울기 $\frac{du}{dy}$에 비례하는데 비례상수를 μ라 하면

$$F = \mu \cdot A \cdot \frac{du}{dy}$$

가 되고, 양변을 A로 나누어 단위면적당의 저항력, 즉 마찰응력 τ는 식 (8·3)과 같다.

$$\tau = \frac{F}{A} = \mu \frac{du}{dy} \tag{8·3}$$

여기서 비례상수 μ를 **점도**(**점성계수**, coefficient of viscosity)라 하며 유체의 종류 및 온도에 따라 정해진다. 일반적으로 점성계수는 액체에서 온도가 상승하면 저하되나 기체에서는 커진다.

μ의 단위는 $N \cdot s/m^2 = Pa \cdot s = kg/(m \cdot s)$이며 Pa · s를 **파스칼 초**라 한다. CGS 단위에서는 g/(cm · s)를 사용하며 이것을 **푸아즈**(poise)라 한다.

또, 점도 μ를 밀도 ρ로 나눈 값 ν를 **동점도**(kinematic viscosity)라 해서 $\nu = \mu/\rho$로 표시

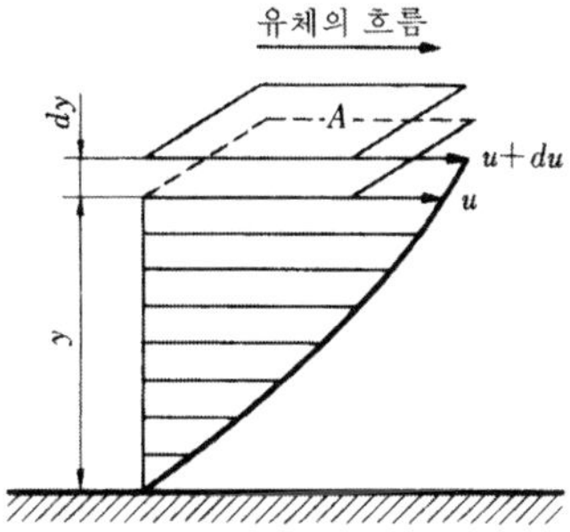

[**그림 8·1**] 점성의 작용

하며, 한편으로는 **동점성계수**(kinematic coefficient of viscosity)라 부른다. 단위는 m^2/s이고

CGS 단위에서는 cm^2/s를 사용하며 스토크스(stokes)라 한다.

(4) 표면장력

나뭇잎에 물을 떨어뜨리면 물은 공 모양이 되면서 굴러 떨어진다. 이와 같이 물의 표면에는 그 표면적을 수축시키고자 하는 장력이 작용하는데, 이 힘을 표면장력(surface tension)이라 하며 단위는 N/m이다. 또, 액체 중에 가는 관을 세우면 액체는 관 속을 올라가거나 내려간다. 이 현상을 모세관현상(capillarity)이라 하는데, 이것은 바로 표면장력 때문이다.

8-2 유체의 역학

1 수력학

유체에 관한 역학은 일반적으로 넓은 의미에서는 유체역학(hydromechanics)이라 하는데, 이 가운데 유체의 운동을 이론적 · 수학적으로 취급하는 것을 좁은 의미의 유체역학(hydrodynamics)이라 한다. 유체의 운동에 관심을 가지기 시작한 것은 고대 그리스 시대이다.

당시로서는 하천, 관개용수, 상하수도 및 배와 관련되어 물을 취급하는 일이 많았는데, 이들 경험적인 지식을 축적함과 아울러 실험적인 관계를 구하는 것이 주체가 되었다. 여기서는 유체를 1차원적으로 보고, 이론적인 전개보다는 실험을 중요시하고 그 결과를 실험식에 의해 정확하게 표현하는 데 전통을 가지고 있었다. 이것을 수력학(hydraulics)이라 부르고 있다. 수력학은 특별히 물을 주체로 취급하지만 근래는 단순한 실험주의의 영역을 벗어나서 이론적으로도 정리가 되어 정밀하게 되어 가고 있으며, 수력학 가운데 특히 토목방면에 관계가 깊은 분야를 수리학(hydraulics)이라 부른다.

2 유체역학

수력학에 대해서 유체의 거동 또는 운동상태를 2차원 또는 3차원적으로 취급하고, 이론적인 전개를 중시하며 수학적인 해석법을 사용하는 것이 유체역학이다. 이것은 수력학적인 방법과는 달리 유동현상을 지배하는 기초방정식에서 출발하기 때문에 보편성이 뛰어나 2차원적이거나 3차원적인 유동상태를 상세하게 파악하며, 이해할 수가 있다.

8-3 유체 정역학

1 압력

유체에 의한 단위면적당 수직으로 작용하는 힘을 압력의 세기(intensity of pressure) 또는 단순하게 압력(pressure)이라 한다. 단위는 Pa = N/m^{2}이다. CGS 단위는 바(bar)로 1 bar = 1 M dyne/cm^2 = 1000 kPa = 0.1 MPa이다. 공학단위로는 kgf/cm^2, kgf/m^{2}을 사용하며, kgf/cm^2(at)를 공학기압이라 한다. 표준기압은 이것보다 약간 커서 101.325 kPa = 1.0332 kgf/cm^{2}이다.

압력의 측정은 보통 측정시의 대기압과의 차이를 읽는 경우가 많은데 이것을 계기압력(gauge pressure), 완전진공을 기준으로 한 압력을 절대압력(absolute pressure)이라 한다. 따라서

절대압력 = 계기압력 + 측정 때의 대기압

1표준기압 = 1atm = 1.0332 kgf/cm^2 = 10.332 mAq = 760 mmHg

1공학기압 = 1at = 1.000 kgf/cm^2 = 10.00 mAq = 735.56 mmHg

(1) 액주계

압력은 물의 깊이 또는 수주의 높이에 의해 결정되므로, 측정하고자 하는 압력에 대해 액주로 평형시켜 그 액체의 높이에 의해 압력을 지시하는 것을 액주계(manometer)라 한다.

액주(液柱)의 높이로 압력을 측정하려면 [그림 8·2] (a)의 A점의 계기압력 P_A는

$$P_A = \rho g h \tag{8·4}$$

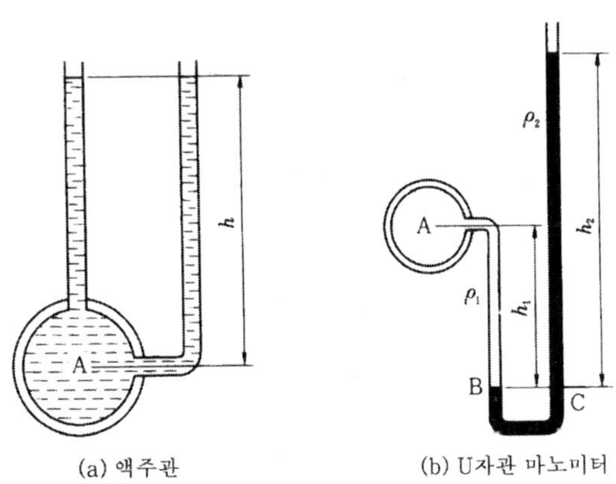

[그림 8·2] 액주계

가 되고, 그림 (b)는 U자관 마노미터라 부르는 것으로 $P_B = P_C$이므로 A점의 계기압력은

$$P_A = P_C - \rho_1 g h_1 = g(\rho_2 h_2 - \rho_1 h_1) \tag{8·5}$$

이다.

(2) 부르동관 압력계

압력이 높게 되면 액주계로는 유리관이 길게 되어 불편하므로, 금속의 탄성을 이용한 부르동관 압력계(Bourdon-tube pressure gauge)가 공업용의 압력 측정장치로 널리 사용된다.

원형단면의 황동관을 원호 모양으로 굽혀 한쪽을 고정하고 끝을 막고 관 안의 압력을 증가시키면 막은 끝이 이동하여 이 이동된 양을 확대하여 압력을 지시하게 되어 있다.

2 부력

정지되어 있는 유체 안에 넣은 물체는, 유체에 의해 위쪽으로 향하는 힘, 즉 **부력**(buoyancy)을 받는다. 그 크기는 그 물체가 밀어낸 유체의 무게와 같고 그 작용선은 밀어낸 유체의 무게 중심에 해당하는 점을 통과하며 이 작용점을 **부력의 중심**(center of buoyancy)이라 한다. 다시 말하면 정지하고 있는 유체 안에 있는 물체의 무게는 이것과 같은 체적의 유체의 무게만큼 작게 된다. 이것이 잘 알려진 **아르키메데스의 원리**(principle of Archimedes)이다.

[그림 **8 · 3**]에서 물체에 작용하는 수평방향의 전체의 합은 0이다. 그러나 물체의 상면과 하면에 작용하는 압력의 수직성분의 차이는

$$F = \rho g (h_2 - h_1) A$$

이다. 식의 $(h_2 - h_1)A$는 물체의 체적 V와 같으므로

$$F = \rho g V \tag{8·6}$$

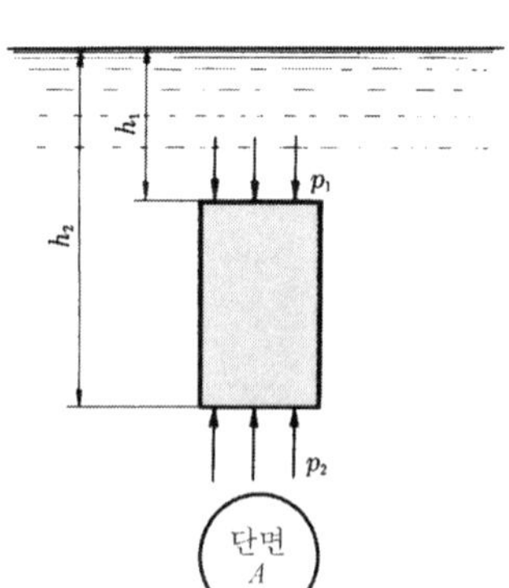

[그림 8·3] 액체중의 물체에 작용하는 힘

이다. $h_2 > h_1$이므로 위쪽으로 힘 F, 즉 부력이 생기는 것이며 그 크기는 물체가 밀어낸 부피 V와 같음을 알 수 있다.

8-4 유동의 기초식

1 유체의 운동

(1) 정상류 · 비정상류

유체가 운동을 하는 상태는 여러 가지이나 임의의 한 곳에서 속도 · 압력 등 유동의 상태가 시간적으로 변화되지 않는 일정한 흐름을 **정상류**(steady flow)라 한다. 즉, 유동의 가속도 · 속력 · 방향 등은 장소만의 함수이며, 수력학의 대상인 유동의 대부분은 여기에 속한다. 또, 시간과 더불어 변화되는 유동을 **비정상류**(unsteady flow)라 한다. 즉, 유동의 가속도 · 속력 · 방향 등은 시간과 장소의 함수가 되므로 맥동 · 수격작용 · 파동 등이 여기에 속한다.

(2) 유선 · 유관

유체가 운동할 경우 모양을 나타낼 때 유선(stream line)을 사용한다. 유체의 흐름 속에 한 가상곡선을 그을 때 그 곡선상의 임의의 한 점에 대한 접선이 같은 점에서의 유속의 방향과 일치한다. 비정상류에서는 유체의 흐름이 수시로 바뀌기 때문에 유선도 시간과 더불어 변화되나 정상류에서는 유선은 일정한 곡선이다.

유체 중에 작은 폐곡선을 생각하고 이것을 절단하는 유선을 취한다면 하나의 관이 된다. 이것을 유관 또는 유선관(stream tube)이라 한다. 정상류에서 유관은 일정한 형상을 가지며, 유관의 벽을 통한 유체의 출입이 없기 때문에 내부의 유체는 관 속을 흐르고 있는 유체와 같다.

2 연속의 식

단위시간에 흐르는 유체의 체적을 **유량**(discharge, flow rate)이라 한다. 관로에서 임의의 위치의 단면적을 $A\,(\mathrm{cm^2})$, 평균유속을 $v\,(\mathrm{m/s})$라 하면 유량 $Q(\mathrm{m^3/s})$는 $Q = Av$로 표시된다.

정상유동에서 압축성이 문제가 되지 않을 경우에는 유선관 내의 어느 단면에서도 흐르는 유량은 일정해서

$$Q = A_1 v_1 = A_2 v_2 \text{ 또는 } Q = Av = \text{일정} \tag{8·7}$$

이 된다. 이 식은 **연속의 식**(equation of continuity)이라 부르며 유체의 운동을 해명하기 위한

중요한 관계식의 하나이다. 단면적과 속도가 반비례 관계임을 나타내고 있으나 내용이 물질불멸의 법칙을 유체운동에 대해서 설명한 것이다.

3 베르누이의 정리

압축성과 점성이 적은 이상유체가 [그림 **8 · 4**]와 같이 관내를 정상적으로 흐를 때 그 에너지 관계를 조사하여 본다. 관안의 유량을 Q(m^3/s), 단면 1과 2의 면적을 A_1, A_2(m^2), 유속을 v_1, v_2(m/s), 기준면에서의 높이를 Z_1, Z_2(m), 압력을 P_1, P_2(Pa)라 한다. 각 단면에서의 운동 에너지는 $\rho Q({v_1}^2/2)$, $\rho Q({v_2}^2/2)$(kW), 또 위치 에너지는 $\rho g Q Z_1$, $\rho g Q Z_2$(kW)이다.

지금 에너지 보존의 법칙을 적용하면 단면 1에서 단면 2까지의 에너지 증가량은 이 부분의 유체가 단위시간에 외부에 한 일과 같기 때문에 다음 식이 된다.

$$\frac{p_1}{\rho g}+\frac{{v_1}^2}{2g}+Z_1=\frac{p_2}{\rho g}+\frac{{v_2}^2}{2g}+Z_2 \tag{8·8}$$

이 관계를 베르누이의 정리(Bernoulli's theorem)라 하고 $\frac{p}{\rho g}$를 압력수두(pressure head), $\frac{v^2}{2g}$을 속도수두(velocity head), Z를 위치수두(potential head)라 한다.

이 경우는 비압축성의 이상유체가 정상적으로 유동할 때 각 단면에서의 각 에너지의 합은 어떤 단면에서나 일정하기 때문에 앞의 식을 일반형으로 표시하면 다음과 같다.

$$\frac{p}{\rho g}+\frac{v^2}{2g}+Z=\text{일정} \tag{8·9}$$

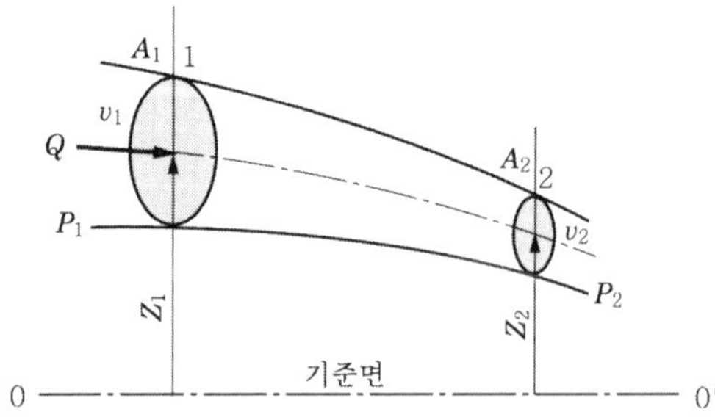

[그림 8·4] 베르누이의 정리

8-5 유속 · 유량의 측정

1 오리피스와 노즐

일반적으로 유량의 측정을 위해서 수조벽 또는 흐름을 막고 있는 판에 구멍을 내어 여기서 물이 유출될 때 기하학적으로 규칙 바르게 만들어진 구멍을 **오리피스**(orifice)라 하며, 대개의 경우 원형이 사용되고 유출속도 v는 베르누이의 정리에서 $v = \sqrt{2gh}$ 이며, 이것은 **토리첼리**(torricelli)의 **정리**로 알려져 있다[그림 **8 · 5**]. 실제의 경우에는 속도는 점성의 영향으로 약간 작게 되어 $v = c_v\sqrt{2gh}$ 가 된다. c_v는 **속도계수**(velocity coefficient)라 부르며 0.97 정도이다. 또, 유체는 오리피스를 통과한 다음에 수축현상이 일어나며 오피리스의 면적보다 단면이 작게 된다. 이 면적비$\left(\frac{d_c}{d}\right)^2$을 **수축계수**(coefficient of contraction), 또는 **축류계수**라 한다[그림 **8 · 6**].

구멍의 형상이 입구에 둥근 부분을 만들어 적당한 원통부분을 가질 때에는 구멍에서 유출되는 분류가 수축되지 않는다. 이와 같은 구멍을 **노즐**(nozzle)이라 한다.

관의 중간에 오리피스나 노즐을 설치하여 그 앞뒤의 압력차를 측정해서 유량을 구하는 장치를 관 오리피스 또는 관 노즐이라 한다.

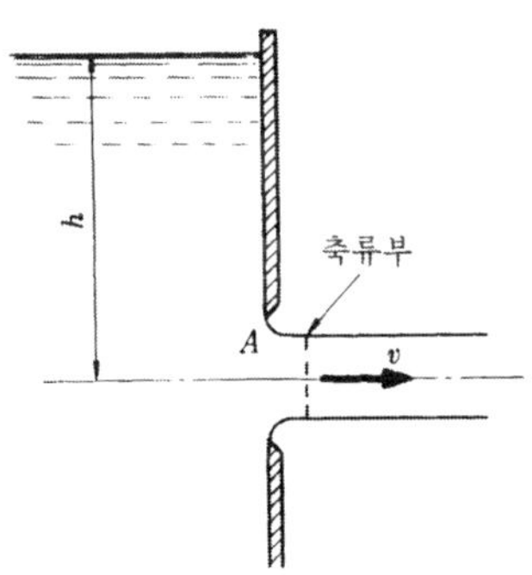

[그림 8·5] 오리피스에서의 유출

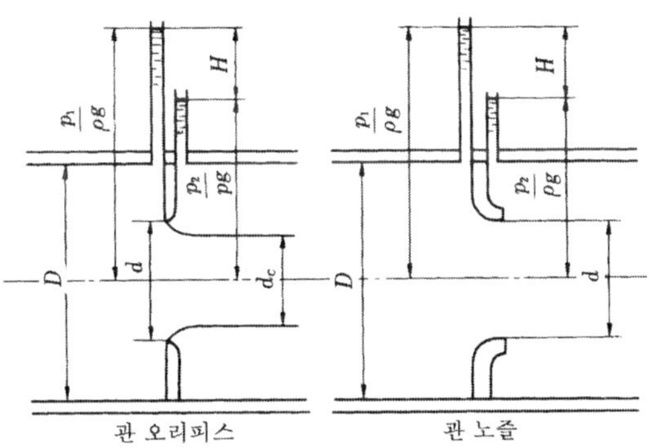

[그림 8·6] 관 오리피스와 관 노즐

2 벤투리계

벤투리계(Venturi meter)는 관로의 일부를 가늘게 하여 이어 서서히 원래의 지름까지 확대한 것이며, 관로(단면 1)와 교축부(단면 2)에 생기는 압력차를 측정하여 유량을 구하는 장치이다. 도시의 수도 송수관내, 기타 일반배관내 등 유량을 구할 때 사용한다[그림 **8 · 7**].

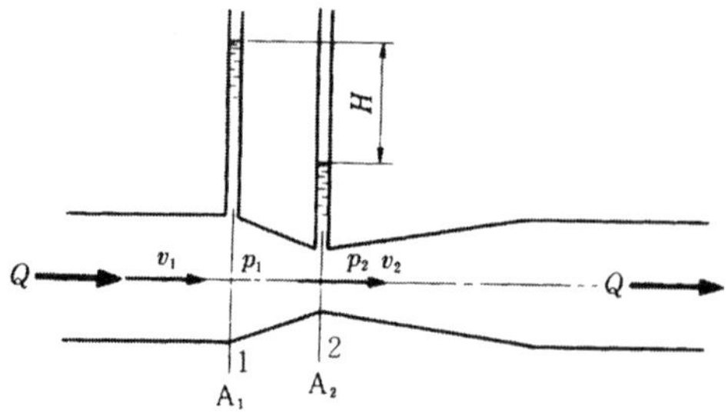

[그림 8·7] 벤투리계

3 피토관

피토관(Pitot tube)은 [그림 **8 · 8**]과 같이 유속을 측정하는 데 사용한다. 유동의 중간에 직각으로 굽은 관의 한쪽을 유동에 대한 정면으로 향하게 하고 피토관을 만들면 그 선단의 유체의 속도는 0, 압력은 p_g이다. 한편 이 관의 영향이 없는 곳에는 속도가 v, 압력이 p_s라면 베르누이의 정리식에 따라 다음 식이 된다.

$$p_g = p_s + \frac{\rho v^2}{2} \tag{8·10}$$

여기서 압력 p_g를 전체 압력(total pressure), p_s를 정압(static pressure), $(p_g - p_s) = \rho v^2/2$를 동압(dynamic pressure)이라 한다.

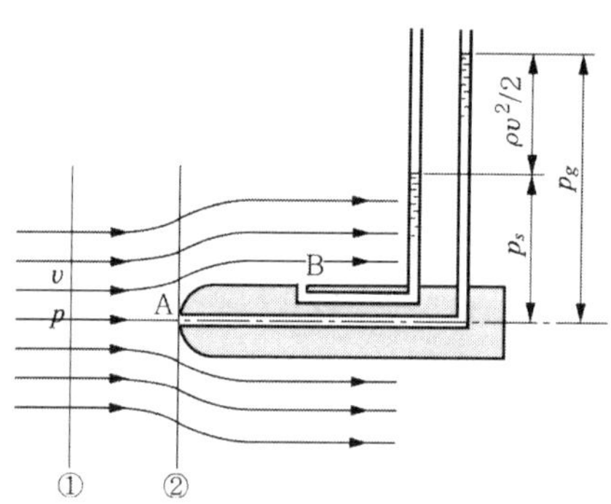

[그림 8·8] 피토관의 원리

8-6 관로 내의 흐름

1 층류와 난류, 레이놀즈 수

유리관에 물을 흐르게 하고 입구에 가는 주사바늘로 색소를 주입, 관찰하면 관내의 유속이 아주 느릴 때는 색소의 선은 주위의 물과 혼합되지 않고 명확한 한 줄의 직선으로 흐르는데 이런 유체의 운동을 **층상운동**(laminar motion) 또는 **유선운동**(stream line motion), 그 흐름을 **층류**(laminar flow)라 한다. 유속을 증가시켜 어느 속도 이상으로 하면 색소의 선은 입구에서 조금 흐른 곳에서 갑자기 관 전체에 확산되어 전체가 물과 혼합하게 된다. 이것은 유체 각 부분이 불규칙적인 운동을 하기 때문인데 이 운동을 **난류운동**(turbulent motion), 그 흐름을 **난류**(turbulent flow)라 하며 층류에서 난류로 옮겨지는 속도를 **임계속도**(critical velocity)라 한다.

유동에서 점성의 영향은 유체의 관성력과 점성력의 비를 표시하는 무차원 수인 **레이놀즈 수**(Reynolds number)로 정의하고, 식 (8 · 11)로 표시된다.

$$R_e = \frac{\text{유체의 관성력}}{\text{유체의 점성력}} = \frac{v \cdot d}{\nu}(\text{무차원수}) \tag{8·11}$$

여기서, v는 관내 평균속도, d는 관의 지름, ν는 동점도이다.

두 개의 유동상태가 바뀌는 데는 R_e가 2,320~3,000의 범위를 통과할 경우이다. 따라서 R_{ec} =2,320일 때를 **임계 레이놀즈 수**(critical Reynolds number)라 한다.

유동에서 점성의 영향에는 [그림 8 · 9]에서 볼 수 있는 것과 같이 R_e수가 적은 흐름은 층류로, R_e수가 어느 값보다 큰 흐름은 미세한 와류가 흐름 속에 존재하여 유속이 불규칙으로 변

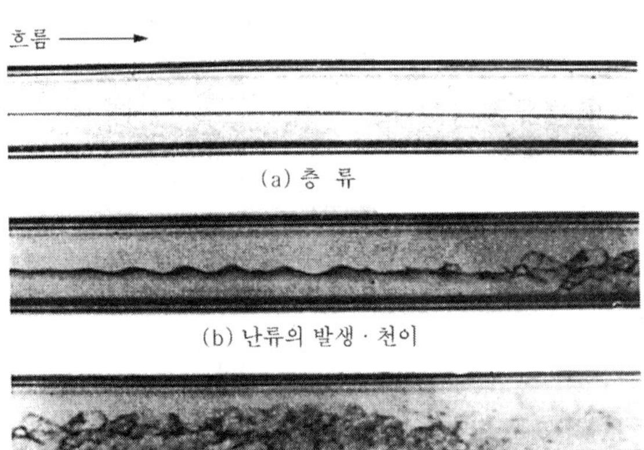

(a) 층 류

(b) 난류의 발생 · 천이

(c) 난 류

[그림 8·9] 관내 흐름의 모양

동하는 난류가 된다. 이 사실을 처음으로 실증한 레이놀즈(O. Reynolds)를 기념하여 그 이름을 붙였다.

2 경계층

[그림 8·10]과 같이 평판이 똑같은 흐름(U)속에 평행되게 그림과 같이 놓여 있다고 보면, 평판의 표면에는 점성으로 유체 속도가 밀착된 부분은 0이다. 그러나 평판의 표면에서 δ만큼 떨어진 바깥쪽에는 점성의 영향이 미치지 않으므로 유속은 똑같은 유속 U가 된다. 그러나 판에서 δ까지의 사이에서는 점성으로 인해 유속의 변화(속도 기울기)가 대단히 강하다.

이와 같이 점성의 영향을 받는 부분을 경계층(boundary layer)이라 하고 δ를 경계층의 두께라 한다. 보통 판표면에서 속도가 $0.99U$로 될 때까지의 거리와 비슷하다. 경계층 내의 흐름이 층류일 때를 **층류경계층**, 난류일 때를 **난류경계층**이라 불러 구별하고 있다.

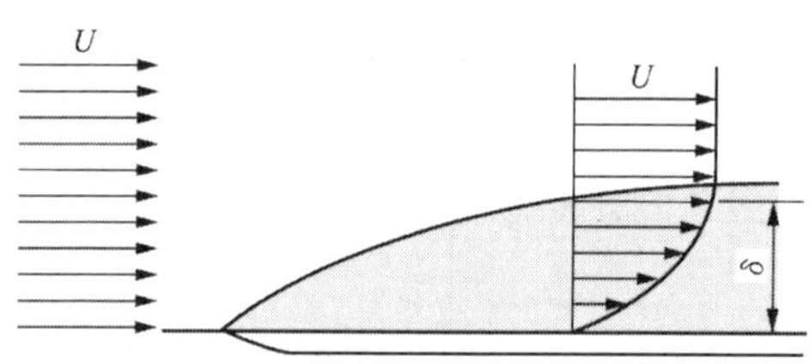

[그림 8·10] 경계층

3 마찰에 의한 손실

수력발전소에서 수압관(penstock)이나 수도와 같이 펌프로 물을 멀리 송수할 때에는 관을 길게 연결한 것을 사용한다. 이것을 **관로**(pipe line)라 한다.

점성유체가 관로 내를 흐를 때 점성이 원인이 되어 벽면과의 마찰 및 유체 내의 내부마찰로 에너지 손실이 생긴다. 이 때 고체표면과 유체 사이에 생기는 마찰을 **유체마찰**(fluid friction), 마찰에 의해 생기는 손실을 관로 내의 **마찰손실**이라 한다.

[그림 8·11]과 같이 수평관의 두 점에 마노미터를 세워 보면 $h_1 > h_2$가 된다. 이 수두의 h가 유체마찰에 의한 손실이며, 이 마찰손실은 유체가 가진 운동 에너지, 직관의 길이 l에 비례한다고 생각하며, 무차원의 **관마찰계수**(coefficient of fluid friction)를 사용하여 관로의 지름을 d, 관안의 평균 유속을 v라 하면 손실수두(loss of head)는 다음 식으로 표시된다.

$$h = \frac{p_1 - p_2}{\rho g} = \lambda \cdot \frac{l}{d} \cdot \frac{v^2}{2g} \tag{8·12}$$

λ의 값은 층류나 난류에 의해 변하며 또 레이놀즈 수 $R_e = v \cdot d/\nu$나 상대적인 거칠기

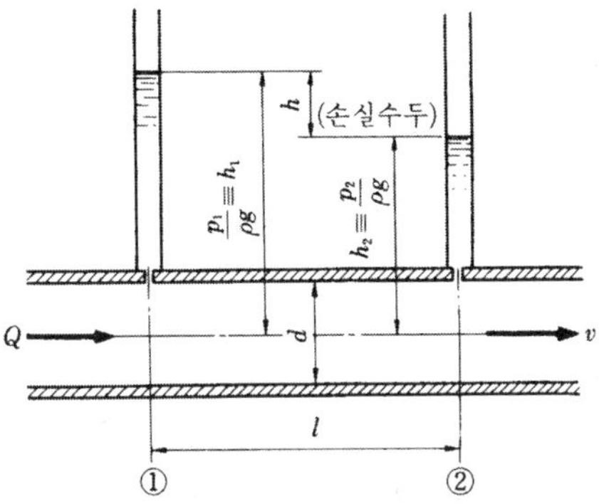

[그림 8·11] 관로의 마찰손실

ϵ/d에 의해 변하는 값이다. 여기서 ϵ는 벽면의 거칠기(凹凸)의 평균 높이이다.

실험결과에 따르면 유체마찰은 압력에는 관계없으며, 속도와 유체가 직접 고체벽에 접하는 면적, 즉 젖은 면적(wetted area)의 대소도 관계된다.

각 도시에서의 수돗물은 원관에 의해 각 가정에 분배되며, 또 원유가 수백 km 떨어진 목적지까지 관로수송이 되는데 관로 내의 유체의 마찰손실을 모른다면 여기에 필요한 펌프의 구동마력을 결정할 수 없다.

4 관로에서의 에너지 손실

관로가 길게 되거나 중간에 교축이나 굴곡된 부분이 있을 때는 유동 중의 손실 E_l 은 무시할 수가 없다. 여기서 [그림 **8 · 12**]와 같이 저수지에서 관로를 통해 방수되고 있는 경우를 고찰해 본다. 관로 중간 중간에 전압관(全壓管)을 세우면 그 수위는 측정 장소에서의 반전에너지의 기준을 나타낸다. 수위를 h, 비(比)전에너지를 E라 하면 $h = \frac{E}{g}$의 관계가 있으며, 그 수위를 연결한 선을 에너지 기울기선이라 한다. 수위의 저하량 h_l 은 저수지에서 그 곳까지 흐르는

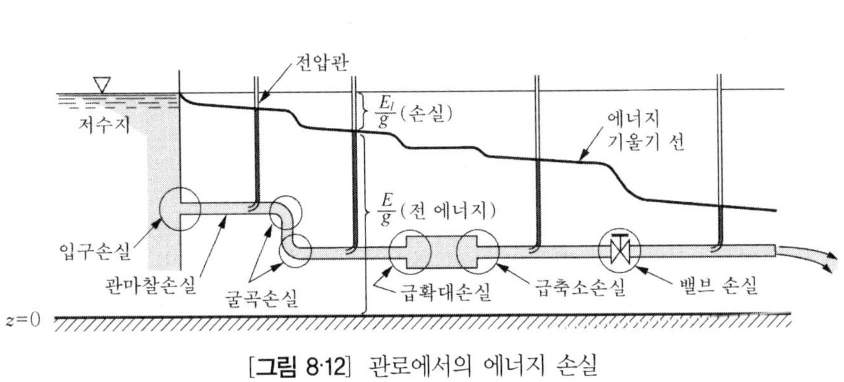

[그림 8·12] 관로에서의 에너지 손실

사이의 손실을 표시하므로 $h_l = \dfrac{E_l}{g}$가 된다.

에너지 손실은 여러 가지 원인에 의해 생기며 [그림 **8 · 12**]에서는 관로입구 · 직관부 · 굴곡부분 · 관로단면적의 급격한 변화부 · 밸브 · 방류부 등에서 손실이 생김을 나타낸다.

5 수격작용

물(또는 다른 액체)이 충만하여 흐르고 있는 관로 안에 밸브를 설치하고 밸브를 갑자기 닫아버리면 수압이 급격하게 상승한다. 이것은 흐름이 갑자기 차단되어 결과적으로 운동 에너지가 순간적으로 압력 에너지로 바뀌기 때문에 관 안에는 큰 압력상승이 생긴다. 또, 밸브를 갑자기 열어 정지되어 있는 물을 급격하게 흐르게 하면 관내에는 큰 압력강하가 생긴다.

이와 같이 관로 중의 유체의 운동상태가 급격하게 변하면 큰 압력의 상승이나 저하의 압력변동이 생기고 이것이 압력파가 되어 관 안에 전파된다. 이 현상을 **수격(水擊)작용**(water hammer)이라 한다. 수격작용에 의해 수력발전소의 수압관이나 수도관의 파괴가 일어난다. 따라서 펌프나 수차 등의 수력기계를 운전할 때에는 시동 · 정지는 물론 운전 중에도 급격한 압력변화를 주지 않도록 주의하지 않으면 안 된다.

8-7 유체 중의 물체에 작용하는 힘

1 유동 중의 물체가 받는 저항

유동 중 물체가 운동할 때, 또는 유동 중에 물체가 있을 때 물체는 어떤 크기의 힘을 유체로부터 받는다. 이것을 **유체의 저항**(fluid resistance) 또는 **항력**(drag)이라 부른다. 이 저항은 물체표면에 작용하는 압력(법선력)에 기인되는 **형상저항**(profile drag)과 마찰력(접선력)에 기인되는 **마찰저항**(frictional resistance)으로 나누어 생각한다.

(1) 형상저항(form resistance)

완전유체가 일정한 속도로 유동할 경우에는 [그림 **8 · 13**] (a)와 같이 유선은 물체에 대해서 대칭이며, 물체의 좌우 양쪽의 압력은 같고 물체와 유체와의 사이에는 마찰도 없으므로 아무런 저항도 생기지 않는다. 실제 유체에서도 아주 저속도의 경우는 거의 비슷한 상태가 된다. 그러나 점성을 가진 실제의 유체유동에서는 물체의 전반부는 완전유체와 같으나 후부 부근에는 그림 (b)와 같이 유선이 물체로부터 박리(剝離 ; separation)되어 와류가 되는 영역, 즉 **지수역**(止水域, dead water region)이 형성되어 후류가 생기며 이 부분의 압력이 떨어져 물체는 유동의

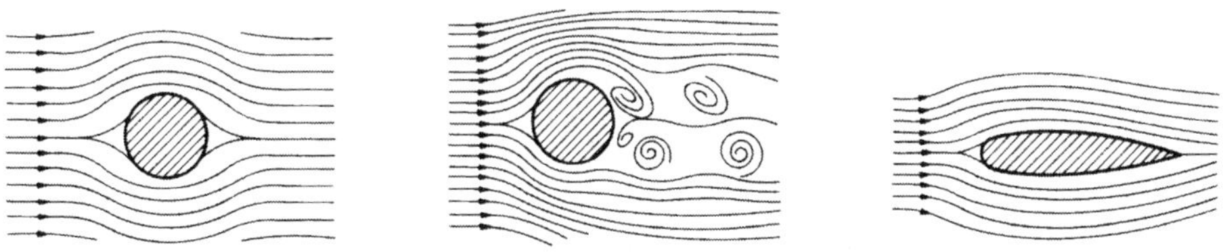

(a) (b) (c)

[그림 8·13] 유체 중의 물체

방향에 유체로부터 힘을 받는다.

이와 같이 완전유체로서의 이론과 사실과의 모순이 생기기 때문에 이 저항은 물체 주변의 압력분포에 관계되고 있어 압력저항, 또 압력분포가 물체의 형상에 관계되고 있어 형상저항이라고도 한다. 이 저항은 흐름이 혼란된 후류영역의 대소에 관계되고, 후류의 폭이 작고 흐름의 상태가 완전유체의 경우에 가까울수록 저항은 작다. 따라서 물체의 형상을 그림 (c)와 같이 매끈하게, 특히 후단부분은 날렵하게 해서 형상저항을 작게 할 수 있다. 이것이 유선형(stream line shape)이다.

(2) 마찰저항(frictional resistance)

이 저항은 유체의 점성에 의해서 물체표면에 마찰응력이 작용하여 생기는 것이며, 그 크기는 물체표면의 크기와 거칠기 정도에 관계되어 표면저항이라고도 한다. 이것은 경계층의 상태에 관계되며 층류경계층의 경우는 작고, 난류경계층의 경우에는 크기 때문에 표면을 매끈하게 해서 층류경계층의 상태로 할 수가 있다.

(3) 유체저항

앞에서는 유체저항을 둘로 나누었으나 이들은 대소의 차는 있을지언정, 결코 별개로 작용하는 것이 아니어서 유체의 저항이라 부를 수 있다.

(4) 날개(깃)의 작용

유동방향에 대칭이 아닌 형상인 경우, 물체의 유체저항은 일반적으로 유동방향과 일치하지 않는다. 유체저항 F를 유동방향의 힘 D와 유동에 수직인 L로 분해하여 생각할 경우, D를 항력(drag), L을 양력(lift)이라 하며 항력에 비해 양력을 특별히 크게 작용하도록 만든 것을 날개(wing blade) 또는 깃이라 한다. [그림 **8 · 14**]와 같이 유동방향이 활줄(翼弦, chord)과 이루는 각을 영각(迎角, angle of attack)이라 하고 이것의 크기에 의해 날개 표면의 압력분포가 달라진다. 날개는 비행기를 비롯하여 스크루 추진기 · 수력기계 · 공기기계의 깃차 등에 널리 이용된다. 날개를 일정한 간격으로 배열한 것을 깃의 열(翼列)(blade lattice)이라 부른다.

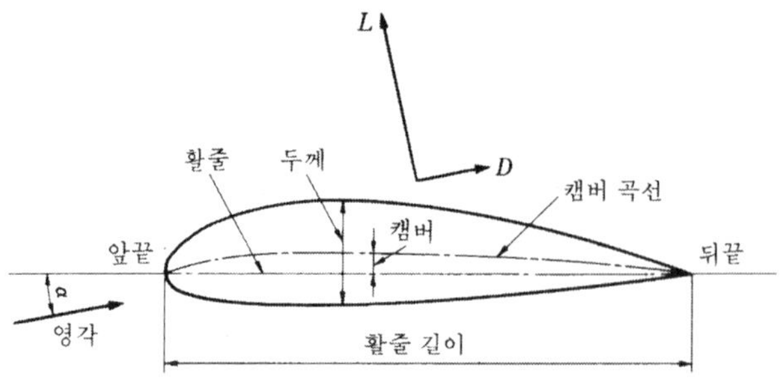

[그림 8·14] 깃 모양과 명칭

(5) 공동현상(캐비테이션)

날개가 물 속에 있을 때 날개 윗면 어느 부분의 최저압력이 그 때의 물의 증기압보다 낮게 되면 이 부분에 공동(空洞)현상이 나타나는데 이 현상, 또는 액체가 노즐 등으로 가속되면 액체의 정압은 저하되어 드디어 증기압 이하가 되고, 비등이 시작된다. 발생된 기포는 유동에 따라 하류의 압력이 높은 영역에 운반되어 붕괴된다. 기포가 붕괴될 때에는 대단히 높은 압력이 발생하고 그 압력으로 벽면의 재료가 침식을 당하거나 소음과 진동이 일어나는 현상을 캐비테이션(cavitation)이라 하며 성능의 악화를 초래한다. 캐비테이션은 수차나 펌프 등 수력기계에도 발생되는 현상이며, 일단 발생된 공동은 부분적으로 고압 · 고온이 되고 소음 · 진동 · 부식을 발생시켜 구조재료에 손상을 주게 된다.

2 분류가 물체에 미치는 힘

흐르는 물이 오리피스나 노즐에서 힘차게 유출될 때 분출되는 흐름을 **분류**(jet)라 한다. 분류를 물체에 충돌시키면 물체는 **충격력**(impulse force)을 받는다. 이 충격력은 분류가 가진 운동량이 변화된 것이다.

수직평판과 경사평판으로 나누어 생각할 수 있는데, 분류는 2차원 분류가 되어 고체 표면에 힘을 주면서 고체의 면을 따라 흐르게 된다.

제 9 장 전기의 에너지

9-1 전기와 역학적 에너지

전기에는 정(+)과 부(−)의 두 종류가 정해져 있으나 원자를 구성하는 전자가 −의 전기를 가지며, 전자가 여분으로 증가되면 그 물체는 −의 전기를 띠게 되고 전자가 다른 곳으로 유출되면 물체는 +의 전기를 띠게 되는 것으로 생각한다. 물체가 전기를 띠게 되는 것(이것을 帶電이라 함)은 물체가 + 또는 −의 전기량을 가지는 것으로 이 전기량을 전하(電荷)라 한다.

전하는 다음에 설명하는 역학적 성격을 가지고 있다.

1 정전기와 힘

같은 종류의 전하는 서로 떠밀고 다른 종류의 전하는 서로 잡아끈다. 이 힘을 **전기력**이라 한다. 전기력이 작용하는 공간을 **전계** 또는 **전기장**(electric field)이라 한다.

지금 [그림 **9·1**]과 같이 $+q$라는 +전하의 전계 내의 A점에 +1의 +전하를 두면 +1의 전하는 그림과 같은 방향으로 힘 F를 받는다. 이 힘은 거리 r의 제곱에 반비례하므로(이것을 Coulomb의 법칙이라 함) A점보다 먼 B점에 있는 +1의 전하를 받는 힘 F'는 F보다 작게 된다.

따라서 +1의 전하를 B점에서 A점과 같은 거리 r까지 접근시키면 전기력에 역으로 외부에서 일(에너지)을 가하지 않으면 안 되기 때문에 A점의 +1의 전하쪽이 B점의 +1의 전하보다 많은 에너지를 가지게 된다. 이 경우 A점 쪽이 B점보다 전위(electric potential)가 높다고 한다.

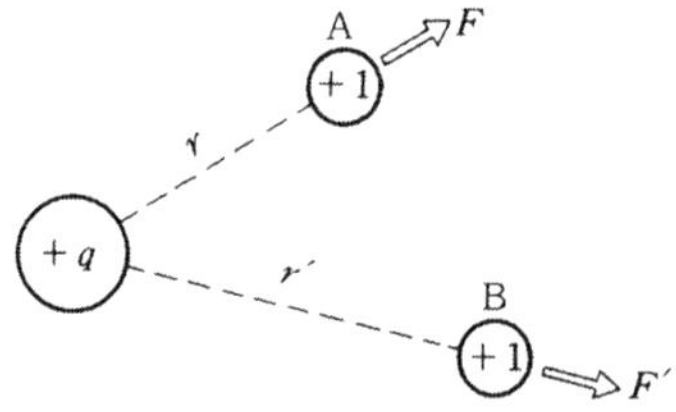

[그림 9·1] 전기력

2 전류와 힘

다른 종류의 전하를 도선(전기를 흐르게 할 수 있는 선)으로 연결하면 −의 전하는 +의 전하쪽으로 이동한다. 전하의 흐름을 **전류**(electric current)라 하고 +전하의 이동하는 방향(−전하, 즉 전자의 이동방향과 반대가 된다.)을 전류의 방향으로 정하고 있다[그림 **9 · 2**]. 전류는 이종의 대전체의 사이가 아니더라도 두 점 사이에 전위차가 있으면 흐른다[낙차로 물의 흐름이 생기고, 온도차로 인해 열의 흐름이 일어나는 것과 거의 비슷한 원리이다].

대전체를 도선으로 연결한 경우는 + −의 전하는 주로 서로 중화되어 전하가 없어지므로, 계속하여 전류가 흐르기 위해서는 두 점 사이에 전위차를 주어야 한다. 두 점 사이의 전위차를 일반적으로 전압이라 한다. 전압을 생기게 하는 전기적인 원인을 **기전력**(electromotive force ; emf)이라 하며 발전기나 축전지 등에서도 얻어진다.

일직선의 도선에 전류를 흐르게 하면 그 바로 밑에 있는 자석의 바늘은 [그림 **9 · 3** (a)]와 같이 도선과 직각방향이 된다. 이것은 도선과 직각인 평면 내에 그림 (b)와 같이 **자력선**(자석에 대해 미치는 힘의 방향을 순차로 연결하여 선으로 표시된 것)이 생기기 때문이다.

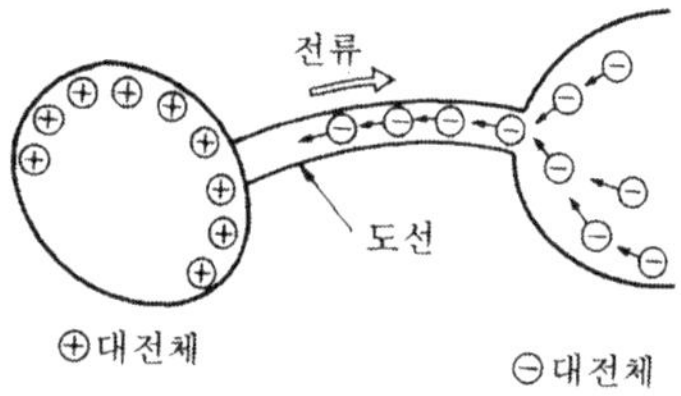

[그림 9·2] 전류

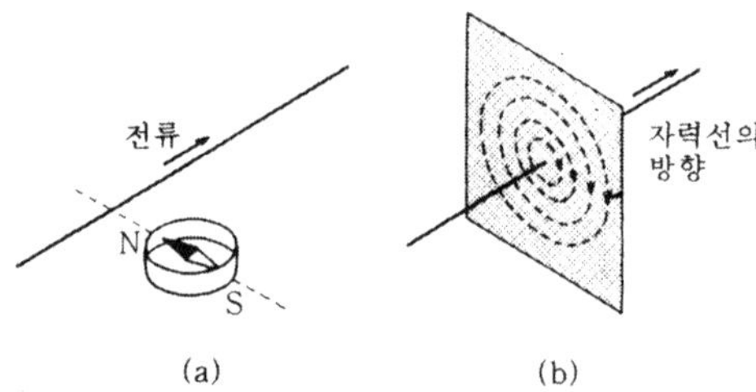

[그림 9·3] 도선과 자력선

[그림 **9 · 4**]와 같이 도선을 코일 모양으로 감으면 전류의 방향에 대해서 그림에 표시된 방향으로 자력선이 생겨 코일은 막대 자석과 같은 작용을 한다.

따라서 [그림 **9 · 5**]에 평행으로 둔 도선에 전류를 흐르게 하면 전류의 방향에 따라 다른 방향으로 자력선이 생겨 두 줄의 도선은 (a)에서는 서로 끌어 당기고 (b)에서는 서로 반발한다.

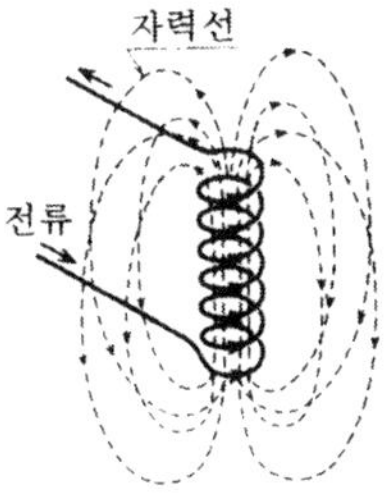

[그림 9·4] 코일과 자력선

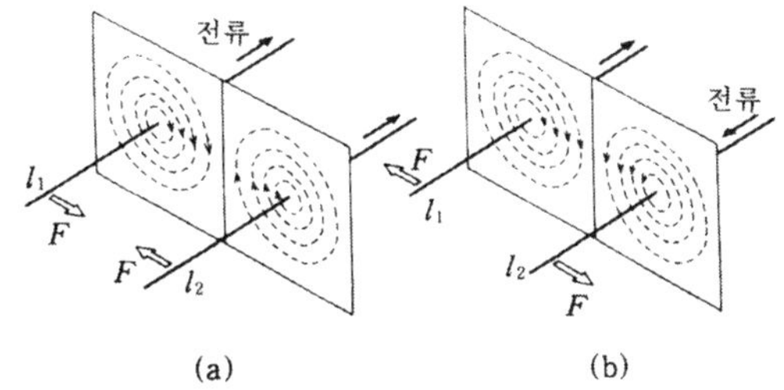

[그림 9·5] 도선 사이에 작용하는 힘

여기서 이미 자력선이 존재하는 곳(磁界라 함)에 도선을 두어 전류를 흐르게 하면 처음부터의 자력선과 전류에 의해 생기는 자력선 등이 힘을 미치게 하여 도선은 [그림 **9 · 6** (a)]에 표시하는 방향으로 힘 F를 받아 움직이게 된다. 전류, 자력선, 힘의 방향은 그림 (b)와 같이 왼손의 가운데 손가락, 둘째 손가락, 엄지 손가락을 서로 직각으로 벌렸을 때의 방향과 일치되어 이 셋의 관계를 Fleming의 왼손 법칙이라 한다. 전동기(motor)는 이 원리에 따라 회전력을 얻는 기계이다. 전동기에서 얻어지는 토크 T는 도선을 흐르는 전류 I_a와 자력선의 세기 ϕ에 비례한다.

$$T \propto I_a \phi \tag{9·1}$$

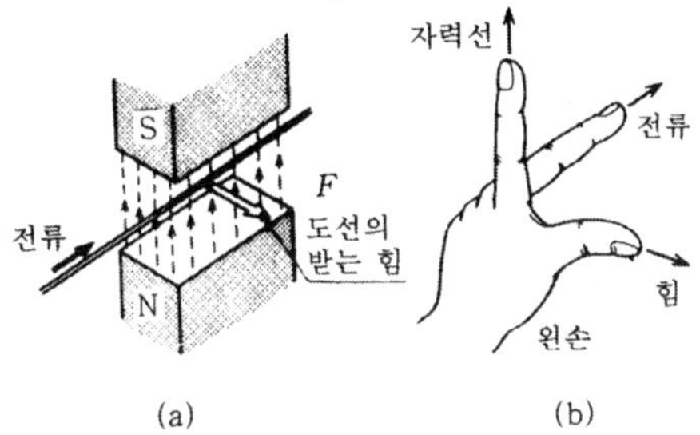

[그림 9·6] 자계 중의 도선이 받는 힘

다음 자계 중에 놓은 도선을 자력선 옆으로 끊으면서 움직이면 도선에는 기전력이 생겨 전류가 흐른다. 이 때의 기전력의 방향은 [그림 **9 · 7**]과 같이 오른손의 세 개의 손가락으로 표시할

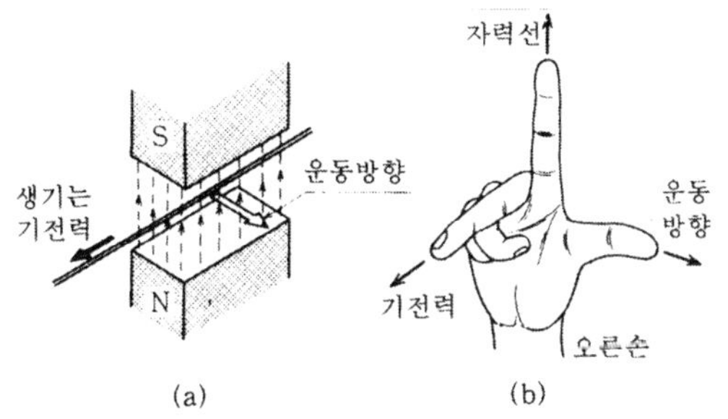

[그림 9·7] 운동하는 도선에 유도되는 기전력

수가 있으며 이것을 오른손의 법칙(right hand rule)이라 한다. 발전기(generator)는 이 원리에 따라 도선으로 구성시킨 회전자를 회전시켜 기전력을 얻는 것이다. 이 때 생기는 기전력 E는 도선의 회전속도 N과 자력선의 세기 ϕ에 비례한다.

$$E \propto N\phi \tag{9·2}$$

9-2 전류가 하는 일

1 전류

어느 길이의 도선의 양 끝에 기전력을 가하면 도선에는 전류가 흐르는데 이 때의 전류의 량은 기전력의 크기와 저항(도선 중의 전류의 흐름이 방해되는 것)에 따라 변한다. 먼저 전류의 양은 1초 사이에 일정량의 전하(電荷, 1 Coulomb의 전기량)가 흐를 때의 단위로서 **암페어**(Ampere, 기호 A)로 표시하며, 기전력은 일정량의 전하를 저전위의 점에서 고전위의 점으로 움직이는데 필요한 일량이 **1줄**(Joule : 1/9.8 kg의 힘－1 Newton의 힘이라고도 함－이 작용하여 물체가 1 m 움직였을 때의 일량)인 두 점 사이의 전위차(電壓)을 단위로 **볼트**(Volt, 기호 V)로 표시한다. 그래서 1볼트의 전압을 가한 경우에 1암페어의 전류가 흐를 때 도선의 저항을 1 Ω(Ohm, 기호 Ω으로 표시)으로 정하고 있다.

저항 R(Ω)의 도선에 전압 V(볼트)를 가하면 도선에 흐르는 전류 I(암페어)는 다음 식으로 표시되며 이것을 옴의 법칙이라 한다.

$$I = \frac{V}{R}, \quad V = IR \tag{9·3}$$

전류는 ＋의 전하가 전위가 높은 곳에서 전위가 낮은 곳으로 흐르게 되며, 두 점 사이의 전위차는 ＋1의 전하가 고전위점에서 저전위점으로 이동할 때에 하는 일량을 말한다.

2 전력

암페어나 볼트의 정의에서 명확한 것과 같이 1암페어의 전류가 꼭 1줄의 일을 하는 두 점 사이의 전위차(전압)가 1볼트이므로, V볼트의 전위차의 사이에 1암페어의 전류가 흐를 때 이 전류가 1초 사이에 하는 일 W는 다음과 같이 된다.

$$W = VI\,(\text{Watt}) \tag{9·4}$$

단위시간에 전류가 하는 일, 즉 전기적 동력을 **전력**(electric power)이라 하며, 1볼트 전위차의 2점 사이를 1암페어의 전류가 흐를 때의 전력을 단위로 **1와트**(Watt, 기호 W)라 부른다.

식 (9 · 3)을 식 (9 · 4)에 대입하면

$$W = I^2 R = \frac{V^2}{R} \tag{9·5}$$

전력은 전선에 대해 매초 공급하지 않으면 안 되는 에너지이고 동시에 매초 소비하여 가는 에너지이다. 이 에너지는 전선 중에서 전류가 저항에 이겨 흐르기 위해 필요하며, 마찰저항의 경우와 마찬가지로 모두 열 에너지가 되어 소비되고 만다. 따라서 t 초 사이에 소비되는 에너지 H는 다음과 같이 표시되며, 이 관계에서 전기 에너지와 열 에너지의 환산이 된다.

$$H = I^2 Rt(\text{Joule}) = 0.24 I^2 Rt\ (\text{cal}) \tag{9·6}$$

9-3 발전기

1 교류 발전기

오른손의 법칙을 기본으로 도선을 각형 코일로 만들어 회전시키면 기전력이 발생하여 [그림 **9 · 8**]과 같이 단자 사이를 연결하면 전류가 흐른다. 이 때의 기전력의 크기는 도선이 일정시간에 가로로 지나가는 자력선의 수에 비례하므로 그림의 위치에서 최대기전력이 생기고, 90°회전하여 일점쇄선으로 표시되는 위치로 되었을 때는 기전력은 0이 된다. 다시 90°회전하여 도선 l_1이 S극에 접근하면 그림과는 반대로 단자 A_2에서 A_1을 향해서 전류가 흐르게 된다. 그 결과 전압이나 전류의 방향이 [그림 **9 · 9**]와 같이 정현(sine)곡선에 따라 변화된다.

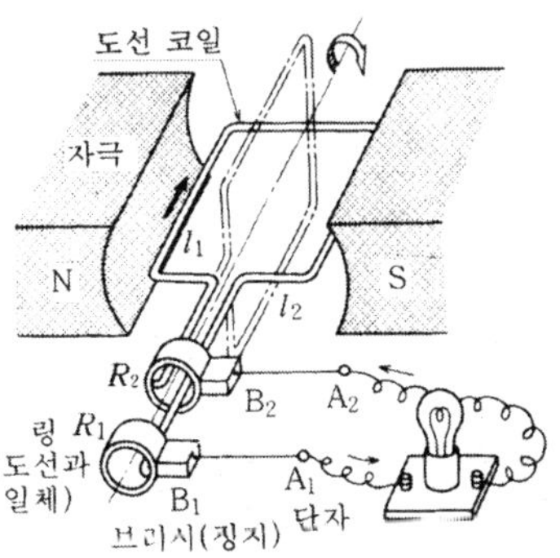

[**그림 9·8**] 교류발전기의 원리

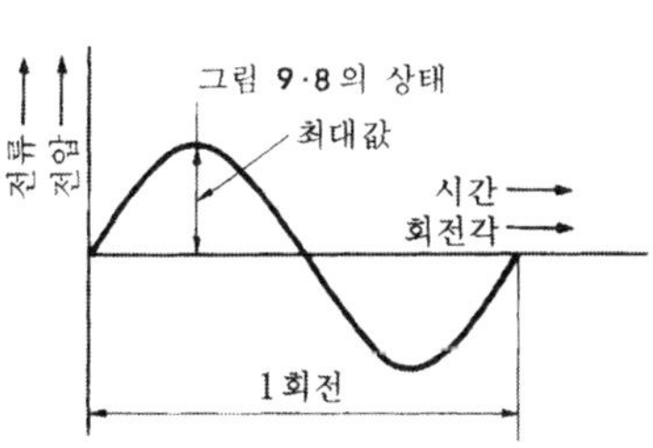

[**그림 9·9**] 단상 정현파 교류

도선 내의 전류의 방향이 이와 같이 변하는 것을 **교류**(alternative current, 약호 AC)라 하며 [방향이 변하지 않는 전류는 **직류**(direct current : 약호 DC로 표시] 일반적으로 사용되는 교류는 [그림 **9 · 9**]와 같이 표시되는 정현(sine)파 교류이다.

실제의 교류발전기는 도선을 정지시키고 자극(코일을 감은 전자석이 사용됨)을 회전시키도록 만든다. 즉 자력선과 도선 사이의 움직임이 일어나면 기전력이 얻어지기 때문이다.

[그림 **9 · 10**]과 같이 N극과 S극이 일조(2극이라 함)일 경우는 자극의 회전에 의해 [그림 **9 · 9**]에 표시한 교류(이것만의 변동을 **1사이클**이라 한다)가 얻어지나 [그림 **9 · 11**]과 같이 4극(2조의 자극)으로 하였을 때는 자극이 일회전 하는 사이에 2사이클의 교류를 발생시킨다.

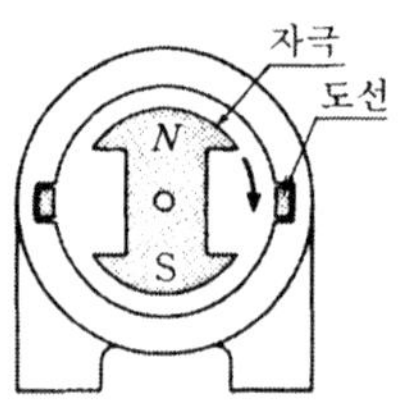

[그림 9·10] 2극 발전기

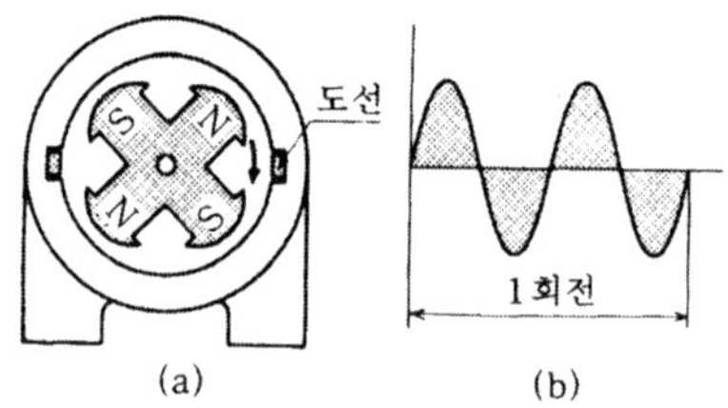

[그림 9·11] 4극 발전기

따라서 자극의 매분 회전수를 N_s, 극수를 P로 하면 발생하는 교류의 **주파수**(frequency : 매초의 사이클 수, 단위 Hz 또는 c/s), f 는 다음 관계로 표시된다.

$$f = \frac{N_s}{60} \times \frac{P}{2} = \frac{N_s P}{120} \tag{9·7}$$

현재 동력용으로 널리 사용되고 있는 교류는 세 가닥의 선을 사용하여 각각의 선에 [그림 **9 · 12**]의 A, B, C로 표시된 것과 같이 조금씩 시간적으로 차이가 있는 정현파교류를 흐르게 하는 방식의 것으로 이 교류를 **삼상교류**(three-phase alternating current)라 한다. 파형의 변이를 위상의 변이라 부른다.[그림 **9 · 12**]에서는 B는 A보다 위상이 120° 늦고, C는 B보다 120° 지연되고 있다).

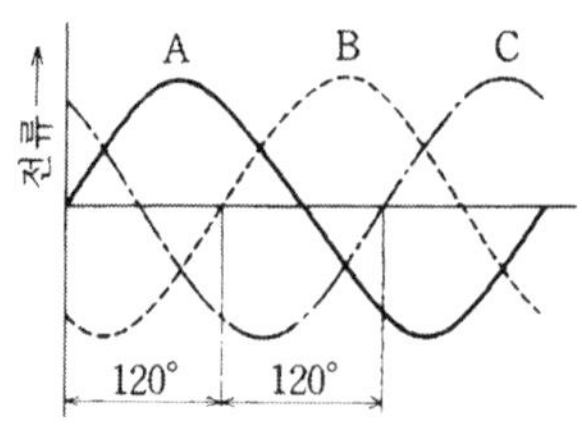

[그림 9·12] 삼상교류

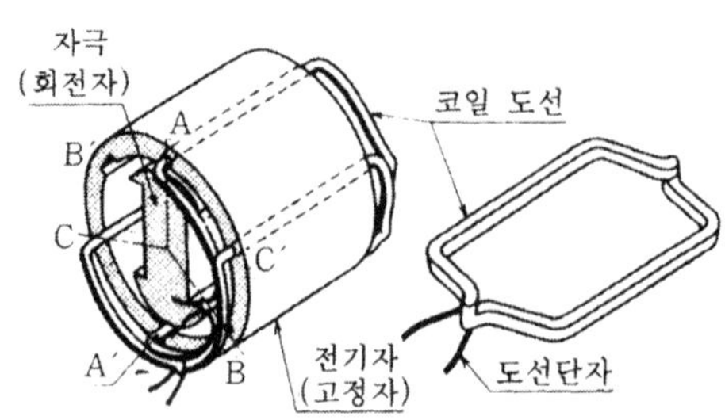

[그림 9·13] 3상 교류 발전기의 코일 배치

삼상교류를 얻기 위한 발전기는 [그림 **9 · 13**]과 같이 A, B, C 세 개의 각형 코일을 배치하여 만들어진다. 그래서 세 도선의 각 끝단은 [그림 **9 · 14**]에 표시된 어느 방식에 의해 세 개의 단자에 접속된다.

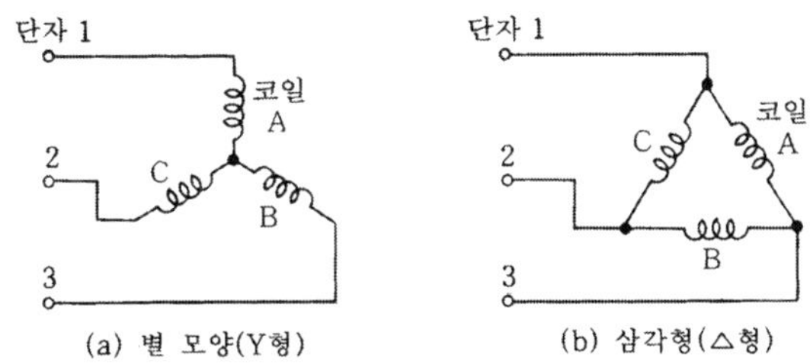

[그림 9·14] 3상 코일의 결선방식

발전기의 형상은 용도에 따라 달라지는데 화력발전용의 터빈은 고속에 적합하도록 지름이 작고 길다란 회전자(자극)를 사용하여 1500~3600 rpm 정도에서 4극 또는 2극이 이용된다. 수력발전의 수차용 발전기는 125~500 rpm 정도에서 12~48극이 사용되고 있다. 따라서 발전 중에는 도선의 전기저항이나 전기자(코일을 끼워 넣은 것)에 생기는 **와전류**(eddy current)로 인해 열이 발생되므로 공기나 수소, 물로 전기자를 냉각하게 된다.

2 교류의 전력

우리들이 사용하고 있는 교류는 전류의 값이 [그림 **9 · 15**]에 표시한 바와 같이 식 (9 · 8)로

$$\left.\begin{array}{l} i = I_m \sin\theta \ (\theta : \text{회전각}) \\ i = I_m \sin 2\pi f t \ (f : \text{주파수}) \end{array}\right\} \quad (9 \cdot 8)$$

표시되고, 시시각각으로 변하기 때문에 교류가 1초 사이에 하는 일량, 즉 전력도 각 순간에서의

$$(\text{전류 } i)^2 \times (\text{저항 } R)$$

의 값의 합을 계산하지 않으면 안 된다. 여기서 각 순간의 $i^2 R$의 합$= I^2 R$의 관계가 성립되는 전류 I를 고려, 이것을 교류의 **실효값**(effective value)이라 이름 붙인다. 그 값은

$$\text{실효값 } I = \frac{\text{최대값 } I_m}{\sqrt{2}} = 0.707\, I_m \quad (9 \cdot 9)$$

이것은 교류를 전력이라는 점에서 직류로 환산한 것에 해당되며, 최대전류가 I_m인 교류는 전류 I의 직류와 같은 전력을 가지는 것을 의미하게 된다.

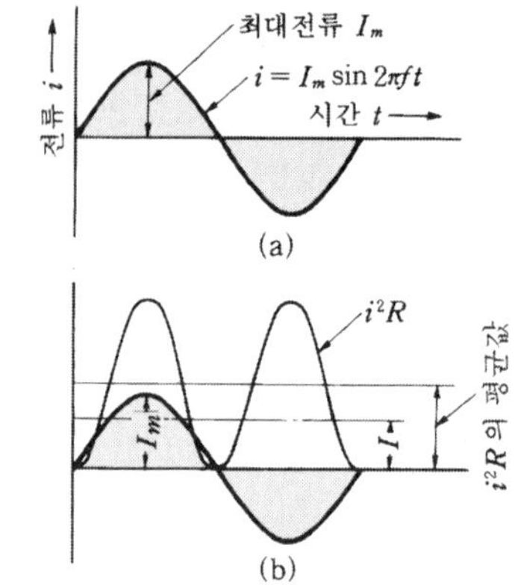

[그림 9·15] 교류와 i^2R

전압에 대해서도 동일하게 실효값 $V\left(=\dfrac{\text{최대전압}}{\sqrt{2}}\right)$가 고려되며, 따라서 교류전력 P는 다음 식으로 표시된다.

$$P = I^2R = VI\,(\text{Watt}) \tag{9·10}$$

실제로 교류의 전류, 전압을 측정하는 계기는 모두 실효값이 측정되도록 제작되어 있어 특별한 사유가 없는 범위에서 교류의 전류, 전압은 실효값으로 표시하도록 되어 있다.

교류가 도선을 따라 흐르면 주위에 생기는 자력선의 방향도 변화되므로 코일[그림 **9·14**]이나 축전기(콘덴서)가 있으면 직류의 경우와는 다른 저항이 나타나 전압과 전류 사이에 [그림 **9·16**]과 같은 위상의 변위가 생긴다. 그 결과 전류가 $\varphi°$ 만큼의 변위를 생기게 하였을 때는 전력의 계산은 다음 식에 따르지 않으면 안 된다.

$$P = VI\cos\varphi\ (\text{Watt}) \tag{9·11}$$

$\cos\varphi$를 **역률**(力率, power factor)이라 하며, 위상차가 크면 역률의 값이 낮게 되어 소정의 전력을 발휘하기 위해서는 여분의 전력의 공급을 필요로 하고 있다. 따라서 교류발전기 등의 출력은 와트가 아니고 역률을 제외한 (전압)×(전류)만의 전력으로 표시하여 볼트·암페어(기호 VA)라는 단위로 표시한다.

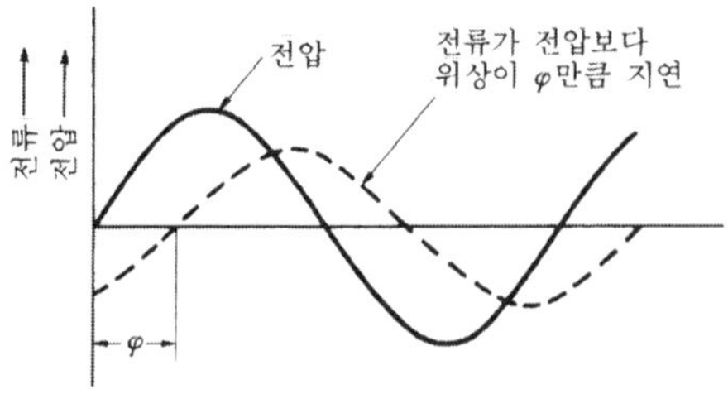

[그림 9·16] 전압과 전류의 위상변위

[표 9·1]은 주요한 전기기기의 역률을 표시한다.

[표 9·1] 주요 전기기기의 역률

전기기기	역 률
전구 · 전열기 · 전기 다리미	100
형광등	55
3상 유도 전동기	70~90
저항용접기, 교류 아크 용접기	40~50
네온관 등	40~50

우리가 널리 동력용으로 사용하는 200볼트 3상 교류에서는 [그림 9·17]과 같이 세 개의 선을 사용하므로 소비되는 전력은 단상의 3배가 되나 별 모양 결선에서는 1개 코일의 전압은 선 사이의 전압(단자전압)과 위상차가 생기며, 삼각형 결선에서는 각 코일의 전류가 선간전류와 위상차가 생기기 때문에 어떤 결선방식을 채용하더라도 다음의 관계가 성립된다.

$$\text{전력}\ P = \sqrt{3} \times (\text{선간전압}\ V) \times (\text{전류}\ I) \times (\text{역률}\ \cos\varphi) \qquad (9{\cdot}12)$$

3상 교류의 발전기, 전동기의 출력은 모두 이 식으로 표시할 수 있다.

우리들이 교류를 넓게 사용하는 것은 전력(전기 에너지)을 수송할 때 교류이면 에너지의 손실없이 전압을 올리거나 낮출 수가 있고, 이를테면 전압을 높이면 전류가 낮아도 되고 I^2R로 낮게 할 수 있어 수송의 에너지 손실을 작게 할 수 있기 때문이다. 또 정현파 교류를 사용하는 것은 그렇지 않으면 변압기로 전압을 바꾸거나 저항으로 인해 전압을 강하시켰을 때 파형이 정현파로는 되지 않기 때문이다. 또 3상을 사용하는 것은 다음의 전동기에서 설명하듯 회전자계를 쉽사리 발생시킬 수 있으며, 구조가 간단하고 취급이 쉬운 유도전동기가 만들어지기 때문이다.

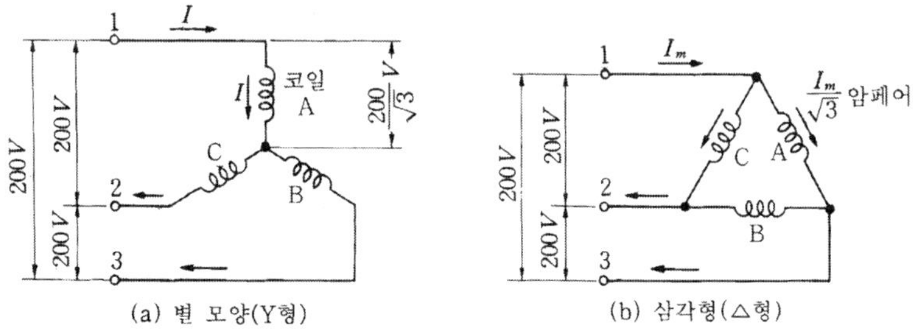

[그림 9·17] 3상 교류의 결선과 전압 · 전류의 관계

3 직류발전기

[그림 9·8]의 회전 링 R_1, R_2를 절반으로 나누어 [그림 9·18] (a)와 같이 하면 (b)와 같이 정(正) 방향의 전류가 얻어진다. 분할된 링은 교류를 직류로 바꾸는 데 필요한 것으로 이것을 **정류자**(整流子, commutator)라 하여 실제로는 [그림 9·19]와 같이 수많은 코일과 거기에 대응하는 정류자편이 사용된다.

직류발전기는 도금, 전기분해, 전기정련(精錬), 직류전동기 운전 등 각종의 직류전원용으로 설비된다.

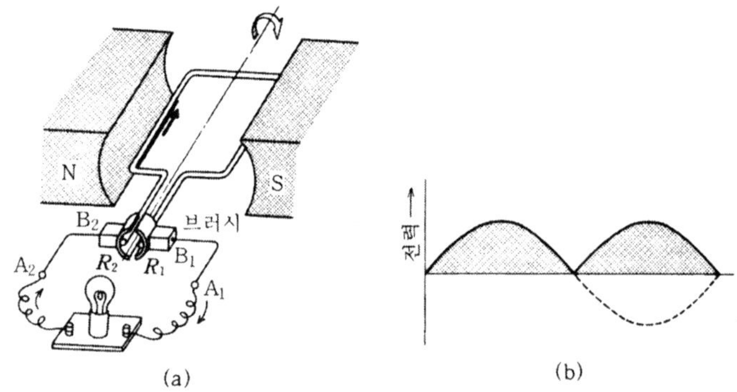

[그림 9·18] 직류발전기의 원리

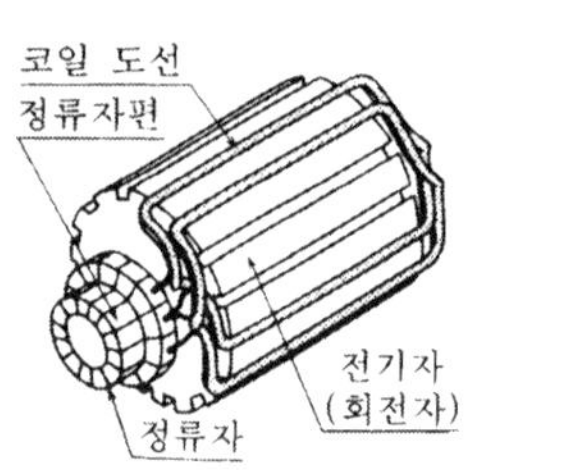

[그림 9·19] 전기자 코일과 정류자

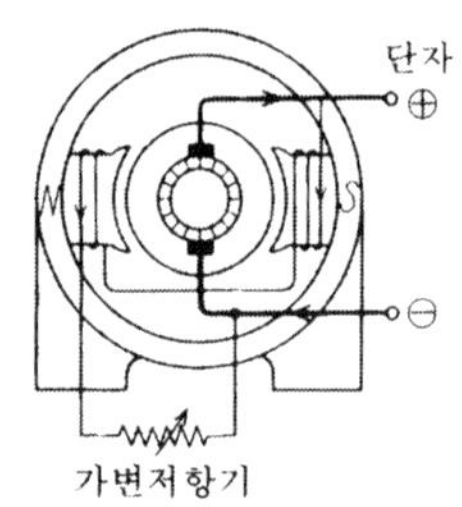

[그림 9·20] 분권발전기

9-4 전동기

발전기에 대해 발생기전력과 역방향으로 전류를 흐르게 되면 [그림 9·6]에 표시한 왼손의 법칙에 의해 발전기의 경우와 같은 방향의 회전이 얻어진다. 따라서 이론상 발전기는 그냥 그대로 전동기가 되는 셈이다.

1 교류전동기

(1) 동기전동기

[그림 9 · 13]에서 설명한 발전기에 대해 그 발전기로 얻어지는 3상 교류와 같은 주파수로 발생기전력과 반대방향으로 전류를 흐르게 하면 발전기의 경우와 같은 회전(이것을 동기속도라 함)을 하는 3상 교류전동기가 얻어진다. 이 형식의 것을 동기(同期)전동기라 한다[그림 10 · 21].

다만 최초의 정지상태에서 3상 교류를 통하더라도 회전력은 얻어지지 않으므로 무엇인가의 방법으로 규정된 회전에 접근시키지 않으면 안 된다.

그러나 운전 중의 회전수가 일정하고 역률이 좋아 대출력, 저속의 전동기로 사용되고 있다.

(2) 유도전동기

교류전동기로 가장 많이 사용되고 있는 것은 유도전동기(induction motor)로 [그림 9 · 22]는 그 원리를 나타내고 있다. 먼저 전극을 움직였을 때 오른손의 법칙에 의한 기전력이 생겨 도체에는 파선으로 표시하는 방향으로 전류(이것을 와전류라 함)가 흐른다. 그러나 이 전류는 자극이 움직임에 따라 왼손의 법칙에 의한 힘을 받아 도체는 자극과 동일한 방향으로 회전하게 된다. 결국 자력선을 이동시킬 때에 생기는 와전류를 이용하여 도체를 회전시키는 것이다.

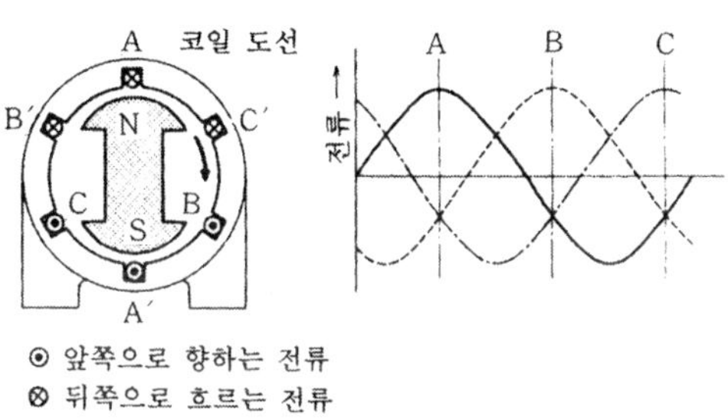

[그림 9·21] 동기 전동기의 원리

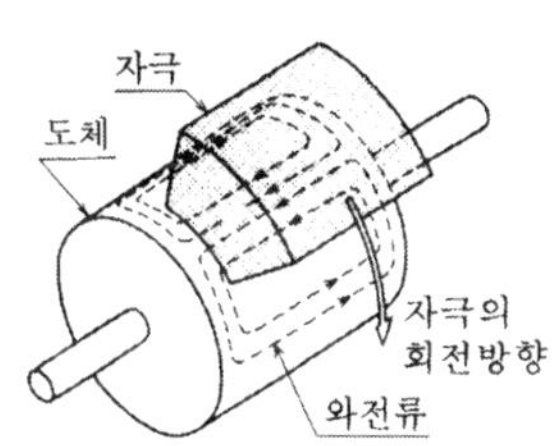

[그림 9·22] 유도전동기의 원리

실제로는 자극을 회전시키지 않고 [그림 9 · 23]과 같이 고정자에 집어넣은 도선 코일에 3상 전류를 흐르게 하여 자극을 회전시키는 것과 같은 효과를 얻는 방법을 취하고 있다. 먼저 [그림 9 · 23] (a)와 같이 A코일에 ⊗방향의 전류를 흐르게 하면, [그림 9 · 3]의 원리에 의해 도시된 방향으로 자력선이 생겨 마치 오른쪽에 N극을 배치한 것과 같은 상태가 된다. 그래서 A → B → C의 순서대로 3상 교류를 흐르게 하면 (b), (c)와 같은 자극 N이 시계 바늘의 방향으로 회전한 것과 같이 같아지며 [그림 9 · 22]와 같은 결과가 얻어진다.

자력선이 이와 같이 회전하는 상태를 회전자계라 한다. 3상 교류에 의해 회전자계를 만들고 중앙의 회전체를 회전시키는 것이 3상 유도전동기이다.

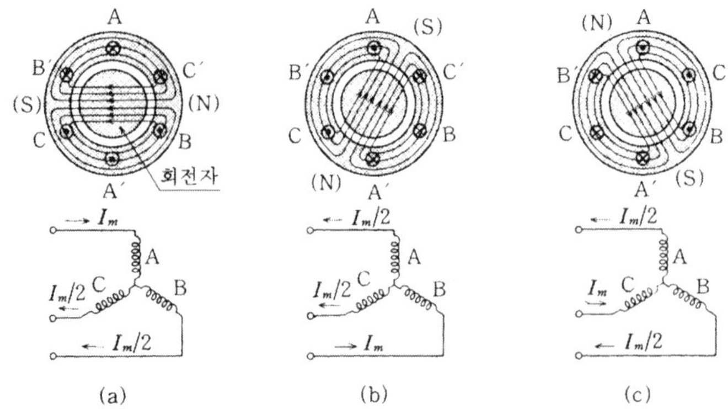

[그림 9·23] 회전자계(2극에 해당)

유도전동기에서는 회전자와 화전자계의 속도[동기속도라 하며 식 (9 · 7)로 계산할 수 있다]보다 약간 지연된다. 이것을 슬립이라 한다. 그 정도는 전동기에 걸리는 부하가 많을수록 크게 되나 대개 3~8%이다.

3상 유도전동기는 회전자의 구조에 따라 상자형(보통 상자형, 2중 상자형이 있으며 대개 15마력 이하의 것에 적용된다)과 권선형(卷線形 ; 대형 전동기형)이 있다. 기동(起動) 때에는 많은 전류가 필요하므로 보통 상자형이라도 7.5마력(기호 PS) 이상이 되면 처음은 별 모양 결선으로 시동하고 운전 때에는 3각 결선으로 바꾸는 방법(Y－△기동이라 함)을 취하며, 15 PS 이상에서는 낮은 전압으로 기동시키기 위한 기동보조기를 사용하며, 권선형(별 모양 결선으로 만들어져 있다)에서는 기동저항기를 사용하도록 하고 있다.

유도전동기는 고장을 일으키는 경우는 적지만 스위치나 단자의 느슨함, 단선이나 운전 중의 전동기의 온도 등에 신경을 써야 되고, 정기적으로 전기자 코일의 절연저항을 측정하는 것이 대단히 중요하다. 또 전동기의 배선을 할 때에는 처음은 가접속으로 하여 두고 회전 방향을 확정한 다음에 올바르게 배선을 한다. 만일 회전이 반대인 경우는 3개의 선 중 2개를 서로 바꾸면 고칠 수 있다.

1 PS 이하의 소형의 것으로는 전등선의 전원인 100 V 단상으로 운전되는 단상 유도전동기가 사용되고 있다. 단상교류만으로는 3상과 같은 회전자계가 되지 않으므로 분상(分相)기동, 콘덴서 기동, 반발기동 등의 기동방법이 채용되고 있다.

2 직류전동기

직류발전기와 같은 구조이지만 계자 코일과 회전하는 전기자 코일과의 결선방식에 따라 성능이 달라지게 된다. 직류전동기의 회전수 N은 전기자 코일에 가해지는 전압을 V, 자력선의 세기를 ϕ, 전기자 전류를 I_a, 전기자 코일의 저항을 r_a로 하면 역기전력(전기자를 회전시키므로 전기자 코일에 발생하는 기전력으로 외부에서 공급하는 전류와는 역방향이 된다)의 영향을 생각하면 다음과 같이 된다.

$$N = \frac{V - I_a r_a}{k\phi} \fallingdotseq k_0 \frac{V}{\phi} \quad (k,\ k_0\text{는 상수}) \tag{9·13}$$

[그림 **9 · 24**]는 계자 코일이 전기자 코일과 직렬로 접속된 것으로 **직권전동기**(series motor)라 한다. 기동 때 또는 부하가 걸려서 전동기의 회전이 떨어졌을 때는 역기전력이 작게 되기 때문에 전기자 전류 I_a는 크게 되지만 직권전동기에서도 결선도에서 알 수 있듯 I_a가 크게 되면 계자 코일의 전류도 크게 되어 ϕ가 크게 된다. 따라서 식 (9 · 1)에서 일단 강한 토크가 얻어지기 때문에 전차나 기중기용 모터에 사용된다. 그러나 무부하의 상태가 되면 I_a는 적어도 되지만 이 전동기에서는 ϕ도 작게 되므로 식 (9 · 13)에서 회전수 N이 대단히 크게 되어(무구속상태라 함) 파손을 초래하므로, 직권전동기는 무부하가 되지 않게 하여 사용한다.

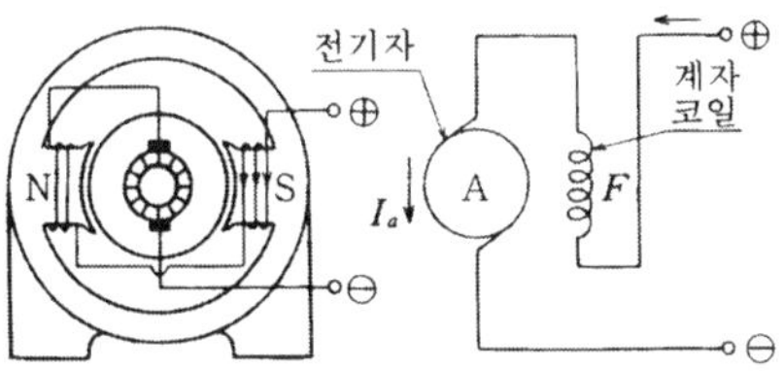

[**그림 9·24**] 직권전동기

[그림 **9 · 25**]는 [그림 **9 · 10**]과 동일한 구조로 분권(分卷)전동기(shunt motor)라 한다. 계자 코일을 흐르는 전류는 전압이 일정하다면 전기자 전류 I_a에는 관계가 없으므로 무부하가 되더라도 ϕ는 일정하고 직권처럼 무부하 상태에 빠지지는 않는다. 또 가변저항 R를 조작하면 ϕ가 변하여 부드러운 회전속도의 조정이 된다.

[그림 **9 · 26**]과 같이 직권과 분권을 병용한 형식의 것을 **복권(復卷)전동기**(compound motor)라 한다. 복권에는 직권 코일 F_1에 의해 생기는 자력선과 분권 코일 F_2에 의한 자력선이 서로 상쇄되도록 감겼을 경우(차동복권이라함)와 F_1, F_2에 의한 자력선이 서로 보강되도록 감겨진 경우(화동복권이라 함)가 있다. 차동복권은 부하가 변동되어도 전동기의 속도 N이 거의 변하지 않으므로 교류발전기를 운전하는 특별한 용도의 전동기로 사용된다. 화동복권은 저속 때에는 직권의 성격을 표시하여 큰 토크를 발휘하며, 그러나 경부하가 되어 고속이 되었을 경우에는 분권의 성질을 나타내어 무구속에 빠지는 것을 방지하기 때문에 직류전류를 사용하는 선박에서는 기중기, 윈치용으로 사용되고 있다.

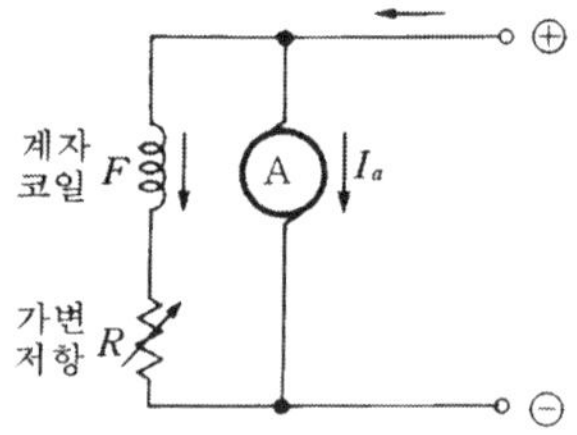

[그림 9·25] 분권전동기

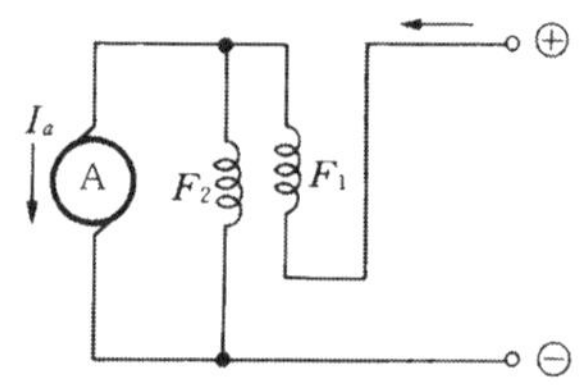

[그림 9·26] 복권 전동기의 결선도

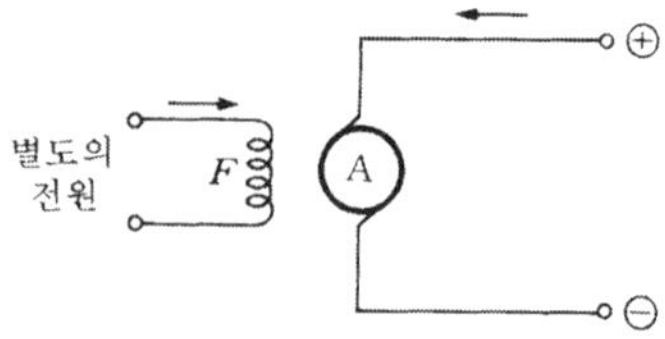

[그림 9·27] 타려식 전동기

그런데 직류전동기는 식 (9 · 13)으로부터 알 수 있듯이, 공급전압과 자계 코일의 전류를 조정함으로 회전속도를 쉽게 바꿀 수 있다. 분권전동기는 변속에 한계가 있으므로 공급전압을 바꾸어 계자 코일은 [그림 **9 · 27**]과 같이 별도의 전원을 이용(이것을 他勵式이라 함)하여 변속하는 방법이 옛날부터 사용되고 있다. 이것을 워드 레오나드 방식이라 하고 토크를 일정하게 하여 광범위하고 원활하게 변속이 되므로 제철소의 압연기용이나 엘리베이터용의 전동기로 이용되고 있다.

제10장 동력발생의 기계

10-1 에너지 이용의 역사

현재 우리들의 생활은 여러 형태의 에너지를 사용함으로 지탱되고 있다. 가정이나 학교를 비롯하여 공장 등 넓게 공급되고 있는 전력은 자연계에 있는 수력 · 화력 · 원자력 등의 에너지를 발전소에서 전기 에너지로 바꾸어 얻고 있다.

에너지의 수요는 해마다 증가하여 현재, 이 에너지의 대부분을 석유에 의존하고 있으나 석유자원에는 한계가 있기 때문에 에너지원의 다변화와 절약을 생각지 않을 수 없다.

1 인력 · 축력, 풍력 · 수력 · 증기원동기의 발달

인류는 원시시대부터 자연계에 존재하는 것을 생활에 필요한 의 · 식 · 주(clothing, food, shelter)에 이용하여 왔다. 인류는 "도구를 만드는 동물"(A tool making animal)이라 해서 지렛대 · 쐐기 · 바퀴 축 · 도르레 등의 간단한 기계를 만들었다. 그것을 움직이려면 최초는 인력에 의존하였으나 이어서 축력이나 풍력 · 수력을 이용하기에 이르렀다. 인력 · 축력의 이용은 고대의 농경이나 운반에서 시작되었다.

간단한 기계로 시작하여 복잡한 기계로 발달되어 감에 따라 큰 동력이 필요하게 되었고, 증기기관이 발명되면서 열 에너지 이용의 시대에 진입하게 된 것이다. [그림 **10 · 1**]은 인력의 이용, [그림 **10 · 2**]는 인력과 축력의 이용이다.

파팽(D. Papin), 세이버리(T. Savery)의 창안과 광산의 양수용인 뉴커먼(T. Newcomen)의 대기압기관을 개량하여 1769년 실용적인 증기기관이 와트에 의해 제작된 이후 풀턴(R. Fulton)의

[그림 10·1] 인력의 이용

[그림 10·2] 인력 · 축력의 이용

증기선(1807년), 아크라이트(R. Arkwright)의 수력을 이용한 방적기계(1769년), 스티븐슨(G. Stephenson)의 증기기관차 등의 발명이 잇따랐다. 그 때까지 동력원으로 인력 또는 소 · 말 등의 가축의 힘, 또는 풍력 · 수력 등에 의존하는 것을 증기가 가진 열 에너지를 이용하게 되었고, 이른바 산업혁명을 초래하여 여기에 공업사회 · 문명사회의 비약적인 진보를 가져왔다.

태양열로 가열된 공기가 가벼워져 상승하면 다른 곳으로부터 여기에 공기가 유입되며, 이 공기의 흐름이 바람으로, 이 바람이 풍차(wind mill)를 움직인다. 현재도 산간 · 벽지 등에서 발전용으로 사용되고 있다.

물의 유동은 공기의 흐름과 마찬가지로 그 유동의 에너지로 수차(water wheel)에 의해 회전력을 이용할 수 있다. 그래서 옛날부터 원동기로 사용되었고, 현재는 큰 회전력을 얻는 수차가 제작되어 수력발전용에 사용되고 있다. [그림 **10 · 3**]은 풍차의 원리이고, [그림 **10 · 4**]는 초기의 수차이다.

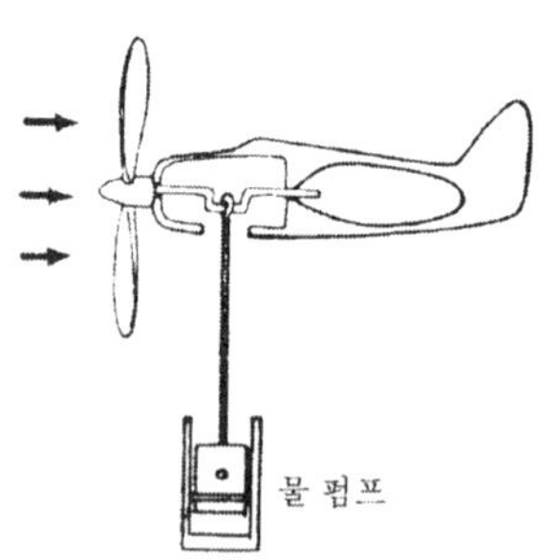

[그림 10·3] 풍차의 원리

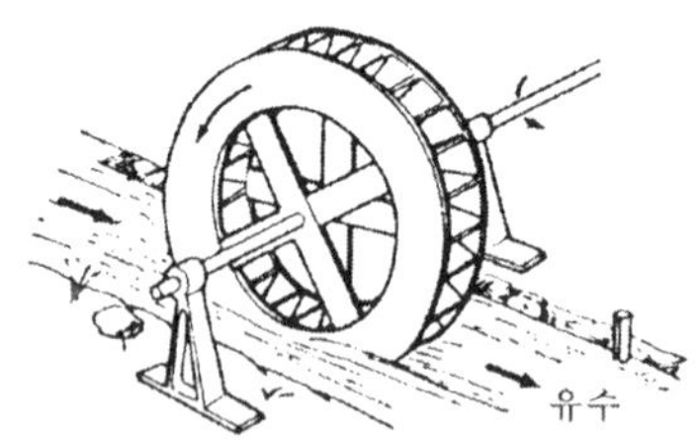

[그림 10·4] 초기의 수차

19세기가 되면서 증기기관은 크게 개량되어 고온 · 고압의 증기를 사용할 수 있어 철도나 선박 등의 교통기관이나 발전기의 원동기로 사용되고 있다.

증기가 가진 에너지를 직접 회전운동으로 바꾸는 증기터빈은 B. C. 120년경 헤론(Heron)에 의해 시도되었고, 1882년 드 라발(C. G. P. de Laval)에 의해 실용적인 것이 제작되어 지금은 화력발전 · 원자력발전 · 지열발전 · 대형 선박 등 원동기로 사용되고 있다. [그림 10 · 5]는 와트의 증기기관, [그림 10 · 6]은 헤론이 창안한 증기 터빈이다.

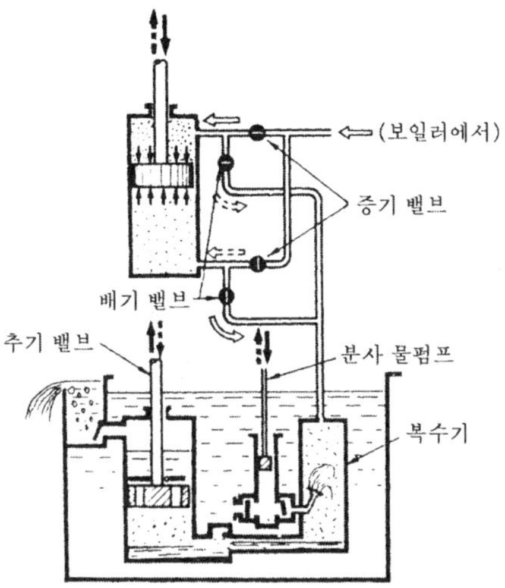

[그림 10·5] 와트의 증기기관(원리도)

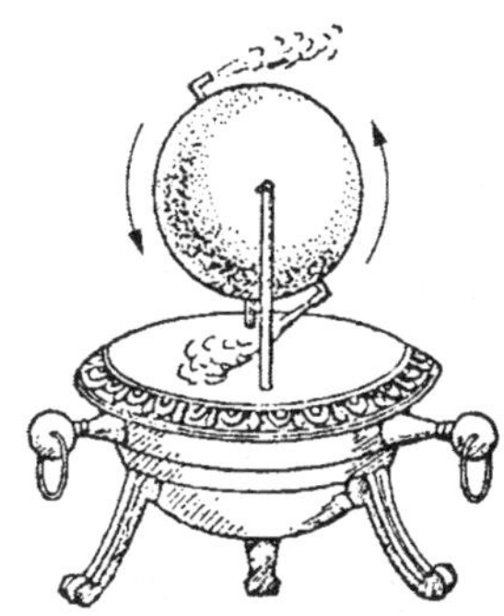

[그림 10·6] 헤론의 증기 터빈

2 내연기관의 발달

실린더 내에서 연료를 직접 연소시켜 동력을 얻는 내연기관은 18세기 말경부터 여러 가지 시도 끝에 1820년, 석탄가스를 사용하는 가스기관이 제작되었고, 가솔린을 사용하는 가스기관은 1876년 오토(N. A. Otto)에 의해, 그 이후 기화기식 내연기관이 개발되면서 자동차 · 항공기의 원동기로 사용되었다.

1894년, 디젤(R. Diesel)이 압축착화방식의 디젤기관의 제작으로 경유나 중유를 사용할 수 있어 트럭 · 버스 · 철도 · 선박 · 건설기계 · 발전용 등의 원공기로 발달하였다.

가스터빈(gas turbine)은 1939년 실용적인 것이 개발되면서 항공기용 제트기관으로 사용이 시도되어, 오늘날은 항공기용 원동기의 주류를 형성하였고, 또 발전기용으로도 사용되고 있다.

제트기관의 진보로 고속 · 고공비행이 가능해지면서 로켓의 발달로 우주시대를 맞이하게 된 것이다.

10-2 에너지의 변환과 원동기

1 에너지와 원동기

자연계에는 여러 가지 모양의 에너지가 존재하고 있는데 이들 에너지를 이용하여 동력을 발생시키는 기계를 원동기(prime mover)라 한다. 자연계의 에너지 가운데 원동기에 이용되는 것을 분류하면 물이나 바람과 같이 자연현상에 의한 운동 에너지(kinetic energy)와 석탄 · 석유 등과 같이 연료가 가진 열 에너지(heat energy)가 있다.

운동 에너지는 수력 · 풍력 외에 해수의 간만에 의한 수면차를 이용한 조수력이 있다. 이 가운데 수력은 발전에 이용되며 가장 널리 이용되고 있다.

열 에너지원으로는 석탄 · 석유가 주류를 이루며, 그 외에도 동물유 · 식물유를 연료로 할 수도 있다. 그러나 그 양은 대단히 적고 열량도 적어 대규모로는 사용되지 않는다. 로켓을 움직이는 연료는 연료 그 자체 내에 산소나 가지고 있어 공기가 없는 곳에서도 연소한다.

지열이나 태양열은 연소라고는 할 수 없지만 열 에너지로 최근 각국에서 연구가 대단히 활발하게 진행 중이다.

연료의 열 에너지를 이용하여 동력을 만드는 데는 다음과 같은 방법에 따른다.

(1) 연료→물→공기→원동기

이 방법에는 화력발전소 등에 사용되는 증기터빈과 같이 깃차를 회전시키는 회전식과 증기기관차와 같이 피스톤을 작동시키는 왕복식이 있다.

(2) 연료→원동기

이 방법은 연료를 직접 원동기에 작용시키는 방법이다. 가솔린기관이나 디젤기관과 같이 피스톤을 움직이는 왕복식과 가스터빈과 같은 회전식과 연료의 폭발에 의해 유체가 분출되는 반작용을 이용하는 제트식 등이 있다.

이상과 같이 에너지 외에 최근 문제가 되고 있는 원자동력이 있다. 원자동력은 원자핵연료를 원자로 내에 반응시켰을 때 발생하는 열 에너지를 이용하여 동력을 내는 것이다.

2 에너지의 변환

현재 사용되고 있는 중요한 원동기를 중심으로 각종 기계나 장치 사이에 이루어지고 있는 에너지 변환의 개요를 [그림 10 · 7]에 표시하였다.

그림에서 알 수 있듯 현재 우리들이 사용하고 있는 동력의 대부분은 물이 가진 위치 에너지와 연료의 연소나 원자핵분열에 의한 열 에너지를 변환하여 얻은 것이다.

그림에 표시된 원동기에서는 에너지를 동력으로 변환시키는 데 수차는 물을, 증기터빈은 증기를, 내연기관은 연소가스를 각각 작동물질로 사용하고 있다. 이들 작동물질인 유체를 작동유체라 한다.

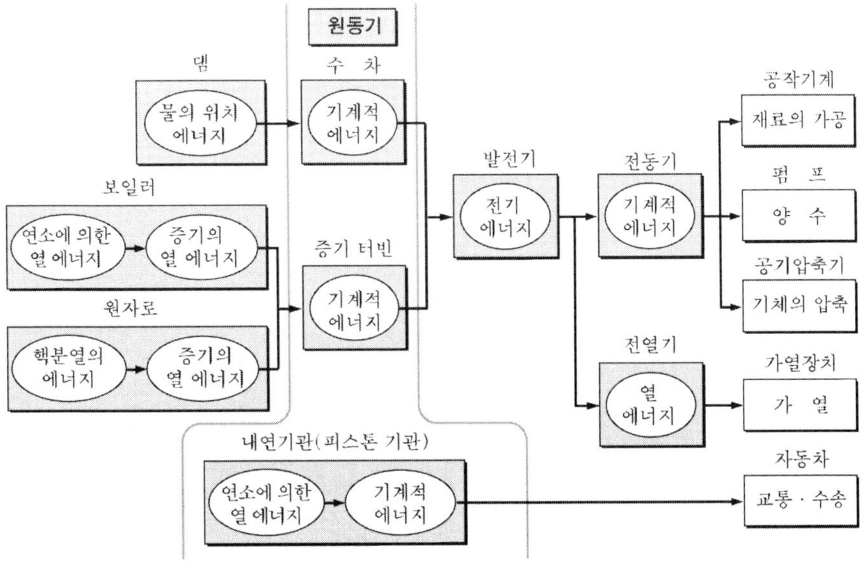

[그림 10·7] 에너지 변환과 이용

10-3 수력원동기 : 수차

1 수력발전과 수차

물이 가지고 있는 위치 에너지를 기계적 에너지로 변환시키는 기계를 일반적으로 수력원동기(hydraulic prime mover)라 하는데 수차가 그 대표적인 기계이다.

수차(water wheel)는 수력을 이용하여 회전동력을 발생시키는 원동기이며 주로 수력발전에 이용된다. 수차가 이용하는 수력은 높은 곳에 있는 위치 에너지를 가진 물을 수압관을 통해 낙하시키고, 그 때 발생하는 속도 에너지와 압력 에너지를 이용하여 수차를 회전시키고 회전동력을 발생시킨다.

수력을 이용하여 동력을 얻는 경우에는 유량(discharge, quantity of flow)과 낙차(head)가 두 개의 큰 요소가 된다. 낙차는 인공적인 설비를 시공하여 만들어야 하며 그 방식에는 수로식, 댐식, 댐-수로식 및 양수식 등이 있다.

(1) 수로식 발전

기울기가 급한 하천을 이용하는 고낙차의 경우에 사용하는 방식이며, 하천의 흐름을 취수댐에 저수하여 취수구에서 수로를 만들어 낙차를 충분히 잡아 수압관으로 물을 발전소에 보낸다. 고낙차(200 m 이상), 중낙차(50~200 m)의 발전소에 많다. [그림 10 · 8]은 수로식 발전소이다.

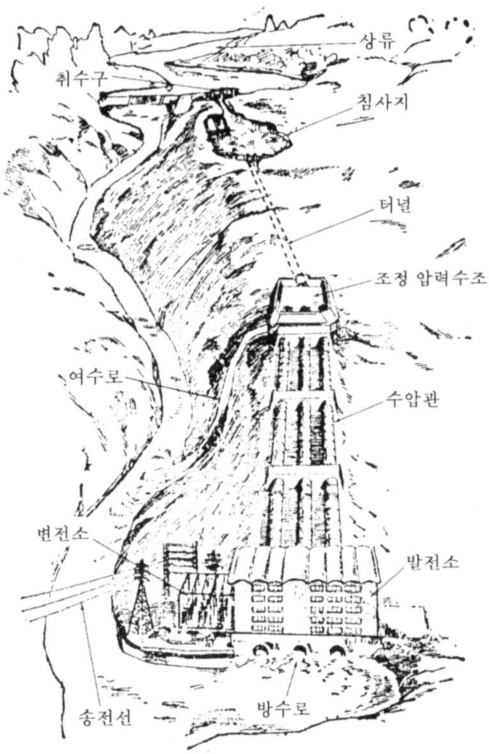

[그림 10·8] 수로식 발전소

(2) 댐식 발전

하천의 본류에 저수 댐을 설치하여 저수 댐을 만들고 이 물을 수압관을 통하거나 또는 직접 수차에 보내는 방식이다. 연간을 통해서 사용 수량에 큰 변동이 없고, 또 관개 등 기타의 목적으로도 사용되므로 이른바 다목적 댐으로 사용된다. 저낙차 · 중낙차로 큰 출력을 얻는 발전소에 많다.

지형에 따라 댐을 만듦과 동시에 수로를 설치하여 어느 정도의 낙차를 이용하는 경우도 있는데 이를 댐 - 수로식이라 한다. [그림 10 · 9]는 댐식 발전소이다.

(3) 양수식 발전

양수식은 최근에 채용되기 시작한 방식이다. 심야 등의 전력사용량이 적을 때에 화력, 원자력의 남는 전력을 이용하여 펌프로 상부 저수지에 양수하여 두고, 주간의 전력사용량이 많을 때에 이 물을 이용하여 발전하는 방식이다. 대개는 별도의 펌프를 사용하는 것이 아니고 발전기 및 수차를 일시적으로 전동기와 펌프로 사용하는 형식이 채용되고 있으며 이 수차를 펌프수차라 한다. 우리나라는 삼랑진을 비롯하여 몇 곳에 양수식 발전소가 있다.

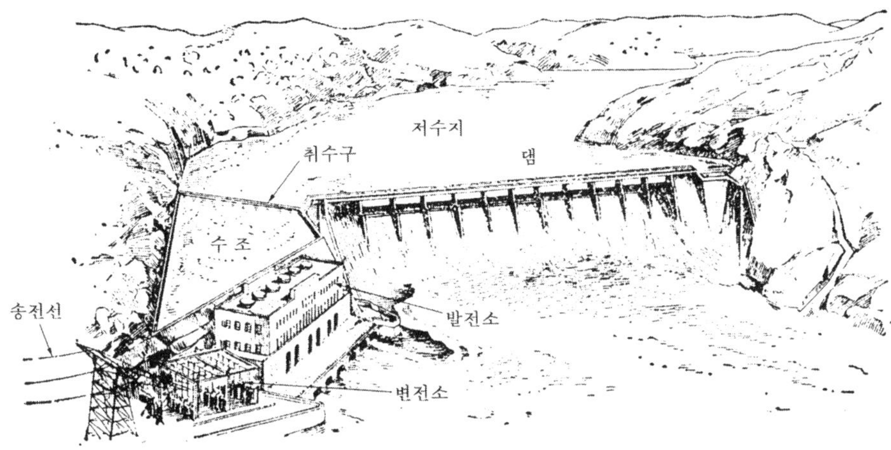

[그림 10·9] 댐식 발전소

2 수차의 출력과 효율

수력발전소에서 취입구에서의 물은 수로 · 수압관 등을 통해 수차를 회전시킨 후 방수로를 통해 방수된다. [그림 10 · 10]에서 이 취입구의 수면에서 방수로 수면까지의 높이 H_g를 자연낙차(natural head) 또는 **총낙차**(gross head)라 한다. h_1은 취입수로 내에서의 손실낙차, h_2는 수압관 내의 손실낙차, h_3는 방수로 내의 손실낙차로 실제로 수차에서 이용되는 낙차 H는

$$H = H_g - (h_1 + h_2 + h_3) \tag{10·1}$$

가 된다. 이 H를 **유효낙차**(effective head)라 하며, $(h_1 + h_2 + h_3)$를 **총손실낙차**(gross lost head)라 한다.

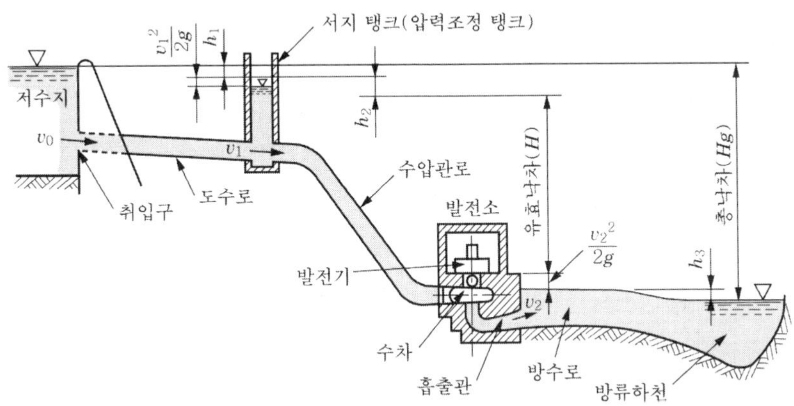

[그림 10·10] 수력발전소에서의 수로와 낙차

수차의 출력은 거기에 작용하는 유효낙차 H(m)와 단위시간에 흐르는 수량(유량) Q(m^3/s)에 관계되며, 위치 에너지 γHQ(kgf m/s)가 전부 기계적 에너지로 바꾸어진다면 이용되는 동력 P_{th}는

$$\left.\begin{aligned} P_{th} &= \frac{\gamma HQ}{75} = 13.3\,HQ(\mathrm{Ps}) \\ &= \frac{\gamma HQ}{102}(\mathrm{kW}) \end{aligned}\right\} \quad (10\cdot2)$$

로, 이를 이론 수동력(theoretical water power)이라 한다. 그러나 실제의 수차에서는 여러 가지 손실이 있으므로 수차의 유효동력(effective power) P_e는 다음 식이 된다.

$$\left.\begin{aligned} P_e &= P_{th}\cdot\eta = 13.3\,HQ\cdot\eta(\mathrm{Ps}) \\ &= \frac{\gamma HQ}{102}\cdot\eta(\mathrm{kW}) \end{aligned}\right\} \quad (10\cdot3)$$

여기서 η는 수차의 효율이며 보통 η=79~90%이다. 따라서 이 수차에 직결된 발전기의 효율을 η′이라 하면 전기출력은

$$\left.\begin{aligned} P_e\cdot\eta' &= 13.3\,HQ\cdot\eta\cdot\eta'(\mathrm{Ps}) \\ &= \frac{\gamma HQ}{102}\cdot\eta\cdot\eta'(\mathrm{kW}) \end{aligned}\right\} \quad (10\cdot4)$$

가 되고, 보통 η′=91~98%이다.

3 수차의 형식과 분류

(1) 수차의 구성

수차는 수차의 본체와 부속장치로 구성되는데, 수차본체는 케이싱(casing) · 덮개(cover) · 가이드 베인(guide vane, wicket gate) · 노즐(nozzle) · 러너(runner) · 흡출관(draft tube) · 주축(main shaft) · 주 베어링(main bearing) 등이 있다. 부속장치는 입구 밸브(inlet valve) · 조속기(speed governer) · 압력제어기(pressure regulator) · 유압장치(oil pressure supply system) · 윤활유장치(lubricating oil system) · 수위조정기(water level regulator) · 운전제어장치(control device) 등이다.

(2) 수차의 형식과 분류

수력발전소에서는 낙차가 최저 5~8 m 정도에서 180 m에 이르는 것이 있으며, 또 유량도 수

차 1대로 매초 100 m^3 이상 되는 것도 있다. 따라서 낙차와 유량의 대소에 따라 여러 형식의 수차가 사용된다.

수차 1대의 출력은 최고 10만 kW 이상의 것도 있으나 대개는 3~5만 kW의 것을 몇 대 설비하여 하천의 전유량을 사용한다. 그러므로 1대의 용량이 크고 대수를 줄이는 것이 경제적이기 때문에 그런 경향으로 되어 있다.

수차는 러너(rnner) 또는 깃차, 버킷차(bucket wheel)에 대한 물의 작용에 의해 크게 둘로 나눈다. 위치 에너지를 운동 에너지로 변환시켜 이용하는 구조의 **충동수차**(impulse water turbine)와 위치 에너지를 운동 에너지와 압력 에너지로 변환시켜 이용하는 구조의 **반동수차**(reaction water wheel)가 있다. 충동수차로는 펠턴 수차가 있으며 비교적 소유량으로 200~1800 m의 고낙차에 적용된다. 반동수차에 속하는 것으로는 프랜시스 수차 · 프로펠러 수차 · 사류수차 · 펌프 수차 등이 있다. 프랜시스 수차는 20~400 m의 중낙차로 비교적 유량이 많은 경우에 사용되고, 프로펠러 수차는 70 m 이하의 저낙차로 대유량의 발전소에 적용되고 있다.

4 수차의 종류

(1) 펠턴 수차(Pelton wheel)

펠턴 수차는 수량은 비교적 적지만 낙차가 100m에서 700m에 이르는 비교적 고낙차의 경우에 사용된다. 물은 높은 곳의 저수지에서 수압관으로 유도되는 사이에 위치 에너지가 운동 에너지로 변환되어, 수압관의 끝부분에 부착된 **노즐**(nozzle)에서 고속도의 분류(제트)가 되어 러너에 붙은 **버킷**(bucket)에 충격을 준다. 이 때 그 충동력으로 깃차를 회전시키고, 수차에 직결된 발전기를 회전시켜 전력을 발생시킨다.

펠턴 수차의 구조는 [그림 **10 · 11**]과 같으며 유량이 변화되더라도 효율은 크게 변하지 않는다. 사용하기 편리한 수차이며 수차의 효율은 85~90% 정도이다.

(2) 프랜시스 수차(Francis turbine)

프랜시스 수차는 수량이 많고 낙차는 20~400m의 중낙차에 사용된다. 물은 높은 곳에서 수압관으로 유도되어 위치 에너지를 압력 에너지와 운동 에너지로 변환시켜, 스파이럴 케이싱(spiral casing) · 스피드 링(speed ring) · 안내 깃(guide vane)으로 흐르는 동안 유량이 가감되어 방향을 바꾸면서 그 에너지의 대부분을 러너에 주어 깃차를 회전시킨다. 깃차에서 나온 물은 흡출관을 거쳐 방수로에 유출된다. [그림 **10 · 12**]는 프랜시스 수차의 구조를 나타낸다.

스파이럴 케이싱은 케이싱의 역할도 하며 물을 깃차의 전체 둘레에서 유입하기 위해 스파이럴 형상으로 되어 있으며, 안내깃은 핀으로 고정되어 있으나 움직일 수 있게 되어 물의 통로면적을 가감하여 유입량이나 유입방향을 조정한다.

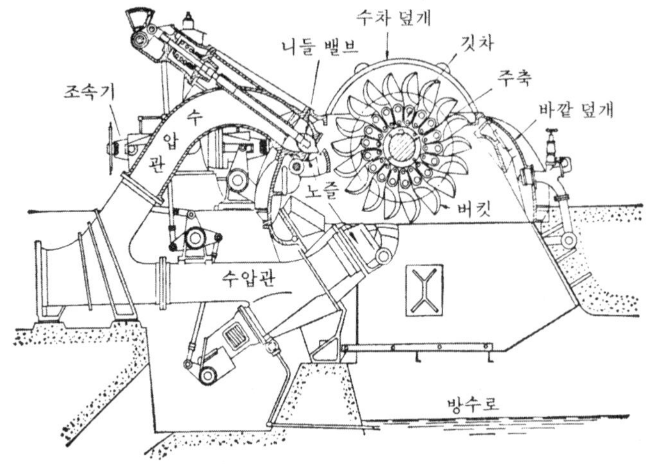

(a)

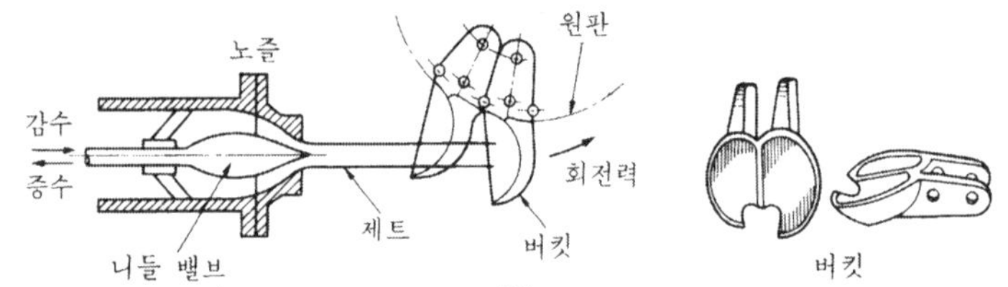

(b)

[그림 10·11] 펠턴 수차

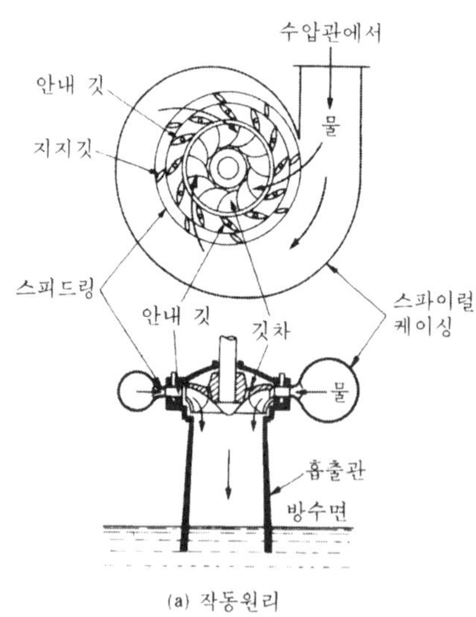

(a) 작동원리

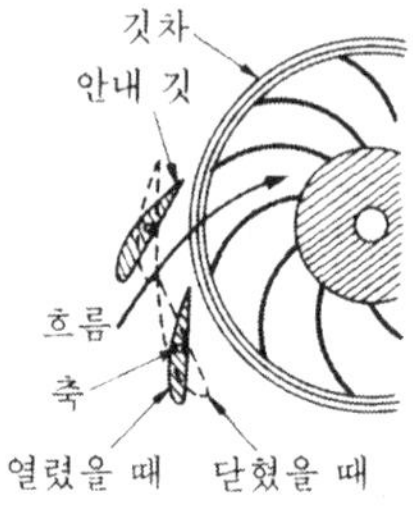

(b) 안내 깃의 작동

(c) 깃차

[그림 10·12] 프랜시스 수차

(3) 프로펠러 수차(propeller turbine)

프로펠러 수차는 수량이 많고 낙차는 3~70m의 저낙차 발전소에 적합하며 주요부의 구조는 프랜시스 수차와 거의 비슷하다. [그림 10·13]은 프로펠러 수차의 모양인데 깃차는 안내깃에서 떨어진 위치에 있으며 물은 안내깃을 통과할 때에는 반지름 방향이지만 중간에 축방향으로 방향을 바꾸어 깃차에 유입된다.

깃차의 깃수는 4~8매로 되어 있고 형상은 배의 프로펠러와 비슷하며 고정깃과 가동깃이 있다. 가동깃을 특히 카플란 수차(Kaplan turbine)라 부르며 깃의 축을 움직여 낙차나 부하의 변동에 적응시키고 효율을 좋게 한다.

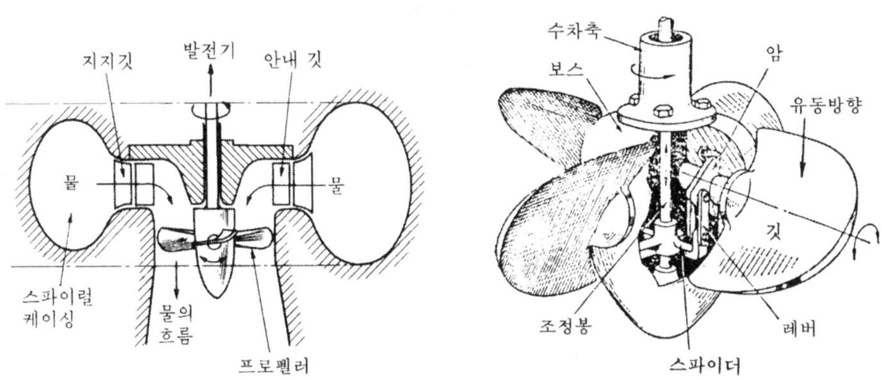

[그림 10·13] 프로펠러 수차

5 수차의 비속도

수차의 형식이나 종류는 일반적으로 회전수, 유효낙차, 유량 및 출력 등에 의해 결정된다. 또, 실물수차의 성능을 현지에서 실제 측정하기란 비용이 많이 들뿐 아니라 측정정밀도 역시 충분치 못하다. 특히 수차와 같이 대유량을 정도가 높게 측정한다는 것은 대단히 어렵다. 따라서 실물수차와 유사한 모형수차에 의해 그 성능을 확인한다면 실물시험에 대치할 수 있다.

대체로 서로 비슷한 형상을 하고 있는 실물수차와 모형수차와의 사이에 상사법칙이 성립되기 위해서는 비속도 또는 비교회전수(specific speed)라는 특성수가 다같이 같아야 할 필요성이 있다. 즉 "어느 수차의 깃차와 비슷한 깃차를 가정하고, 이것을 같은 상태에서 운전하여 낙차 1 m에서 1 kW 또는 1 PS를 발생하는 데 소요되는 깃차의 회전수"를 비속도라 한다.

10-4 증기 보일러

1 보일러의 구성

보일러(boiler)는 연료의 연소로 얻어지는 고온 연소가스의 열 에너지에 의해 밀폐된 탱크안의 물을 가열하여 증기나 온수를 만드는 장치이며, 선박·화력발전 등의 동력발생용으로 사용되는 이 외에 각 공장의 가열·건조용에, 또는 취사·난방 등 여려 방면에 사용되고 있다. 주요한 구성은 보일러 본체, 부속품 및 부속설비로 되어 있다.

보일러 본체는 좁은 의미의 보일러이며, 물 및 증기를 수용하는 내압용기로 만들어진다. 가열장치로는 연료의 연소로가 설치되어 있고, 이 곳에서 발생된 고온 연소가스가 열원이 되어 보일러 본체의 표면의 일부, 즉 **전열면**(heating surface)을 통해서 보일러수를 가열한다.

내압용기로 가장 보편적인 형상은 원통으로 보일러 본체에도 일반적으로 원통형이 사용된다. 그래서 **드럼**(drum)이라 불려진다. 드럼은 대체로 수평으로 놓여지며 그 내부의 하반부에는 물이 있어 **수실**(water space)이라 부르고, 상반부에는 물에서 분리된 증기의 일시적 저장 장소가 되어 **증기실**(steam space)이라고 불려진다. 이 수실을 관통하여 지름 약 1m의 노통(flue tube, furnace-tube)을 설치, 그 입구 쪽에 노를 설치하여 노통을 주요한 전열면으로 하는 보일러를 **노통 보일러**라 한다. 드럼 안의 수실에 지름 100 mm 이하의 관을 다수 설치하고 그 속으로 연소가스를 통과시키는 보일러를 **연관 보일러**라 한다. 드럼 안의 물을 지름 100 mm 이하의 가는 관에 의해 드럼 밖으로 뽑아, 이 수관을 외측에서 연소가스에 의해 가열하는 보일러를 **수관 보일러**라 한다.

보일러의 노에서 연료를 연소시키기 위해서는 공기를 공급해야 되는데, 연소가스를 수관 등의 전열면에 유동시키기 위해서는 노의 입구와 출구 사이에 압력차를 만들지 않으면 안 된다. 이 목적으로 사용하는 연돌이나 송풍기를 **통풍장치**(draft equipment)라 한다. 또, 보일러수는 증기발생으로 인해 줄어드는데 이것을 보충하기 위해서 **급수 펌프**(feed water pump)가 필요하다. 그 외의 부속장치로는 보일러에서 만들어진 포화증기를 과열증기로 만들기 위한 **과열기**(super heater), 보일러의 전열면에서 배출되는 배기가스의 여유 열을 이용하기 위한 **절탄기**(economizer)와 **공기예열기**(air preheater), 보일러 급수를 정화하기 위한 **급수처리장치**(feed water treatment equipment)가 있어 연료 에너지의 이용률, 즉 열효율을 높이고자 할 때 발전소용의 대형 보일러 등에 설비된다. 그 외에도 연료운반, 재의 처리, 집진, 탈황 등의 장치도 있다.

2 보일러의 형식과 분류

현재 사용되고 있는 보일러를 구조와 용도에서 분류하면 [표 10 · 1]과 같다.

[표 10·1] 보일러의 분류

종 류	형 식	주된 용도
둥근 보일러	① 입형 보일러(vertical boiler)	건설현장용
	② 노통 보일러(flue tube boiler)	현재는 사용되지 않음
	③ 연관 보일러(smoke tube boiler)	증기기관차용
	④ 노통 연관 보일러	빌딩 난방용, 공장 증기용
수관 보일러	① 자연순환식 수관 보일러	자가용 발전용, 사업용
	② 강제순환식 수관 보일러	대형사업용, 자가발전용
	③ 관류 보일러	대형사업용, 자가발전용
	④ 복합순환 보일러	대형사업용, 자가발전용
특수 보일러	① 폐열회수 보일러(exhaust gas boiler)	가열로 · 용해로 · 고온 폐가스 이용
	② 특수연료 보일러(폐기물 소각 보일러) (incineration boiler)	폐가스를 연료로 하는 것 펄프용, 소오다 회수용, 도시먼지 소각용
	③ 특수유체 보일러(special fluid boiler)	고온가열, 증류 건조를 필요로 하는 공장용
주철 보일러	주철제 분할 보일러	온수, 저온증기발생용

보일러에서 가장 중요한 것은, 연료가 연소하여 연돌에서 외부로 배출될 때까지의 사이에 연료의 열을 유효하게 물에 전달하려면, 되도록 넓은 전열면적에 물이 접하도록 하고 또 연료가 가장 잘 연소하도록 하는 일이다. 이러한 목적을 위해 여러 가지 형식이 고안되어 있는데 구조상으로나 형식으로 보아 원통 보일러, 연관 보일러 및 수관 보일러로 나눈다.

[그림 10 · 14]는 증기발생기인 보일러가 어떻게 변천되어 왔나를 보여 주고 있다.

3 보일러의 종류

(1) 원통 보일러(cylinderical boiler)

노통 보일러와 연관 보일러가 여기에 속한다. [그림 10 · 15]는 랭커셔 보일러(Lancashire boiler)라 부르는 종류이며, 둥근 원통형의 보일러 드림(boiler drum) 안에 물을 넣고 그 안에 있는 두 개의 노통의 내부에 **화격자**(fire grate)를 설치하여 그 곳에서 석탄을 연소시키고 증기를 발생시킨다. 연소가스는 노통에서 일단 나와 다시 역류하여 보일러 드럼의 외부를 가열하고 굴뚝으로 빠진다.

노통이 한 개인 것을 **코니시 보일러**(Cornish boiler)라 한다. 보일러의 안전을 확보하기 위해

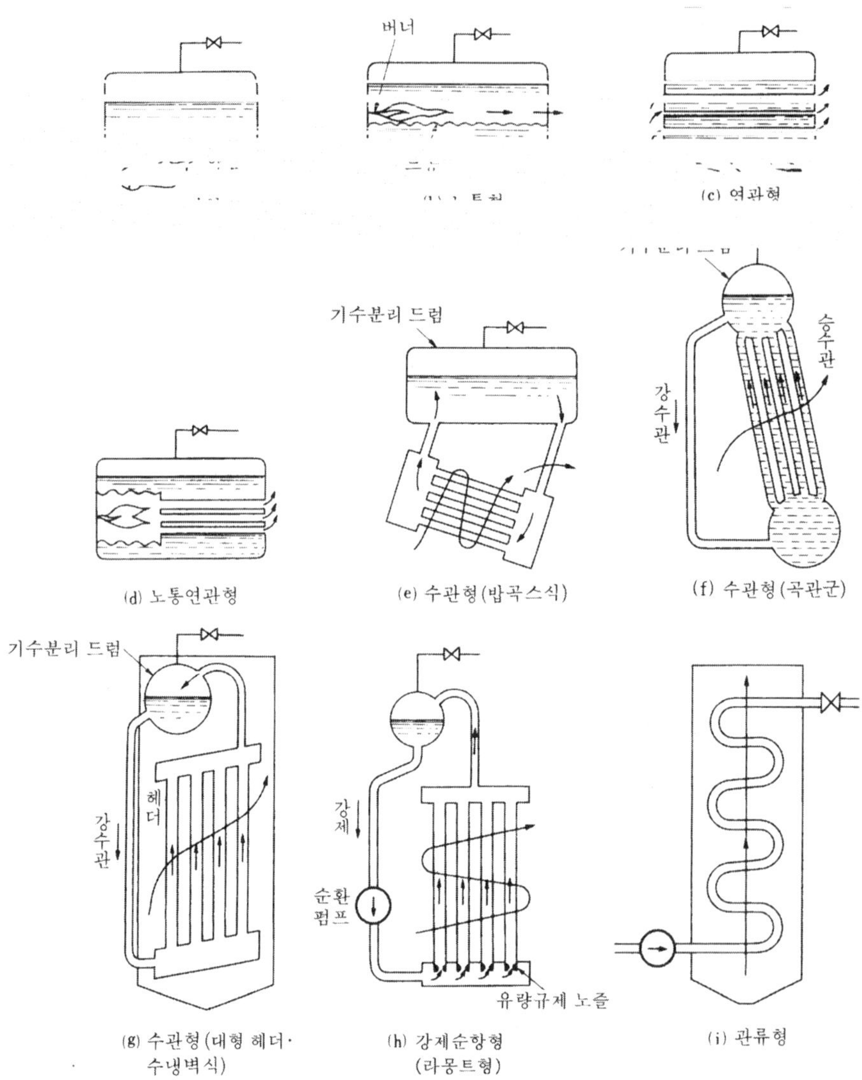

[그림 10·14] 증기발생기(보일러)의 형식의 변천

증기의 압력을 계측하는 압력계(pressure gauge), 압력이 높게 되었을 경우에 밸브가 자동적으로 열려 압력을 조절하는 안전 밸브(safety valve), 수면의 위치를 지시하는 수면계 등을 설비하고 있다.

이들 보일러는 보일러 드럼 지름이 1~3 m 정도까지이며 증기압력도 10 kgf/cm^2 이하이고 공장용으로 소규모에 사용한다.

(2) 연관 보일러(smoke tube boiler)

[그림 10 · 16]에서 볼 수 있는 것과 같이 큰 보일러 드럼 안에 지름이 작은 많은 연관을 배치

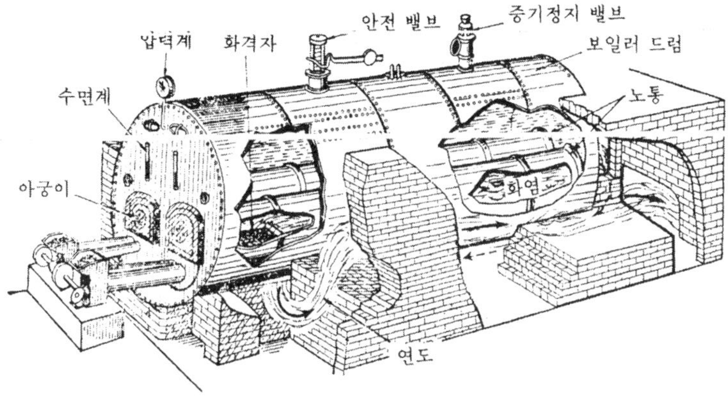

[그림 10·15] 랭커셔 보일러

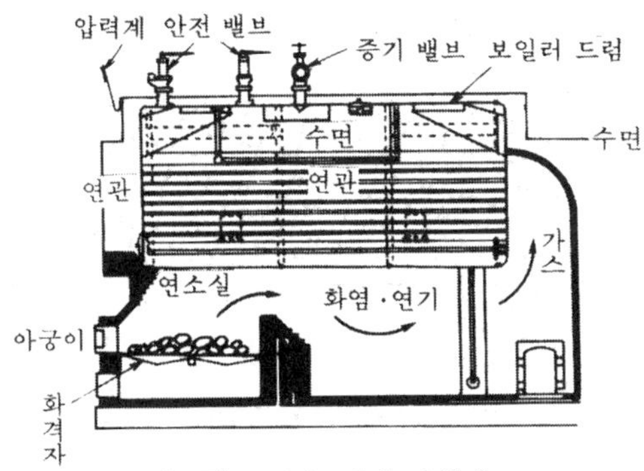

[그림 10·16] 연관 보일러

하여 전열면적을 크게 한 것이다. 연소실을 별도로 만들고 그 위에 보일러 드럼을 설치한 외분식(外焚式)이다. 연소실 안 화격자 위의 아궁이에 석탄을 투입하고 연소가스는 연관 내를 통과할 때에 보일러 드럼 안의 물을 가열하여 증기를 발생시킨다. 증기발생은 단시간에 일어나며 압력은 약 10 kgf/cm^2(9.81 N/cm^2)이다.

(3) 노통 · 연관 보일러(flue tube-smoke tube boiler)

[그림 10 · 17]은 보일러 드럼 앞쪽에 지름이 큰 파형노통과 뒤쪽에 연관부를 조합한 내분식이다. 이 형식의 것은 연료의 공급량 · 급수 · 증기의 온도 · 압력 등을 자동제어 장치에 의해 자동화된 것이 많으며, 일반적으로 패키지 보일러(package boiler)라 부른다. 연관 보일러보다 전열면적이 넓고, 열효율이 높고 증기압력은 10kgf/cm^2, 증발량은 6t/h 정도까지 널리 사용되고 있다. 이 보일러와 같은 계통의 보일러는 기관차용 보일러(locomotive boiler), 선박용 원통 보일러(marine cylinderical boiler) 또 별명 스카치 보일러(scotch boiler), 이코노믹 보일러(economic boiler) 등이 있다.

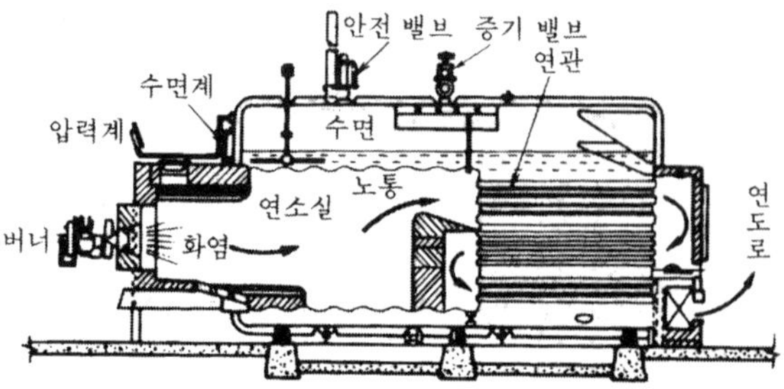

[그림 10·17] 노통 · 연관 보일러

(4) 수관 보일러(water tube boiler)

수관 보일러는 다수의 가느다란 수관부와 비교적 지름이 작은 보일러 드럼을 조합한 보일러이다. 가는 수관 외부의 주변면이 전열면을 구성하고 있기 때문에 넓은 전열면적이 얻어져 짧은 시간에 많은 증기가 발생되며, 수관군(水管群)으로 노벽을 만들 수 있어 노의 형상을 자유롭게 만들 수 있는 특징을 가지고 있다.

수관 보일러의 기본형은 두 종류로 **완경사 수관 보일러**[그림 **10 · 18**]는 10~15°의 완경사의 직수관군을 전열면으로 하여 수관군의 양 끝을 각각 다수의 분할관 헤더(header)로 위쪽의 기수 드럼에 연결한 구조이다. **급경사 수관 보일러**[그림 **10 · 19**]는 직립(90°)이나 그에 가까운 급경사의 수관 양 끝을 굽혀 위쪽의 기수 드럼과 아래쪽의 보일러 드럼의 원통면에 직각으로 부착하는 구조이다. 수관의 배열에 따라 직관식과 곡관식이 있으며 최근에는 곡관식이 널리 사용되고 있다. 또, 관 안의 순환방식에 따라 자연순환 보일러 · 강제순환 보일러 · 관류 보일러가 있다.

1) **자연순환 보일러**(natural circulation boiler) : 보일러수가 가열되어 생기는 밀도의 차에 의해 수관 내를 자연적으로 순환하면서 증기를 만드는 방식의 보일러이다. [그림 **10 · 20**]과 같이 절탄기에 의해 따뜻해진 보일러수는 보일러 드럼을 거쳐 수관을 통과하면서 연소가스로 가열되고 증기가 되어 보일러 드럼에 되돌아온다. 이 증기는 과열기를 지나면서 연도가스로 가열되어 과열증기가 된다.

2) **강제순환 보일러**(forced circulation boiler) : [그림 **10 · 21**]과 같이 보일러 드럼 안의 급수를 펌프에 의해 강제로 수관 내를 순환시키는 보일러이며 증기 압력이 150 kgf/cm^{2}이상의 높은 경우에 사용된다. **라몽트**(La Mont) 보일러나 **벨록스**(Velox) 보일러가 있다.

3) **관류 보일러**(once through flow boiler) : [그림 **10 · 22**]와 같이 보일러 드럼은 없고 긴 수관으로 구성되어 있다. 보일러수는 절탄기에서 온도가 높아지고 수관에서 증기가 되며 과열기를 지나가면서 과열증기가 된다. 이 보일러는 고온 · 고압의 증기를 필요로 하는 경우에 적합하여 증기압력이 225 kgf/cm^2(임계압력) 가까이서 사용된다. **벤슨 보일러**(Benson boiler)와 **술즈 보일러**(Sulzer boiler)가 여기에 속한다.

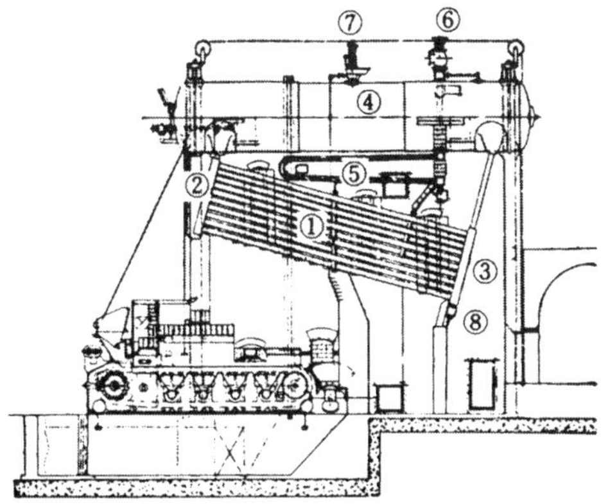

[그림 10·18] 완경사 보일러

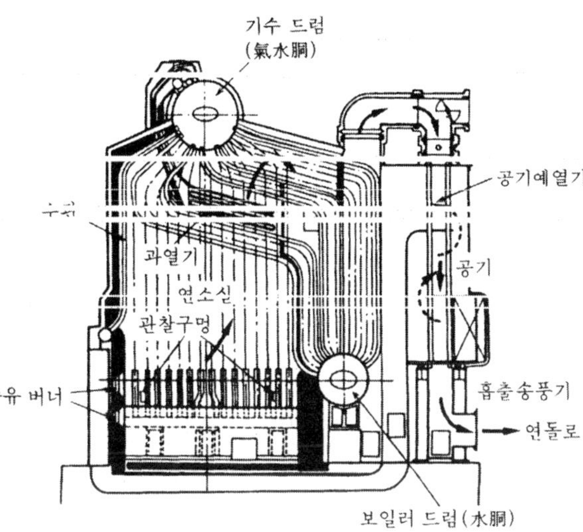

[그림 10·19] 급경사 보일러

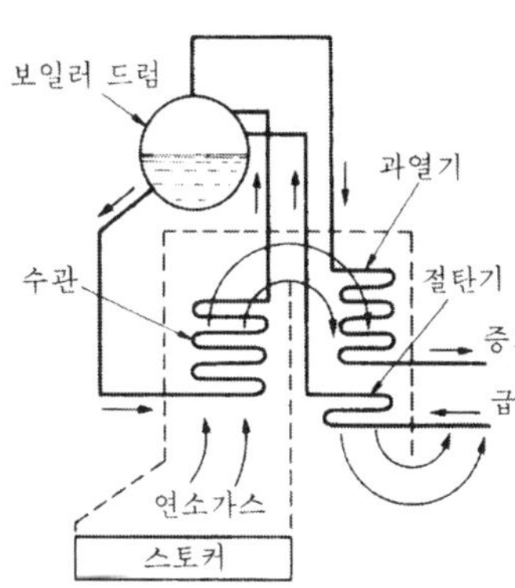

[그림 10·20] 자연순환 보일러

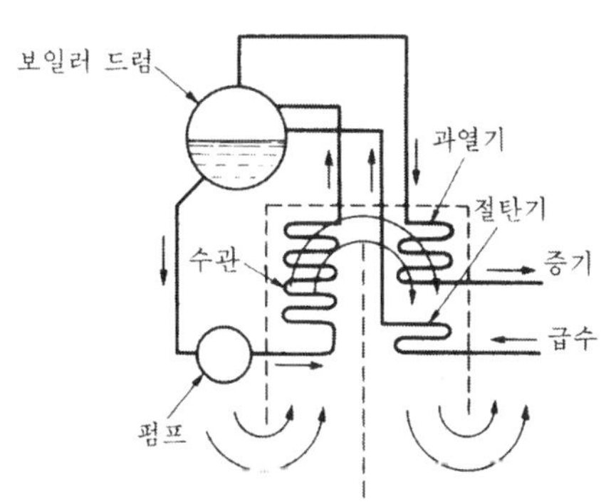

[그림 10·21] 강제순환 보일러

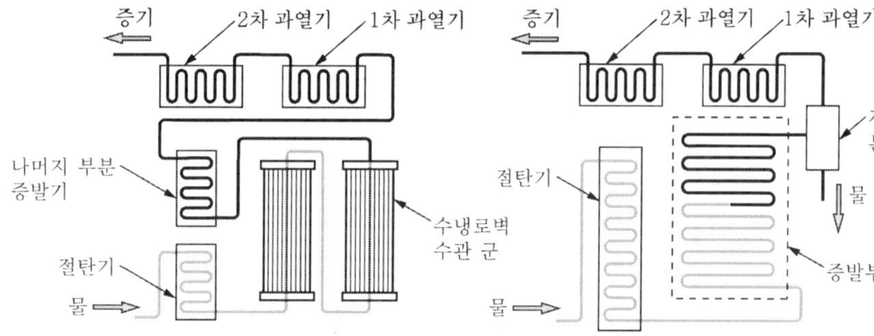

(a) 벤슨 보일러 (b) 슐츠 보일러

[그림 10·22] 관류 보일러의 계통

(5) 복사열 수관 보일러(radiation boiler)

수관 보일러의 노에 미분탄 연소장치가 채용되고부터 2000℃ 가까운 고온 연소가스에 대해 노벽을 보호할 필요성에서 노벽의 안쪽에 수직으로 수관을 배치한 구조이다. 이것을 수냉로벽(水冷爐壁)이라 하며 높이가 40~50 m의 연소실을 설치, 복사열을 흡수하여 증발작용을 한다. 발전소용 보일러로 개발되었으며 증기압력은 180 kgf/cm^2, 증발량은 1000 ton/h를 넘는 대용량의 것도 있다.

4 연소장치

연료를 충분히 연소시키려면 연료의 성상에 적응되는 연소장치가 필요하다. 연소장치는 보통 고체연료에는 **화격자(火格子) 연소장치**, 미분탄 · 액체연료 · 기체연료에는 **버너 연소장치**가 사용된다. 이들 연소장치는 필요량의 연료와 이것을 연소시키는데 필요한 공기를 보내, 이것을 노 내에서 충분히 혼합 · 접촉시켜 완전하게 연소될 수 있도록 강구되어 있다.

(1) 화격자 연소장치

화격자 연소장치는 석탄 등 작은 알맹이 또는 덩어리의 고체연료를 연소시키기 위한 대표적인 연소방식이다. 연소용 1차 공기를 통과하도록 많은 틈이 있는 **화격자(grate)**를 노 안의 하부에 설치, 그 위에 연료를 공급하도록 한 것으로 화격자의 위는 연소실, 아래 쪽은 재가 모이는 곳이다. 공급된 연료는 노 안의 복사열을 받아 착화되며, 1차 공기에 의해 연소되어 동시에 연소가스가 발생된다. 가연가스는 연소실에서 나머지의 1차 공기와 연소실에 직접 공급되는 2차 공기에 의해 연소된다. 최근에는 **유동층식 연소장치**도 있다.

화격자 연소장치는 석탄 공급을 인력에 의존하는 수분식(手焚式 ; hand firing)과 [그림 10 · 23]과 같이 **급탄기(stoker)**를 사용하는 스토커 연소식으로 크게 나눈다. 수분식은 소용량의 보일러에 사용된다.

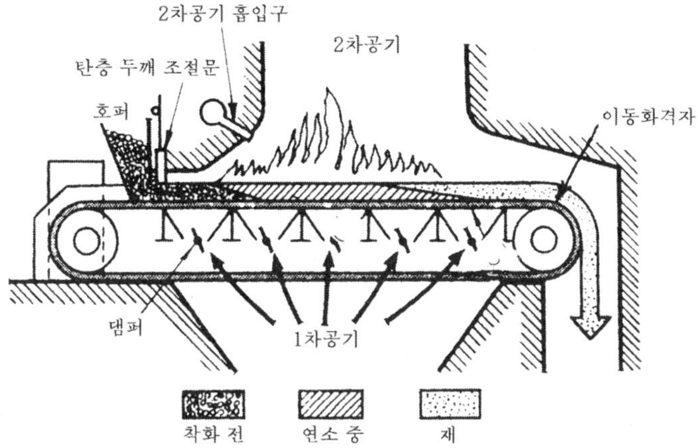

[그림 10·23] 화격자 연소장치(移床 급탄기)

스토커 연소식은 탄의 공급 · 연소 · 재의 반출이 연속적으로 이루어진다.

(2) 버너 연소장치

미분탄 · 액체 및 기체연료는 버너 연소장치에 의해 연료를 연소실에 불어 넣어 연소시킨다. 석탄과 같은 고체연료라도 미분탄기(pulverizing mill)에 의해 미세한 분말상태로 하여 두면 1차 공기와 함께 연소실에 공급할 수 있고 버너 연소가 가능하다. 이 방식을 미분탄 연소식이라 하며 [그림 10 · 24]와 같은 장치가 사용된다.

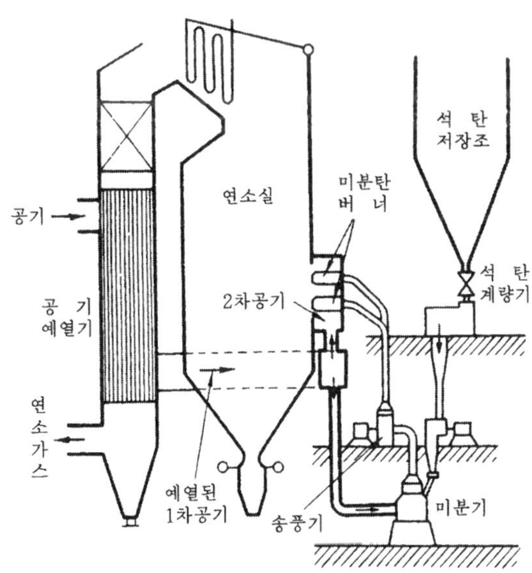

[그림 10·24] 미분탄 연소장치(직접 연소식)

이 방식은 화격자 연소식에 비해서 석탄 알맹이의 표면적이 현저하게 증가하여 공기와의 혼합이 좋고 적은 과잉공기로 양호한 연소상태가 얻어져 연소효율을 높혀 저질탄도 사용된다.

아주 작은 입자(평균 입자 지름 75㎛ 정도)는 예열된 1차 공기와 함께 송풍기에 의해 미분탄 버너에 보내진다. 여기서 주변으로부터 공급되는 2차 공기와 함께 연소실로 날려 들어가 부유 상태로 연소된다. 설비비가 높고, 필요한 동력이 크고 유지비나 보수비가 많아 주로 대용량 보일러에 적합하다. 그래서 주로 발전용 보일러에 사용된다.

중유 등의 액체연료는 버너에 의해 연료를 미세한 액체의 입자로 만들어 공기와 충분하게 혼합되도록 하여 연소실에 불어 넣어 연소시킨다.

연료를 안개 상태로 만드는 방식은 [그림 10·25]와 같은데 중유 버너는 크게 3종류로 나눈다. **압력분무식**은 55~70℃로 예열한 중유를 1.0~4.0 MPa의 압력을 가해 고속선회운동을 주면서 작은 구멍에서 분사한다. 증기 또는 **공기분무식**은 보일러 자체의 증기 또는 압축공기를 분사하여 연료를 안개 상태로 만든다.

회전식은 매분 3,600~10,000 회전의 컵 형상의 수평 회전체가 주체가 되어 회전체의 내면에 기름을 흘려보내 원심력에 의해 미립화 한다. 소형 보일러에 사용된다.

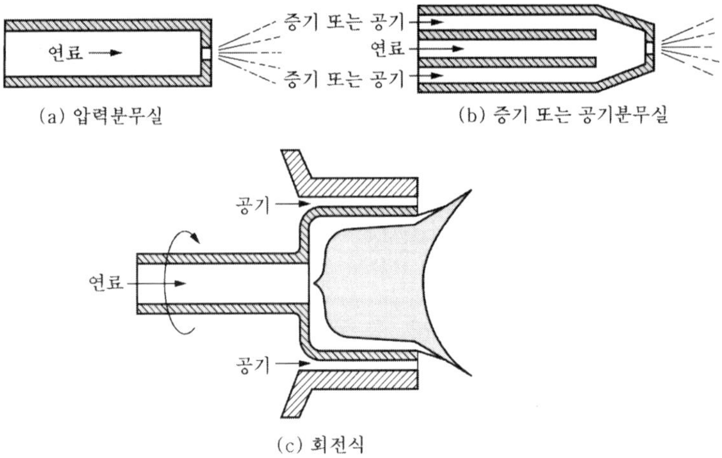

[그림 10·25] 오일 버너

5 통풍장치

보일러에서는 연소에 필요한 공기를 노에 연속해서 공급하고 또 발생되는 연소가스를 보일러 본체나 과열기 등의 전열면에 접속시키면서 유동하여 배출하는 것이 필요하다. 이것을 **통풍**(draft)이라 한다. 통풍을 하려면 공기나 연소가스의 유동통로의 여러 가지 저항에 대항하여 흐르기 위한 압력차 즉, **통풍력**(draft power)을 주어야 하는데, 통풍은 통풍력을 발생시키는 방법에 따라 자연통풍과 강제통풍으로 나눈다.

- 통풍
  - 자연통풍…연돌의 작용에만 의한 것
  - 강제통풍
    - 흡입통풍…흡입송풍기를 사용한다.
    - 흡출통풍…흡출송풍기를 사용한다.
    - 평형통풍…흡입 · 흡출의 두 송풍기를 사용한다.

(1) 자연통풍(natural draft)

연돌의 작용만에 의한 것으로 통풍력은 대기 중의 공기와 연돌 안의 연소가스의 밀도차에 의해 생긴다.

(2) 강제통풍(forced draft)

송풍기와 배출기, 연돌과의 조합에 의해 통풍력을 발생시키는 방식으로 노내의 압력을 대기압 부근으로 유지하는 것이 보통이다.

6 보일러의 성능

(1) 보일러의 용량

보일러의 용량은 최대연속부하의 상태에서 단위시간에 발생되는 증발량(kg/h)으로 표시한다. 발생증기의 열량은 증기의 압력, 온도 및 급수온도에 의해 지배되며 환산증발량 또는 상당증발량(G_e)에 의해 표시되는 것이 보통이다.

$$G_e = \frac{G(h'' - h')}{538.8} \text{(kg/h)} \qquad (10 \cdot 5)$$

여기서 G는 실제 증발량(kg/h), h'', h'는 발생증기 및 급수의 비(比) 엔탈피(J/kg)이다.

(2) 보일러의 효율(efficiency of boiler)

보일러를 사용하는 경우, 연소에 의해 발생된 열량이 전부 물에 흡수되는 것이 아니고 일부는 손실된다. 실제로 이용된 열량의 비율을 표시하는 게 보일러의 효율이다. 즉, 보일러 내에서 공급된 연료가 완전연소되어 발생된 열량(발열량)과 증기발생에 이용된 열량의 비율이다.

$$\eta = \frac{\text{물에 흡수된 열량}}{\text{연료의 발생된 열량}} \qquad (10 \cdot 6)$$

보일러의 효율은 원통 보일러는 50~70%, 연관 보일러는 65~75%, 수관 보일러는 보통 65~80%이나 대형은 80~90% 정도이다.

(3) 열감정(熱勘定, heat balance)

보일러에 사용하는 연료가 가지고 있는 열량 중 증기발생에 유효하게 이용된 열량과 손실이 된 열량의 출입을 정산하는 것이 열감정이며 이것을 그림으로 나타낸 것이 열감정도이다.

10-5 증기원동기

증기가 가진 열 에너지를 기계적 일로 변환시키는 원동기를 특히 증기원동기라 한다. 증기원동기는 증기기관, 증기터빈으로 나누어지는데, 증기기관(steam engine)은 피스톤과 실린더를 사용하여 피스톤의 왕복운동을 회전운동으로 바꾸는 크랭크 기구를 가진다. 증기터빈(steam turbine)은 증기의 고속분류를 회전 깃에 작용시켜 직접 회전운동을 얻는다.

위의 두 원동기는 작동원리와 구조상 차이가 있다. 현재는 증기기관의 사용은 극히 제한적이고, 열효율이 높고, 고속회전 · 고출력에 적응되는 증기터빈이 주류를 형성하고 있다. 따라서 여기서는 증기터빈에 대해서만 설명한다.

1 증기터빈의 작동원리

증기터빈은 고온 · 고압증기의 열 에너지를 운동 에너지로 변화시키고 그 에너지원을 기계적 일로 변환시키는 원동기이다.

증기터빈의 주요부는 [그림 10 · 26]과 같이 노즐(nozzle)과 터빈(turbine blade)으로 되어 있다.

고압증기를 저압쪽에 분출시키면 증기는 압력이 저하되면서 팽창하여 열 에너지는 운동 에

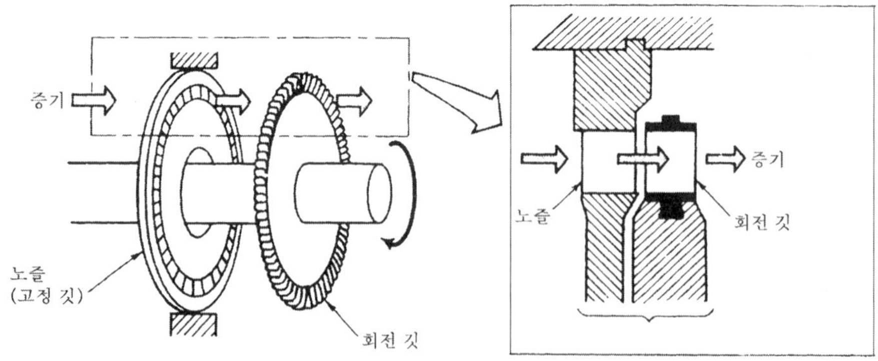

[그림 10·26] 증기터빈의 구성과 원리

너지로 바뀌고 노즐에서 고속의 증기류가 얻어진다. 노즐에서의 고속증기류를 깃차에 심어진 깃에 충돌시키면 깃차가 회전되어 그 열 에너지가 기계적 일로 바뀌게 된다. 그래서 열 에너지를 운동 에너지로 변환시키는 노즐(또는 고정 깃-반동단의 노즐에 해당되는 부분)과 운동 에너지를 기계적 일로 흡수하는 회전 깃의 1조가 기본적 요소이므로 이 1조를 단(stage)이라 한다. 실제의 터빈에서는 많은 단을 설치하여 증기가 가진 다량의 열 에너지를 동력으로 바꾸고 있다.

노즐은 [그림 **10 · 27**]과 같이 대단히 통로단면이 좁게 되는 선세(先細)노즐이 많으나 고온 · 고압의 증기는 이곳을 통과하는 사이에 온도와 압력이 떨어져 고속으로 분출하게 된다.

깃은 [그림 **10 · 28**] (a)와 같이 회전 깃 내에서의 증기의 통로 단면적이 변하지 않고 일정한 경우(충동단)와 (b)와 같이 회전 깃 내에서의 증기의 통로단면적이 점차 좁게 되는 경우(반동단)가 있다.

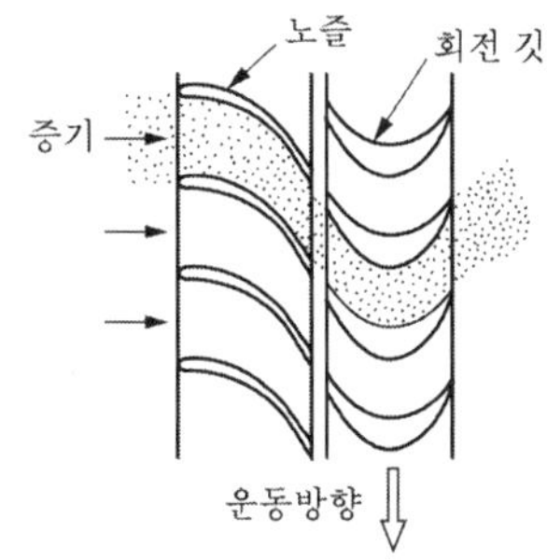

[그림 10·27] 터빈의 노즐

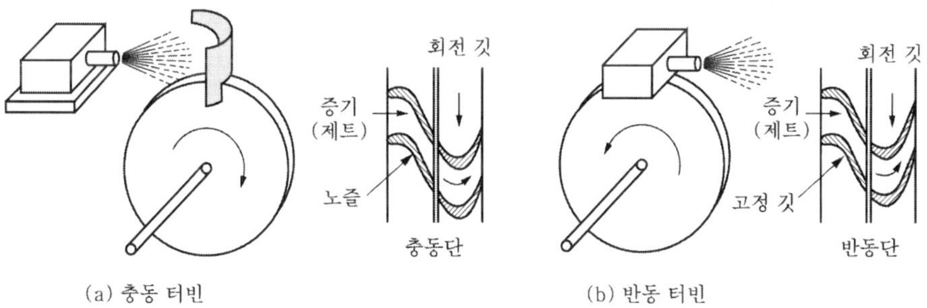

[그림 10·28] 증기터빈의 작동원리 · 증기의 흐름

(1) 충동 단(impulse stage)

증기의 압력강하(팽창 또는 속도 에너지로의 변환)는 노즐 부분에서만 이루어지고 회전 깃 내의 증기압력은 일정하다. 깃은 노즐에서 분출되는 고속증기류의 방향을 바꾸어 운동량의 변화에 의한 힘을 받아 회전한다[그림 **10 · 29** (a)].

(2) 반동 단(reaction stage)

깃에 대한 증기의 속도는 입구보다 출구쪽이 커지게 된다. 따라서 증기의 압력강하의 약 절반정도는 회전 깃 부분에서 생긴다. [그림 10 · 29 (b)]와 같이 고속증기류의 방향변화에 의한 충격력과 동시에 증기속도의 증가에 의한 반동력을 받아 회전한다.

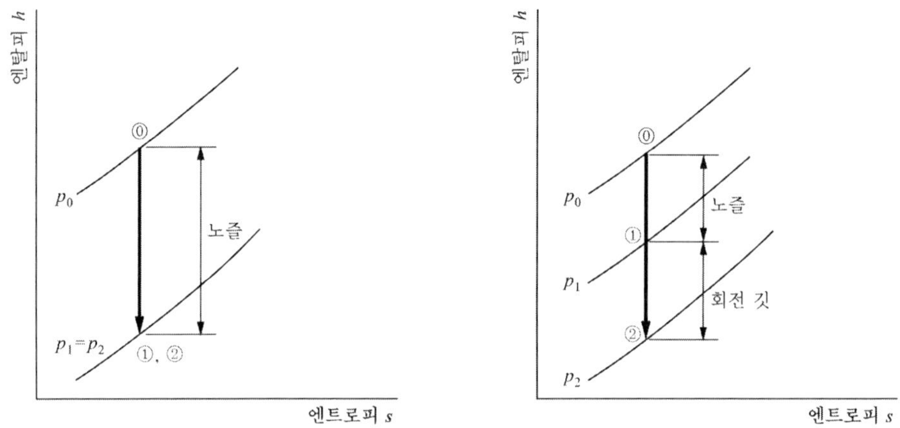

(a) 충동단

(b) 반동단

⓪, ①, ②는 가각 노즐 입구, 출구 및 회전 깃의 출구

[그림 10·29] 충동 단과 반동 단서의 증기압력 강하($h-s$ 선도)

2 증기터빈의 분류

증기터빈은 여러 가지 관점에서 분류되고 있으며, 호칭도 많다. 여기서는 대표적인 분류방법 및 종류를 설명하다.

(1) 깃에서의 증기의 작용에 따른 분류

1) 충동 터빈 : 충동단만으로 이루어지는 터빈(단식 · 속도복식 · 압력복식)
2) 반동 터빈 : 반동단만으로 이루어지는 터빈(축류 · 반경류)
3) 혼식 터빈 : 다른 종류의 단 또는 여러 단을 조합한 터빈

(2) 증기터빈의 증기를 이용하는 방법에 따른 분류

1) 복수 터빈
2) 배압 터빈
3) 추기 터빈
4) 추기 · 배압 터빈
5) 추기 · 복수 터빈

(3) 증기의 유동방향에 따른 분류

1) 축류 터빈
2) 반경류 터빈

3 증기터빈의 종류

(1) 충동 터빈

1) **단식 충동 터빈**(simple impulse turbine) : 증기터빈 가운데 가장 간단한 것이며 1열의 노즐과 1열의 깃이 심어진 깃차로 구성되어 있다. 증기보일러에서 공급되는 증기는 먼저 노즐 안에서 고속도가 되고, 다음에 회전 깃에 들어가 충동력으로 깃을 움직여 깃차를 회전시키며 이것과 연결된 터빈 축을 회전시킨다. 이 형식의 터빈은 400 kW 이하의 고속 소형터빈에 사용되며 de Laval 터빈 [그림 **10 · 30** (a)]이 여기에 해당된다.

2) **복식 충동터빈**

   ① **속도복식 충동터빈**(velocity compounded impulse turbine) **다속단(多速段) 충동터빈**이라고도 하며, 이 형식의 터빈에서는 최초에 설치된 노즐에 의해 압력이 마지막 압력까지 강하되어 고속도의 증기가 이 노즐에서 분출한다. 그 후는 압력의 강하가 없고 증기가 가진 속도 에너지가 몇 단으로 나누어 이용되므로 최초에 1열의 노즐을 만들고, 그 다음은 증기의 에너지를 이용하는 회전 깃과 증기의 흐름을 적당한 방향으로 유도하는 고정 깃, 즉 안내 깃이 교대로 설치되어 있다. Curtis 터빈이 여기에 속하

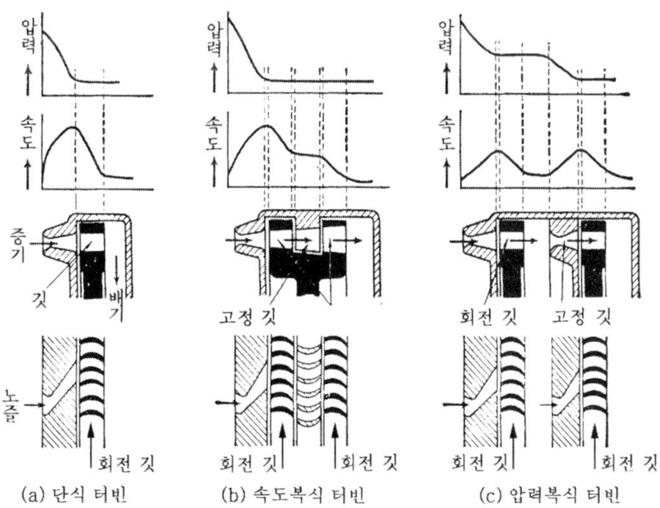

[그림 10·30] 충동터빈에서의 증기의 압력과 속도의 변화

며 소용량의 터빈으로 펌프나 송풍기의 구동용 및 대 · 중용량 터빈의 최고 터빈으로 사용되고 있다[그림 10 · 30 (b)].

② 압력복식 충동 터빈((pressure compounded impulse turbine) 다압단 충동 터빈이라고도 한다. 앞에서 설명한 단압단 터빈에서는 증기의 압력은 단 1열의 노즐에서 보일러 압력에서 마지막 압력까지 강하되므로, 증기속도도 대단히 빠르고 깃차의 회전수도 높아 문제점이 많이 발생된다. 그러므로 다압단 터빈에서는 이것을 피하기 위해 몇 개의 단을 만들고 압력을 몇 회로 나누어 강하시키므로 노즐은 1열이 아니고 압력단과 동일열 만큼 사용, 각각 1열로 하는 회전 깃이 있다. 이 형식의 터빈은 고출력 터빈에 적합하며 가장 많이 사용되고 있다. Zoelly 터빈과 Rateau 터빈은 이 형식에 속한다[그림 10 · 30 (c)]

(4) 반동 터빈

1) 축류 반동 터빈(axial flow reaction turbine) : 축류 반동 터빈에서는 고정 깃과 회전 깃이 교대로 설치되고, 증기는 이들 반동단(고정 깃과 반동 깃의 1조)을 지나는 사이에 점차 팽창되어 충동과 반동의 두 작용에 의해 일을 한다. 그 대표적인 것이 Parsons 터빈인데 충동과 반동이 1/2씩 작용하며, 반동 터빈은 반드시 다단식이고 그 단은 충동터빈과 비교하여 훨씬 많다. 증기의 흐름이 축과 평행이다[그림 10 · 31 참고].

2) 반경류 반동 터빈(radial flow reaction turbine) : 축류 반동 터빈은 회전 깃을 통과할 때 증기의 유동방향이 축방향이나, Ljungström 터빈에서는 증기가 터빈의 중앙에 들어가고, 여기서 외부로 향해 반지름 방향으로 유동하면서 깃차를 회전시킨다. 이 터빈에는 두 개의 깃차가 반대방향으로 회전되므로 이것을 복회전식이라 한다. 여기에 대해 Siemens식 반지

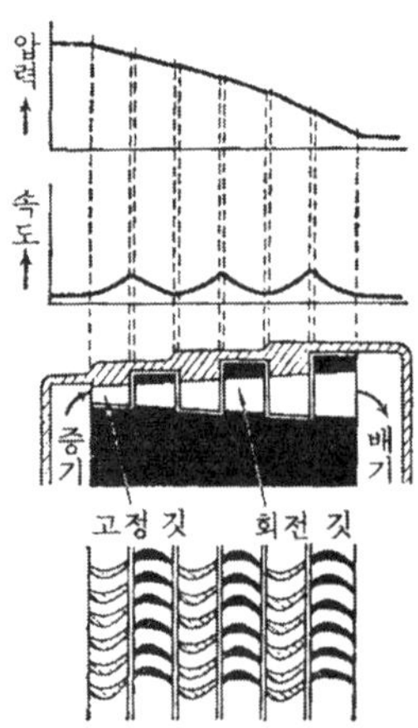

[그림 10·31] 축류 터빈

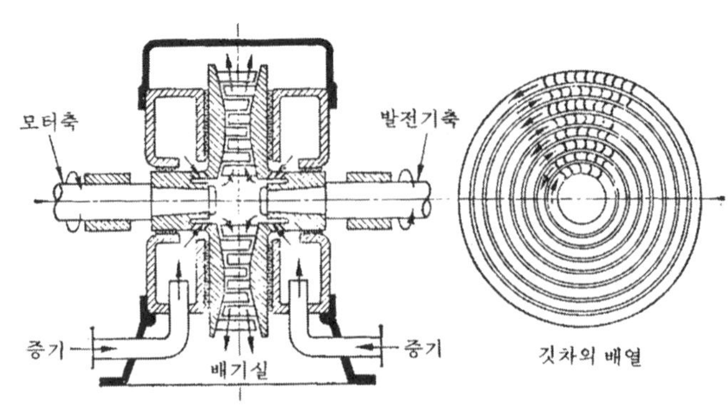

[그림 10·32] 반경류 터빈

름류 터빈은 단회전식이다[그림 10 · 32 참고].

(3) 혼식 터빈

충동 터빈 · 반동 터빈 두 방식의 장점을 적절히 사용한 형식이 혼식(混式) 터빈(combined turbine)이며 그 한 예가 [그림 10 · 33]이다. 반동 터빈은 깃의 앞뒤에 압력차가 있어 깃의 끝부분 틈새에서 증기가 누설되어 에너지의 손실이 생기며, 그 손실은 고압부일수록 크다. 또 회전 깃의 앞뒤에 압력차가 있으므로 증기가 깃을 충만하여 흐를 필요가 있는데 고압부에서는 증기 체적이 작기 때문에 이것이 어려운 문제이다. 이런 이유로 고압부에 충동단을 설치하여 혼식 터빈으로 사용하는 경우가 많다.

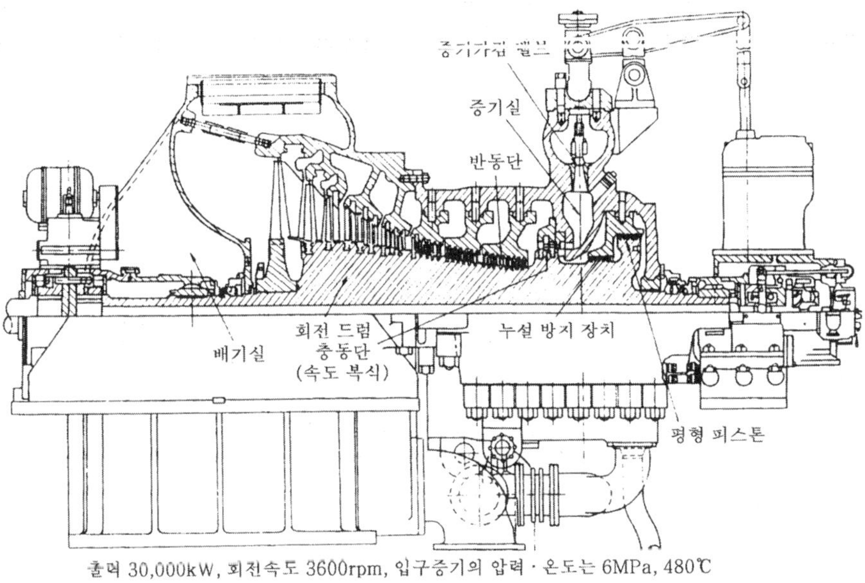

출력 30,000kW, 회전속도 3600rpm, 입구증기의 압력 · 온도는 6MPa, 480℃

[그림 10·33] 혼식 터빈

(4) 복수 터빈

복수(腹水) 터빈(condensing turbine)은 배기를 복수기에 유도하며 복수시키는 것으로, 이렇게 하면 증기를 저압까지 팽창할 수 있어 열 에너지를 가장 많이 일로 변환시키게 되어 동력발생만을 목적으로 하는 화력발전소나 선박의 대형 터빈에 사용된다.

최근 비교적 저압 · 저온의 증기를 사용하는 지열이나 쓰레기 소각로 발전에서는 재열 · 재생하지 않는 복수 터빈이 사용된다.

(5) 배압 터빈

배압(背壓) 터빈(back pressure turbine)은 동력원 외에 작업용 증기로 사용하는 경우에 사용된다. 터빈에서 동력을 발생시키기 때문에 대기압보다 압력이 높은 배기를 이용한다. 산업용 터빈의 70%를 차지할 정도로 증기를 대량으로 소비하는 곳에 많이 사용된다. 배기를 작업용으로 이용하므로, 터빈 입구에서 증기가 가진 에너지의 90% 이상을 유효하게 활용된다.

(6) 추기 터빈

추기(抽氣) 터빈(extraction turbine)은 배압 터빈과는 비슷하나 증기터빈의 팽창도중에서 증기의 일부를 추출하여 작업용의 증기로 사용하는 형식의 것이다. 추기 터빈에는 나머지 증기를 저압까지 터빈으로 팽창하여 복수시키는 추기 복수 터빈과 배기를 다시 작업용 증기로 이용하는 추기 배압 터빈이 있다. [그림 **10 · 34**]는 보일러와 증기터빈을 포함하는 증기원동소의 구성도이다.

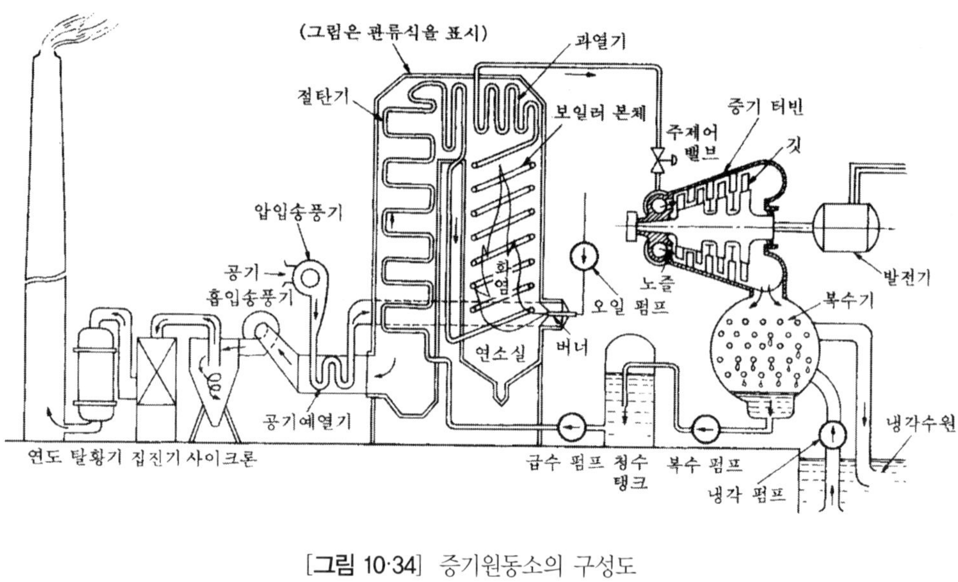

[**그림** 10·34] 증기원동소의 구성도

4 증기터빈의 성능

(1) 증기터빈의 출력

증기터빈에서 증기 1kg당 이용되는 에너지 즉, 손실이 없는 이상적인 경우 얻어지는 일은 단열열낙차를 h_{ad}(kgf · m/kg), 증기의 공급량을 G_s(kg/s)라 하면 터빈의 이론출력 P는 다음 식으로 주어진다.

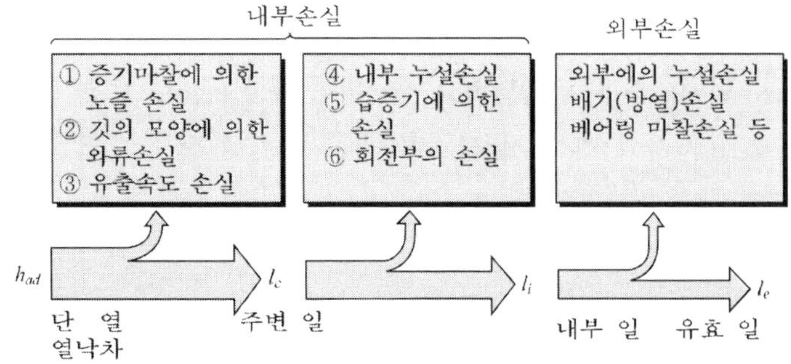

[**그림 10·35**] 증기터빈의 손실

$$P = G_s\, h_{ad}\ (\text{kgf·m/s}) \tag{10·7}$$

실제 증기터진에서는 [그림 **10 · 35**]와 같이 여러 가지 에너지 손실이 있기 때문에 단열역낙차 h_{ad}에서 내부손실 ①~③의 손실을 뺀 것이 주변 일이 된다.

[그림 **10 · 35**]에서

$$\text{주변효율}(\eta_c) = \frac{\text{주변 일}}{\text{이론 일}} = \frac{W_c}{h_{ad}}$$

$$\text{내부효율}(\eta_i) = \frac{\text{이론 일} - \text{내부손실}}{\text{이론 일}} = \frac{\text{내부 일}}{\text{이론 일}} = \frac{W_i}{h_{ad}}$$

$$\text{유효효율}(\eta_e) = \frac{\text{내부 일} - \text{외부일}}{\text{이론 일}} = \frac{\text{유효 일}}{\text{이론 일}} = \frac{W_e}{h_{ad}}$$

$$\text{기계효율}(\eta_m) = \frac{\text{유효 일}}{\text{내부 일}} = \frac{W_e}{W_i}$$

증기 1 kg가 깃에 주어지는 일을 각 단의 주변 일의 총합이고 이것을 W_c(kgf · m/kg)라면 깃에서 발생되는 동력 P_b는 다음 식에서 주어진다.

$$P_b = G_s\, W_c \tag{10·8}$$

주변 일에서 내부손실의 ④~⑥을 뺀 것을 내부 일이라 한다. 내부손실에서 외부손실을 뺀 것을 유효 일 즉, 터빈축에서 얻어지는 정미(순) 일이다. 이것을 W_e(kgf · m/kg)라 하면 터빈의 유효동력 P_e는 다음 식으로 주어진다.

$$P_e = G_s\, W_e \tag{10·9}$$

실제로 터빈에서 출력으로 외부에 나타나는 것은 이 유효동력이다.

(2) 증기터빈의 효율

증기터빈에서 유효 일 W_e와 단열열낙차 h_{ad}와 비가 유효효율로 보통 터빈의 효율로 불려지고 있다. 이것을 η로 표시하면 다음 식이 된다.

$$\eta = \frac{W_e}{h_{ad}} \tag{10·10}$$

터빈의 효율 η는 증기터빈이 이용할 수 있는 증기 에너지 가운데 어느 정도 유효하게 일로 변환할 수 있는지를 표시하는 것으로, 따라서 터빈의 축출력 P_e는 식 (10 · 9), (10 · 10)에서 다음과 같이 나타낼 수 있다.

$$P_e = \eta\, G_s\, h_{ad} \tag{10·11}$$

5 복수장치

터빈의 배기를 대기 중에 배출하면 배기의 압력을 대기압보다 낮게 할 수가 없으므로 많은 열량을 잃어버리게 되어 효율이 좋지 않다. 만일, 배기의 압력을 낮게 하여 대기압 이하로 저하할 수 있다면, 터빈 내에서의 열강하(熱落差)를 크게 할 수 있어 증기가 가진 에너지는 훨씬 유효하게 이용이 되며 터빈의 효율을 향상시킬 수 있다. 여기서 배기를 밀폐한 용기에 유도하여 물로 냉각하면 증기는 온도와 압력이 저하되고 응축되어 물이 된다. 이와 같은 목적으로 사용되는 장치를 복수기(steam condeser)라 한다.

복수기에는 여러 가지가 있으나 일반적으로 사용되고 있는 것에 표면복수기(surface condenser)가 있다. 다수의 가는 관 안쪽에 냉각수를 유동시키고 관에 직각으로 배기를 흘려보내는 구조이며, 배기량의 50~80배에 달하는 많은 냉각수를 사용하고 또 물의 유속을 크게 해서 증기의 냉각을 효과적으로 하여 93~98%에 이르는 고진공을 얻을 수 있다.

10-6 원자로

동력용 원자로(reactor)는 보일러와 마찬가지로 일종의 증기발생장치로 사용되고 있으며 동력로라 불리며 발전용에 사용되고 있다.

1 원자로의 원리

원자는 물질의 최소단위로 중심에는 (+)전기의 **원자핵**(nucleus)과 그 주위를 고속으로 회전하고 있는 (−)전기의 **전자**(electron)로 되어 있다[그림 **10 · 36**].

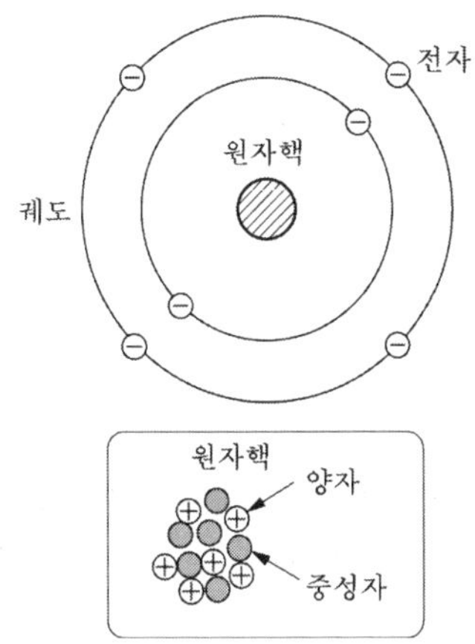

[**그림** 10·36] 원자의 구조

원자핵은 (+)전기의 **양자**(proton)와 중성의 **중성자**(neutron)로 되어 있다.

우라늄 235($^{235}_{92}$U)의 원자핵에 중성자를 충돌시키면 [그림 **10 · 37**]과 같이 두 개의 가벼운 원자핵으로 **핵분열**(nuclear fission)한다. 이 핵분열에 의한 질량결손으로 $^{235}_{92}$U 한 개당 약 200 MeV(= 3.20×10^{-11}J)의 에너지를 방출한다. 즉 1g의 $^{235}_{92}$U의 분열로 2.28×104 kWh(=

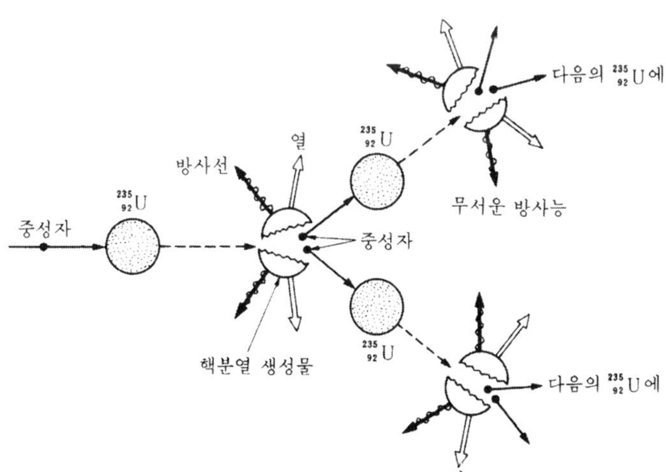

[**그림** 10·37] 원자핵분열(연쇄반응)

1.96×10^7 kcal)라는 많은 에너지가 얻어지며 이것은 가솔린의 발열량 0.0122 kWh/g의 187만배이다. 중유로 환산하면 약 2 Kl를 완전 연소시켜 얻어지는 열량에 해당한다. 핵분열 때는 방사능, 고열과 동시에 2~3개의 고속 중성자가 방출되어 그 중성자가 다른 $^{235}_{92}U$에 충돌하여 다음 다음의 핵분열이 일어난다. 이 현상을 연쇄반응(chain reaction)이라 하며 막대한 에너지가 얻어진다. 핵분열의 연쇄반응을 순간적으로 일으키면 원자폭탄이 되지만 원자로는 연쇄반응을 인위적으로 제어하여 천천히 에너지를 만드는 장치이다.

2 원자로의 구조와 종류

동력용 원자로는 핵분열의 연쇄반응을 제어하여 연속적으로 열 에너지를 발생시키는 장치이다. 중성자의 에너지를 낮게 하는 쪽이 일어나기 쉬우며 원자로는 핵분열을 일으키는 **핵연료**(농축 우라늄 $^{235}_{92}U$, 플루토늄 $^{239}_{94}Pu$등)와 방출된 중성자의 에너지를 감소시키는 **감속재**(moderator－물, 중수, 흑연 등)로 압력용기인 **노심**(core)을 형성하며 외부에 중성자가 누설되지 않도록 **반사재**(reflector－보통 감속재와 같은 물질, 고속로에서는 철, 납 등)로 이것을 에워싸고 또 다시 그 주위를 두꺼운 콘크리트 층 등의 **차폐재**(shielding)로 둘러싸 방사선이 외부에 누출되어 생체 피해가 일어나는 일이 만의 하나라도 생기지 않도록 만들고 있다. 노심에는 **냉각재**(coolant－물, CO_2, 가스, H_2 가스 등)를 순환시켜 과열을 방지하며 동시에 고온이 되어 있는 냉각재를 작동물질로 열 에너지를 얻어낸다. 원자로 반응의 제어는 중성자를 흡수하는 **제어봉**(control rod－불소, 카드뮴 등)을 노심에 넣고 있다.

원자로의 분류에는 그 용도에 따라 발전용 · 추진용(선박, 항공기 등) · 연구용 · 시험용 · 생산용으로 나뉘고 중성자의 에너지에 따라 열중성자로 · 고속중성자로 · 중속중성자로로 분류하기도 한다. 또한 핵연료 및 냉각재의 종류에 따라 가압수형 경수로(PWR), 비등수형 경수로(BWR), 중수로(HWR : heavy water reactor), 기체냉각로(GCR), 핵연료 및 감속재의 배치에 따라 전환로, 증식로 등으로 분류하고 있다.

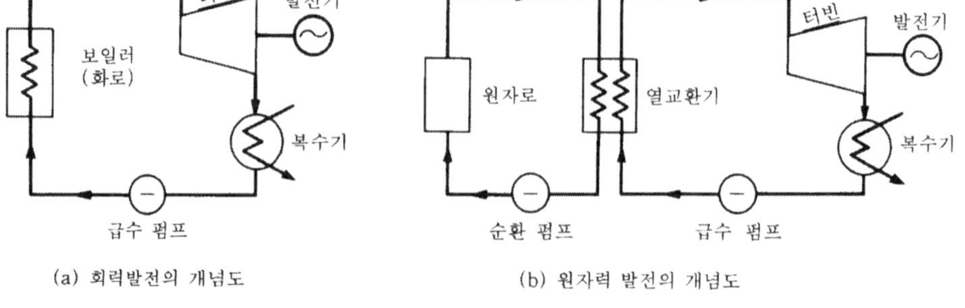

[그림 10·38] 화력발전과 원자력 발전의 비교

발전용 원자로와 추진용 원자로를 합하여 동력용 원자로라고 하며, 나머지는 대개 연구용 원자로라 한다. 동력용 원자로는 핵분열에 의해 생기는 열로 증기를 만들어 증기터빈의 구동에 이용되고 핵연료·감속재, 냉각재 등의 조합으로 구성되어 있다.

[그림 10·38]은 화력발전과 원자력발전의 계통을 비교한 것이며, [그림 10·39]는 현재 실용화되어 있는 동력용 원자로의 원리도를 표시한 것이다.

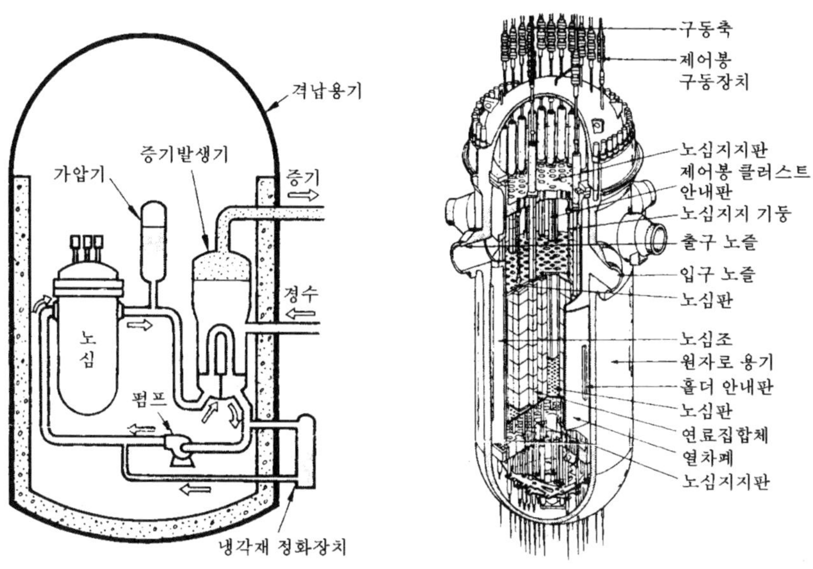

(a) 가압수형 원자로(PWR)

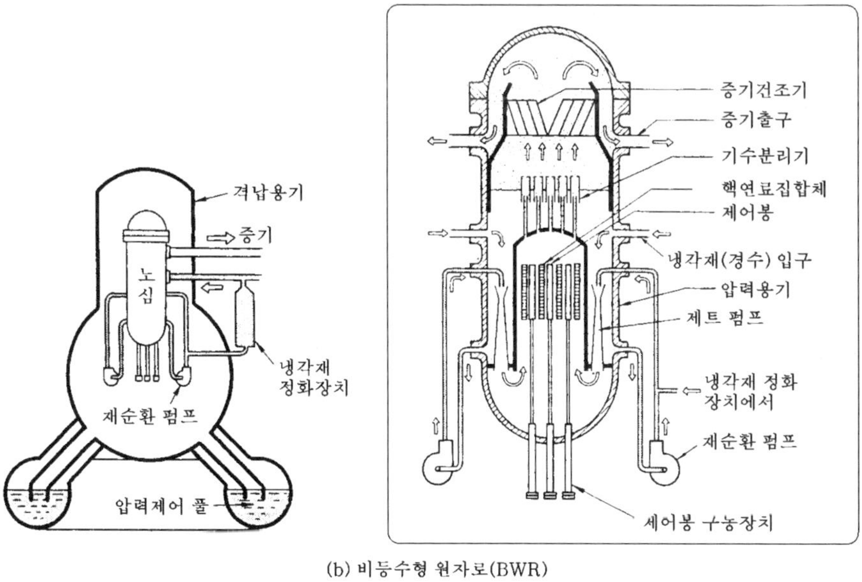

(b) 비등수형 원자로(BWR)

[그림 10·39] 실용화 되어 있는 동력용 원자로

(1) 가압수형 원자로(PWR : pressurized water reactor)

가압수형 원자로는 연료로 저농축 우라늄 산화물을, 감속재와 1차 냉각제로 경수를 사용한다. 노심은 100~160 kgf/cm^{2}의 압력에 가압된 경수(1차 냉각제)에 핵분열 때의 열을 흡수시켜, 증기발생장치 내의 열교환기에 유도하여 증기를 발생시키고 증기터빈을 구동시킨다. 우리나라의 PWR형 원자로는 고리, 월성, 영광, 울진 등의 원자력발전소에 설치되어 있다.

(2) 비등수형 원자로(BWR : boiling water reactor)

비등수형 원자로는 연료로 농축 우라늄의 산화물을, 냉각재와 감속재는 일반적으로 공용되고 있는 경수를 사용한다.

노심 내의 핵분열로 발생된 열로 냉각재인 경수를 비등시키고, 만들어진 증기를 그대로 동력용으로 빼내어 증기터빈을 구동시킨다.

(3) 가스 냉각로(gas-cooled reactor)

노심을 통과한 냉각재의 CO_2 또는 He의 고온가스를 열교환기에 보내고, 그 곳에서 가스의 열을 물에 전달하고 증기를 발생시켜 터빈에 보낸다.

$^{235}_{92}U$는 천연 우라늄에서 0.714%만이 함유되어 있고, 이 연료를 계속 농축하여 핵연료로 사용한다면 앞으로 100년 정도 후에 고갈된다고 한다. 그래서 현재 세계적으로 **고속증식로**(fast breeder reactor : FBR)가 연구 개발되고 있다. 이 원자로는 핵분열성 물질 $^{235}_{92}U$를 원자로에서 핵분열시켜 에너지를 발생시킴과 동시에 그 핵분열로 나오는 중성자를 핵분열이 일어나지 않는 $^{235}_{92}U$에 충돌시켜 자연으로는 존재하지 않는 인공의 핵분열 물질인 $^{239}_{94}Pu$를 만든다는 것이다. 앞으로 주력 원자로로 기대되고 있다.

우리나라는 1978년 4월 29일 고리 원자력 발전소에서 587MWe의 고리 1호기를 상업운전하면서 원자력 발전시대가 열렸다. 그 후 계속된 건설로 지금은 고리, 월성, 영광, 울진의 4개 원자력 발전소에서 20개 원자로가 가동 중에 있으며, 2011년까지를 목표연도로 신고리와 신월성 원자력 발전소에서 6개의 원자로가 건설 중이다. 우리나라의 원자로형은 월성 원자력 발전소만 가압중수로이고 나머지는 전부 가압경수로이다.

[그림 **10 · 40**]은 가압수형 원자력 발전소의 구성을 보여주고 있다.

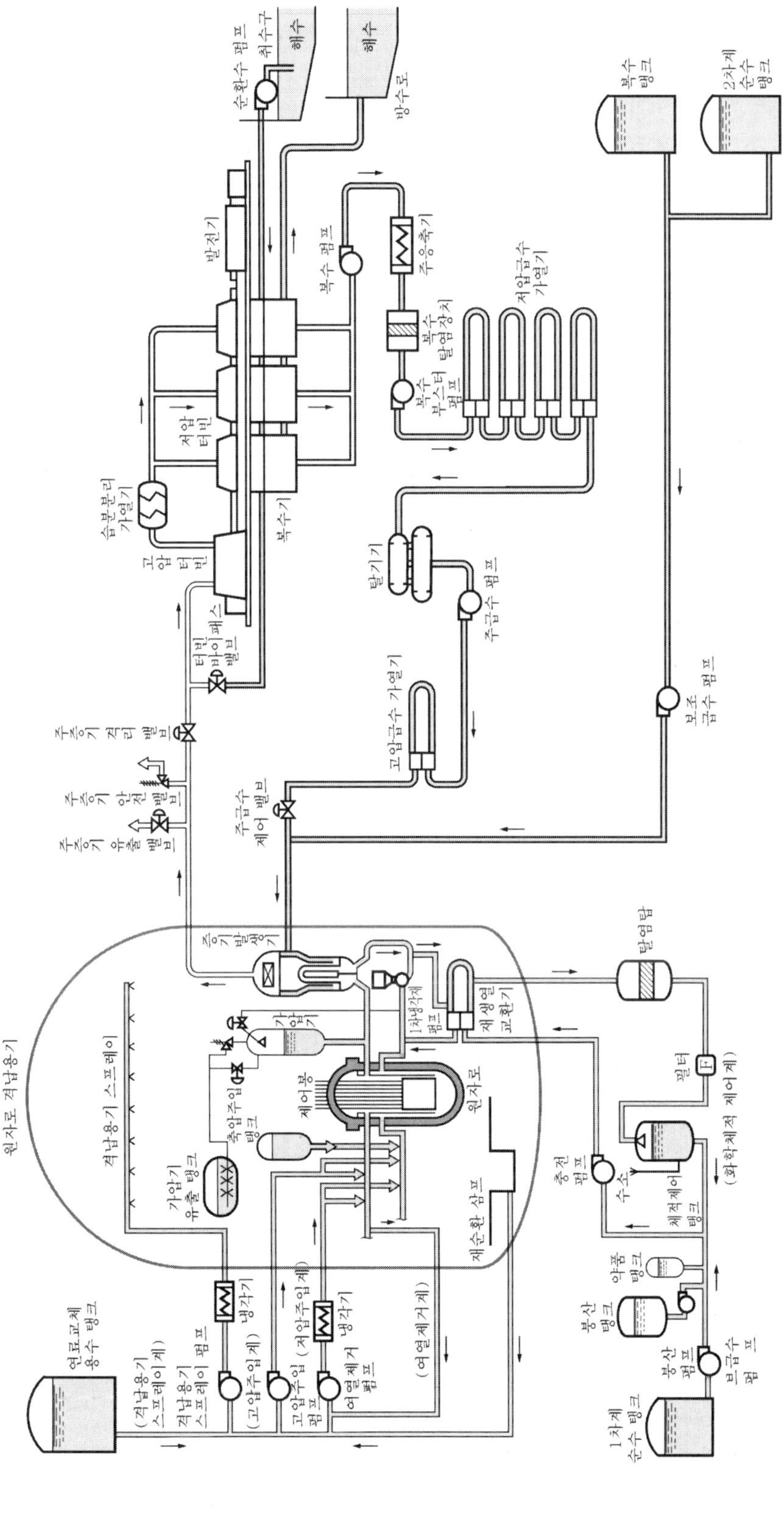

[그림 10·40] 원자력 발전소의 구성(가압수형)

10-7 내연기관

연료의 연소에 의한 열 에너지를 기계적 에너지, 즉 동력으로 변환하는 기계가 열기관(heat engine)이다. 열기관에는 기관 내부에서 열을 발생시켜 동력으로 직접 변환하는 내연기관(internal combustion engine)과 열의 발생이 기관 외부에서 얻어지고 또 동력변환부분이 분리되어 있는 외연기관(external combustion engine)이 있다. 이 외연기관은 이미 **10-5**절에서 설명한 증기기관과 증기터빈이다.

1 내연기관의 종류

내연기관은 비교적 소형으로 대출력이 얻어지며, 오늘날에는 수송용 동력원 · 작업용 동력원으로 광범위하게 사용되며, 분류하면 다음과 같다.

1) 피스톤기관(reciprocating engine)
2) 로터리기관(rotary engine)
3) 가스터빈(gas turbine)
4) 제트기관(jet engine)
5) 로켓기관(roket engine)

(1) 피스톤기관

피스톤기관은 연료의 종류와 점화방식에 따라 다음과 같이 분류된다.

- 피스톤기관
  - 불꽃 점화기관
    - 가솔린기관
    - 가스기관
    - 알코올기관
    - 등유기관
  - 압축착화기관 — 디젤기관

1) **불꽃 점화기관**(spark ignition engine) : 실린더 내에 연료와 공기의 혼합기를 흡입하여 압축한 상태에서 전기불꽃에 의해 점화하는 기관이다.

① **가솔린기관**(gasoline engine) 오늘날 가장 많이 사용되고 있는 기관이며, 19세기말 현재와 비슷한 불꽃 점화방식이 완성된 이후 급속하게 진보 · 발달한 기관이다.

② 가스기관(gas engine) 연료로 기체를 사용하며 내연기관으로는 최초로 발달된 기관이다. 현재에는 주로 액화석유가스(liquefied petroleum gas ; LPG)가 사용되고 있으나 천연가스(compressed natural gas ; CNG)를 사용하는 기관도 점차 늘어나고 있다. LPG, CNG는 대기오염이 적고 탄산가스의 배출도 적어, 자동차용 연료로는 적합하지만 공급이나 취급에 난점이 있다.

③ 알코올기관(alcohol engine) 연료에 에탄올 · 메탄올 등의 알코올을 사용하는 기관으로 대기오염이 적다는 이유로 최근에 각광을 받고 있는 기관의 하나이다.

④ 등유기관(kerosene engine) 연료로 등유를 사용하는 기관이며, 가스 · 가솔린 등의 다른 연료와 비교하여 연료비가 저렴하다. 소형은 농경용으로 많이 사용된다.

2) 압축착화기관(compression ignition engine) : 공기를 실린더 내에 흡입하여 압축하면 고온이 되는데, 이곳에 중유나 경유 등을 고압으로 분사하면 자연 착화되어 연소한다. 이와 같은 기관을 압축착화기관이라 부른다. 디젤에 의해 발명되었기 때문에 디젤기관(diesel engine)이라고도 부른다. 열효율이 높고, 연료소비가 적기 때문에 자동차 · 철도 · 선박 · 건설기계 등의 기관으로 넓게 사용되고 있다.

(2) 로터리기관

피스톤기관의 피스톤 대신에 로터(rotor)라 불리는 회전체로부터 출력을 얻는 기관이며, 가솔린을 사용하며, 불꽃 점화방식이 주류를 형성한다. 이 기관은 피스톤기관에 비교하여 고출력이 얻어지고 진동이 적어 주로 자동차용으로 사용된다.

(3) 가스터빈

가스터빈은 압축기로 공기를 압축하고, 연소기 안에 연료를 분사, 연소시키고 고온 · 고압의 연소가스를 팽창시켜 터빈을 회전하게 하여 출력을 얻는 구조이다. 가스터빈은 직접 회전운동이 얻어지므로 피스톤기관과 같이 왕복운동을 회전운동으로 바꾸는 크랭크 기구 등을 필요로 하지 않는다. 높은 출력이 얻어지며, 진동이 적어 발전기를 위시해서 선박 · 항공기 등에 사용되고 있다.

(4) 제트기관

제트기관은 기관 내의 압축공기에 연료를 분사하고 고온 · 고압의 연소가스를 만들고 이것을 뒤쪽으로 분사시켜 그 반동력을 이용하는 기관이다.

제트기관은 구조상 터보 제트 · 램 제트 · 펄스 제트로 분류되나 현재 사용되고 있는 대부분은 터빈과 압축기를 가진 터보 제트이다.

(5) 로켓기관

로켓기관은 제트기관과 같이 반동력을 이용하여 물체를 전진시키는 기관이다. 연소에 필요한 산소와 연료를 자체내에 휴대하고 있기 때문에 공기가 없는 공간에서의 비행이 가능하다. 때문에 인공위성의 발사나 우주선 등의 분사추진기관으로 사용된다.

2 피스톤 기관의 작동

피스톤기관은 실린더 내를 왕복 운동하는 피스톤의 운동을 커넥팅 로드를 매개로 크랭크 축의 회전운동으로 변환한다.

행정체적(stroke volume : V_s)은 피스톤이 **하사점**(bottom dead center)에서 **상사점**(top dead center)으로 이동할 때의 체적으로 배기량이라고도 한다. 행정체적×실린더 수를 총배기량 또는 총행정체적(자동차의 배기량)이라 한다.

[그림 **10 · 41**] (a)의 상사점에서 상부를 **간극체적**(clearance volume : V_c) 또는 연소실(combustion chamber) 체적이라고도 하며, 그림 (b)의 하사점에서 상부를 **실린더 체적**(cylinder volume : V_h)이라고 한다. 또 TDC와 BDC의 거리를 **행정**(stroke), $\frac{(V_c+V_s)}{V_c}=1+\frac{V_s}{V_c}=\varepsilon$라 해서 **압축비**(compression ratio)라 하는데 이것은 기관의 출력에 관계되고 자동차용 가솔린기관이 7~10, 디젤기관이 15~23정도이다.

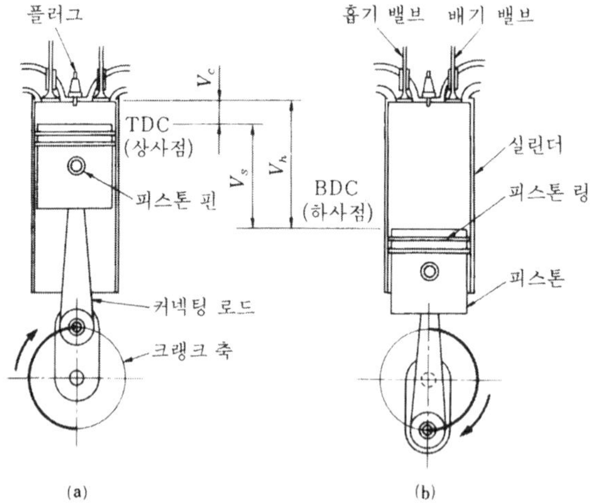

[**그림 10·41**] 가솔린기관의 행정과 체적

4 사이클 가솔린기관의 실린더 내에서의 피스톤 작용과 압력과의 관계는 [그림 **10 · 42**]에 표시하고 있다. 피스톤의 변위에 의한 행정체적을 V_s, 그 때의 압력을 P로 하여 이론적인 변화

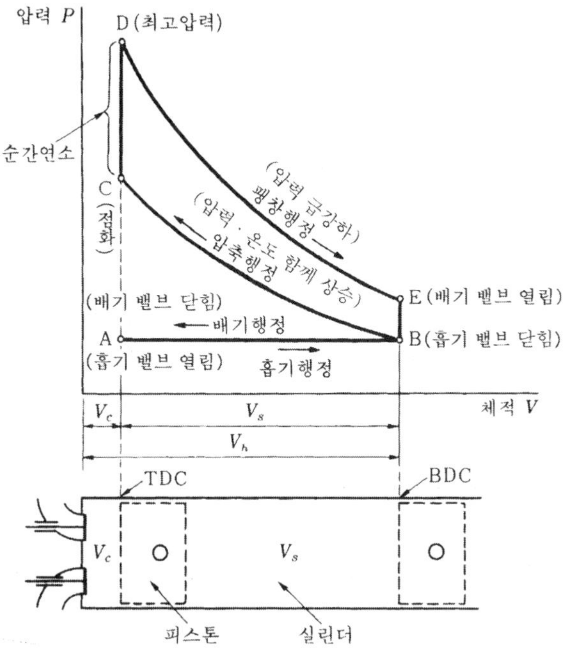

[그림 10·42] 4 사이클 가솔린기관의 이론 $P-V$ 선도

를 표시한 그림을 $P-V$선도(pressure volume diagram)라 한다. 이 때 BCDE로 표시되는 면적은 1사이클을 완료하였을 때의 일의 양을 표시한다.

3 가솔린기관

(1) 4 사이클 기관의 작동원리

가솔린의 혼합기가 흡입되고부터 연소가스의 배출까지를 흡기 · 압축 · 팽창 · 배기의 4 행정으로 작동이 되고, 이를 1사이클이라 하며 [그림 **10 · 43**]에서 설명한다.

1) **흡기행정**(suction stroke) : 배기 밸브는 닫혀지고 흡기 밸브가 열려 피스톤이 상사점에서 하사점으로 이동하는 사이에 실린더 내에 혼합기를 흡입한다. 이 사이에 크랭크 축은 180° 회전한다.

2) **압축행정**(compression stroke) : 흡기행정이 끝나면 흡기 밸브는 닫혀지고 피스톤은 하사점에서 상승하기 시작, 실린더 내의 혼합기는 압축되어 압력 · 온도는 상승된다. 이 사이에 크랭크 축은 180° 회전하여 결국 크랭크 축은 1회전한 것이다.

3) **팽창행정**(expansion stroke) : 압축행정이 끝나면서 피스톤이 상사전 부근에 도달하면 혼합기의 온도가 높게 되고, 연소되기 쉬운 상태에 이르렀을 때 점화 플러그의 전기 불꽃으로 점화하면 폭발적으로 연소하여 고온 · 고압의 연소가스가 팽창하여 피스톤을 밀어

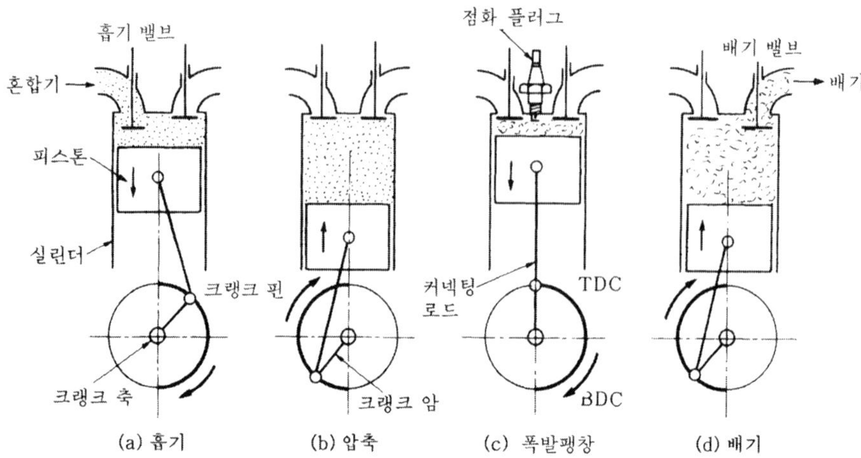

[그림 10·43] 4 사이클 가솔린기관의 작동

동력을 발생한다. 팽창행정을 **동력행정** 또는 **일 행정**(working stroke)이라 한다. 이 사이에 프랭크축은 반회전한다.

4) **배기행정**(exhaust stroke) : 팽창행정이 끝나면서 피스톤이 하사점에 가까워져 배기 밸브가 열리면, 연소가스는 실린더 밖으로 배출되기 시작하여 피스톤이 하사점에서 상승하면서 연소가스를 밀어낸다. 피스톤이 상사점에 도달하여 처음의 상태로 되돌아간다. 이 사이에 크랭크 축은 반회전한다.

이상의 4 행정 1 사이클이 완료되고 피스톤은 2 회 왕복, 크랭크 축은 2 회전을 한 것이 된다. 그리고 가솔린기관의 기본 사이클을 **오토 사이클**(Otto cycle)이라 한다.

(2) 2 사이클 기관의 작동원리

2 사이클 가솔린기관은 [그림 **10 · 44**]와 같이 피스톤의 두 행정에서 1 사이클을 완료하고, 피스톤은 1 왕복, 크랭크 축은 1 회전으로 실린더 내로 혼합기의 공급에서 연소가스의 배출까지를 완료하는 기관이다.

1) **흡기 · 폭발** : 피스톤이 상승하면 피스톤의 위쪽은 혼합기가 압축되고, 아래쪽(크랭크 케이스측)에서는 압력이 떨어져 흡기구에서 혼합기가 흡입된다. 피스톤이 상사점 부근까지 상승되면 압축된 혼합기에 점화 플러그에서 점화되어 연소가스의 팽창으로 피스톤은 하강되기 시작한다.

2) **크랭크실 압축 · 배기** : 피스톤의 하강으로 흡기가 닫혀지고, 피스톤의 아래쪽과 크랭크 케이스 내에서는 압축(豫壓)이 시작되고 계속해서 배기구가 열려 연소가스의 배출이 시작된다.

3) **소기 · 압축** : 드디어 피스톤이 내려가면 소기구가 열려서 크랭크실 내의 예압된 신기(새

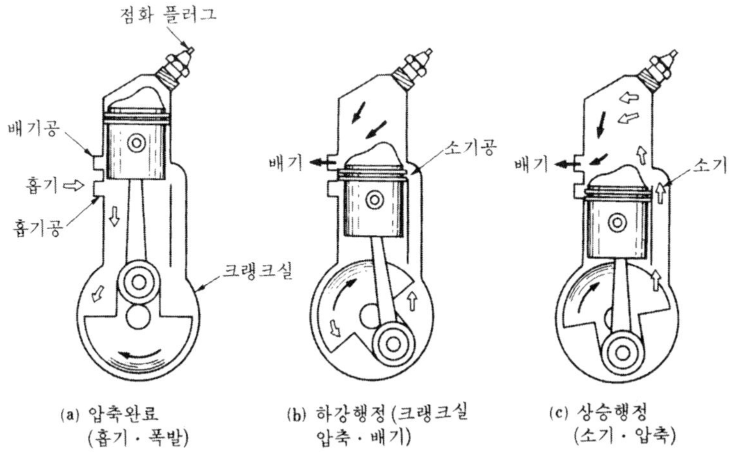

[그림 10·44] 2사이클 가솔린기관의 작동

로운 혼합기)가 소기구를 통해 실린더 내에 들어오면서 연소가스를 배출하여 신기가 충만하게 된다.

피스톤이 다시 상승하면 먼저 소기구가 닫혀지고 계속하여 배기구도 닫혀져 압축이 시작되며, 최초의 상태로 돌아가서 1사이클이 완료된다.

4 가솔린기관 본체 주요부의 구조

우리 생활주변에 가장 많이 사용되고 있는 가솔린기관은 발열량이 높은 가솔린(발열량 : 10,400 kcal/kg)을 연료로 하여 가솔린(1) : 공기(15)의 비율을 가진 혼합기(mixture)를 만들고, 이 혼합기를 실린더 내에서 압축하여 전기 불꽃으로 점화 · 연소시켜 연소가스의 팽창력을 피스톤에 작용시키고 그 힘으로 크랭크 축을 회전시키는 **불꽃 점화기관**(spark ignition engine)이다.

오토바이 등 소출력의 기관에서는 2사이클 공냉으로 7000~15,000 rpm, 자동차용에서는 4사이클 수냉으로 4500 rpm 정도의 회전수가 보통이다.

[그림 **10 · 45**]는 가솔린기관의 구조도이다. 기관의 주요부는 실린더 블록을 중심으로 상부에 실린더 헤드와 하부에 부착되어 있는 기름받이이며, 이 세 부분으로 외부가 구성되어 있다. 실린더 블록 내부에서는 위쪽에 피스톤, 아래쪽에 크랭크 축, 양자를 연결하는 커넥팅 로드가 안에 들어 있다.

(1) 실린더 헤드와 실린더 블록

1) 실린더 헤드(cylinder head) : 피스톤과 함께 연소실을 형성하며, Fe 또는 Al 합금으로 주조한다. 점화 플러그 · 흡기 밸브 · 배기 밸브 · 밸브 작동장치 · 흡기관 · 배기관 등이 부착되어 있다.

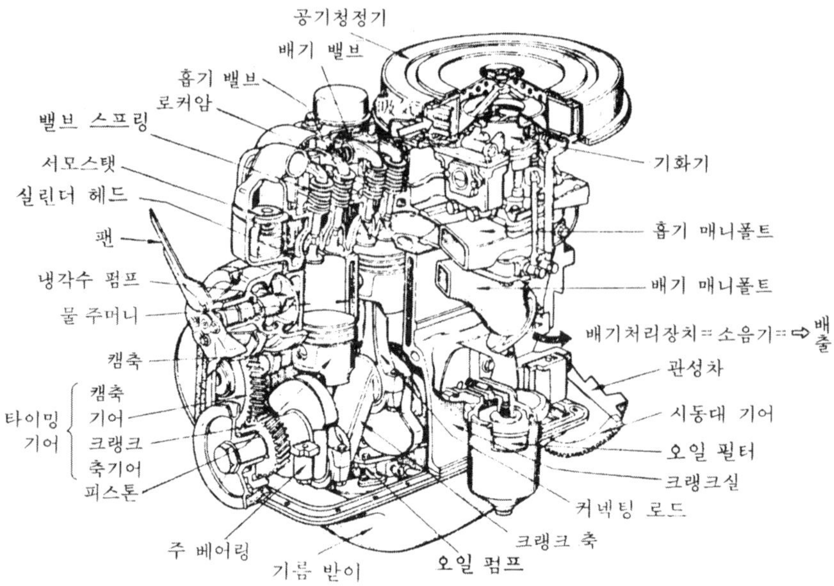

[그림 10·45] 자동차 가솔린기관의 구조도

2) 실린더 블록(cylinder block) : 몇 개의 실린더를 일체로 한 것이며 Fe 또는 Al 합금의 일체 주조품으로 실린더 주위에 수냉식에서는 물 주머니(water jacket), 공랭식에서는 냉각 핀(cooling fin)이 설치되어 있다. 하부에는 크랭크 축이 베어링이 설치되어 크랭크 케이스 일부를 형성하고 있다. 실린더 내면부에는 내마모성을 고려하여 Ni-Cr 주철 등 실린더 라이너(cylinder liner)를 끼워 사용하고 있다.

(2) 피스톤과 커넥팅 로드

1) 피스톤(piston) : 정부(頂部)가 실린더 헤드와 함께 연소실을 형성하며 고온 · 고압의 연소가스를 받으면서 실린더 내를 왕복 운동한다. 피스톤에는 2~3개의 압축 링(compression ring)과 1~2개의 오일 링(oil ring)이 끼워져 있다. 압축 링은 압축된 혼합기나 연소가스의 기밀을 유지하고 아울러 피스톤의 열을 실린더로 보내는 냉각의 구실을 한다. 오일 링은 실린더 내면에 유막을 만듦과 동시에 여분의 오일을 흘러내리게 하는 구실을 한다.
2) 기름 받이(oil pan) : 엔진 오일을 받아 두는 곳이며 강판을 프레스 성형품으로 제작하거나 Al 주조품 등으로 만들어지고 있다.
3) 커넥팅 로드(connecting rod) : 피스톤의 왕복운동을 크랭크 축에 전달하여 회전운동으로 바꾸는 부분이다. 재료에는 탄소강 · Ni-Cr강의 단조품, 소출력에는 Al주조품으로 만들기도 한다.

(3) 크랭크 축

1) **크랭크 축**(crank shaft) : 피스톤의 왕복운동을 받아 회전운동을 하는 기관의 주축이다. 연소실 내의 폭발적인 연소가스의 충격력이나 비틀림 힘에 견디도록 탄소강이나 Cr-Mo 강 등으로 만든다.
2) **플라이 휠**(fly wheel) : 피스톤, 커넥팅 로드, 크랭크 축의 구성은 [그림 **10 · 46**]과 같이 되어 있다. 크랭크 축의 뒤끝은 무게가 큰(관성 모멘트가 큰) 플라이 휠이 붙어 있어, 피스톤의 팽창행정 때의 에너지의 일부를 저장해 두었다가 흡기 · 압축 · 배기의 행정으로 이 에너지를 이용, 토크의 주기적 변동을 막는 작용을 한다.
3) **링 기어**(ring gear) : 플라이 휠에 붙어 있어 기관 시동 때 시동 모터의 기어와 맞물려 크랭크 축을 회전시킨다. 크랭크 축 기어는 흡기 밸브 · 배기 밸브의 개폐를 캠축을 회전시키는 기어이다.
4) **팬 풀리**(fan pulley) : 냉각용 팬을 회전시키기 위한 V벨트 풀리이다.

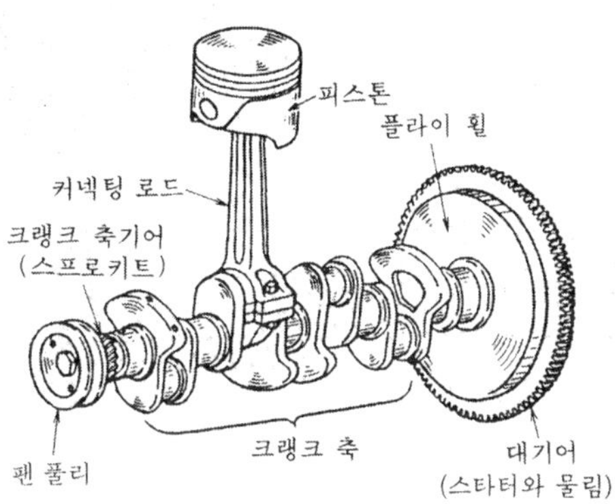

[**그림 10·46**] 크랭크 축의 구성

(4) 밸브 기구

4 사이클 기관에서는 크랭크 축의 회전을 1/2로 감속시켜 캠축에 전달하고, 크랭크 축이 2 회전하는 데 비해 흡기 밸브, 배기 밸브는 1 회씩 개폐되면 된다. 이 회전의 전달에는 기어 · 체인 또는 타이밍 기어가 붙은 벨트 등이 사용되고 있다.

밸브 기구에는 밸브의 배치에 따라 [그림 **10 · 47**] (a)와 같이 밸브를 실린더의 측방에 배치한 사이드 밸브(side valve : SV)식과 그림 (b)와 같이 밸브를 실린더 헤드에 배치한 두상 밸브(overhead valve : OHV) 식으로 크게 나눈다.

OHC 기관은 그림 (c)의 푸시 로드나 로커 암이 기본적으로 필요치 않으며, 관성질량의 감소로 고속화가 가능하며 승용차나 오토바이용으로 많이 사용되고 있다.

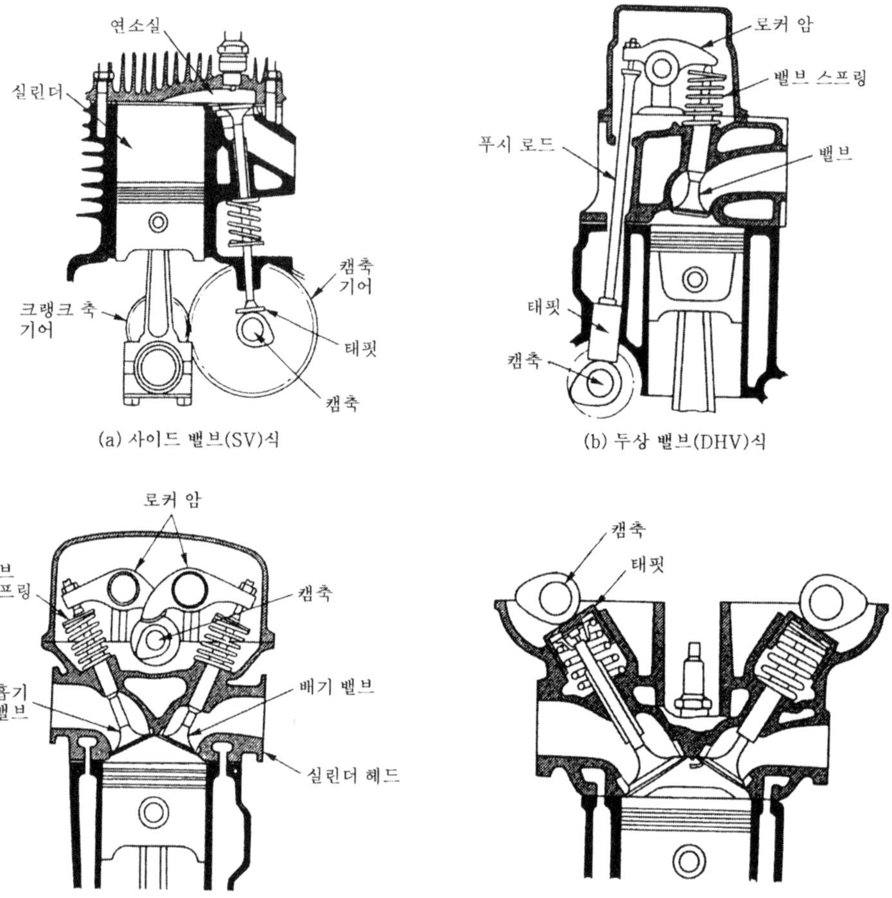

(a) 사이드 밸브(SV)식
(b) 두상 밸브(DHV)식
(c) 두상 캠축(OHC)식
(d) 두상 복캠축(DOHC)식

[그림 10·47] 동밸브 장치의 여러 가지

밸브로는 버섯꼴을 한 포핏 밸브(popet valve)가 사용되고, 평상시는 밸브 스프링으로 밸브 시트에 밀착되어 닫혀진 상태로 되어 있다. 고속회전기관에는 흡기, 밸브의 효율을 높이는 방법으로 밸브의 지름을 크게 하거나 밸브의 수를 2배로 한 4밸브 방법 등이 채용되고 있다.

5 연료장치

연료인 가솔린은 연료 탱크에서 연료여과기, 연료 펌프, 기화기 또는 연료분사장치를 거쳐 실린더에 공급된다.

(1) 연료 펌프

기화기로 연료를 보내는 장치가 연료 펌프(fuel pump)이며 캠축에 의해 작동되는 다이어프램식 연료 펌프가 많다.

(2) 기화기

기화기(carburetor)는 기관의 운전상태에 따라 최적의 혼합기를 공급하지 않으면 안 된다. 따라서 복잡한 기능을 가지는 장치가 다수 붙어 있다. 원리는 [그림 **10 · 48**]과 같다.

가솔린의 공급량은 난기(暖機) · 저속 · 고속 · 가속 등 운전상태에 따라 달라진다. 이들 운전조건에 맞는 혼합기를 공급하는 장치가 설치되어 있다.

혼합비(mixture ratio)는 공기와 가솔린의 혼합비율을 무게비로 표시한 것이다. 가솔린이 완전연소되기 쉬운 혼합비를 이론 **혼합**비라 하며 공기 : 가솔린이 15 : 1이다. 대출력의 운전 때는 농후한 혼합비로 12~13 : 1, 경제운전 때에는 희박한 혼합비로 16 : 1과 같이 사용될 수 있게 장치가 마련되어 있다.

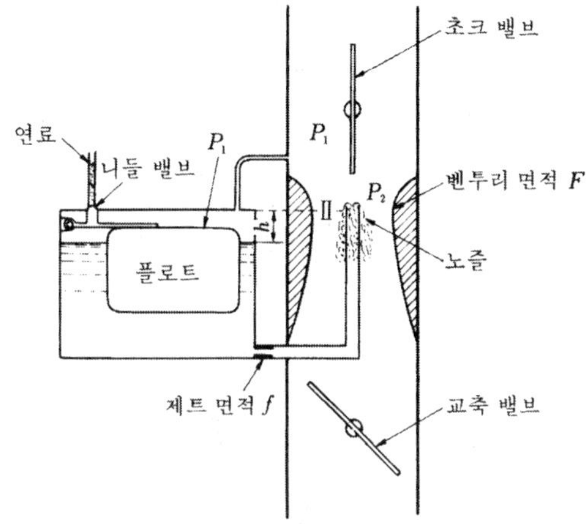

[**그림 10·48**] 기본적인 기화기 구조

(3) 전자식 연료분사장치

기화기로는 모든 운전상태에 최적의 혼합기를 공급하기란 곤란하기 때문에, 자동차용 기관에서는 컴퓨터 제어에 의해 흡입 공기량에 맞는 가솔린 양을 흡기관 내에 분사하는 방식인 전

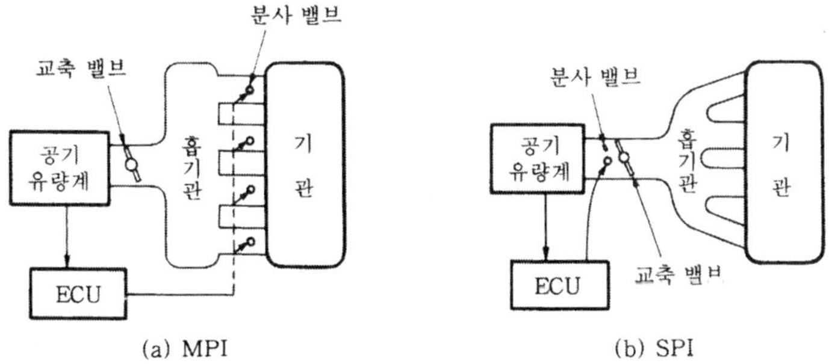

[**그림 10·49**] MPI와 SPI의 비교

자식 연료분사장치(electronic fuel injection system)가 사용된다. 컴퓨터 제어에 따르면 흡입 공기량뿐만 아니라 흡입공기 온도 · 냉각수 온도 · 점화시기의 변화에 따라 보정하면서 최적의 혼합비의 연료가 공급되기 때문에 우수한 운전성능, 연료소비성능이 발휘된다.

각 실린더의 흡기 메니폴드에 독립된 분사 밸브를 가지는 경우를 MPI(multi point injection)라고 하며, 흡기 메니폴드 집합부에 하나의 분사 밸브를 가지는 경우를 SPI(single point injection)라고 한다. [그림 10 · 49]는 MPI와 SPI의 구성 차이를 보여준다.

6 점화장치

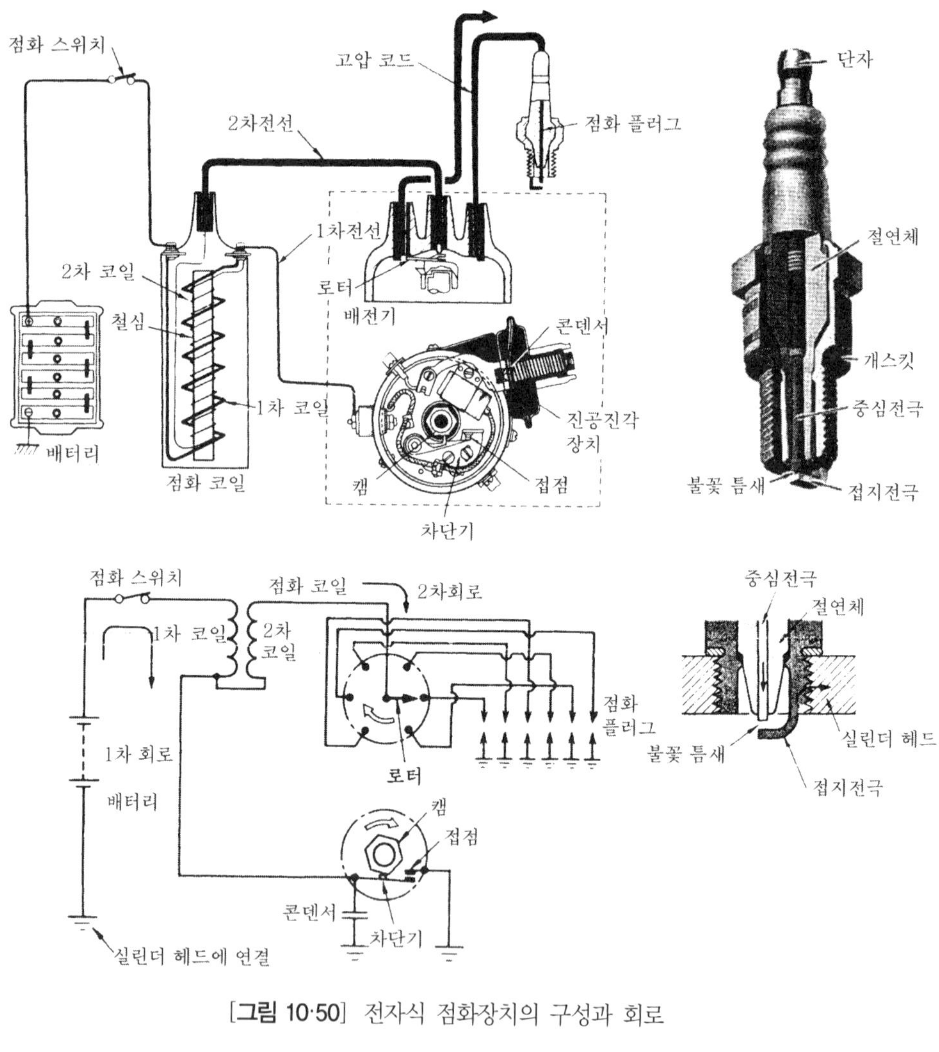

[그림 10·50] 전자식 점화장치의 구성과 회로

(1) 전기점화

가솔린기관에서는 점화 플러그(ignition plug, spark plug)의 전극에 높은 전압을 가해 전극 사이의 방전 불꽃에 의해 점화를 시킨다. 점화방식으로는 전지점화식과 마그네트 점화식이 있다. 전지점화식은 점화 플러그에서 불꽃 방전을 발생시키는 데 필요한 고전압을 얻기 위해 변압기와 같은 역할을 하는 **점화 코일**(ignition coil)을 사용한다. 1차 코일에 흐르는 전류를 캠에 의해 개폐되는 접점(point)을 설치, 차단할 때 2차 코일에 고전압이 유도되어 점화 플러그의 전극에서 불꽃 방전이 생긴다.

점화 코일의 2차 코일에 유도된 고전압을 점화순서에 따라 각 점화 플러그에 **배전기**(distributor)로 분배한다. 차단기(breaker) · 콘덴서 · 진각장치와 일체로 되어 자동차용 기관에 널리 사용된다. [그림 **10 · 50**]은 4 사이클 6 실린더 기관의 전지점화장치의 구성과 회로이다.

(2) 마그네트 점화

마그네트(magneto) 점화식은 영구자석과 코일을 사용한 마그네트에 의해 발전하는 것이며, 오토바이 등 소형기관용으로 이용되고 있다.

7 냉각장치

연소실 내의 연소가스의 온도는 1500~2000℃에 이르는 고온이기 때문에 냉각하지 않으면 피스톤 등이 녹거나 윤활유가 연소되어 눌러 붙거나 연료가 기화되어 공급이 불가능하여지기 때문에 적당한 온도를 유지하지 않으면 안 된다.

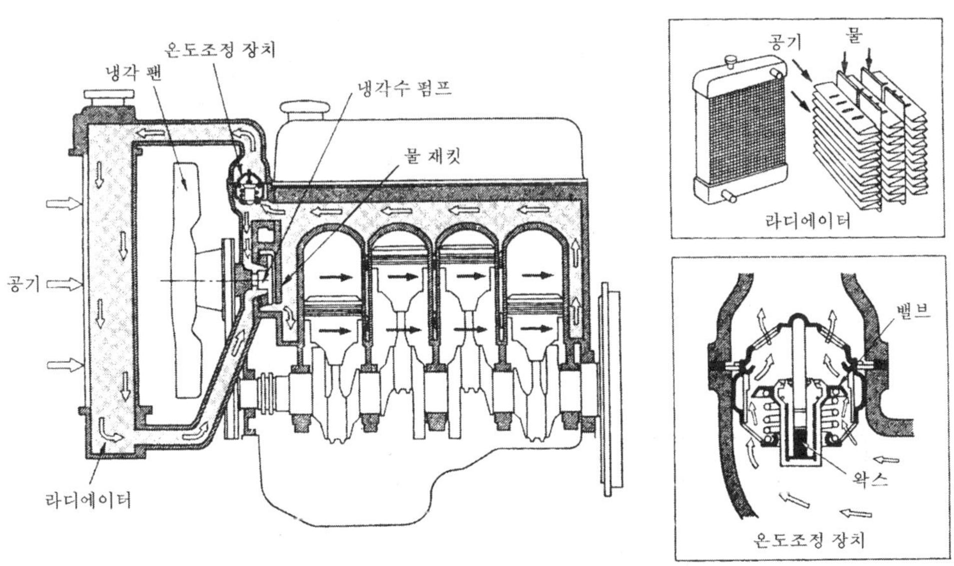

[그림 10·51] 강제순환 냉각장치

(1) 수냉식(water cooling system)

물을 사용하여 냉각하는 방식으로 냉각수 펌프에 의해 강제적으로 순환시키는 방식이 사용되며 [그림 10 · 51]은 자동차 기관의 냉각장치이다.

(2) 공랭식(air cooling system)

실린더 블록이나 실린더 헤드에 많은 냉각 핀(cooling fin)을 설치하고 핀 사이에 공기를 순환시켜 냉각시키는 방식이며 오토바이나 항공용 원동기에 사용되고 있다.

8 디젤기관

디젤기관에서는 가솔린기관과 비슷하게 4사이클 기관과 2사이클 기관이 있다. 4사이클 기관은 일반적으로 50~150 PS 정도의 자동차용 및 기타의 원동기로 널리 사용되며, 2사이클 기관은 선박용 및 발전용 등 대출력용에 많이 사용되고 있다.

디젤기관에서는 연료의 착화를 잘 시키기 위해서 [그림 10 · 53]과 같이 여러 가지 형식의 연소실이 사용되고 있다. 디젤기관의 기본 사이클을 다젤 사이클(Diesel cycle)이라 한다.

(1) 디젤기관의 작동원리

가솔린기관이 점화 플러그에 의한 불꽃 점화방식인데 대해 디젤기관은 실린더 내에 공기만을 흡입하여 압축(압축비 15~23 정도)하고 압축으로 인해 고온 · 고압이 된 실린더 내의 공기

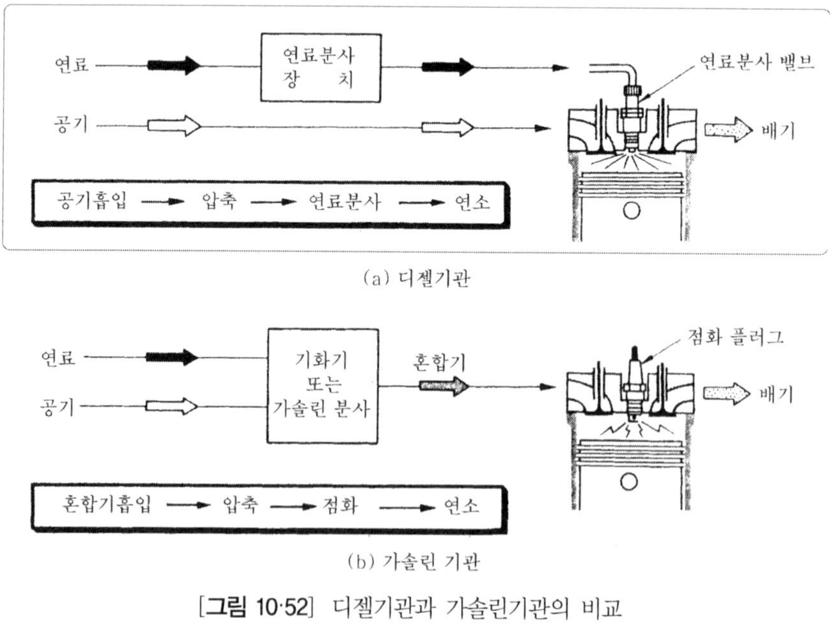

[그림 10·52] 디젤기관과 가솔린기관의 비교

중에 연료분사 밸브를 사용하여 직접 연료를 분사하고 자연착화에 의해 연소를 시키는 기관이다. [그림 **10 · 52**]는 디젤기관과 가솔린 기관을 비교한 것이다.

(2) 연소실

디젤기관에서는 연소를 잘 시키기 위해 연료를 안개 상태로 분사시키고 연료와 공기를 잘 혼합시켜 짧은 시간에 연소가 이루어지도록 여러 가지 형식의 연소실이 연구되어 있다. 대표적인 보기를 [그림 **10 · 53**]에 표시하고 있다.

1) **직접 분사식 연소실** : 직접분사식(direct injection)은 별도의 연소실을 설치하지 않는 형식이며 피스톤 정부(頂部)에 그림 (a)와 같이 오목 형태로 한 것이 많다. 다른 형식에 비해 연소실 표면적이 연소실 체적보다 작고 열효율이 좋아 대형 저속의 박용기관뿐만 아니라 자동차용 기관이나 소형 기관에도 사용되고 있다.
2) **부실식 분사실** : 같은 실린더 내에 주연소실과 부연소실을 가지며, 둘 사이에는 연락 구멍에 의해 연결되어 있고, 연료는 부연소실 내에 직접 분사시킨다. 이 방식의 기관은 시동이 어려워 부연소실 내에 **글로 플러그**(glow plug)를 설치하여 시동을 도울 필요가 있다.
   ① **예연소실식**(precombustion chamber) 예연소실이라 부르는 작은 연소실에 연료를 분사하고 그곳에서 폭발을 일으켜 연소가스가 주연소실에 분출되어 대부분의 연료가 연소되도록 한 것이고, 비교적 고속회전이 가능해 철도차량, 건설기계, 소형 고속선의 기관에 많이 사용된다[그림 (b)].

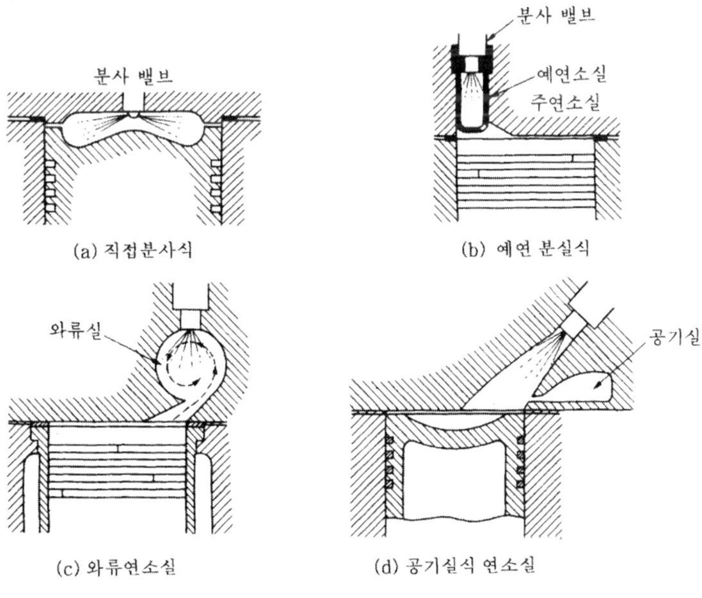

[**그림 10·53**] 디젤기관의 연소실

② **와류실식**(turbulence chamber) 연료를 내부에서 완전 연소시키도록 고안된 와류실이라 부르는 연소실을 가지며 연소의 속도가 빠르다. 따라서 그림 (c)와 같은 이 와류실식은 승용차 등의 고속회전의 기관에 사용되고 있다.

③ **공기실식**(air chamber) 현재 실용화된 예가 그리 많지 않다[그림 (d)].

(3) 연료분사장치(fuel injection system)

디젤기관에는 기화기, 점화장치는 필요하지 않다. 연료분사 펌프(fuel injection pump)와 연료분사 밸브(fuel injection valve)가 필요하다.

연료분사의 방법에서 무기분사식은 고압(100~350kgf/cm^2)의 연료분사 펌프를 사용하여 실린더 내에 미세한 입자로 직접 분사하며, 연료분사 펌프는 플런저 펌프가 사용된다. 이 펌프는 실린더 수만큼 필요하고 분사 밸브에는 니들 밸브가 있어 자동적으로 개폐되는 것과 기계적으로 개폐되는 것이 있다.

연료계통은 연료 탱크 → 연료공급 펌프 → 연료여과기 → 연료분사 펌프 → 연료분사 밸브로 되어 있으며, 연료분사 펌프는 운전상태에 따라 분사 밸브에 보내는 연료의 양이나 분사시기를 조절하도록 되어 있다.

9 가스터빈과 제트기관

(1) 가스터빈의 작동원리

가스터빈은 고온 · 고압의 연소가스가 팽창하면서 고속의 분류로 바뀌어지고 직접 깃차에 작용되어 회전력을 발생시키는 원동기이다. 작동원리는 왕복 내연기관에서의 흡입 · 압축 · 연소 · 팽창의 각 행정을 한 개의 실린더에서 행하는 대신 가스터빈에서는 공기압축기 · 연소실 · 터빈 등 독립된 장치로 작동시킨다.

가스터빈(gas turbine)은 [그림 **10 · 54**]와 같이 공기압축기 · 연소기 · 터빈으로 구성되어 있다.

외부에서 흡입된 공기는 먼저 압축기에서 압축되어 연소기에 보내지고 연소기 내에서는 연료분사 밸브에서 분사된 연료와 압축공기가 혼합, 등압연소가 이루어진다. 이 연소가스가 터빈내에서 팽창하여 터빈의 회전 깃을 회전시켜 동력을 발생한다.

가스터빈은 작동이 끝난 배기를 대기 중에 배출하는 **개방 사이클**(open cycle)과 배기를 냉각기로 냉각하고 다시 공기압축기에 보내어 순환시키는 **밀폐 사이클**(closed cycle)이 있다. [그림 **10 · 55**]는 개방 사이클, [그림 **10 · 56**]은 밀폐 사이클을 표시한다.

가스터빈의 열효율은 가스의 온도가 높을수록 열효율이 좋기 때문에 터빈의 배기가스로 연소용 공기를 가열하는 **열교환기**(heat exchanger)를 설비하기도 한다. 가스터빈의 기본 사이클을 **브레이턴 사이클**(Brayton cycle)이라 하며, 실제로 성능을 향상시키기 위해서 재생 사이클 ·

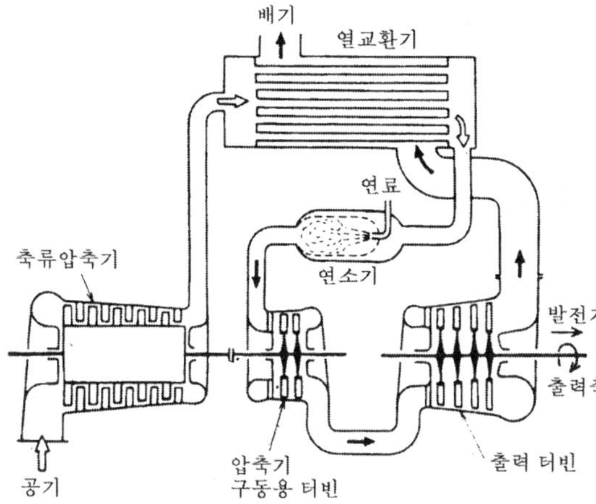

[그림 10·54] 가스터빈의 구성

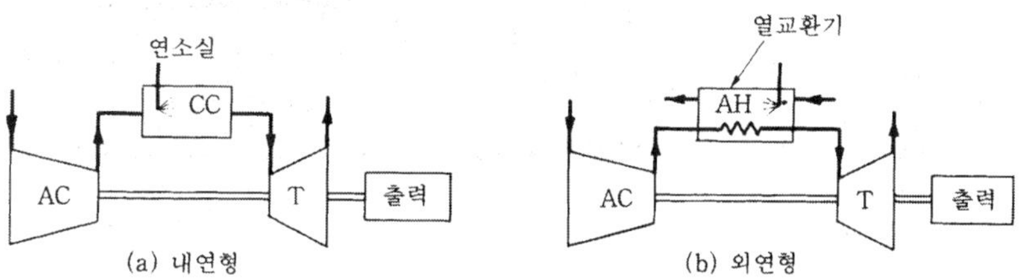

[그림 10·55] 개방 사이클

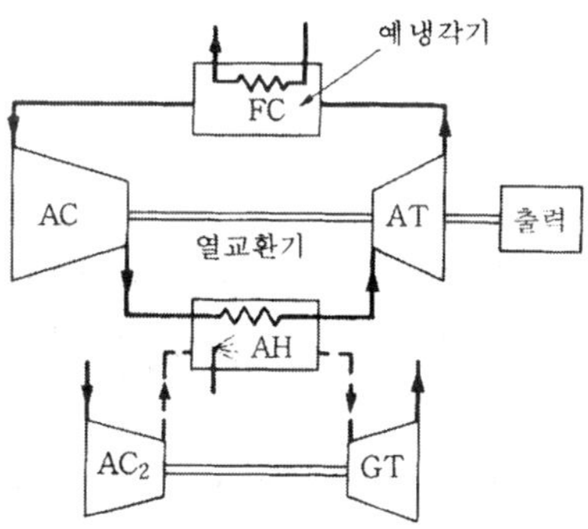

[그림 10·56] 밀폐 사이클

재열 사이클 · 재열 및 재생 사이클을 활용하고 있다.

가스터빈은 피스톤형 기관에 비교하면 직접 회전운동을 얻을 수 있어 고속회전에 적합하다. 진동이 거의 없고 부품도 적고 경량소형이지만 고가의 내열재료를 필요로 하며 연료소비가 많아 열효율이 적은 결점이 있다. 현재 발전용, 자동차용, 선박용, 항공기용 제트기관으로 많이 사용되고 있다.

(2) 컴바인드 사이클과 코제너레이션 시스템

근간에 논외의 대상이 되고 있는 지구규모의 환경문제나 에너지 자원의 고갈문제에 대처하기 위해 에너지 절약의 중요성이 부각되고 있다. 에너지를 절약하기 위해서는 발생되어 사용되고 남은 나머지 에너지 자원의 이용효율을 높이는 것이 필요하다.

이러한 요구를 만족하는 두 가지의 시스템을 소개한다.

1) 컴바인드 사이클(combined cycle) : 조합 열기관의 의미이며, 고온영역에서 작동되는 가스터빈의 배열을 랜킨 사이클로 회수하는 시스템이다. 고온에서 저온까지 확대하여 종

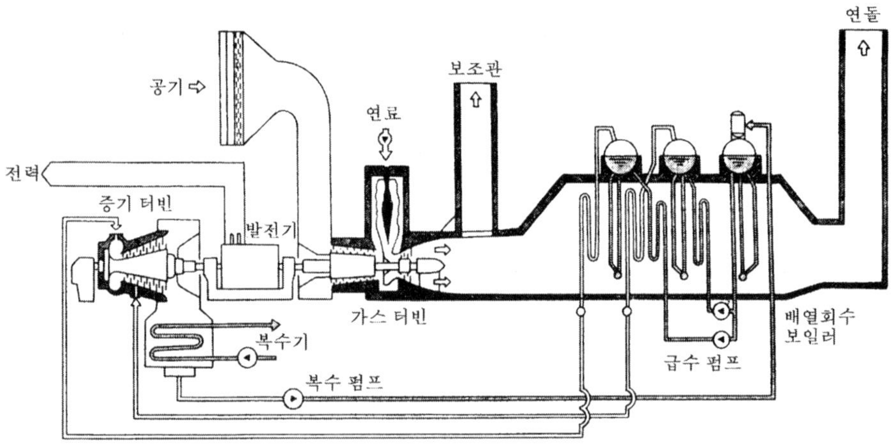

(a) 같은 축방식

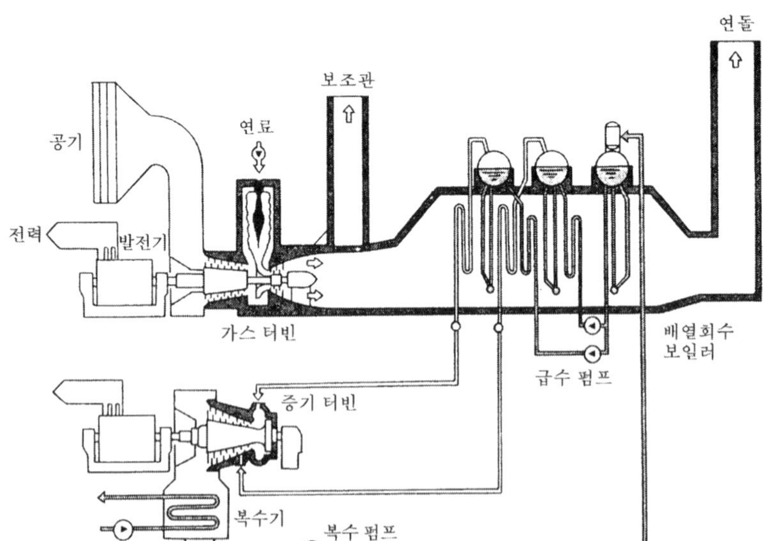

(b) 다른 축방식

[그림 10·57] 컴바인드 사이클의 발전 시스템

합 열효율을 높이는 방법이다. [그림 10 · 57 (a)]는 가스터빈 · 발전기 · 증기터빈을 하나의 축으로 공통의 발전기를 사용하여 콤팩트화시킨 방식이다. 시스템 외의 증기가 얻어지는 경우, 증기터빈에 의한 기동이 가능하며 기동설비를 간단히 할 수 있다. (b)는 가스터빈 발전기와 증기터빈 발전기를 별도로 설치하는 방식으로 가스터빈 발전기의 단독운전도 가능하다. 또 이미 설치된 증기터빈 발전 구성단위에 가스터빈 발전 구성단위를 신설함으로 컴바인드 사이클화가 가능하다.

저온측의 랜킨 사이클에는 배열회수용 보일러가 설치된다.

2) **코제너레이션 시스템**(cogeneration system) : 이 시스템은 열과 전기(또는 동력)를 동시에 공급하는 시스템이다. 발전에 따르는 냉각수나 배기가스가 가지는 배열을 사용하여, 이를테면 온수공급이나 열공급을 한다.

전기의 수요와 동력의 수요를 적절히 조합하면 종합 에너지 효율을 70~80%까지 끌어 올릴 수 있어 증기를 대량으로 사용하는 제철 · 화학 · 석유 등의 산업에서 배압 터빈을 사용하여 가능하여졌다.

(3) 항공기용 가스터빈

개방 사이클의 가스터빈은 경량 · 소형으로 대출력이 얻어지므로 항공기용 원동기로 가장 적합해서 많이 사용되고 있다. 축출력으로 프로펠러 등을 회전시키는 방식과 압축기의 구동에 필요한 출력을 내고 난 후의 고압연소가스를 그대로 후방으로 분출하여 추력을 얻는 방식이다.

1) **터보 축기관**(turboshaft engine) : 가스터빈의 축출력을 전부 회전축 출력으로 꺼집어 내는 방식으로 주로 헬리콥터의 회전 날개의 구동에 사용한다. 회전 날개는 압축기 구동 터빈과 분리된 출력 터빈으로 구동되는 것이 일반적이다[그림 10 · 58].

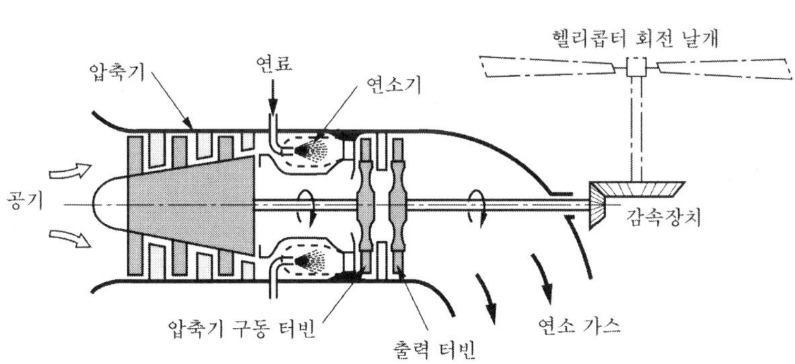

[**그림 10·58**] 터보 축기관

2) **터보 프롭 기관**(turboprop engine) : 가스터빈에 의해 프로펠러를 회전시켜 추력을 발생시킴과 동시에 터빈을 회전시킨 후의 연소가스를 후방으로 분출시켜 그 분류(제트)에 의

한 추력도 이용하는 방식이다. 이것은 비교적 중속도 · 중고도의 비행에서 큰 효율이 얻어지기 때문에 이런 용도의 항공기에 적용되고 있다. 터빈 축의 배치는 프로펠러의 압축기를 같은 터빈으로 구동하는 경우가 많다[그림 **10 · 59**].

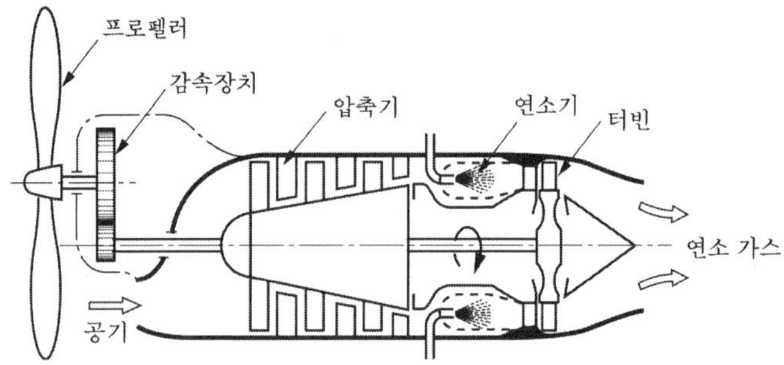

[그림 10·59] 터보 프르프 기관

3) **터보 제트기관**(turbojet engine) : [그림 **10 · 60**]과 같이 터빈은 압축기를 구동하는데 사용되며, 터빈을 나온 고온 · 고압의 연소가스를 분류로 후방에 분출시켜 그 반동으로 직접 추력을 얻는 방식이다. 분류속도가 크기 때문에 고속(마하 수 0.8~3.0)의 항공기용 원동기로 우수하나 연료소비율이 높고, 소음이 크다. 높이 10000 m에서는 마하수 1은 1078.5 km/h의 속도에 해당된다.

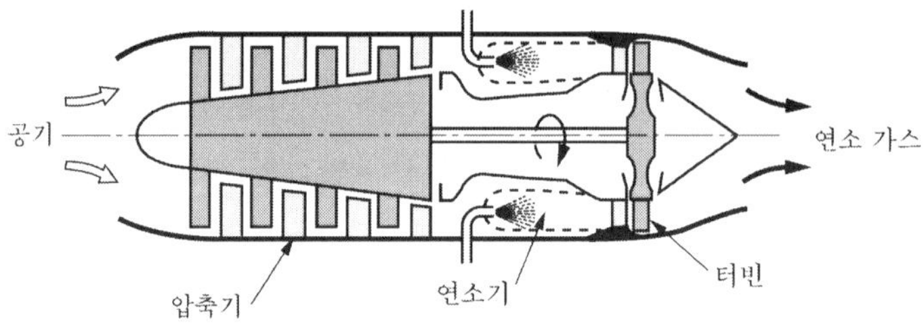

[그림 10·60] 터보 제트기관

4) **터보 팬기관**(turbofan engine) : 압축기 구동 터빈과는 별도로 팬 구동터빈을 설치, 흡입공기의 일부를 팬만으로 압축하여 후방에 분출, 연소가스의 분류와 함께 추력을 얻는 방식이다. 터보 제트기관에 비해서 연료소비율이나 소음이 크게 개선되어 마하 수 0.7~0.9의 대형 여객기 등에 널리 사용된다[그림 **10 · 61**].

마하수 2이상의 고속비행에서는 압축기를 사용하지 않고도 비행에 따라 기관에 유입되는 공기의 동압만으로 제트기관이 작동된다. 이런 기관을 람 제트기관(ramjet engine)이라 한다. [그림 **10 · 62**]와 같이 구조는 간단하지만 그 속도에 도달하기까지는 다른 원동기가 필요하다.

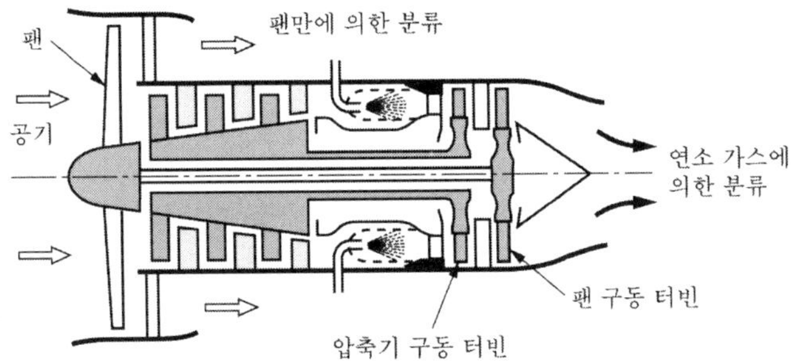

[그림 10·61] 터보 팬기관

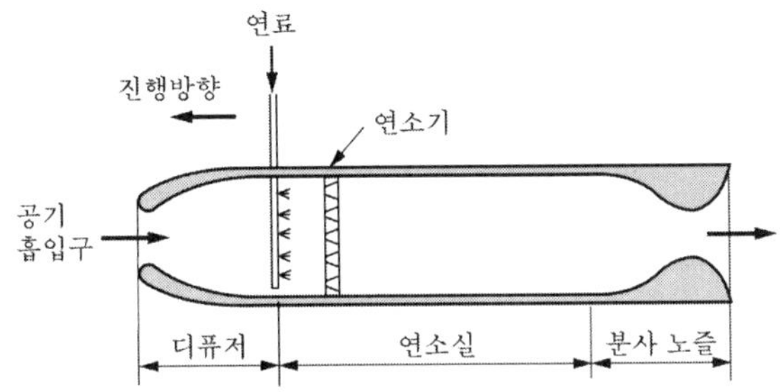

[그림 10·62] 람 제트기관

(4) 로켓기관

로켓기관(rocket engine)은 제트기관과 같이 연소가스의 분출에 의해 추력을 얻는 원동기다. 제트기관이 연료만을 휴대하여 비행, 연소에 필요한 산소는 공기 중에서 얻는 데 비해, 로켓기관은 연료와 산소를 합해 휴대하고 비행한다. 그 추력은 공기밀도와는 관계가 없고 수십 km 이상의 고공이나 대기권 밖의 우주비행도 가능하다.

로켓기관의 연료와 산화제를 함께 **추진제**(propellant)라 하며 고체상태와 액체상태가 있어 고체 로켓기관, 액체 로켓기관으로 크게 나눈다[그림 **10 · 63**].

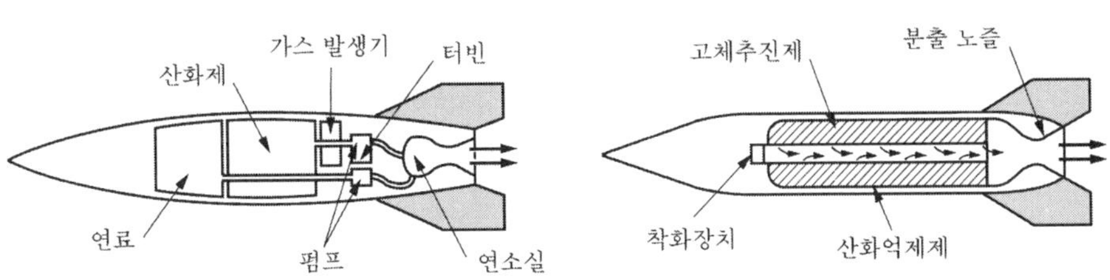

[그림 10·63] 로켓기관

제11장 여러 가지의 기계

지금까지 배운 기계 이외에 산업계에서 활약하고 있는 대표적인 기계, 이를테면 공장에는 펌프, 화물 권상기계, 운반기계, 수력기계, 공기기계, 냉·난방장치 등이 설비되어 있다.

11-1 하물이동용 기계

1 하물권상기계

공장이나 작업장에서 중량물을 들어올리는 기계를 말하며 취급하는 중량물의 무게, 크기, 모양, 들어올리는 높이에 따라 적합한 기계를 사용하여야 한다.

(1) 체인 블록(chain block)

인력에 의해 하물을 들어올리는 장치인데 가격이 싸고 가벼워서 가지고 다니기가 쉽다. 기계의 조립, 강구조물의 조립, 하물의 적재에 널리 사용된다.

(2) 호이스트(hoist)

호이스트는 소형의 권상기로 모터에 의한 전기 호이스트[그림 11·1]가 널리 사용된다. 운전은 지상에서 손으로 조작한다.

호이스트는 단일로 사용하는 경우는 적고 레일에 매달아 이동성을 부여하거나 소형 천정 크레인 등의 물건 들어올리는 장치로 사용한다. 들어올리는 하중은 0.5~5톤 정도이다.

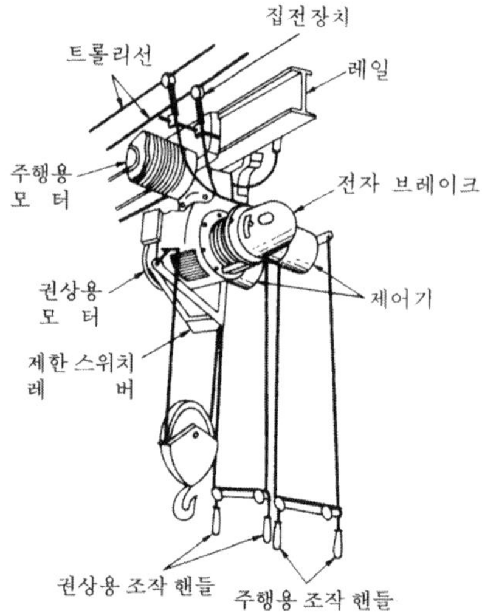

[그림 11·1] 전기 호이스트

(3) 크레인(crane)

크레인은 기중기라고도 불리며 중량물을 들어올려 일정한 공간속을 자유롭게 이동하는 기계이다. 물품의 종류나 사용 장소에 따라 지브 크레인 · 천장 크레인 · 교량형 크레인 · 탑형 크레인 등이 있다.

1) **천장 크레인**(overhead travelling crane) : 건물 내의 천장 공간을 이용하는 것이며, 건물의 벽면 상부에 주행 레일을 설치하고 이 레일 위에 다리를 만들고 트롤리(trolley)에 권상기를 설치, 주행 · 횡행 · 권상을 위해 별도의 모터를 사용한다. 들어올리는 능력은 5~50 t 이 많고 대형에는 200~250 t 정도도 있다[그림 **11 · 2** (a)]
2) **교량형 크레인**(bridge crane) : 주로 건물 외의 지상에 설치한 레일 위를 주행하는 다리모양이며 각종의 하역작업을 하는 가장 일반적인 크레인이다. 다리 난간의 거리는 10~100 m 정도이다.
3) **지브 크레인**(jib crane) : 그림 (b)와 같이 360° 회전되는 크레인 본체에서 권상용과 이어 로프를 설비한 지브라 부르는 긴 팔이 나와 있어 이 팔이 상하로 경사를 바꾸게 되어 있다. 이 크레인에는 전용 레일 위에서 이동되는 주행형과 이동되지 않는 고정형이 있다. 공장이나 항만용의 하역에 많이 사용된다.
4) **탑형 크레인**(tower crane) : 높은 탑 위에 지브 크레인의 선회부분을 붙인 것이며 큰 선회 반지름과 높게 들어올릴 수 있는 것이 특징이다. 일반적으로 권상능력은 5~80 t, 양정은 지상 15~40 m, 선회 반지름은 20~40 m로 주로 조선소에서 높은 선체조립에 사용한다.

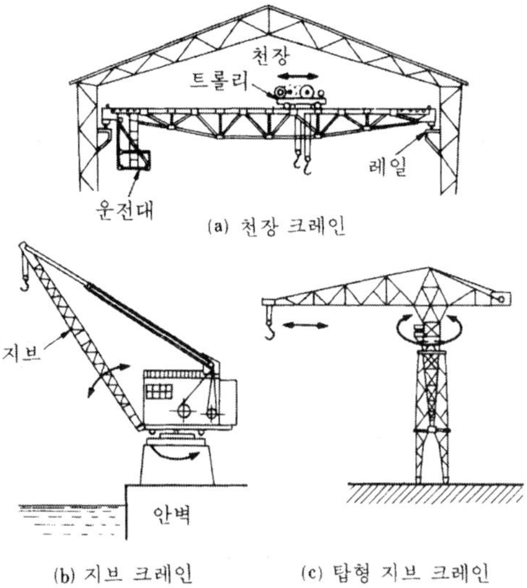

[그림 11·2] 크레인

(4) 엘리베이터(elevator)

승용 · 화물용 · 사람 및 화물용 등이 있다.

2 운반기계

(1) 컨베이어(conveyor)

벨트를 순환시켜 그 위에 재료나 물품을 태워 운반하는 형식과 일정한 위치에서 회전 또는 왕복운동을 해서 재료나 물건만을 전진 운동시키는 형식이 있다.

1) 벨트 컨베이어(belt conveyor) : 벨트를 순환시켜 그 위에 석탄 · 모래 · 광석 · 상자 · 포대에 담은 물건 등을 태워 연속적으로 일정한 장소에 운반하는 것이다.
2) 나사 컨베이어(screw conveyor) : [그림 11 · 3]과 같이 동심원의 나사깃이 붙은 축을 회전시켜 물건이 나사깃의 경사로 밀려서 운반되는 장치이다.
3) 버킷 컨베이어(bucket conveyor) : [그림 11 · 3]과 같이 밑 부분에서 재료를 넣어 체인이나 벨트에 붙어 있는 버킷으로 재료를 담아, 위쪽으로 들어올려 운반하여 배출하는 장치이다. 석탄 · 모래 · 자갈 · 곡물 등의 운반에 적합하다.
4) 공기 컨베이어(pneumatic conveyor) : 밀폐된 관속을 고속도로 흐르는 공기에 알맹이를 떠 올리면서 운반시키는 장치이며, 주로 50 mm보다 작은 알맹이의 시멘트 · 미분탄 등의 운반에 사용한다.

(2) 트럭류

축전지에 의하거나 가솔린기관이나 디젤기관에 의한 것이 있는데 공장이나 창고, 역 구내

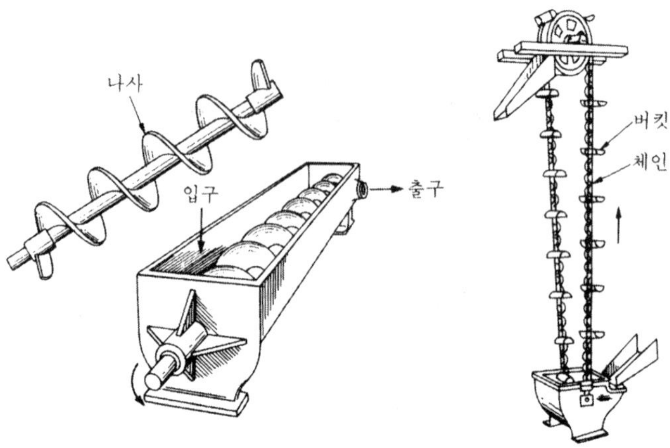

[그림 11·3] 컨베이어의 보기

등 가까운 거리의 수송에 사용한다. 축전지차, 포크 리프트 등이 있다.

11-2 물을 이용하는 기계

고대문명의 발상지인 나일강과 유프라테스 강 유역에서는 기원전 3000년경 이미 관개용 펌프가 이용되었다고 한다. [그림 **11 · 4**]에는 대표적인 고대의 펌프를 보여 주고 있다. 그만큼 오랜 역사를 가진 것이 펌프이기도 한다.

펌프(pump)란 기계적 에너지에 의해 물이나 기름 등의 액체에 압력을 가하거나 낮은 곳에서 높은 곳으로 이동시키는 기계로 가정용에서 공업용까지 대단히 넓게 사용되는 수력산업기계이다. 펌프는 물을 중심으로 화학적 성질, 점도, 온도 및 압력 등이 다른 각종의 액체를 취급할 수도 있다.

1 펌프의 분류

펌프의 종류도 대단히 많아 사용목적 · 구조 · 작동 등에 의해 여러 가지로 분류되고 있다.

(1) 주요부분의 운동형식에 의한 분류

1) 회전운동 : 원심 펌프, 축류 펌프, 사류 펌프, 마찰 펌프, 회전 펌프 등
2) 왕복운동 : 왕복 펌프
3) 특수한 것 : 제트 펌프, 공기 양수펌프, 수격 펌프 등

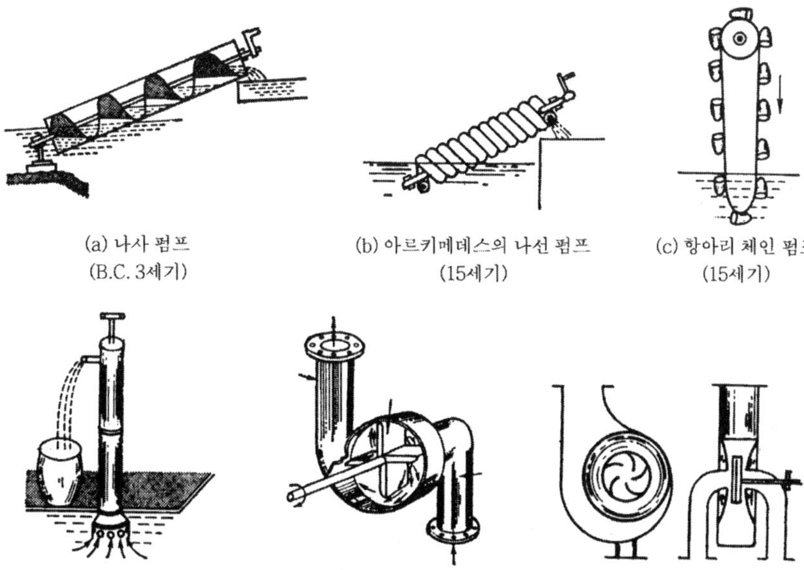

(a) 나사 펌프 (B.C. 3세기)
(b) 아르키메데스의 나선 펌프 (15세기)
(c) 항아리 체인 펌프 (15세기)
(d) 왕복 펌프 (16세기)
(e) 포스턴 펌프 (17~18세기)
(f) 곡선깃 펌프 (19세기)

[그림 11·4] 대표적인 고대 펌프의 종류

(2) 작동에 원리에 의한 분류

1) 터보식 : 원심 펌프, 축류 펌프, 사류 펌프
2) 체적식 : 왕복 펌프, 회전 펌프

2 펌프의 소요동력

펌프의 전양정을 H(m), 양수량을 Q(m^3/s)라 하면 펌프가 물에 주는 에너지 즉, 펌프를 작동시키기 위해 필요한 동력 P_w는 이론적으로

$$P_w = \frac{r\,QH}{75}\text{(Ps)} \tag{11·1}$$

이고, 이것을 수마력(water horse power)이라 한다.

그러나 펌프를 운전할 때에는 베어링 · 패킹 등 기계적 마찰, 펌프 내에서의 유체마찰 등의 동력손실이 있으므로 실제로 펌프 축에 가해지는 동력 즉, 축마력(shaft horse power) P_s(Ps)는 P_w보다 커야만 된다.

따라서 펌프의 효율은 η라 하면

$$\eta = \frac{\text{펌프의 수마력}}{\text{펌프의 축마력}} \times 100 = \frac{P_w}{P_s} \times 100(\%) \tag{11·2}$$

이 펌프 효율은 원심 펌프에서는 65~85% 정도이다.

일반적으로 펌프의 효율 η은

$$\eta = \eta_h \cdot \eta_v \cdot \eta_m \ (\%) \tag{11·3}$$

로 주어지는데, 여기서 η_h는 수력효율로 유체마찰·충돌 등에 의한 손실을 고려한 것, η_v는 체적효율로 누설에 의한 손실을 고려한 것, η_m는 기계효율로 기계부분의 마찰에 의한 손실이다.

3 펌프의 종류

(1) 원심 펌프(centrifugal pump)

원심 펌프는 전동기 등으로 주어진 회전운동에 따라 흡입관 내의 액체는 깃차(impeller)의 중심부에 흡입되고, 깃차를 통과하는 동안 액체에 운동 에너지와 압력 에너지가 주어진다. 깃차에서 벗어난 액체는 그 주변에 설치된 와류실을 통과하여 송출하게 된다.

원심 펌프에는 [그림 11·5]와 같이 깃차의 바깥 둘레에 와류실이 있는 벌류트 펌프(volute pump)와 깃차의 바깥 둘레에 안내 깃이 있는 디퓨저 펌프(diffuser pump)로 나눈다. 벌류트 펌프는 소수량과 저양정의 오수 등에 이용되며, 디퓨저 펌프는 청수용으로 단수를 늘리면 대수량·고양정·고압의 물을 얻을 수 있다.

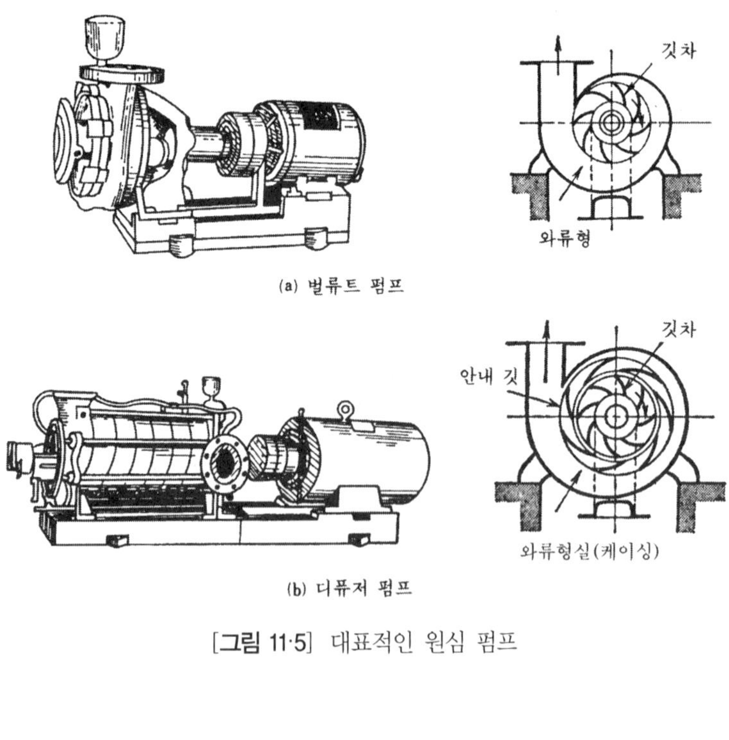

[그림 11·5] 대표적인 원심 펌프

(2) 축류 펌프와 사류 펌프

1) **축류 펌프**(axial flow pump) : 그림 [그림 **11 · 6**]과 같이 선박의 프로펠러와 비슷한 깃을 2~6매를 가지며, 그 깃차의 회전에 의해 물을 축방향으로 보내는 펌프로 프로펠러 펌프(propeller pump)라고도 한다. 보통 10 m 이하의 저양정 · 대수량에 적합하다. 원심 펌프에 비해 형상은 약 1/2정도의 부피이다. 따라서 농업용, 토목공사용, 도시의 상하수도용 및 증기터빈 복수기의 순환 펌프 등에 널리 사용된다.

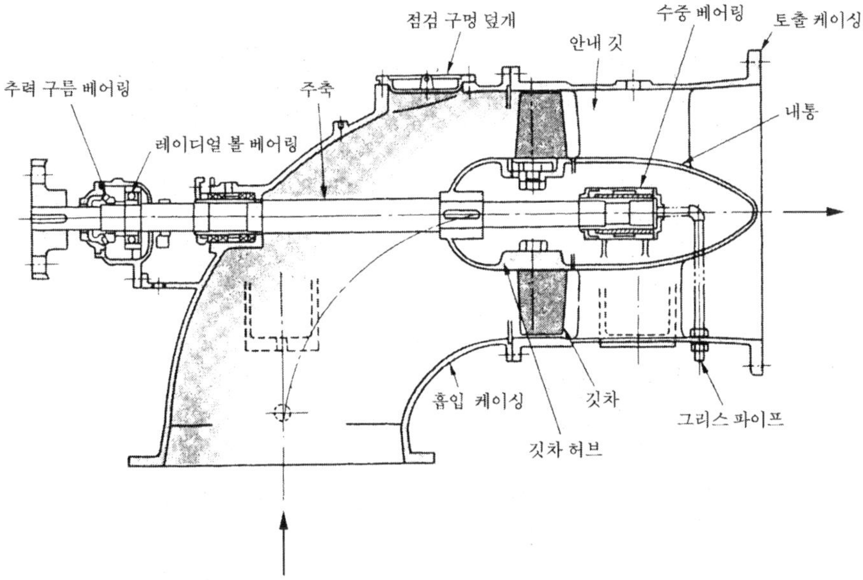

[그림 11·6] 축류 펌프

2) **사류 펌프**(mixed flow pump) : 원심 펌프와 축류 펌프의 중간의 특성을 가지며 원심 펌프에 비교하면 고속으로 운전된다. 관계용이나 상하수도용으로 사용된다.

(3) 왕복 펌프(reciprocating pump)

왕복 펌프는 실린더 내에 피스톤이나 플런저를 왕복시켜 액체에 직접 압력을 가해서 흡입하여 토출하는 펌프이다.

피스톤의 한쪽만으로 흡입 · 토출하는 것을 단동식, 양쪽에서 하는 경우를 복동식이라 한다. 왕복 펌프는 토출량이 균일하지 않아 흐름에 맥동을 생기게 하므로 공기실을 설치, 맥동을 조절하여 균일화를 기하고 있다.

(4) 특수 펌프

예로부터 윤활유, 중유 등 점도가 높은 액체의 가압수송에 사용되고 있는 구조가 간단한 기어 펌프(gear pump)[그림 11 · 7 (a)], 역시 오일 펌프로 사용되며 케이싱 내에 로터 편심으로 놓여 있고 그 로터의 홈 안에 끼워진 판 모양의 베인이 원심력에 의해 케이싱에 압착되면서 회전하는 베인 펌프(vane pump) [그림 (b)], 우물 펌프, 보일러 급수, 화학공장의 화학약품에 사용되고 있는 재생 펌프(regenerative pump) [그림 (c)]가 있다.

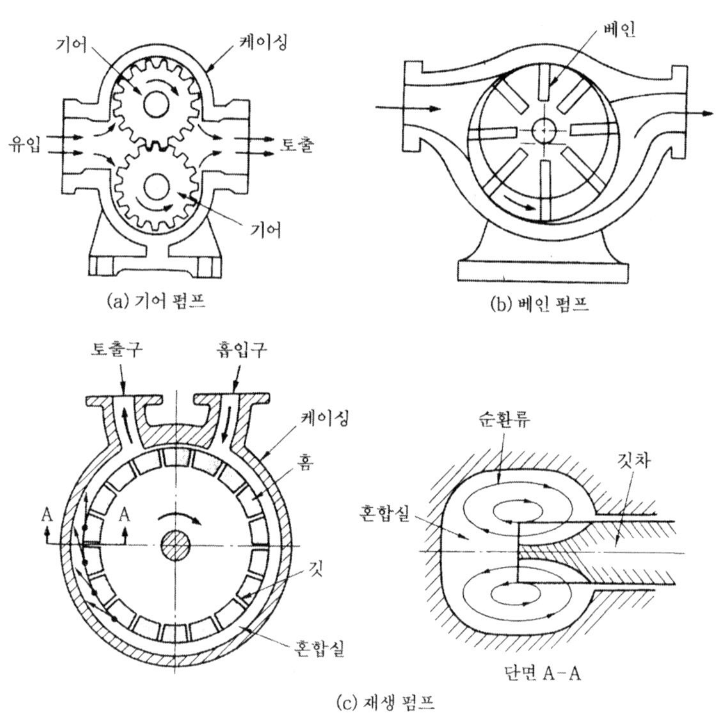

[그림 11·7] 대표적인 체적형 회전 펌프의 종류

11-3 공기를 이용하는 기계

1 공기기계

다른 에너지를 공급받아 환기, 통풍을 하거나 기체를 압송하고 또는 압축공기를 만드는 통풍기, 송풍기, 압축기 및 압축공기를 동력원으로 하여 일을 하는 압축공기기계를 통털어 공기기계라 한다. 작동원리에 의해 [그림 11 · 8]과 같이 터보형, 체적형으로 분류된다. 압력상승이

명칭			송풍기		압축기
			팬	블로워	
압력상승			10 kPa 이하	10~100 kPa	100 kPa 이상
압력비 / 종별			1.1 이하	1.1~2	2 이상
터보형	축류식	축 류	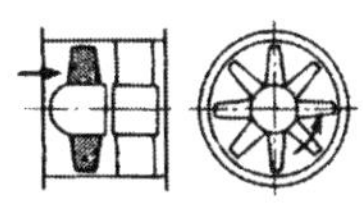	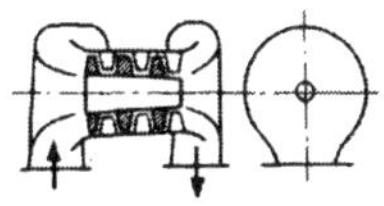	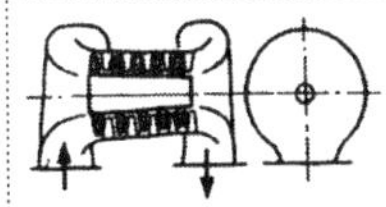
	원심식	많은 것	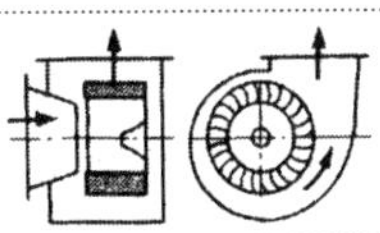		
		레이디얼	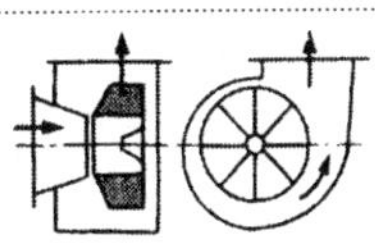	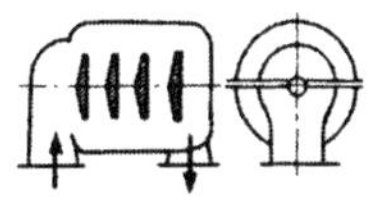	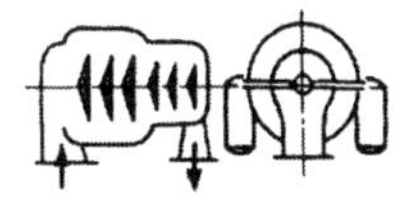
		터 보	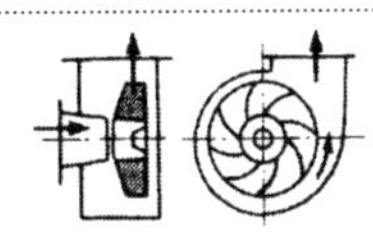	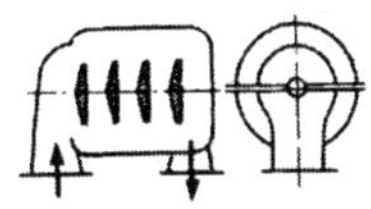	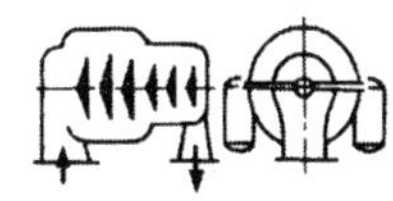
체적형	회전식	두 날개		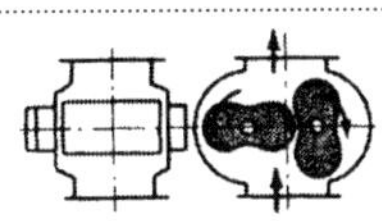	
		베 인			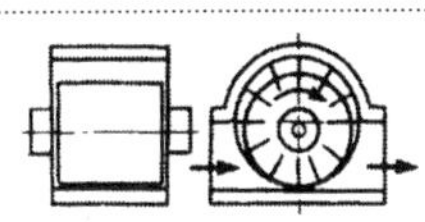
		스 크 류			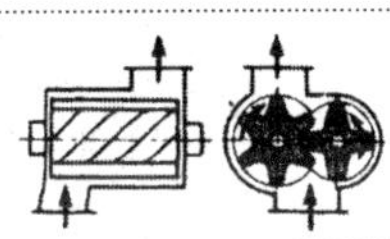
	왕복식	왕 복			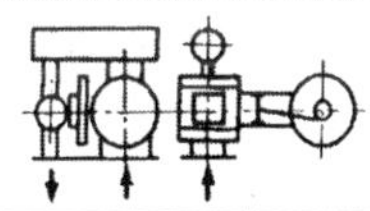

* 흡입압력이 대기압의 경우
** 입구 · 출구의 절대압력의 비

[**그림 11·8**] 송풍기 · 압축기의 분류와 명칭

100 kPa 이상의 것을 **압축기**(compressor), 그 이하의 것을 **송풍기**(flower)라 부르는데 송풍기 중 10 kPa 이상의 것을 **블로워**(blower), 이하의 것을 **팬**(fan)으로 구별한다.

공업상의 응용이 넓고, 탄광이나 건축물의 환기, 착암기나 열차 브레이크 등의 원동력으로 그 이용이 대단히 많다.

2 공기기계의 종류

(1) 원심송풍기 및 압축기

원심송풍기 · 압축기는 깃의 모양에 따라 다익 팬, 레이디얼 팬, 터보 팬, 레이디얼 압축기, 터보 압축기 등으로 나눈다. 여느 것이나 원심 펌프와 비슷한 구조를 가지며 같은 작동원리에 의해 회전 깃차로 기체를 송풍 · 압축한다.

1) **통풍기**(ventilator, fan) : 송풍의 압력이 가장 낮은 것이며 다익 팬(multiblade fan)이 많다. 깃차는 [그림 **11 · 9**]와 같이 수십매의 앞쪽으로 향하게 된 깃이 캐이싱에 부착되어 있다. 시로코 팬(Shiroco fan)이라고도 부르며 냉난방의 환기나 건물의 통풍 등에 사용된다.
2) **송풍기**(blower) : 깃차에서 나온 기체는 디퓨져(안내 깃과 와류실을 말하며, 운동 에너지를 높은 효율의 압력으로 바꾸는 부분)를 경유하여 와류실로 보내진다. 깃차를 많이 부착하는 경우도 있다[그림 **11 · 10**].
3) **압축기**(compressor) : 송풍기와 비슷한 구조이나 압력상승이 100 kPa 이상의 압축기는 후향 깃을 가지는 다단 터보 압축기가 대부분이다. 기체는 압축되면 온도가 상승되나 단의 중간에 중간냉각기를 설치, 상승된 온도를 냉각하면서 압축하므로 구동력을 억제하는 방법을 구비하기도 한다.

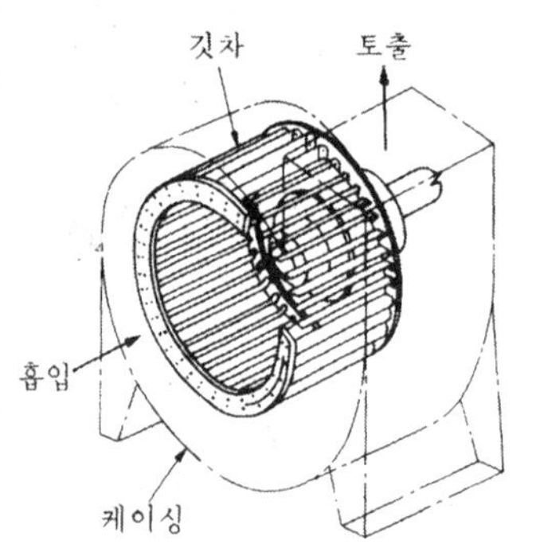

[그림 11·9] 통풍기(시로코 팬)

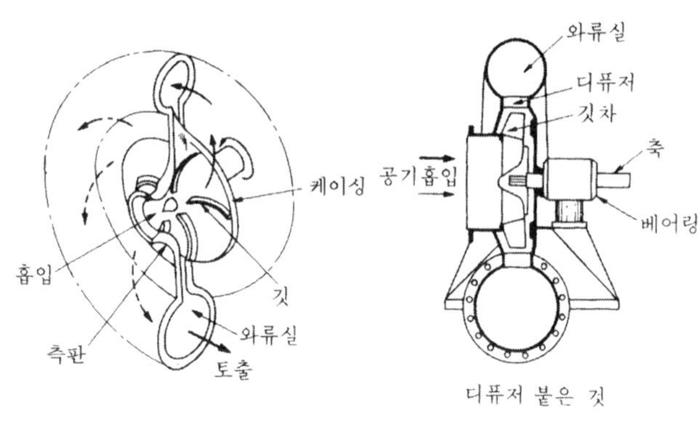

[그림 11·10] 원심송풍기

(2) 축류송풍기 및 압축기

1) **축류송풍기**(axial blower) : 구조는 축류 펌프와 비슷해서 기체는 축방향으로 유동한다. 대풍량, 저풍압의 환기, 통풍용에 적합하며 표준적인 것은 깃 선단의 원주속도가 거의 100 m/s 이하이고 가변 깃은 8~12매로 되어 있다. 전동기를 직결시킬 수 있는 잇점은 있으나 소음이 큰 결점도 있다.

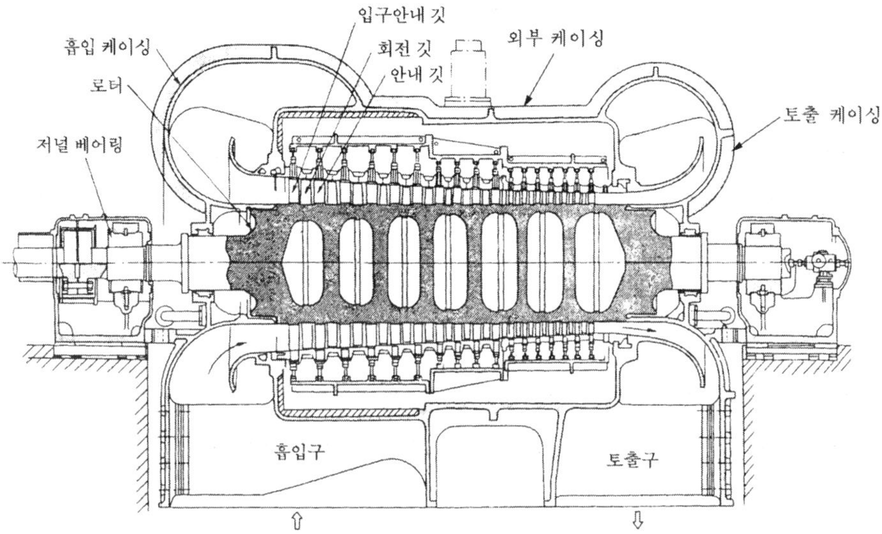

[그림 11·11] 축류압축기의 단면도

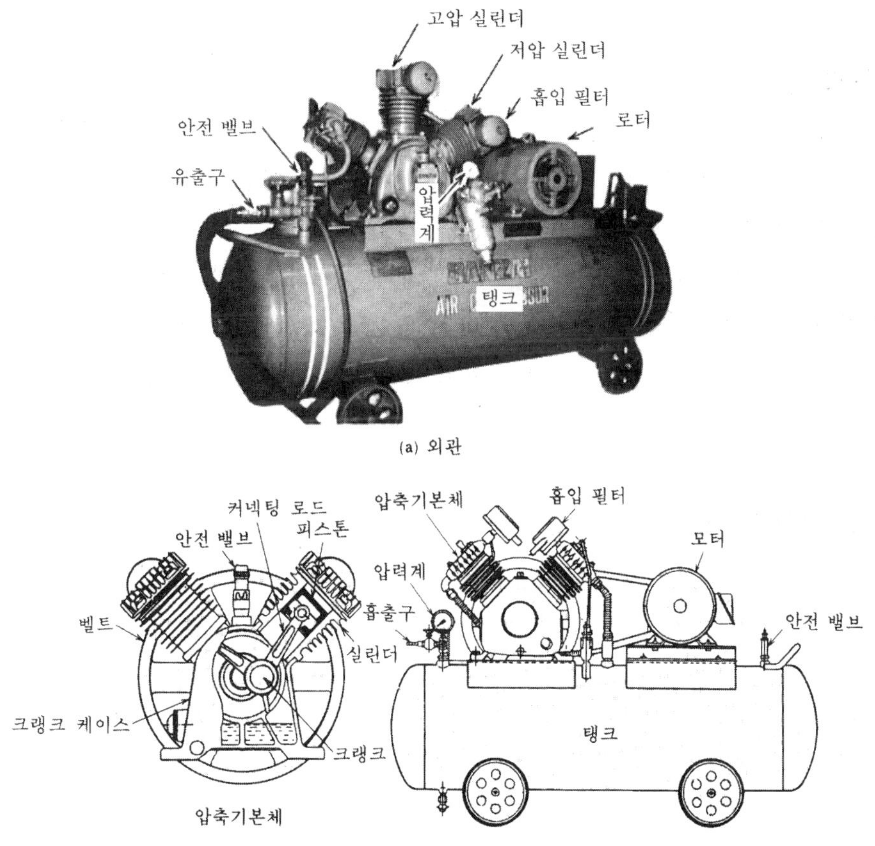

(a) 외관

(b) 구성

[그림 11·12] 왕복압축기

2) **축류압축기**(axila compress) : 회전 깃(moving blade)과 안내 깃(fixed blade)을 다단으로 배열한 것이 사용된다. 제트 터빈, 가스 터빈의 압축기로 사용되거나 고로의 송풍용으로도 사용된다[그림 **11 · 11**].

3) **왕복압축기**(reciprocating compressor) : 왕복압축기[그림 **11 · 12**]는 실린더 내의 기체를 피스톤으로 압축하는 방식이다. 공기 압력이 높고 비교적 소량의 경우에 적합하다. 대개 압력은 2~14 kgf/cm^2(200~1400 kPa)이다. 특히 큰 풍압과 대풍량용에는 축류식이 사용된다.

그 외에도 송풍기나 압축기로 압축한 공기를 이용하는 작업기계에는 단조용의 공기해머, 광산용이나 공사용의 착암기, 공기 수공구로 공기 드릴 · 공기정 · 리벳기 · 도장용 스프레이 건 등이 있고, 전차나 버스 등 문의 개폐에도 사용된다.

11-4 유압장치 및 공기압장치

1 유 · 공압 장치

유압장치 및 공기압장치는 각각 압력이 높은 오일이나 공기를 이용하여 기계를 움직이는 장치로 각종 기기류를 관로로 연결한 것이다. 어느 것이나 유체를 이용하는 장치이므로 장치의 구성요소는 비슷하지만 작동특성에는 제각기 특징이 있다.

이들 장치는 소성가공이나 절삭가공용의 공작기계, 건설기계, 하역기계, 차량 및 항공기 등의 근대산업의 넓은 분야에 걸쳐 이용되고 있다. 또 조립장치를 비롯하여 기계의 자동화장치로서도 급속한 발전을 하여 이용되는 분야가 확대되고 있다. 이곳에서는 두 장치의 구성과 주요 기기를 간단히 비교하는 것으로 끝낸다.

2 유 · 공압 장치의 구성

유 · 공압 장치는 외부에서 기계적 에너지를 오일이나 공기에 주어 압력을 발생시키고, 고압으로 된 유체에 의해 에너지를 실린더 등에 공급하여 기계적 일을 시키는 장치이다.

유 · 공압 장치는 [그림 **11 · 13**], [표 **11 · 1**]과 같은 요소로 구성되어 있다.

유압 실린더 · 공기압 실린더 및 유압 모터 · 공기압 모터 등과 같이 유체가 가지고 있는 에너지를 기계적 일로 변환시키는 요소를 액추에이터(actuator)라 한다.

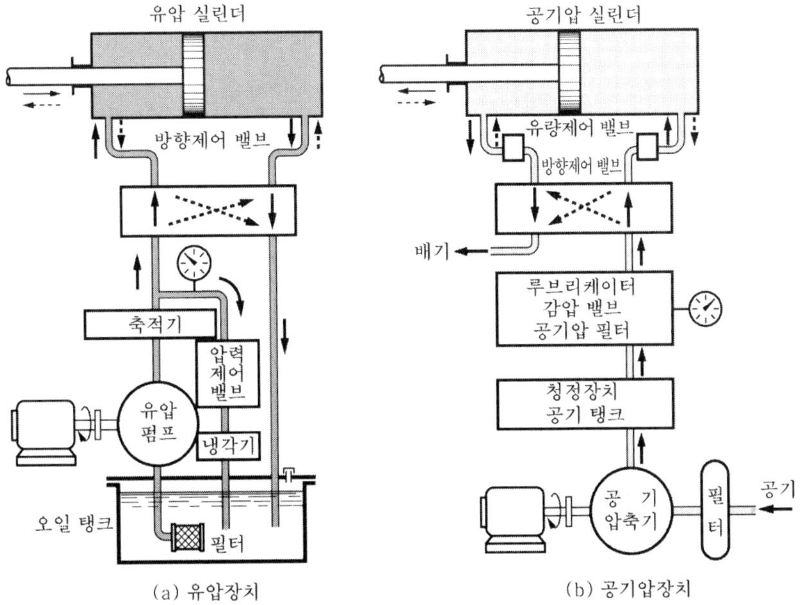

[그림 11·13] 유압 및 공기압 장치의 주요 구성비교

[표 11·1] 유 · 공압장치의 구성부분 비교

구 성 부 분	유 압 장 치	공 기 압 장 치
압력을 발생시켜 축적하는 부분	유압 펌프 어큐뮤레이터1)	공기압축기 공기 탱크
기계적 일을 하는 부분	유압 실린더 유압 모터	공기압 실린더 공기압 모터
압력의 전달 · 제어를 하는 부분	각종의 밸브와 배관	
기타 부분	오일 탱크 냉각기(cooler) 필터 등	공기압 필터 · 에프터 쿨러2) 에어 드라이어 · 소음기 등 루브리케이터3) 등

3 유 · 공압 장치의 이용

유 · 공압 장치는 여러 분야에 광범위하게 사용된다. [그림 **11 · 14**]는 유압 펌프에서 나오는 오일을 직접 유압 모터에 공급하여 차량 바퀴를 회전시키는 구동방법의 보기이다. 제어 밸브나 오일 탱크가 없는 것이 특징이다.

1) 오일을 가압상태에서 축적히는 장치(accumulator)
2) 공기압축기에서 토출된 공기를 냉각하는 장치(after cooler)
3) 오일을 안개상태로 만들어 공기의 흐름과 함께 공기압축기 내에 보내는 장치(lubricator)

[그림 11 · 15]는 엑츄에이터에 공기압 실린더를 사용하여 공작물을 잡는 장치의 보기이다.

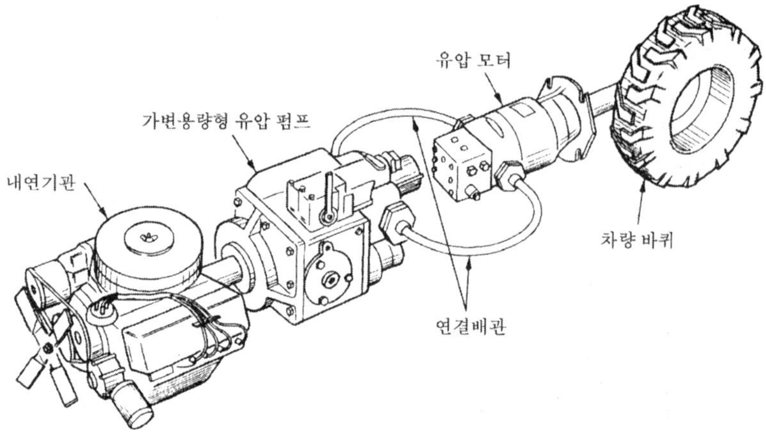

[그림 11·14] 유압구동의 보기

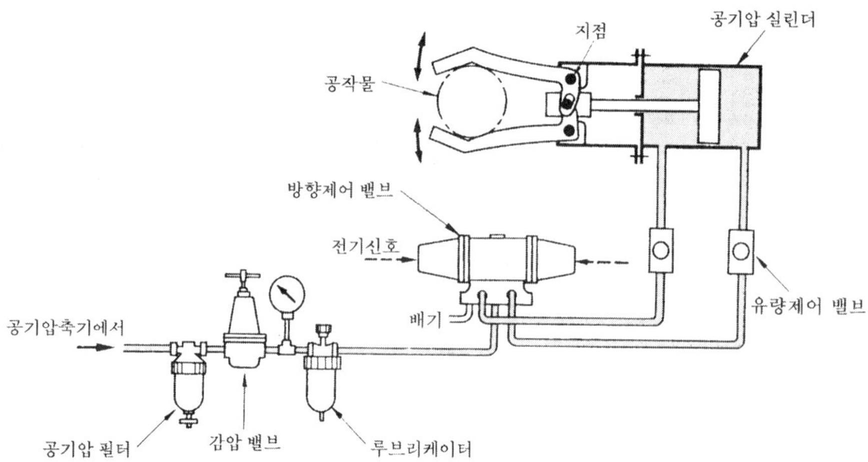

[그림 11·15] 공기압 실린더를 사용한 보기

4 유 · 공압 장치의 주요기기

유압장치의 주요기기는 유압 펌프 · 액츄에이터 · 유압제어 밸브 · 압력제어 밸브 · 방향제어 밸브 · 유량제어 밸브 등이며, 공기압 장치의 주요기기는 공기압 발생장치 · 공기압 모터 · 압력제어 밸브 · 기압제어 밸브 · 방향제어 밸브 등이다.

11-5 냉·난방 기기와 공기조화

1 냉동기계

대기 중에서 물체로부터 열을 빼앗아 온도를 낮게 하는 것을 냉각(cooling)이라 하고, 대기압 이하로 냉각하는 것을 냉동(refrigeration)이라고 한다.

(1) 냉동의 원리

일반적으로 액체는 가열이나 감압을 하면 기화하고, 기체는 냉각 또는 가압하면 액화한다. 이 현상을 이용하여 [그림 11·16]과 같이 작동유체는 오른 쪽으로 흐르는 사이에 가열·감압·방열·가압 등에 의해 액체 → 기체 → 액체로 상태변화를 연속하면 기화할 때 주위에서 열(증발열)을 빼앗기 때문에 용기의 내부는 연속하여 냉각되고 저온도를 유지할 수 있다.

이 연속변화의 반복을 냉동 사이클이라 하며, 이 사이클을 가진 냉동장치가 냉동기(refrigerating machine, refrigerator)이다.

냉동장치에서 [그림 11·16]과 같이 상태변화를 하면서 저온물체에서 고온물체로 열을 운반하기 위해 증발할 때 주위로부터 열을 흡수하는 작동유체를 냉매(refrigerant)라 한다.

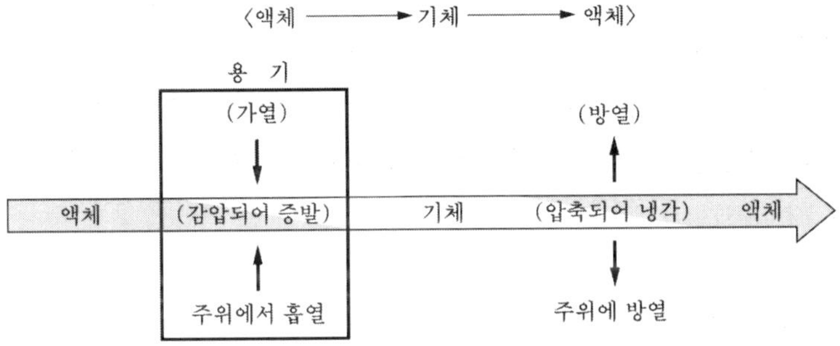

[그림 11·16] 냉동작용

[그림 11·17]은 냉동 사이클을 행하는 냉동장치의 보기로 압축기에 의해 냉매를 액화시키는 방식으로 가장 많이 사용되며, 이것을 증기압축 냉동기라 한다. 냉매를 압축하면 고온·고압의 가스가 되고 이것을 응축기에서 냉각하면 고압의 액체가 된다. 이 고압액화된 냉매가 수액기에서 팽창 밸브를 통해서 증발기에 보내지면 액체는 급격하게 팽챙하여 가스화된다. 이 때는 기화잠열을 필요로 하며 증발기의 주변에서 열을 빼앗는다. 그 결과 냉각이 되는 것이다. 이 원리를 응용하여 제빙·냉장·냉방에 사용되는 기계가 냉동기이다.

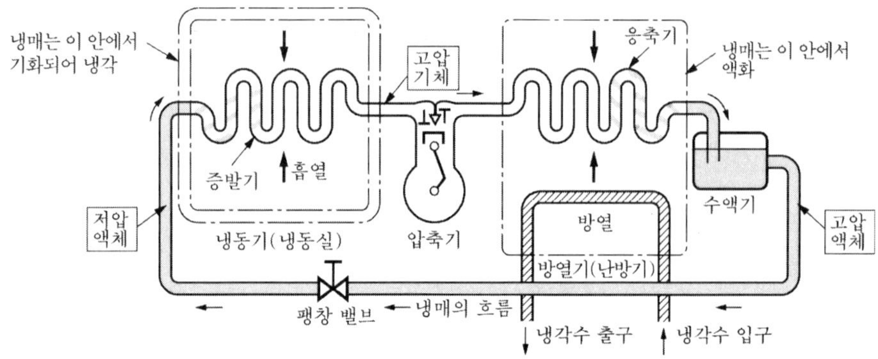

[그림 11·17] 증기압축 냉동장치의 구성

(2) 냉동장치의 구성

냉동장치에는 그 목적에 따라 여러 종류가 있으나 대체로 압축기를 가진 형식이 많이 사용된다. 냉동기는 **압축기**(compressor) · **응축기**(condenser) · **팽창 밸브**(expansion valve) · **증발기**(evaporator) 등의 기본기기와 압축기용의 원동기로 구성되며, 필요에 따라 부속기기가 부착된다. 여기서 압축기와 응축기는 액화장치이고 압축기에는 증발기에서 나오는 저온의 냉매증기를 흡입, 그 압력을 응축압력까지 높이는 기능이 요구된다. 한편 팽창 밸브와 증발기는 냉매의 기화장치이며, 먼저 고압의 냉매액은 팽창 밸브에 의해 저압의 냉매액이 된다. 증발기는 냉매를 기화시킴에 따라 냉각되는 물체로부터 흡열을 한다.

냉각방식은 냉매가 전열면을 매개로 직접 냉각하는 **직접팽창식 냉동**(direct expansion system of refrigeration), 물이나 프레온의 2차 냉매를 매개로 냉각하는 **간접냉각식 냉동**(indirect system of refrigeration)으로 나눈다.

2 냉 · 난방과 공기조화

(1) 열 펌프

냉동기는 증기기관이나 내연기관 등의 열기관과 비교하면 그 작동이나 열의 흐름이 반대로 되어 있다. "열기관에서는 고온물체에서 열을 흡수, 그 일부를 외부에 일로 바꾸고 나머지를 저온물체로 옮기는데, 냉동기는 외부에서 일을 공급받아 저온물체에서 열을 흡수하고 고온물체로 열을 내보낸다."

따라서 고온측(응축기)으로 향하는 열의 이동을 본다면, 냉동기는 저온측(증발기)에서 열을 끌어 들여 물체를 가열하는 작용을 하는 것을 알 수 있다. 이 작용을 응용하여 난방이나 급탕 등의 가열을 하려고 할 때 이것을 열 펌프(heat pump)라 한다.

(2) 공기조화

겨울철에는 외기의 온도가 낮을 때 실내의 온도가 12~20℃ 정도로 유지하는 게 난방의 목적이다.

난방에는 저압증기를 **방열기**(radiator)에 공급하여 실내를 따뜻하게 하는 **직접 증기난방**, 증기 대신에 온수를 사용하는 **직접 온수난방**, 가열한 공기를 필요한 장소에 보내는 **온풍난방**, 벽·천장·바닥면 등에 열원(온수 또는 전열)을 묻어 비교적 낮은 온도의 넓은 면적에서의 복사·대류에 의해 따뜻하게 하는 **복사난방** 등이 있다.

실내 공기의 온도나 습도의 조절, 공기의 청정화를 위해서 사람의 거주, 물건의 저장 등 그 장소의 사용목적에 따라 적당한 상태로 유지하는 것을 공기조화(air conditioning)라 하며, 사용하는 장치가 **공기조화장치**(air conditioner)이다.

공기조화는 여름철에는 실내의 온도를 바깥 온도보다 낮게 하는 경우가 많은데, 이것을 **냉방**(room cooling)이라 한다. 냉방에는 쾌적한 생활과 일을 하기 위한 보건의 목적과 공장에서 제품을 만들거나 연구실 등에서 필요한 온도·습도를 유지하기 위한 목적도 있다.

[그림 **11·18**]은 공기조화장치의 회로도를 나타낸다. 냉방 때와 난방 때에는 냉매의 유동방향이 반대로 되고 4방향 밸브를 변화시켜 작동을 수행한다. 냉동기는 열 펌프로 사용되나, 압축기 외부에서 주어지는 일도 가열용에 이용되므로 유리하게 된다(에너지 보존법칙).

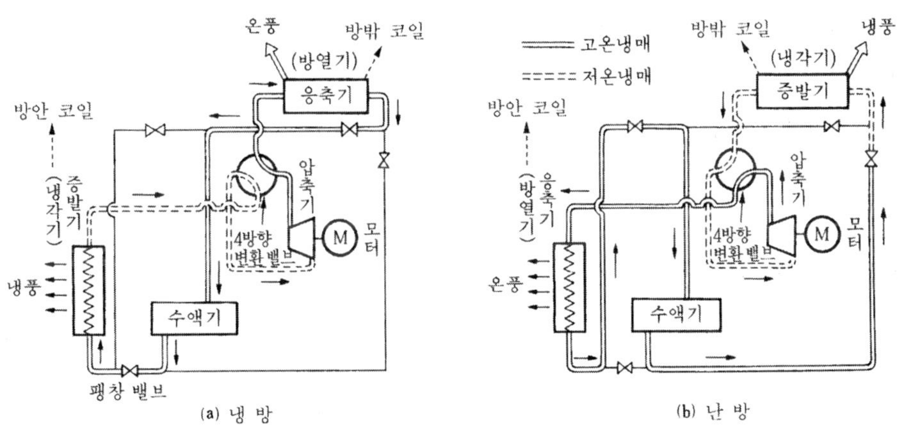

[**그림** 11·18] 열 펌프

(3) 냉동장치

냉동장치에는 그 형식·용도에 따라 여러 가지가 있으나 압축기가 있는 것이 많이 사용되며 압축기의 형식에 따라 체적식과 터보식으로 크게 분류한다. 체적식에는 다시 왕복동식과 회전식으로 나누나 회전식은 여러 가지가 있다. 자동차에 사용되는 공기조화, 전기냉장고는 로터리 베인식이 많다. 그러나 압축기가 없는 흡수냉동기 등이 있다.

11-6 인쇄기계

인쇄기계는 활자문화를 많이 접하고 있는 우리들로서는 인쇄가 어떻게 이루어지고 있는지를 이해하는 것도 필요하다는 판단에서 이 부분을 새로이 추가하였다.

1 인쇄

인쇄(printing)라 함은 문자나 그림 · 사진 등을 종이나 기타 물체(셀로판 · 폴리에틸렌 · 비닐 · 목재 · 유리 · 도자기 · 알루미늄 · 함석판 등)의 표면에 일정한 기계적, 화학적 방법으로 옮겨 찍어서 여러 번의 복제물을 만드는 일을 말하며 인쇄를 하는 기계를 인쇄기계라 한다.

인쇄의 과정은 컴퓨터 조판이 아닌 일반적인 경우 인쇄소에서는 들어온 원고에 따라 활자를 줍고(문선공정), 다음에 그 활자들을 책의 규격에 맞도록 짜맞춘다(식자 · 조판공정), 짜인 판은 교정을 보아 잘못된 곳의 활자는 바꾸어 바르게 고친다(정판). 인쇄부수가 적을 때에는 이 짜인 판을 그대로 사용하여 인쇄를 하고(현판인쇄) 해판(解版)하며, 인쇄부수가 많을 때는 그 판으로 지형을 뜨고 그 지형에 연판지금(鉛板地金)을 부어 판을 떠서 이것으로 인쇄한다. 활자는 납 · 주석 · 안티몬의 삼원합금으로 되어 있다.

근래에는 사진과학 · 전자공학 · 합성수지공업의 발달로 인쇄는 계속 새로운 기술이 생겨나 입체사진 인쇄 · 전자사진 인쇄 · 화장판 건축재인쇄 · 직물용 날염인쇄와 비닐 · 폴리에틸렌에 복제하는 인쇄를 촉진하고 있다.

2 인쇄기계의 종류와 특징

인쇄기를 구성하는 요소는 종이를 운반하는 장치, 잉크 장치, 판을 고정시키는 장치, 가압장치 등 네 부분으로 되어 있다.

인쇄판식으로 분류하면 凹판 · 평판 · 凸판 등 세 종류가 있고, 인쇄압력을 주는 방식으로 보면 평압식, 원압식, 윤전식의 세 가지로 나뉜다. 또한 인쇄 색 도수로 보면 단색(1색) · 2색 · 4색 · 5색 · 6색 · 8색(양면인쇄) · 10색(양면인쇄) 등이 있다.

(1) 평압기

인쇄판이나 압력을 주는 장치가 서로 평면으로 만들어진 가장 원시적인 구조로서, 인쇄속도는 시간당 1,800장 정도이며, 볼록판 인쇄의 소량인쇄, 즉 명함 · 카드 등의 인쇄에 사용된다.

(2) 원압기

인쇄판은 평면이고 압력을 주는 부분이 원통형으로 되어 있다. 평압식보다 인쇄속도가 빨라 시간당 3,600장 정도를 인쇄할 수 있다. 凸판인쇄의 중간정도의 부수, 1000~1만매 정도의 인쇄물을 인쇄하는 데 주로 사용된다.

(3) 윤전기

인쇄판과 압력을 주는 부분이 모두 원통형으로 되어 있는 인쇄기로서 각 인쇄방식에서 이 방식의 인쇄기를 많이 사용한다. 이 종류의 인쇄기에는 낱장 종이를 사용하여 한 장씩 들어가는 교엽기(校葉機, sheet-fed offset press)와 두루마리 종이를 사용하는 웹 윤전기(web-fed offset press)가 있는데 윤전기 인쇄라 하면 후자를 지칭한다.

교엽기는 정밀을 요하는 최고급 인쇄에 적합하고 시간당 12,000장까지 인쇄된다. 웹윤전기는 신문·잡지 등 대량인쇄에 적합하며 시간당 40,000만 정도이나 신문용은 100,000매까지 인쇄할 수 있다. [그림 **11·19**]는 인쇄기계의 형식이다.

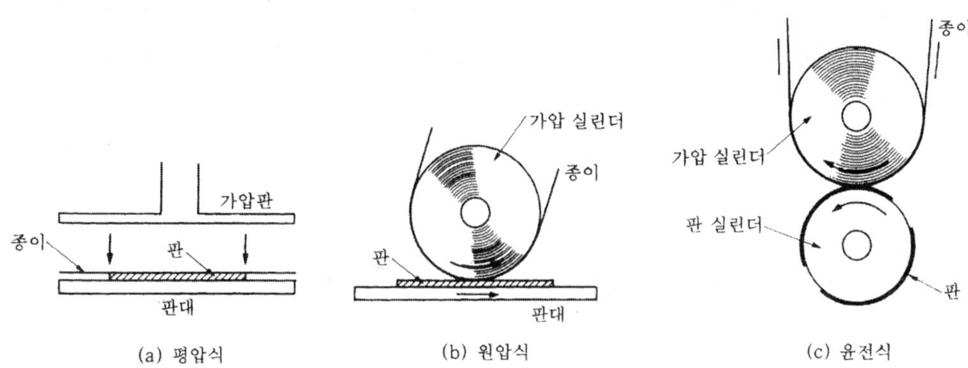

[**그림 11·19**] 인쇄기계의 형식

3 판형으로 본 인쇄의 종류

(1) 凸판 인쇄

볼록판 인쇄는 활자를 판에 짜맞추어 이것으로 직접 인쇄하는 원판인쇄의 경우와 이 원판에서 지형을 만들고 여기에 납을 부어 주조한 납판으로 인쇄하는 경우가 있으며 보통 활판인쇄라 부르고 있다. 문자의 인쇄가 주종이나 사진판이나 그림판을 동시에 짜맞춰서 판을 만들어 인쇄할 수도 있다. 비교적 인쇄부수가 적을 때는 원판인쇄를 하지만 신문·책과 같이 부수가 많을 때는 납판을 만들이 인쇄한다.

凸판 인쇄기에는 여러 가지 형식이 있으나 현재 널리 사용되고 있는 것이 원압식 정지원통형 인쇄기 · 2회전 凸판 인쇄기 및 철판윤전기이다.

원압식 정지원통형 인쇄기는 스톱 실린더식이라고 불리며 활판은 판대에 부착되어 왕복운동한다. 인쇄되는 행정에서는 가압 실린더는 판면과 접촉되면서 회전하나 되돌아올 때는 가압 실린더는 정지되고 이 밑을 통해서 판면이 원위치로 되돌아오는 메커니즘으로 되어 있다.

(2) 평판인쇄

평판인쇄는 일반적으로 오프셋(offset) 인쇄를 뜻한다. 오프셋 인쇄는 그림 · 사진 등의 인쇄에 적합하나 문자의 인쇄에도 사용된다. 오프셋인쇄는 凸판 인쇄의 경우와 달라 원판에서 일단 고무판으로 된 가압 실린더에 잉크를 옮겨 이 고무원통으로 종이에 인쇄하는 방식이다. 최근에는 평凹판이 완성된 결과 강력한 인쇄가 되어 판재나 제판비가 싸 대형의 인쇄에 적합하다. 종이 표면이 거칠어도 선명한 인쇄가 되므로 월간잡지 · 주간잡지의 표지나 사진화보, 지도 · 포스터 · 캘린더 · 카탈로그 등 그림이나 사진이 많은 인쇄물에 주로 쓰인다.

(3) 凹판 인쇄

凸판과 반대로 판의 인쇄부분이 오목하게 들어간 凹판에 의해 인쇄하는 것을 말한다. 凹판 인쇄에는 조각 오목판과 그라비어(gravure) 등이 있으며, 조각인쇄는 지폐나 증권, 우표 등의 인쇄에만 사용된다.

그라비어란 사진재판에서 사용하는 스크린을 이용하여 판을 만드는 사진 오목판 인쇄를 말

[표 11·2] 인쇄 및 판의 형식

형 식	판의 형식	인 쇄 방 법
凸 판 인 쇄		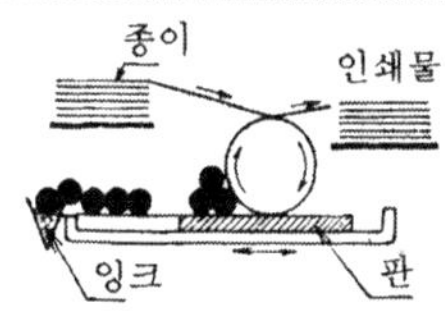
평 판 인 쇄	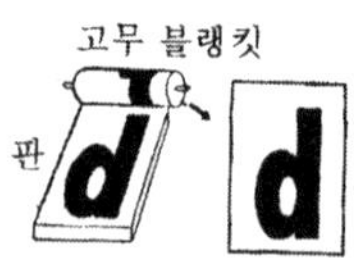	
凹 판 인 쇄	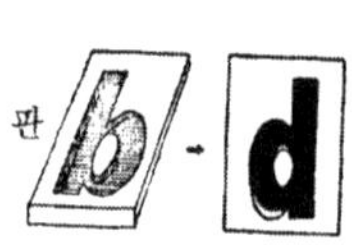	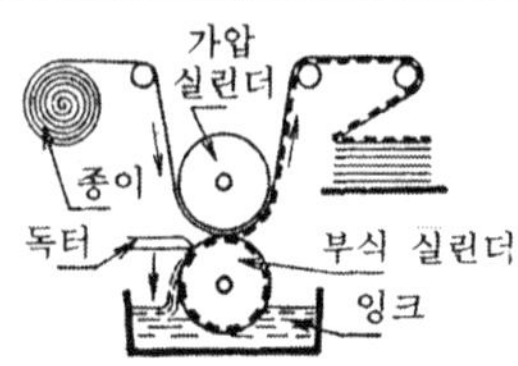

한다. 조각 오목판과 그라비어 판과의 차이는 화상이 망점으로 되어 있느냐 아니냐에 있다. 그라비어 인쇄는 구리 또는 둥근 구리판을 부식시켜 만든 오목의 깊이에 따라 잉크 피막의 두께를 변화시켜 농담(濃淡)이 아름답게 나타나도록 할 수 있다. 판의 제작은 어려우나 다색인쇄의 사진 등의 인쇄에는 가장 좋은 효과를 나타내는 인쇄이며, 비교적 싼값에 인쇄가 되므로 그 응용범위가 넓혀지고 있다. 그래서 凸판이나 평판에서는 할 수 없는 인쇄가 가능하다.

[표 **11 · 2**]는 인쇄 및 형식을 표시하고 있다.

제12장 계측과 자동제어

12-1 공업에서의 계측

1 계측의 필요성

공장에서는 먼저 구매한 재료의 수량이나 품질을 검사한다. 제조공정에서는 가공, 변형, 운반 등의 앞뒤 또는 중간에 중간검사를 반복하여 합격품만을 선별하고 다음의 공정에 보낸다. 또 여러 가지 제품은 품질검사, 성능검사를 하여 좋은 제품만을 출고시킨다. 이렇게 원료의 구매에서 제품의 출고에 이르기까지 곳곳에서 검사·시험이 빈번히 이루어진다. 이와 같은 물품의 선별 검사는 품질을 보증하고 불량품을 가공한다는 무리를 없애기 위해 절대로 필요한 것이다.

그러나 이와 같은 검사에 의해서도 이미 만들어진 제품의 품질은 향상시킬 수는 없고 또 생산 합리화면에서도 대단히 소극적인 방법이다.

그래서 한 걸음 나아가 검사의 대상을 생산 공정에서의 기계장치, 중간제품의 질 및 양, 작업방법이나 작업조건의 면에까지 확대한다. 그렇게 해서 조사결과를 불량한 상태가 재발되지 않도록 다음에 만들어지는 제품에 반영하는 자료로 삼는다면 품질의 안정, 품질의 수준향상에 기여할 수 있다.

근대공업에서는 기술의 발달과 수요의 증가로 각종 생산 공업은 대량생산방식이 되고, 기계도 고속화·고기능화하여 고도의 품질을 요구함에 따라 위와 같은 방법으로는 필요한 제품을 만들 수 없어 자동장치가 개발되기에 이르렀다. 자동장치에서는 생산 공정의 운전이나 조업 중에 측정을 반복하여 필요한 품질을 자동적으로 생산한다. 따라서 측정과 제어는 수동으로 조작하는 단계에서는 분리되어 있었으나 자동단계에는 밀접하게 관련되어 있으며, 그래서 계측은 특별히 필요하게 된 것이다.

공업의 생산과정에서 이루어지는 계측을 **공업계측**(industrial instrumentation)이라 하고, 여기서 **계측**(instrumentation)이라 함은 사물의 상태를 측정 · 제어하기 위한 방법 · 장치 · 측정 및 거기에 따르는 처치를 고안 실시함을 뜻한다.

공업에서 계측기를 사용한 계측 · 제어에 의한 조업을 **계측조업** 또는 계측운전이라 하며, 공정에 이와 같은 장비를 마련하는 것을 **계장**(計裝 ; 계측화)이라 한다. 또, 계측기를 사용한 생산 공정을 관리하거나 합리화를 추구하는 것을 **계량관리**(계측관리)라 한다.

2 계측의 기초

(1) 계측

어떤 사물의 상태(제품의 성질, 생산설비 및 자연계의 상태 등)를 명확하게 하려면 감각기관(눈, 귀, 코, 혀, 피부)을 통해서 조사해야 한다. 이런 경우 온수, 냉수하는 **정성적** 표시로는 사람의 감각은 정확도가 다르고, 같은 사람이라도 그 때의 상황에 따라 다르기 때문에 몇 ℃의 물이라는 식으로 **정량적**으로 표시할 필요가 있다. 여러 가지 사실을 이와 같은 양으로 표시하면 보편적인 표시방법을 기록할 수 있다. 이렇게 양을 수치를 사용하여 표시하는 조작을 **계측**이라 한다.

(2) 기준량

어떤 양을 계측할 때 기준량과 비교하여 그 배수로 표시한다. 둥근 막대 3.5 m라 하면 기준량 1 m의 몇 배다라는 식으로 표시한다. 이 기준량을 **단위**(unit)라 한다. 측정의 대상이 되는 양에는 여러 가지가 있어 기본적인 물리량, 즉 길이 · 질량 · 시간 등을 기준량으로 하고 그 외의 양은 기본적인 양을 조합하여 표시하도록 하고 있다.

(3) 정확도와 오차

측정에 의해 얻어진 값(측정 값 : measured value)에서 실제의 값(true value)을 뺀 것을 오차(error)라 한다. 이 때 오차가 작은 측정일수록 정확도(accuracy)가 높은 계측이라 한다. 측정을 할 때에는 되도록 정확한 값이 얻어지도록 노력하지만 측정에는 오차가 수반되며 오차와 오차율은 다음과 같이 표시한다.

$$\text{오차} = (\text{측정 값}) - (\text{실제 값}) \tag{12·1}$$

$$\text{오차율} = \frac{\text{오차}}{\text{실제 값}} \times 100(\%) \tag{12·2}$$

또, 오차의 종류는 계통적 오차와 우연오차로 나눈다.

1) **계통적 오차**(systematic error) : 일정한 원인에 의해 규칙적으로 일어나는 오차이며 온도, 습도, 압력 등 외부의 영향으로 생기는 규칙적 오차 이외에 측정기 자체의 고유 오차인 측정기 오차(instrumental error)와 측정자의 버릇, 부주의, 미숙련으로 인해 생기는 개인 오차(personal error)가 있다. 특히 측정자의 부주의에 의한 오차를 과오(mistake)라 부른다. 이 오차는 원인을 알면 시정할 수 있다.

2) **우연 오차**(accidental error) : 같은 장치에 의해 같은 방법으로 측정하여 계통적 오차를 시정하였음에도 측정 값이 일치되지 않고 조금씩 틀린 결과가 생긴다. 이 오차는 전혀 우연적인 원인(측정실 내의 기온의 미소변동, 공기의 요동, 측정대의 미소진동, 관측자의 주의력이나 감각의 변동 등)이 겹쳐서 생긴다고 보고 있다. 이 오차는 피하기가 매우 어렵다. 따라서 이를 제거하기 위해서는 같은 측정을 여러 번 반복하고 측정 값의 빈도(頻度)분포를 잡아 최적 값을 나타내는 방법을 사용하고 있다.

측정 값의 표시는 평균 값과 함께 필요에 따라 다음에 설명하는 모집단의 표준편차(standard deviation)로 표시하도록 하고 있다. 표준편차는 n개의 측정 값의 오차를 제곱하고 $(n-1)$로 나누어 얻은 평균 값을 제곱근의 값으로 표시한다.

(4) 측정 값의 취급

계측량은 보통 숫자를 사용하여 표시하는데 수학적 계산과 공학상에서 표시하는 의미가 다르다. 보기를 들어 3.239라는 숫자는 수학적으로는 3.24900……이라는 의미가 있으나 공학상에서는 끝자리의 숫자는 사사오입한 결과 9가 된 것으로 측정 값 M은 다음의 범위에 있다.

$$3.2485 \leq M < 3.2495$$

일반적으로 측정 값은 그 끝자리의 숫자까지 의미가 있고 그 밑의 자리에 대해서는 알 수 없다. 이와 같이 의미가 있는 숫자를 유효 숫자(significant figure)라 한다.

가감의 계산은 오차가 최대인 측정 값의 끝자리보다 한 자리 낮추어 계산하고 마지막 자리를 사사오입하여 답으로 한다.

$$\text{(i)}\ 23.1 - 0.043 + 1.3468 = 24.4038$$

$$\text{(ii)}\ 23.1 - 0.04 + 1.35 = 24.41 \fallingdotseq 24.4$$

(i) 은 수학적 계산이지만 측정 값일 경우 (ii)와 같이 계산한다. 곱셈 · 나눗셈의 계산은 전부의 자릿수를 유효 숫자의 최소 자리수로 맞추어 계산한다.

지름 $a = 63.21\,\text{mm}$, $b = 8.4\,\text{mm}$의 곱셈을 하면 $a \cdot b = 530.964\,\text{mm}^2$가 되지만 오차의 범위를 조사하면

$$63.205 \leqq a < 63.215$$

$$8.35 \leqq b < 8.45$$

$$63.205 \times 8.35 \leqq a \cdot b < 63.215 \times 8.45$$

$$527.76175 \leqq a \cdot b < 534.16675$$

가 되는 a는 유효 숫자 4자리까지 계산해도 무의미하게 된다.

같은 계산을 처음부터 유효 숫자 두 자리로 해서 계산하면

$$a \cdot b = 63 \times 8.4 = 529.2 \fallingdotseq 5.3 \times 10^3 \text{mm}^2$$

이와 같이 유효 숫자를 최소 자리수로 맞추어 계산하면 계산이 편리하고 또 계산의 틀림을 막을 수 있다.

3 계측계의 구성

계측계의 구성을 표시하면 [그림 **12 · 1**]과 같다. 측정대상에서 측정량을 검출부(sensor)로 검출하여 신호로 변화시키고 전송부(transmitter)에 보내며, 이 곳에서 증폭시켜 전송신호로 바꾸고 표시부에 보내어 이 곳에서 지시, 기록을 하게 된다.

지금 수은온도계로 유리 그릇에 담긴 물의 온도를 측정하는 경우, 측정대상은 뜨거운 물이고 수은을 넣은 온도계의 둥근 부분은 검출부가 된다. 온도는 둥근 부분 부피의 팽창으로 바뀌고 수은의 부피 변화에 관계되는 시호는 모세관 중의 수은의 길이로 전송되어 유리관에 새겨진 눈금에 의해 지시된다[그림 **12 · 2**].

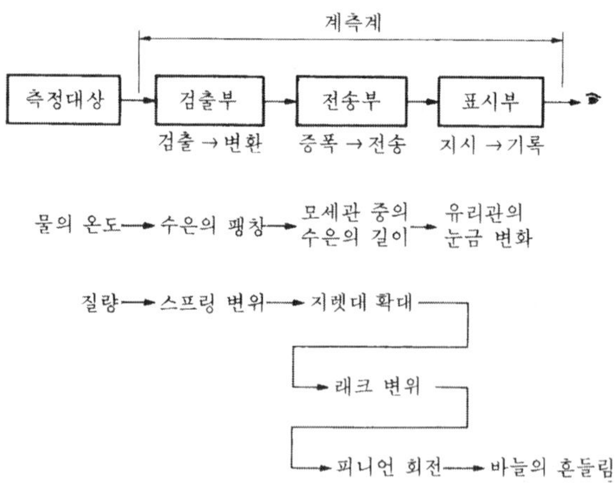

[그림 12·1] 계측계 구성

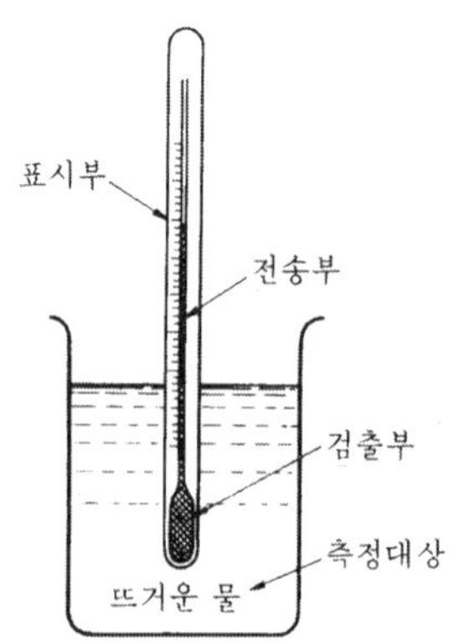

[그림 12·2] 물의 온도 측정

4 계측량의 변화

검출부에서 검출된 측정량은 무엇인가의 방법으로 한번 다른 계측량으로 변화된 후 확대, 지시되는 게 보통이다. 여기서는 변형의 방법을 ① 기계적 변환, ② 광학적 변환, ③ 전기적 변환, ④ 유체적 변환, ⑤ 기타의 변환으로 나누어 설명한다.

(1) 기계적 변환

변위의 확대는 [그림 12 · 3]과 같이 지렛대, 기어, 나사, 탄성 지렛대에 의한 회전변위에의 변환이 많이 사용된다. 또 무게, 힘, 압력, 응력 등의 측정에는 코일 스프링, 링크 스프링, 벨로스, 부르동 관 등이 탄성체 변환기로 곧잘 이용되며, 그 보기를 [그림 12 · 4]에 표시한다.

회전속도－변위의 변환기로 원심력을 이용하는 원심조속기, 원심회전계가 있고 [그림 12 · 5], 온도를 변위로 바꾸기 위해서는 [그림 12 · 6]과 같이 선팽창계수가 다른 박판을 서로 겹

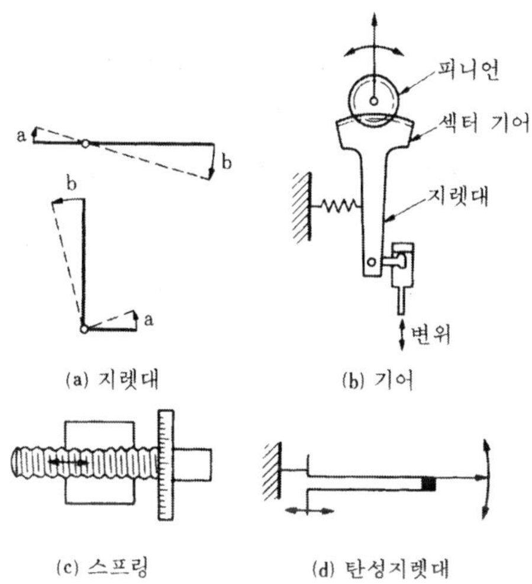

[그림 12·3] 변위의 확대

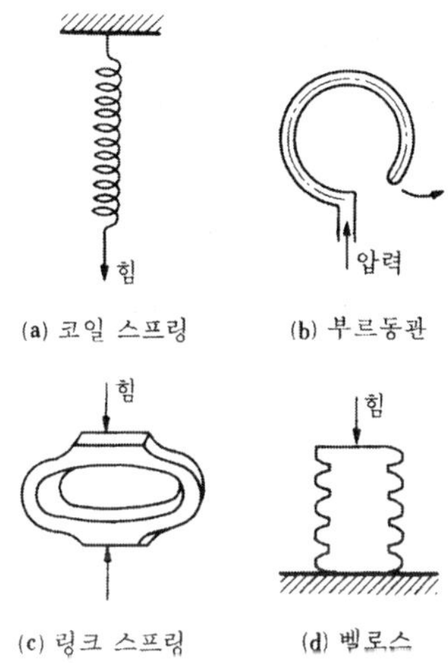

[그림 12·4] 탄성체 변환기

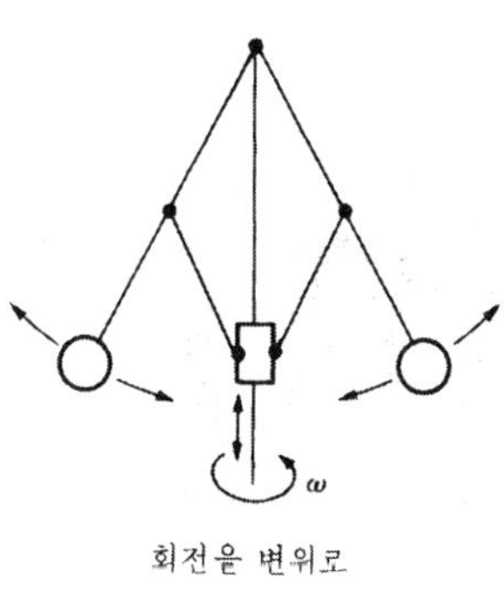

[그림 12·5] 원심식 변환기

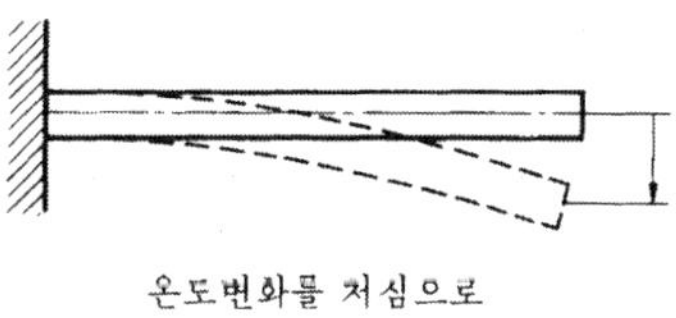

[그림 12·6] 바이메탈

친 것(바이메탈, bimetal)을 사용하여 온도변화를 끝부분의 처짐에 의해 검출한다. 또 유체의 유속, 유량의 측정에는 [그림 **12 · 7**]과 같은 깃차를 이용한 것이 있으며 가정용 수도계량기로 이용되고 있다.

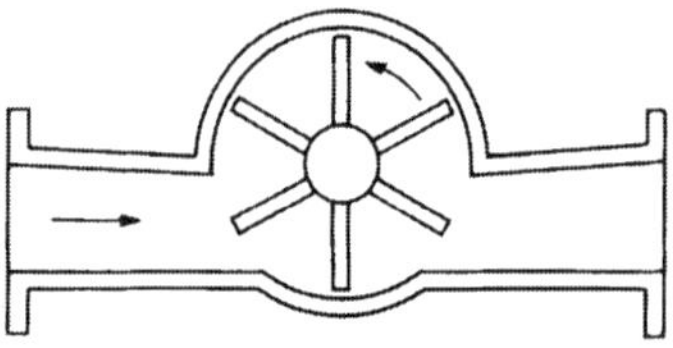

유량을 회전으로

[그림 12·7] 유량계

(2) 광학적 변환

[그림 **12 · 8**]과 같이 거울 M을 천천히 돌리면 광원 A에서의 반사광선은 확대되어 2θ가 되는 점 B로 진행한다. 이것을 **광(光) 지렛대**(optical lever)라 한다. 렌즈도 확대에 이용된다. [그림 **12 · 9**]와 같이 평행평면에 다듬질한 광학평판(optical plate)을 측정면 B와 미소각도 δ만큼 경사지게 하여 단색광을 비추면 광선의 일부는 A의 밑면에서 반사되고 나머지의 일부는 A를 투과 후 B면에서 반사되어 앞의 반사광과 비슷하게 된다. 따라서 이 두 광선의 광로차는 δ가 작을 때 AB 사이의 간극 d의 2배가 된다. 이 경우 명암(明暗)의 간섭 무늬가 생겨 凹凸(평면도)

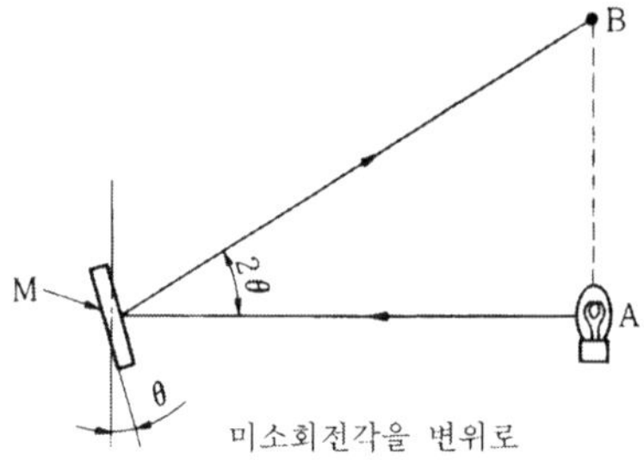

미소회전각을 변위로

[그림 12·8] 빛 지렛대

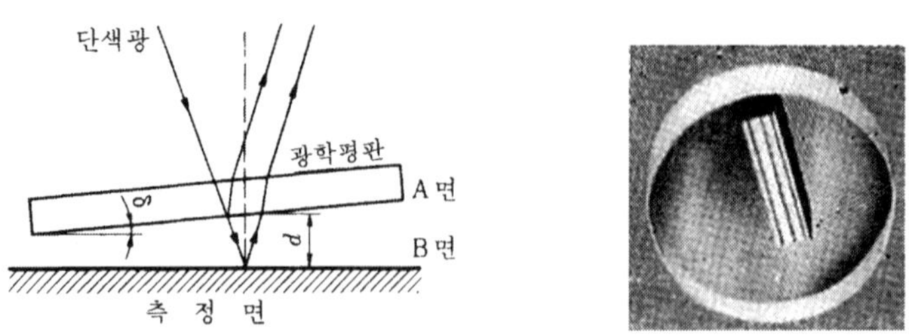

(a) (b)

[그림 12·9] 간섭 무늬

이 측정된다. 빛의 파장을 λ라 하면 무늬 사이의 높이 차는 $\frac{\lambda}{2}$가 된다.

(3) 전기적 변환

정전기효과(피에조 효과, piezo electric effect)를 가진 결정체인 수정, 로셀 염, 티탄산 바륨 등의 판에 압력을 가하면 가한 압력에 비례하는 기전력이 발생된다. 따라서 이 기전력으로 힘, 압력, 가속도, 진동 등을 계측한다. 또, 측정하고 싶은 온도를 [그림 12·10]과 같이 두 종류의 금속선 양쪽 끝을 접합한 **열전대**(thermo couple)의 한쪽 접점에 접촉시켜 온도차를 기전력으로 변화시킨다. 알칼리 및 알칼리 토류 금속의 매끄러운 면에 빛을 닿게 하면 기전력이 발생(**광전 효과**, photoelectric effect) 되는데 빛의 양의 전기변환에 사용된다. 이것을 이용하여 [그림 12·11]과 같이 변위의 측정이 된다. 자기장 내에 도전성이 있는 유체를 흐르게 하여 기전력과 유속의 비례관계에서 유량을 구하는 전자기 유량계가 있다.

임피던스(impedance) 변환으로는 변위를 [그림 12·12]에 표시하는 저항성 스트레인 게이지(wire strain gauge)에 의해, 온도변화를 서미스터(결정반도체, thermister)에 의해, 유속변화를 그 안에 넣은 가열된 백금선의 냉각정도에 따라 어느 것이나 저항변화를 찾아낸다. 또 힘, 진동 등을 **피에조 저항효과**(piezo resistance effect ; 외력을 가하면 변형에 비례해서 전기 저항이 변하는 현상)을 가진 결정체(실리콘, 게르마늄 등)에 가해서 생기는 저항변화에 의해 계

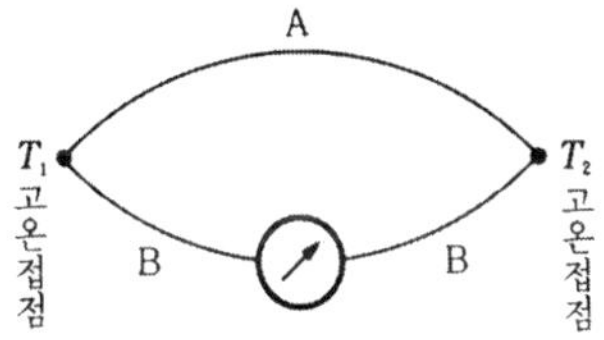

[그림 12·10] 열전대

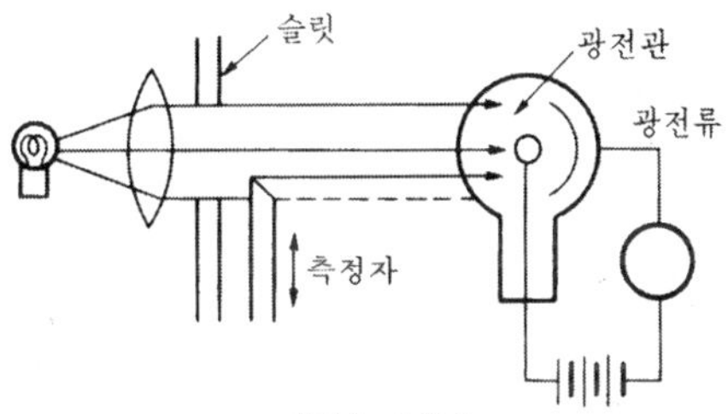

[그림 12·11] 광전관에 의한 단위 측정

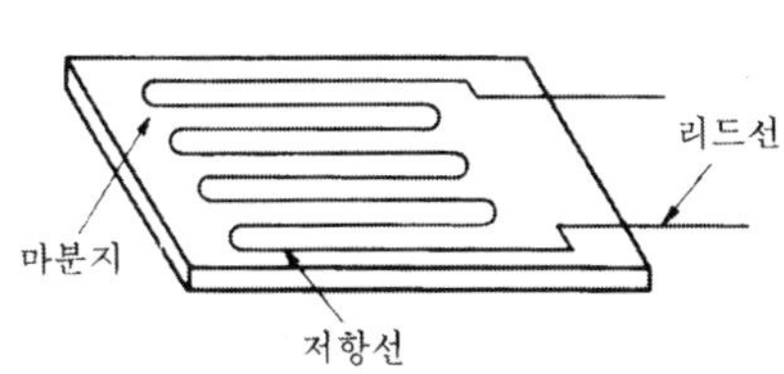

[그림 12·12] 저항선 스트레인 게이지

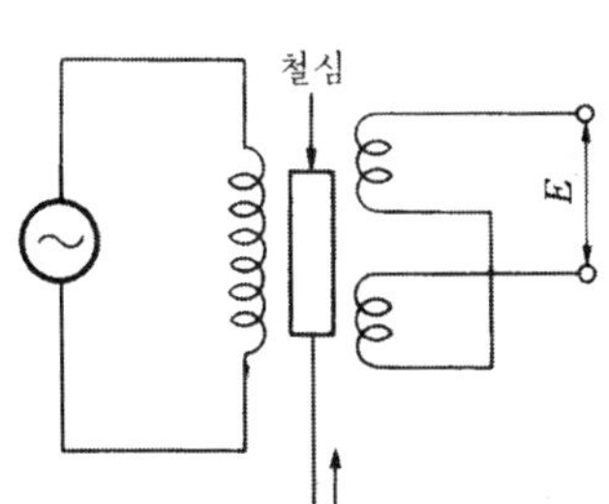

[그림 12·13] 차동변압기

측한다. 변위를 또 인덕턴스(inductance)의 변화로 변환시킬 수 있다. 이런 대표적인 보기는 [그림 12 · 13]에 표시하는 차동(差動)변압기로 널리 사용할 수 있다.

철, 니켈, 니켈 합금과 같은 강자성체에 자계를 가하면 변형이 생기며, 변형을 일으키면 변형에 대응해서 자화의 세기가 달라진다. 이 성질을 이용하여 힘을 전기량으로 변환시킨다. 이것이 정전용량변환이다[그림 12 · 14].

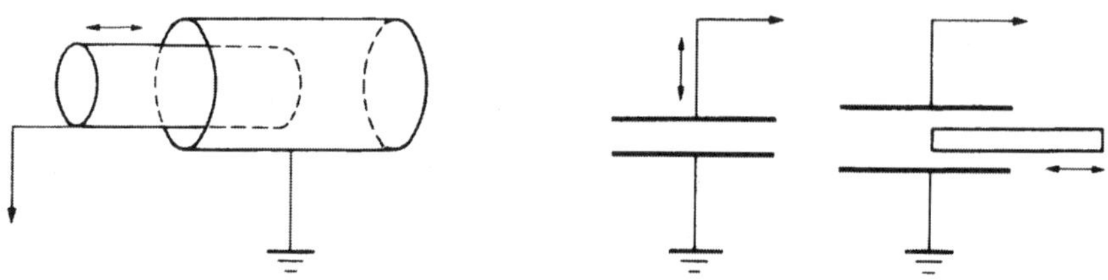

[그림 12·14] 용량변환기

(4) 유체적 변환

압력을 액체 기둥의 변화로 바꾸는 변환기로는 액주계(manometer)가 있다. 구조가 간단하며 정확도도 좋고 취급이 쉬워 널리 사용된다. 이 종류를 [그림 12 · 15]에 표시한다. 액체의 온도 변화에 따른 팽창을 이용한 유리 온도계가 있으며, 넣는 액체는 알코올, 수은이 있고 체온계, 한난계, 액온계로 사용된다.

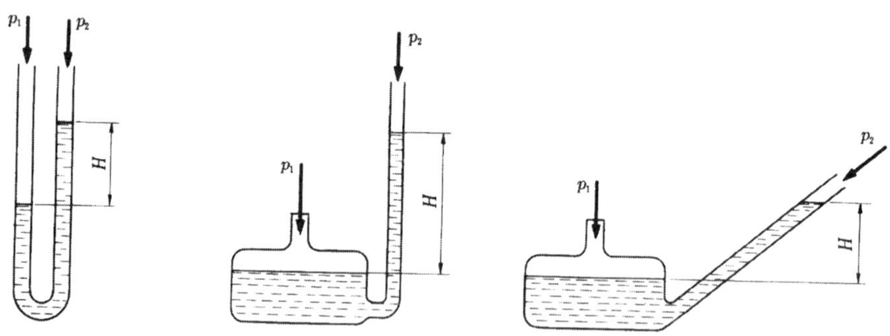

[그림 12·15] 액주계(마노미터)

액체의 유속을 마노미터의 액체 기둥의 변화로 바꾸는 유속계를 피토관(Pitot tube)이라 하며, 그 원리는 [그림 12 · 16]과 같이 마노미터의 우측에 전압력을, 좌측에 정압을 유도하며 H는 동압을 표시한다.

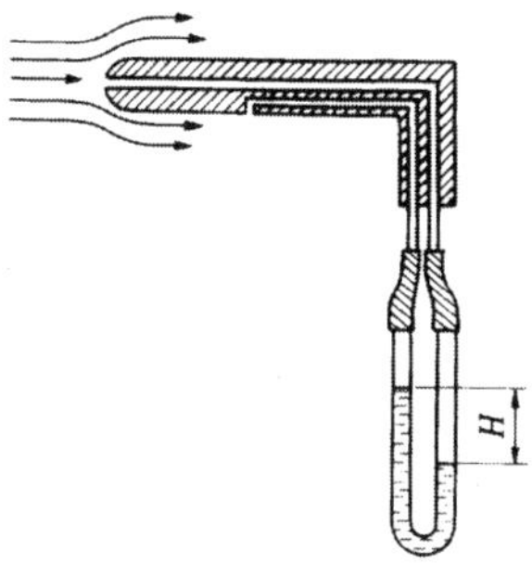

[그림 12·16] 피토관

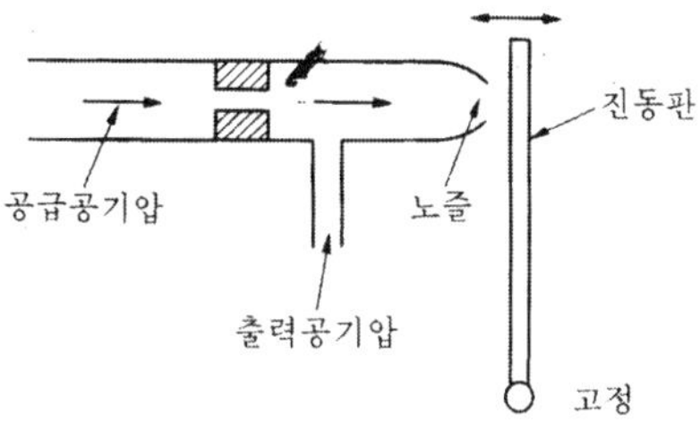

[그림 12·17] 공기 마이크로미터

길이의 미소변위가 압력을 바꾸는 변환기로 공기 마이크로미터(air micrometer)가 있다. [그림 **12 · 17**]에서와 같이 노즐 앞면에 있는 측정물과의 간극변화에 의해 노즐에서 분출되는 공기의 유량 또는 압력이 변화되는 것을 이용한다.

(5) 기타의 변환기

위의 변환기 외에 초음파나 방사선을 이용한 변환기도 많이 사용된다. 초음파를 측정하고자 하는 물체에 발사시켜 반사파를 수신기로 받아 두께, 깊이, 액체의 면 등을 계측한다. 또, 유체의 속도나 유량을 계측하는 도플러 효과(Doppler effect)를 이용한 초음파 유량계가 있다. 이들 초음파나 방사선은 X선과 더불어 비파괴검사, 탐상(探傷)에도 사용되고 있다.

5 계측량의 확대 · 지시 · 기록

(1) 계측량의 확대

검출 · 변환된 계측량은 지시, 기록되기에 앞서 확대, 증폭, 전달되는 경우가 많다. 이들 검출, 변환, 확대, 증폭, 전달, 지시 및 기록은 완전하게 구별하기가 곤란한 경우도 많으나 확대로서는 i) 지렛대, 기어, 나사 등을 사용한 기계적 방법, ii) 모세관 · 수준기 등을 사용한 유체적 방법, iii) 광학적 지렛대, 렌즈 등을 사용한 광학적 방법, iv) 변압기 · 브라운 관 · 전자기 렌즈 등을 사용한 전기적 방법이 있다.

(2) 지시 및 기록

우리들이 사용하는 계측기의 대부분은 눈금 판과 지침에 의해 그 값을 읽고 있다. 지침의 모양은 칼형, 창형, 침형 등 여러 가지가 있다. 만능 길이 측정기와 같은 경우는 광학적 지시에 따르고, 체온계 · 헌닌계 등은 유체에 의한 지시이나. 자동차의 수행거리계는 기계적으로 측정량을 누적계산하는 것이며 계수기로 지시한다.

계측량이 시간과 더불어 변동되는 경우에는 자기기록법이 사용된다. 기록법으로는 펜 등으로 기록하는 기계적 기록법, 감광지에 광점을 주어 광점의 궤적을 기록하는 광학적 기록법, 마그네틱 테이프에 자기(磁氣)를 기록하는 전기적 기록법이 있다.

12-2 여러 가지 계측법

1 길이 · 각도의 계측

1 m의 정의는 크립톤 86(kr^{86})의 적색광 파장을 기준으로 정해져 있으나 공장이나 연구소에서는 길이의 기준으로 블록 게이지(block gauge)가 널리 사용되고 있다. 이것은 장방형 단면을 하고 있는 담금질 제강의 블록으로 양쪽 끝면은 평행평면이며, 그 끝면 거리가 다른 호칭 치수로 만들어져 몇 개가 밀착되어 임의의 기준 치수가 얻어지는 게 특징이다.

길이의 측정에는 치수 전체를 재는 절대측정과 어느 치수에 대한 차이만을 재는 비교측정으로 나누어진다. 절대측정의 길이 계측기로는 캘리퍼스(calipers)[그림 **12 · 18** (a)], 마이크로미터[그림 (b)], 길이 측정기 등이 있고, 비교측정기로는 다이알 게이지[그림 **12 · 19**]가 있다.

물체에 따라서는 치수의 측정뿐만이 아니고 각도나 윤곽의 측정을 필요로 하는 경우가 많다. 이와 같은 경우에는 공기현미경, 만능측장현미경, 투영기가 사용된다.

(a) 캘리퍼스

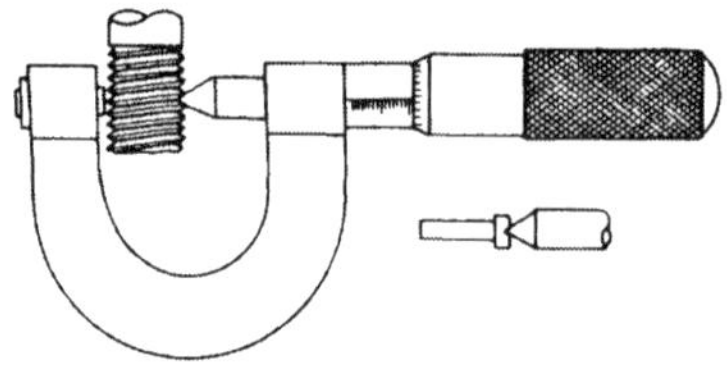
(b) 마이크로미터

[그림 12·18]

2 회전속도의 측정

회전속도는 보통 1분간의 회전수(rpm : revolution per minutes)로 측정하며 허슬러 회전계(Hasler tachometer, 그림 **12 · 20**)가 널리 사용된다. 자극 사이의 코일을 회전시켜 감응기 전력을 측정하여 회전속도를 아는 발전식 회전계(magneto generator tachometer)나 스트로보스코프(stroboscope)를 이용한 회전계가 있다.

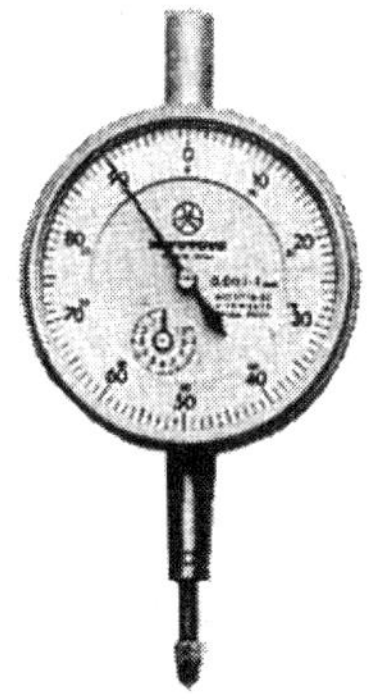

[그림 12·19] 다이얼 게이지

[그림 12·20] 허슬러 회전계

3 질량, 힘, 변형의 측정

질량(mass)의 단위는 킬로 그램이 사용된다. 1kg은 국제 킬로 그램 원기(原器)의 질량으로 질량 1kg에 작용하는 중력을 1 중량 킬로그램으로 규정하고 있다. 질량은 저울로, 중량(weight)은 스프링 저울(spring balance)로 측정한다. 힘의 측정에는 탄성체의 변형을 이용하는 것, 압전현상을 이용하는 것, 자기변형률 현상을 이용하는 것 등이 있다. 응력을 알기 위한 변형률 측정에는 기계적인 스트레인계, 전기적인 스트레인계가 사용된다. 전기적 스트레인계로는 저항선 스트레인계가 많이 사용된다.

4 동력의 측정

동력의 측정은 내연기관, 증기원동기, 수차 등의 원동기의 출력을 측정하거나 압축기, 펌프 등의 작동기를 움직이는 데 필요한 동력을 구하고자 할 때 한다.

원동기의 출력축에 하중을 걸어 제동시키고, 어느 일정한 회전수로 하여 그 때의 토크와 회전수를 계측하여 동력을 계산하는 제동동력계(brake dynamometer), 축의 비틀림 각을 재어 토크를 구하는 비틀림 동력계, 동력을 측정하고자 하는 기계의 반동 토크를 구하는 반동동력계 등이 있다.

또, 내연기관에서는 도시평균 유효압력을 구하거나 도시마력을 구하는 데 지압선도(indicator diagram)를 그린다. 지압선도를 자기기록하는 장치를 지압계(indicator)라 하며 기계적 지압계, 광학적 지압계, 전기적 지압계가 있다.

5 소음 · 진동의 측정

진동계(vibrometer)에는 접촉자를 진동체에 닿게 하여 그 움직임을 기록하는 기계적 진동계, 진동편 여러 개를 진동수의 순서로 배열한 진동편식 진동계, 정전용량의 변화, 전자유도, 피에조 효과 및 스트레인 게이지를 이용한 전기식 진동계가 이용되고 있다. 소음의 측정도 진동측정의 일종으로 소음계(noise meter)를 사용하여 측정한다.

6 유체의 측정

주로 압력, 유속, 유량을 측정한다. 상시 운전하는 기계의 보수 등을 위해서는 탄성식 압력계(pressure gauge)가 많이 사용된다. 그 대표적인 것이 **부르동관 압력계**(Bourdon－tube pressure gauge, 그림 **12 · 21**)이다. 그림에서 (a)는 원리이고, (b)가 계기판이다. 또, 전기적 압력계에는 피에조 전기효과, 피에조 저항효과를 이용한 것, 저항선 스트레인 게이지를 이용한 것 등이 있다. 측정하고자 하는 압력이 그렇게 크지 않을 때 실험용으로는 마노미터[그림 **12 · 15**]가 편리하다.

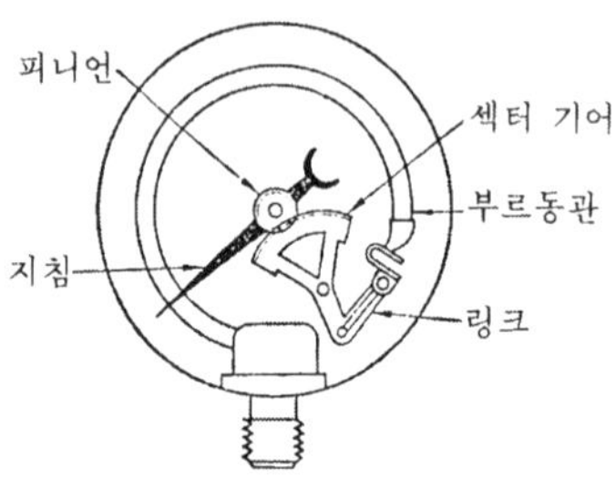

(a) 원리도

(b) 계기판

[그림 12·21] 부르동관 압력계

유속계(current meter)로는 피토관, 열선유속계(hot wire anemometer), 레이저 도플러 유속계(laser Doppler anemometer)가 사용되며, **유량계**(flow meter)로는 오리피스, 노즐, 벤투리관 앞뒤의 압력차이를 검출하여 유량을 구하는 교축기구[그림 **12 · 22**]가, 테이퍼관에 부자를 띄운 부자식 면적유량계, 오벌(oval), 기어형과 루츠(roots)형에 대표되는 용적유량계, 깃차형 유량계(inferential flow meter, 그림 **12 · 7**), 전자유량계, 초음파유량계 등이 있다.

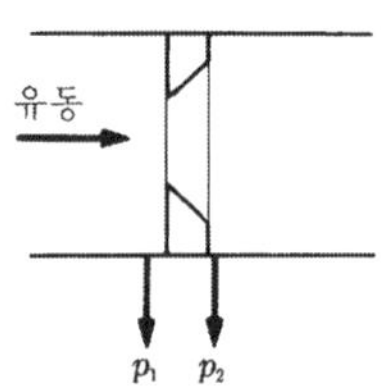

(a) 오리피스

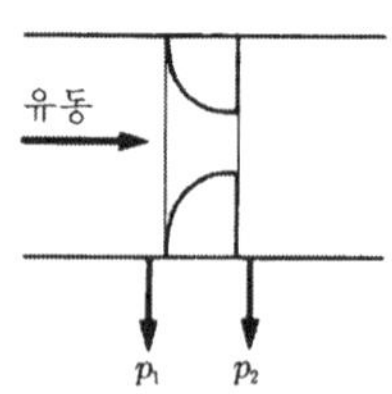

(b) 노즐

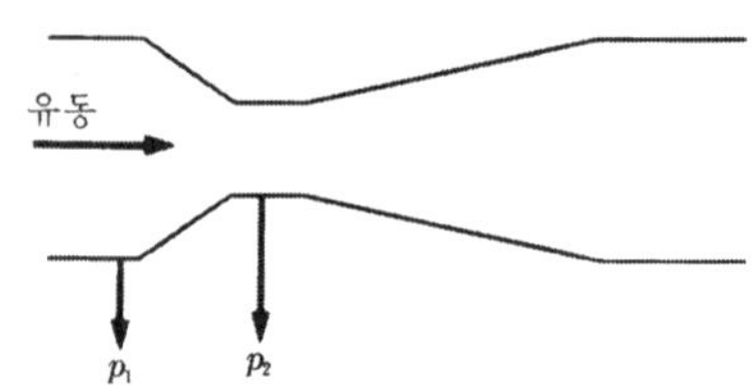

(c) 벤투리관

[그림 12·22] 교축기구

7 온도 · 습도의 측정

열역학적 온도의 단위인 켈빈(kelvin)은 물의 삼중점의 온도를 결정하고 있다. 팽창을 이용한 것에 액체온도계, 바이메탈 온도계, 압력온도계 등이 있고, 열기전력을 이용한 열전온도계, 저항변화를 이용한 저항온도계 등이 같이 사용되고 있다. 고온 측정에는 비접촉으로 측정하는 복사고온계(radiation pyrometer), 복사 에너지 중에서 가시광선을 이용하는 광고온계(optical pyrometer), 광전관을 사용한 광전고온계(photoeletric pyrometer)가 있다.

습도(humidity)의 측정에는 노점 습도계, 건습구 습도계, 모발 습도계, 염화리듐의 저항변화를 이용한 전기 습도계 등이 사용된다.

8 화상계측

응력분포를 광탄성에 의해 무늬 모양[그림 **12 · 23**]을 표시하거나 온도분포를 색으로 변환시켜 표시하고, 유체의 움직임을 유동의 가시화법[그림 **12 · 24**]으로 표시하면 많은 정보를 한눈으로 볼 수 있어 TV 기술의 진보와 마이크로 컴퓨터의 발달과 맞물려 **화상계측**(image instrumentation)의 이용이 급속도로 확산되고 있다.

인공위성이나 항공기에 의해 육지나 해양의 상황을 전자파를 사용하여 계측하는 원격감지(remote sensing) 기술도 최근에 빠르게 발달하여 지구표면의 온도분포, 자원의 분포, 기상관측 등에 이용되고 있다.

[**그림 12·23**] 광탄성 간섭 무늬

[**그림 12·24**] 원기둥성 뒷면의 와류 가시화(수소기포법)

12-3 자동제어

최근에는 급속한 기술의 발전에 따라 가정에서는 자동 전기 밥솥으로 밥을 짓고, 자동 제빵기로 빵을 구어 먹으며, 전자동 세탁기로 세탁을 한다. 생산공장에서는 자동화(automation)된 새로운 공장에서 "자동제어에 의한 대량생산"이 이루어지고 있다. 이와 같이 하여 가정생활을 보다 풍요롭게 하며 산업계에서는 생산공정에서의 노동력의 경감, 제품정밀도의 향상과 획일화, 대량생산방식의 촉진 등 생산능률의 향상에 현저한 효과를 가져오고 있다.

1 자동제어의 구성

먼저 자동제어(automatic control)의 뜻을 분명히 할 필요가 있다. 보통 다음과 같이 정의하고 있다. "물체, 프로세스, 기계 등의 어떤 양을 외부에서 주어진 목적 값과 일치시키기 위해서 그 양을 검출하여 목표 값과 비교하고, 거기에 따라 수정작동을 자동적으로 실행하는 것"이라고 하며 그 관계를 계통적으로 표시하면 [그림 12 · 25]와 같다. 이 그림의 블록으로 된 3개의 구성부분, 즉 제어요소, 제어대상 및 피드백 요소를 연결하는 관계를 보면 이들 폐회로를 만들고 있다. 이 폐회로 역할을 하고 있는 것이 피드백 요소이다. 위의 정의를 반복 설명하면, 먼저 제어작동을 하려면 목표 값을 계측하는 것으로부터 시작하여 기준입력신호가 제어요소에 의해 제어되는 대상물에 작용하고, 그 결과 생기는 제어량 또는 출력신호를 다시 입력측에 되돌려 보낸다. 즉, 피드백시키므로 목표 값과 비교하고, 만일 양자 사이에 차이가 있으면 수정작동이 이루어진다. 이 조작이 연속적인가, 불연속적인가에 따라 연속제어와 불연속제어로 나눈다.

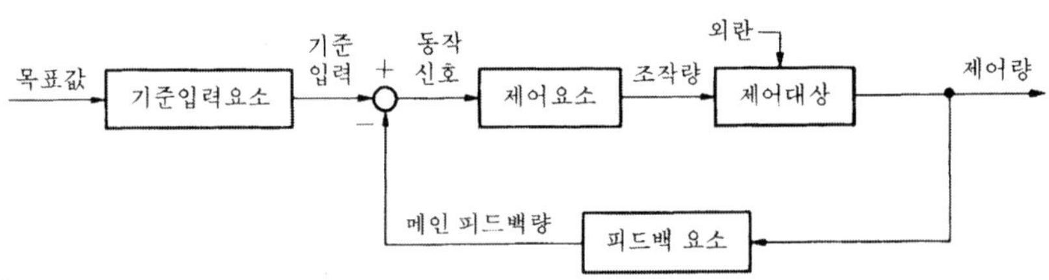

[그림 12·25] 제어계의 기본적 구성

또, 응용면에서 제어량에 대해 분류하면 다음과 같이 된다.

(1) 프로세스 제어(process control)

프로세스 제어란 화학공업 부분의 생산 공정에서와 같이 그 대상이 유체나 분체(粉體)이므로, 그 공정은 화학적 · 물리적 처리가 중심이 되며 주로 유량, 온도, 압력, 농도 및 성분 등을 대상으로 하여 이것을 목적에 맞는 조건으로 제어하는 것이 중심이 된다.

(2) 서보 기구(servomechanism)

그 제어량이 기계적 위치, 예를 들어 변위 · 각도 등을 제어하는 제어계통의 총칭으로, 미소한 입력신호에 의해 큰 출력신호를 내어 제어하는 데 중점을 두고 있으며, 따라서 기계공업에서의 각종 제어, 즉 공작기계의 제어, 각종 자동조정, 원격조작 및 동력의 증폭수단과 제어계

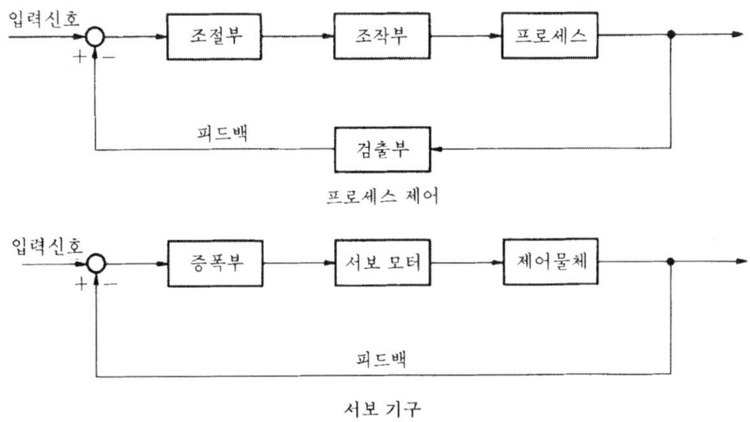

[**그림 12·26**] 프로세스 제어와 서보 기구

에서의 보조기구로 이용되고 있다. [그림 **12 · 26**]은 프로세스 제어와 서보기구와의 구성상의 차이를 계통적으로 표시한 것이다. 그러나 [그림 **12 · 25**]와는 본질적으로 차이가 없다.

(3) 자동조정(automatic regulation)

속도제어(수차, 터빈 등), 장력제어(전선, 각종 시트 등) 및 전기량의 제어(전압, 전류, 주파수 등)를 대상으로 대부분이 정치(定値)제어이다. 이것과 비슷한 표현으로 자동조작(automatic operation)이 있는데, 이것은 동작이 자동적인 점에서는 공통점이 있으나 피드백을 가지지 않는 점이 다르다. 따라서 오토메이션의 한 요소이나 자동제어라고는 하지 않는다.

② 자동제어용 기기

(1) 검출 · 변환기

자동제어계에서는 제어량을 검출하고 기준입력(목표 값)과 비교하는 것인데 제어량이나 검출신호가 다같이 전압처럼 전송하기 쉬운 물리량이며, 기준입력도 이것과 같은 종류의 물리량으로 주어져 있다면 비교적 쉽다. 그러나 일반적으로 제어량은 위치, 유량, 온도, 수위 등으로 목표 값도 이것과는 다른 물리량이다. 이들을 비교하려면 비교하기 쉬운 물리량으로 변환해야 한다. 변환을 하려면 **12-1**절 ④항과 같이 여러 가지 방법이 있다.

(2) 증폭기와 조작기기

검출 · 변환기에서 얻은 신호는 목표 값을 표기하는 신호와 비교되어, 이들 오차신호를 증폭기로 증폭시켜 조작기기를 작동한다.

증폭기로는 공기식으로 노즐 흔들림(nozzle flapper) 기구, 파이럿 밸브, 유압식으로 노즐 흔들림 기구, 분사관, 전기식으로는 계전기, 트랜지스터 회로, 사이리스터 회로 등이 이용되고 있다. 조작기기로는 공기식이 다이어프램, 밸브, 공기 실린더, 유압식은 유압 실린더,유압 모터, 전기식은 전자기 밸브, 서보 모터 등이 있다.

3 자동제어의 응용

자동제어의 기술은 가정, 산업계, 의료관계에서도 폭넓게 이용되고 있으며, 간단한 것에서부터 고도의 수준까지 여러 가지가 있다. 산업계의 이용으로는 기계, 전기기기, 자동차 등을 제조하는 가공공업에서는 공작기계의 자동조작, 트랜스 머신의 운전, 용접, 도료를 칠하는 작업용 로봇 등 여러 가지 종류의 자동화가 진행되고 있다. 또 화학공업, 석유공업 등의 프로세스 공업에서는 환경의 제어, 유체, 열 · 동력 등의 제어, pH · 밀도 · 농도 등의 제어에 응용되고 있다.

찾아보기(Index)

ㅈ